教育部高等学校材料类专业教学指导委员会规划教材

“十二五”普通高等教育本科国家级规划教材

材料的力学性能

第4版

王 磊 主编

MECHANICAL PROPERTIES OF MATERIALS

化学工业出版社

·北 京·

东 北 大 学 出 版 社

·沈 阳·

内容简介

《材料的力学性能》（第4版）是“十二五”普通高等教育本科国家级规划教材。全书共分9章，第1章为绪言。第2章、第3章主要介绍材料的弹性变形、塑性变形及形变强化的基本原理，着重讨论各种力学指标的物理意义及其与组织结构的关系。第4章详细介绍了材料的强化与韧化知识，是本书的特色所在。第5章、第6章介绍了有关材料的断裂与断裂韧性问题，以使读者对材料由加载至失效有一个全面的认识。应该说，前6章是本书的基础部分，也是教学之重点。第7~9章介绍材料在特定加载方式或外界环境下的力学行为，即第7章材料的疲劳、第8章高温及环境下的材料力学性能、第9章材料的磨损和接触疲劳。

本教材将传统的金属、陶瓷、高分子等三大材料以及复合材料有机地融为一体，将材料力学行为的微细观物理本质与力学行为的宏观规律有机结合，既强调材料强度与韧性的经典理论，又结合实际应用介绍本学科相关的一些新成就。

教材各章给出了思考题和相关的参考文献，这对于学员巩固所学知识、深入思考材料力学行为问题具有参考价值。

第4版升级为新形态教材，书中给出了各部分内容配套的完整教学视频，可扫描二维码通过视频学习。

本书可作为高等学校材料类各专业的教学用书。

图书在版编目（CIP）数据

材料的力学性能/王磊主编. —4版. —北京：化学工业出版社；沈阳：东北大学出版社，2022.2 （2023.6重印）
“十二五”普通高等教育本科国家级规划教材
ISBN 978-7-122-40263-9

Ⅰ.①材… Ⅱ.①王… Ⅲ.①工程材料-材料力学性质-高等学校-教材 Ⅳ.①TB301

中国版本图书馆CIP数据核字（2021）第228859号

责任编辑：陶艳玲 向 阳　　装帧设计：史利平
责任校对：宋 玮

出版发行：化学工业出版社（北京市东城区青年湖南街13号 邮政编码100011）
印 装：三河市延风印装有限公司
787mm×1092mm 1/16 印张18½ 字数443千字 2023年6月北京第4版第2次印刷

购书咨询：010-64518888　　售后服务：010-64518899
网 址：http://www.cip.com.cn
凡购买本书，如有缺损质量问题，本社销售中心负责调换。

定 价：59.00元

第 4 版前言

《材料的力学性能》作为高等学校材料类各专业的教材，自 2005 年出版以来，得到了广大读者，尤其是兄弟院校同仁们的厚爱，被选为教材或参考书。2007 年修订出版了第 2 版。2012 年本教材先后入选辽宁省规划教材、教育部首批“十二五”普通高等教育本科国家级规划教材。2014 年修订出版了第 3 版，第 3 版教材 2019 年获冶金类优秀教材（本科院校组）一等奖。此间多次付印，累计发行已近两万册，在此谨向给予本教材厚爱的读者及同仁表示衷心的谢意。本次除修订了前三版中的疏漏、增补了部分图解外，增加了相关领域的最新研究动向、更新了相关的试验标准；补充了部分思考题，并给出了相应的解答要点，以帮助读者加深对内容的理解。

本次修订的另一个重大变化是升级为数字化新形态教材。教材给出了与相应内容配套的教学讲解视频，对重点和难点内容进行了授课式讲解，方便即时自学。目录后给出了教学视频资料的明细，教学视频的二维码放置在各章节相应的标题处，读者可以方便地扫描二维码播放视频。此外，编者在中国大学 MOOC 爱课程网站开设了与本教材相应的在线课程，读者亦可参与学习。

本次修订由王磊（第 1 章、第 4 章、第 6 章）、张滨（第 2 章、第 3 章）、杜林秀（第 5 章、第 7 章）、崔彤（第 8 章、第 9 章）执笔，思考题与解答要点及附录由宋秀统一整理，全书由王磊任主编。本次出版得到了东北大学的资助；化学工业出版社和东北大学出版社的有关人员为本书的出版做了大量的工作，在此一并表示谢忱。由于作者的水平所限，即使经过本次修订，不妥之处仍在所难免，恳请读者指正。

编者

2022 年 1 月

第1版前言

本书是根据我国高等理工科院校材料科学与工程专业的教学需要编写的。在教学计划中，材料的力学性能是一门专业必修课。从学科角度讲，材料的力学性能主要研究力或力与其他外界条件共同作用下材料的变形和断裂的本质及其基本规律。其目的在于研究各种力学性能指标的物理意义、各种条件的影响及其变化规律，从而为从材料的设计、制备出发，研制新材料、改进或创新工艺提供依据；为机械设计和制造过程中正确选择与合理使用各种材料指明方向，并为机器零件或构件的失效分析奠定一定基础。

本书是考虑到在修完“材料科学基础”以及“工程力学”的基础上，为进一步增加材料科学与工程专业有关结构材料的知识而编写的。力求将材料力学行为的微观(实际为细观)物理本质与力学行为的宏观规律有机结合，既强调材料力学性能的基本概念，又尽可能介绍与本学科相关的一些新成就。全书共分8章。第1章、第2章主要介绍材料的弹性变形、塑性变形及形变强化的基本原理，着重讨论各种力学指标的物理意义及其与组织结构的关系。第3章详细介绍了材料的强化与韧化知识，是本书的特色所在。第4章、第5章介绍了有关材料的断裂与断裂韧性问题，以使读者对材料由加载至失效有一个全面的认识。应该说，前5章是本书的基础部分，也是教学之重点。第6章、第7章、第8章介绍材料在特定加载方式或外界环境下的力学行为，即第6章材料的疲劳、第7章高温及环境下的材料力学性能、第8章材料的磨损和接触疲劳。本书可作为40学时课程的教材，讲授时可依据不同专业的要求，讲授一部分，其余留给学生自学。

本书由张滨(第1章、第2章)、王磊(第3章、第5章)、杜林秀(第4章、第6章)、崔彤(第7章、第8章)执笔编写，全书由王磊任主编。在编写中作者曾参考和引用了一些单位及作者的资料、研究成果和图片，在此谨致谢意。本书的出版得到了东北大学的资助；东北大学出版社的有关人员为本书的出版做了大量的工作，这里一并表示谢忱。

由于编者学术水平和客观条件所限，书中难免存在疏漏和不妥之处，诚恳希望读者批评指正。

王　磊

2005年5月

目　　录

视频资料目录

续表

序号	视频名称	对应章节	视频时长	页码
40	Fleischer 理论	4. 1. 1. 2	5′37″	74
41	Feletham 理论	4. 1. 1. 3	4′03″	74
42	非均匀强化-浓度梯度强化	4. 1. 2. 1	3′19″	78
43	科垂耳气团强化	4. 1. 2. 2	5′28″	79
44	斯诺克气团强化	4. 1. 2. 3	3′11″	80
45	静电相互作用强化	4. 1. 2. 4	1′51″	81
46	铃木气团强化	4. 1. 2. 5	7′31″	81
47	有序强化	4. 1. 2. 6	3′45″	82
48	细晶强化与细晶韧化	4. 1. 3	14′54″	83
49	第二相的类型	4. 1. 4. 1	5′05″	86
50	沉淀强化过程	4. 1. 4. 2	11′04″	87
51	弥散强化特点	4. 1. 4. 3	4′46″	88
52	第二相强化理论	4. 1. 4. 4	21′28″	89
53	第二相强化对合金塑性和韧性的影响	4. 1. 4. 5	3′08″	94
54	纤维强化	4. 1. 5. 1	2′07″	95
55	相变强化	4. 1. 5. 2	2′30″	97
56	形变热处理强化	4. 1. 5. 3	4′56″	99
57	界面强化	4. 1. 5. 4	1′37″	102
58	陶瓷材料的强度特点	4. 2. 1	5′52″	103
59	陶瓷材料的强化	4. 2. 2	3′27″	104
60	陶瓷材料的韧化	4. 2. 3	12′52″	105
61	高分子材料的强度特点	4. 3. 1	4′07″	111
62	高分子材料的强化	4. 3. 2	4′54″	112
63	高分子材料的韧化	4. 3. 3	4′29″	114
64	复合材料的强化与韧化	4. 4. 1-2	7′03″	115
65	三大材料的强韧化比较	4. 4. 3	9′25″	117
66	材料设计	4. 5. 1	11′35″	120
67	显微组织控制	4. 5. 2	5′43″	123
68	纳米技术与晶界控制	4. 5. 3	1′47″	124
69	宏细观平均化计算	4. 6. 1	3′38″	130
70	层状结构的细观模拟计算	4. 6. 2	2′10″	131
71	材料强度的统计计算	4. 6. 3	1′20″	131
72	宏细微观三层嵌套模型	4. 6. 4	4′58″	132
73	断裂的分类-韧性断裂	5. 1. 1. 1	6′30″	136
74	断裂的分类-穿晶断裂	5. 1. 1. 2	3′42″	136
75	断裂的分类-解理断裂	5. 1. 1. 3	3′38″	137
76	断裂的分类-正断与切断	5. 1. 1. 4	1′46″	137
77	断口的宏观特征	5. 1. 2	6′38″	138
78	晶体的理论断裂强度	5. 2. 1	4′31″	139

续表

续表

序号	视频名称	对应章节	视频时长	页码
118	低周疲劳的特点	7. 6. 1	6′18″	203
119	低周疲劳的 $\Delta\varepsilon$-N 曲线	7. 6. 2	1′47″	204
120	循环硬化与循环软化	7. 6. 3	5′15″	205
121	材料的蠕变现象及蠕变曲线	8. 1. 1	9′31″	213
122	蠕变过程中组织结构的变化	8. 1. 2	1′49″	215
123	蠕变变形机制	8. 2. 1	5′37″	215
124	蠕变损伤和断裂机制	8. 2. 2	2′35″	217
125	蠕变/持久强度及影响因素	8. 3	11′46″	218
126	疲劳与蠕变的交互作用	8. 4	7′32″	220
127	高分子材料的黏弹性	8. 5	7′02″	221
128	陶瓷材料的抗热震性	8. 6	7′14″	223
129	热疲劳	8. 7	6′00″	224
130	应力松弛	8. 8	3′23″	225
131	应力腐蚀	8. 10. 1	5′31″	228
132	氢脆	8. 10. 2	3′56″	234
133	腐蚀疲劳	8. 10. 3	3′19″	238

1 绪言 Introduction

材料强韧化的重要性

众所周知，人类文明已经过去了七千多年，在这七千年的发展进程中，材料（materials）为人类文明提供了最重要的支撑，乃至当今社会人们把材料、信息和能源称为支撑现代文明的三大支柱。正是由于这样，往往用一个国家拥有了多少种材料、多少材料、材料的品质来衡量这个国家的现代化水准。人类社会赖以生存的有物质(substance)、能量(energy)及知识(knowledge)。原始社会人们将材料定义为能够为人类(制造)所用器件或者物品的物质；伴随着人类社会的发展，经济的因素融入后材料又被称为能够为人类社会经济地制造有用的器件或物品的物质；进入21世纪以后，人们开始注重对环境的保护，材料的定义也有所变化，现代社会中将材料定义为人类社会所能接受而且能够经济制造有用的器件或者物品的物质。正因为如此，人类社会的进化某种程度上依赖于材料的发展(见图1.1)，乃至人类纪元中采用了相应时代材料的名称来命名，如石器时代、青铜时代、钢铁时代等。

图1.1 材料的发展与人类纪元发展示意图

传统上，按照材料的化学成分或基本组成，材料分为金属材料(metallic materials)、高分子材料(polymer materials)和无机非金属材料(inorganic non-metallic materials)［也可称为"陶瓷材料"（ceramic materials）］三大类(参见图1.2)。而在工程上，为了便于用户使用，习惯上将材料划分成结构材料(structural materials)和功能材料(functional materials)两大类。所谓结构材料，简单地说它以承受载荷(loading)或受力(force)为主要目的，为此要求此类材料具有一定的强度(strength)。同时为了保证结构的服役安全，则要求材料具有相当的韧性(toughness)。本教材涉及的就是该方面的知识。为此，本章就本书成稿的背景以及其要点概述如下。

1.1 材料在人类历史中的作用及发展趋势(Role and Developing Trend of Materials in the Human History)

人类社会进入 20 世纪 80 年代后，“先进材料”(advanced materials)或者“尖端材料”的称谓逐渐成为潮流。材料领域一改传统由金属材料占据绝对统治地位的格局，各种各样的新材料层出不穷。人们开始寻求将自然界存在的物质经过某种加工，以某种形式加以应用，由此将物质变为材料的途径。伴随科学技术的飞速发展，对各种材料的要求日趋苛刻。然而，将诸如精细陶瓷(fine ceramics)、金属间化合物(intermetallic compounds)以及复合材料(composites)等推向大规模的实用绝非轻而易举之事。亦有人认为对以钢铁为代表的黑色金属材料(ferrous metals)，虽然其以强度与韧性兼备、价格低廉而著称，恐怕人们也不能抱有过高的期望。

图 1.2 给出的是材料在人类历史发展中相对重要程度的变化过程。公元前 2000 年，人类仅仅以石器为切削工具。那时人类并没有使用金属，而是以如树枝、动物皮毛等为主要材料。直到公元前 1500 年，人类才开始学会使用青铜。1850 年前后开始使用钢材，由那时起金属在材料中的重要程度才显著提升，可以说这种重要程度在 20 世纪 60 年代达到了顶峰。但是，这种状况在 20 世纪 80 年代出现了变化，再次呈现了传统三大材料(金属、陶瓷、高分子)以及复合材料共存的局面。

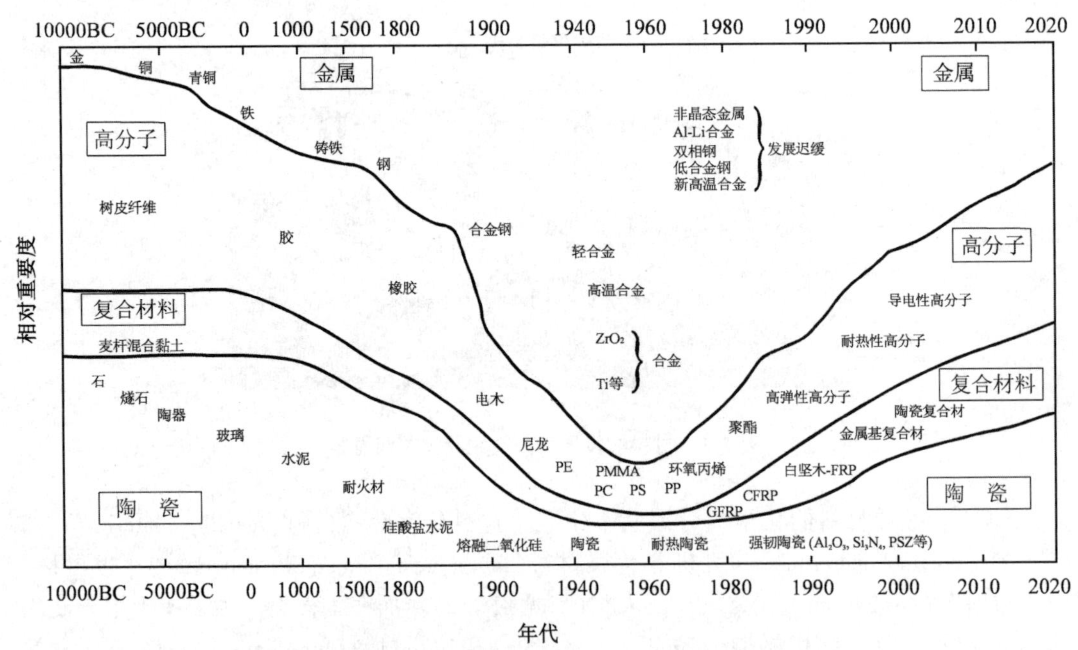

图 1.2 材料的发展中各种材料的相对重要度的变化示意图

如前所述，由于经济因素融入人类社会，材料与经济发生了必然的联系。图 1.3 给出了材料成熟度与经济增长关系的示意图。可见，诸如碳钢等传统的金属材料已经趋于饱和，而高分子材料、陶瓷材料、复合材料以及新型金属材料有较大的发展空间。即使在金属材料的领域，对轻量化、高强、高耐热性等的要求也日趋苛刻。尤其是近年，由保护环境的观点出发，环境友好材料(ecomaterials)备受关注。

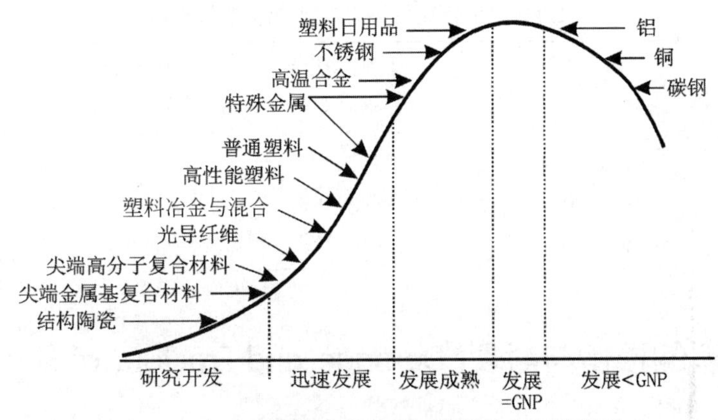

图 1.3 各种材料的成熟度与经济增长之间的关系

1.2 各种材料的特性(Characteristics of Various Materials)

三大传统材料，除其化学成分上的区别外，更多的是其原子结合方式的差异。高分子材料主要以共价键(covalent bond)和范德华键/力(Van der Waals bond)相结合；陶瓷材料则以共价键或离子键(ionic bond)的方式相结合；金属材料则以金属键(metallic bond)构成(见图 1.4)。一般地，离子键、共价键的结合能相对较高，而分子间的范德华力结合能很低。金属键的结合能与离子键和共价键的结合能相近，但由于其具有无方向性的结合特征，同时具有较大的配位数和较高的密度，因此使金属呈现出优良的延展特性。

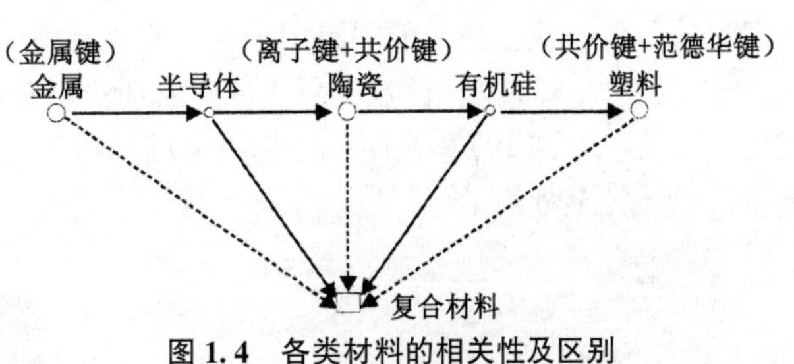

图 1.4 各类材料的相关性及区别

具有面心立方结构的金属，其原子按照 ABC，ABC，…的次序有序地在空间排列。具有这样原子排列的晶胞结晶后构成一个晶粒，通常的金属材料大多由很多这样结构在不同方向排列的晶粒所构成，称为多晶结构(polycrystal)。几乎所有的金属晶体，均可通过最密排原子面上位错的容易运动性，使金属材料呈现良好的延展特性。

陶瓷材料原子结合方式多为共价键与离子键共存，其中氧化物陶瓷材料由金属元素与氧结合而成。陶瓷材料中的原子未能像金属原子那样致密地充填，因此可以在空间排列成网状形式，但由熔融状态急冷后可以变成非晶结构(amorphous)，即转变成玻璃态。

以塑料为代表的高分子材料，简而言之是以 C 原子与 H、Cl、F、O、N 等原子组成的一个巨大分子链，其原子的充填密度非常有限。高分子材料的分子结构可以分为两种基本类型：第一种为线型结构，具有这种结构的高分子化合物称为线型高分子化合物，当然这样的线型链在范德华力的作用下，很容易形成具有非晶结构的弯折共存结构。第二种为体型结构，具有这种结构的高分子化合物称为体型高分子化合物。表 1.1 给出了三大传统材料典型晶体结构与密度的数据。

表 1.1 三大传统材料的典型晶体结构与密度

材料	实例	晶格常数/nm			单位晶格中的原子数	原子或离子的充填比/%	密度/($g \cdot cm^{-3}$)
		a	*b*	*c*			
金属	α-Fe	0.287	—	—	Fe:2	67.8	7.87
陶瓷	MgO	0.421	—	—	Mg:4,O:4	68.1	3.58
高分子材料	PE	0.740	0.493	0.253	C:4,H:8	9.2	1.01

1.3 结构材料的损伤与断裂(Damage and Fracture of Structural Materials)

支撑现代社会发展的结构材料，无论是传统的三大材料以及相应的复合材料，还是近年发展起来的高强(high-strength)/超高强的尖端材料，由于其脆性(brittleness)而严重限制了作为结构材料的安全应用。为此，有必要回顾一下材料应用历史中与材料的损伤、断裂有关的典型案例。

在汉语里有关材料失效有多种称呼，为了不引起歧义，在此就材料的损伤(damage)与断裂(fracture)给予适当的解释。一般认为，由于材料的显微缺陷或局部屈服导致的材料功能下降称为“损伤”；材料的功能丧失则称为“失效”(failure)，如材料发生全面屈服(full-yield)。在材料中由于裂纹(crack)形核、扩展导致的材料的断开称为“断裂”，如果材料完全分开(如一分为二)则常称为破断(rupture)。

历史上与金属材料相关的事故中，最著名的应属第二次世界大战中发生的全焊接舰船的折断事故。据记载，当时美国采用全焊接紧急建造了近三千艘舰船，其中有约 250 艘毁于折断事故[见图 1.5(a)]。调查分析表明，舰船折断是由于钢材的缺口脆性(notch brittleness)。类似的事故一直到 1972 年仍有报道[见图 1.5(b)]，即使在 21 世纪的今天，也不能说类似的事故已经完全杜绝了。

(a)1941 年发生的油轮折损照片

(b)1972 年发生的商用油船断裂照片

图 1.5 历史上与金属材料相关的事故

钢铁等具有体心立方(bcc)晶体结构或具有密排六方晶体结构(hcp)的金属材料，一般均呈现低温脆性的特性。如图 1.6 所示，低碳钢的拉伸性能随温度而改变，在产生多个显微裂纹后，发生瞬间断裂，甚至有时会发生瞬间的解理断裂，成为使用中的一大隐患。并且，类似的事故即使在非常严格设计、评价之后，仍难以完全杜绝。如：以严谨著称的日本核电站，1995年发生了严重的液钠泄漏事故，究其原因仅仅是单纯的设计失误（应力集中程度过大）加长期疲劳。这与1954年发生的世界首例喷气式飞机的粉碎性坠毁事故（由于无线电天线孔造成的应力集中引起的疲劳断裂）相似，使得人们不得不对结构件中的缺口效应引起足够的重视。另一值得注意的实例是，日本1995年发生阪神大地震后，人们发现大型钢结构建筑在焊接部位等出现了一种脆性断裂。由此使人们重新认识到，即使在实验室的拉伸及夏比冲击试验发生韧性断裂的温度（如室温）下，大型建筑结构也有可能发生脆性断裂。而且，大型结构件由于缺陷的存在、载荷速率的增加以及复杂应力的约束，韧脆转变温度会上升，加剧脆性断裂的倾向。事实上，即使如铝合金这样具有面心立方晶体结构通常认为是不会出现低温脆性的金属，低温下也经常可见到其出现沿晶断裂倾向，特别当变形受约束时变形集中在局部就会发生剪切带断裂。

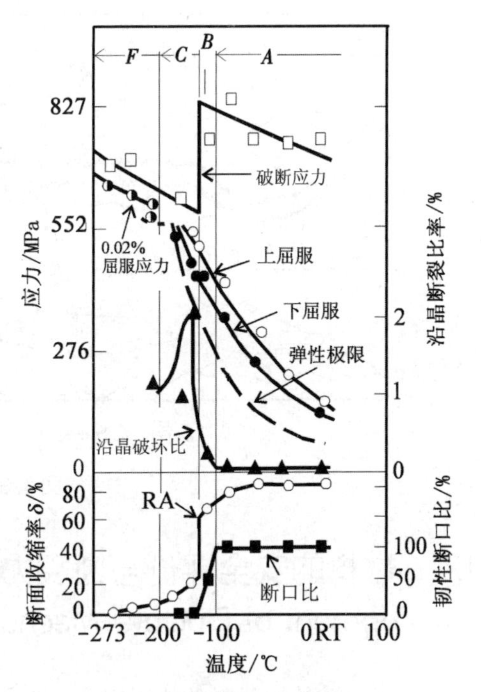

图1.6　低碳钢的力学性能及小裂纹随温度的变化

RA—断面收缩率

断口观察与断口分析（fractography）是分析断裂事故的有效方法。韧性断裂的特征是断口以夹杂物等第二相粒子为核心形成的空洞（void）型韧窝（dimple），而钢材的脆性断口则形成如图1.7所示的伴随河流花样（river pattern）的解理断裂，有时也会出现图1.7中A所示的舌状（tongue）断口。另一个值得注意的问题是，发生的事故有八成以上是因疲劳断裂（fatigue fracture）所致。如图1.8（a）所示，疲劳破坏大多由表面滑移形成的挤出峰（extrusion）、挤入谷（intrusion）造成缺口效应构成疲劳的第Ⅰ阶段；接下来在晶体学滑移面与滑移方向的作用下裂纹成核，而在Ⅱ阶段形成与循环应力相对应的疲劳辉纹（fatigue striation），并以一定的速率增大（对应的是断裂力学中的Paris领域），可以由此获得到断裂为止的循环次数，以至可以依此数据进行损伤容限设计（damage tolerant design）。考察材料的疲劳问题时，首先考虑其强度与韧性是十分必要的。有关疲劳的详细论述在第7章。

图1.7　低碳钢-50℃夏比冲击断口上的解理面（A为舌状部分）

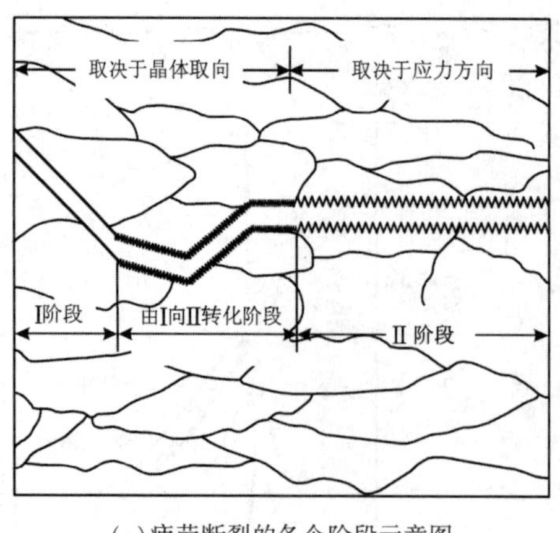

(a)疲劳断裂的各个阶段示意图

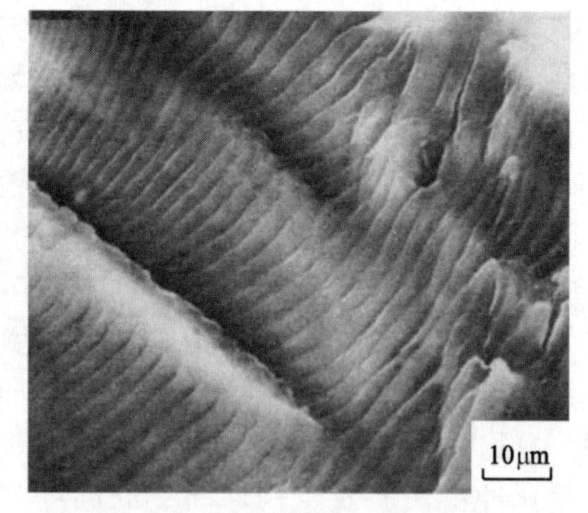

(b)第Ⅱ阶段出现的疲劳辉纹(拉-拉载荷)

图 1.8 疲劳断裂的阶段

1.4 材料的安全评价与断裂力学的发展(Safety Evaluation and Development of Fracture Mechanics of Materials)

为了保证结构材料的使用安全，人们对大量失效及事故进行了归纳、分析，力图提炼出表征结构材料安全的方法与指标。所获共识为，材料的韧性代表材料抵抗断裂的能力，然而，现实中新材料的开发往往伴随材料强度的升高，韧性的降低。图 1.9 所示为各种铝合金的典型数据，可见随着合金强度的提高，合金的韧性几乎呈线性降低。另外，如图 1.10 所示，材料 A(如陶瓷材料)的脆性使其难以成为结构材料；相反，材料 B(典型的如纯金属)则仅仅有延性而强度过低，也难以作为结构材料；只有材料 C 这样强度和延性兼备，并且

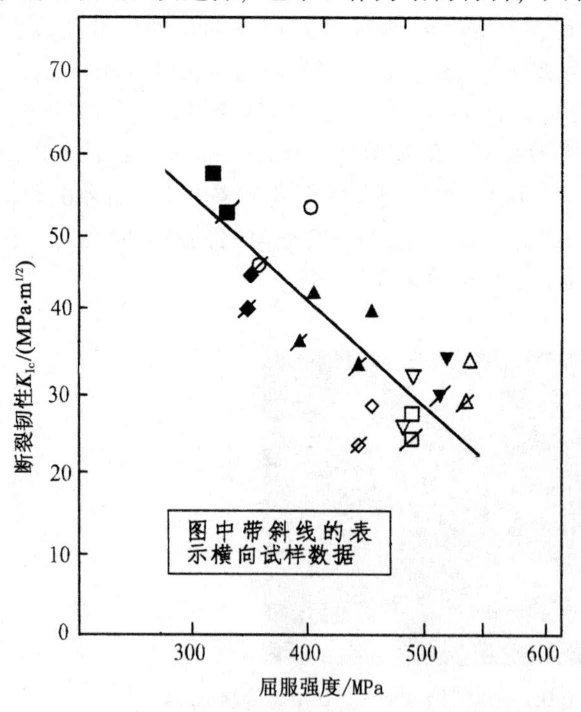

图 1.9 厚度 25~38mm 铝合金板材的屈服强度与断裂韧性的关系

其强度在一定水平之上才有真正的实用价值。由此可见，与其他材料相比，金属材料具有绝对的优势。

20 世纪 50 年代，由于关系到在国际上的地位，在登月计划上美国与前苏联进行了空前激烈的竞争。在此期间，美国发生了多起超高强度钢的脆性断裂事故，尤其以用的屈服强度高于 1500MPa 的超高强度钢发动机壳体的相关事故最具代表性。这些事故的原因主要是此类钢不同于常规的钢种，它没有明显的韧性-脆性转变(ductile-brittle transition)特征，对脆性断裂难以采取相应的对策。为此，在美国成立了有关应对超高强度钢脆性断裂的专门委员会，其最大成就是创立了 Irwin 的线弹性断裂力学，首次建立了材料的韧性与所受应力的关系，即 $K_{Ic}=\sigma\sqrt{\pi a}$。此后这一概念的有效性被逐渐证实。表 1.2 概略总结了断裂力学提出的各种评价指标以及与之对应的时间，其应用已经扩展到弹塑性断裂以及蠕变断裂的范畴。可以说，断裂力学是围绕结构材料的安全应用所建立、发展起来的研究体系。

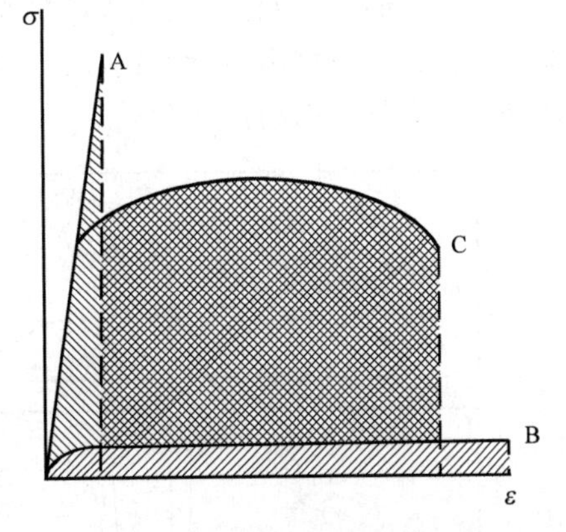

图 1.10 由应力-应变曲线描述的材料韧性概略

A—高强低韧；B—低强高延性；C—高强高韧

表 1.2 断裂力学参数的发展简史

分类	包含的内容	常用表征符号	时 间
A. 线弹性断裂力学	1. 裂尖应力场	K	20 世纪 50 年代后期
	2. 断裂韧性	K_{Ic}	20 世纪 60 年代早期
	3. 疲劳裂纹扩展	da/dT vs ΔK	20 世纪 60 年代早期
	4. 环境断裂	K_{ISCC}	20 世纪 60 年代中叶
		da/dT vs K	
	5. 疲劳门槛值	ΔK_{th}	20 世纪 60 年代后期
B. 弹塑性断裂力学	1. 裂尖应力场	CTOD	20 世纪 60 年代早期
		J	20 世纪 70 年代早期
		J-Q	20 世纪 90 年代早期
	2. 断裂韧性	J_{Ic}	20 世纪 60 年代早期
	3. 疲劳裂纹扩展	da/dN vs ΔJ	20 世纪 70 年代中叶
C. 时间依赖性	1. 裂尖应力场	C^*	20 世纪 70 年代中叶
		C	20 世纪 80 年代早期
	2. 蠕变断裂	da/dN vs C	20 世纪 70 年代中叶

提及材料的断裂韧性，人们往往首先想到的是采用 CT(compact tension，紧凑拉伸)实验获得的 K_{Ic}。实际上除 CT 实验外，还可以采用很多种实验方法来表征材料的断裂韧性，尤其对于弹塑性断裂韧性 J_{Ic} 的评价方法就更多了。在此，需要提醒读者的是，应该充分考虑到实际服役材料所承受的载荷特点，采取与之对应的实验评价方法。如快捷的夏比冲击试验亦可用于评价材料的韧性(参照图 1.11)，冲击载荷代表材料强度、冲击位移代表材料的延

性，那么由载荷-位移曲线代表的面积则可表征材料的韧性。由图 1.11 可知，诸如 TZP 和金属陶瓷具有典型脆性断裂的特点，PMMA 等高分子材料的韧性极低，而金属材料尤其是钢铁材料则显示出高韧性特征。

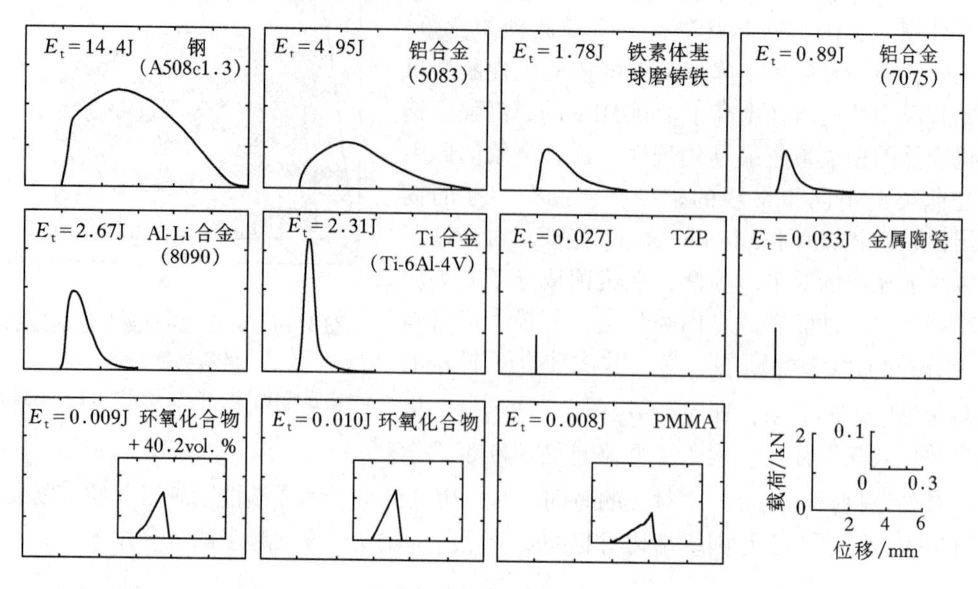

图 1.11 各种材料的夏比冲击试验的载荷-位移曲线

（试样：4mm×8mm×40mm，预制深 4mm 宽 0.3mm 缺口，高分子材料比例放大了）

1992 年，英国剑桥大学的 Ashby 教授曾对近十万种材料的强度与韧性进行了整理、归纳，指出材料选择按照其强度与断裂韧性可划分为数个材料群(见图 1.12)。如将在 6.3 节中详细说明的，主裂纹尖端的塑性区(屈服)或形成的过程区(process zone)约为 $1/\pi(K_{Ic}/\sigma_f)^2$，该值越大说明材料的韧性越高，图中的 $K_{Ic}/\sigma_f=C$ 虚线代表同样的意义。常数 C 的值由陶瓷材料的 10^{-4}mm 量级到金属材料的 100mm 量级。可见，对于同一尺度而言，σ_f 值越高则其断裂韧性 K_{Ic} 越高。在实际应用中，如在设计压力容器时，为了保证在断裂前发生屈服来避免毁灭性事故的发生，考虑最大缺陷尺寸 $a<1/\pi(K_{Ic}/\sigma_f)^2$ 即可。但是，大型压力容器难以实现 $\alpha<1/\pi(K_{Ic}/\sigma_f)^2$，为此设计上采用的是“断裂前泄漏(leak before break)”的原则。即前者采用以 $K_{Ic}/\sigma_f=C$ 为参照，后者则采用以 $K_{Ic}^2/\sigma_f=C$ 为参照的设计宗旨。

诚然，历来认为韧性是材料固有的本质，如何使结构材料具有更高的韧性成为摆在科技工作者面前的课题。如何根据用户的要求合理地设计、选择适宜的材料，实现安全使用的目的成为关键。这里包括材料本身的因素，诸如材料的成分、材料的缺陷、材料的显微组织控制等，当然亦包括材料所服役的条件(如温度、载荷速率等)、环境(腐蚀介质等)，这些均会影响到材料的强度及韧性(相关内容请参见本书 6.5.5 节)。为此，本书力求由介绍材料的宏观力学行为出发，分析影响材料力学行为的材料及环境因素，为材料工作者和学生准确认知材料的强度、韧性与其微观组织结构状态的变化规律，科学地将其运用于实际工程提供基础。

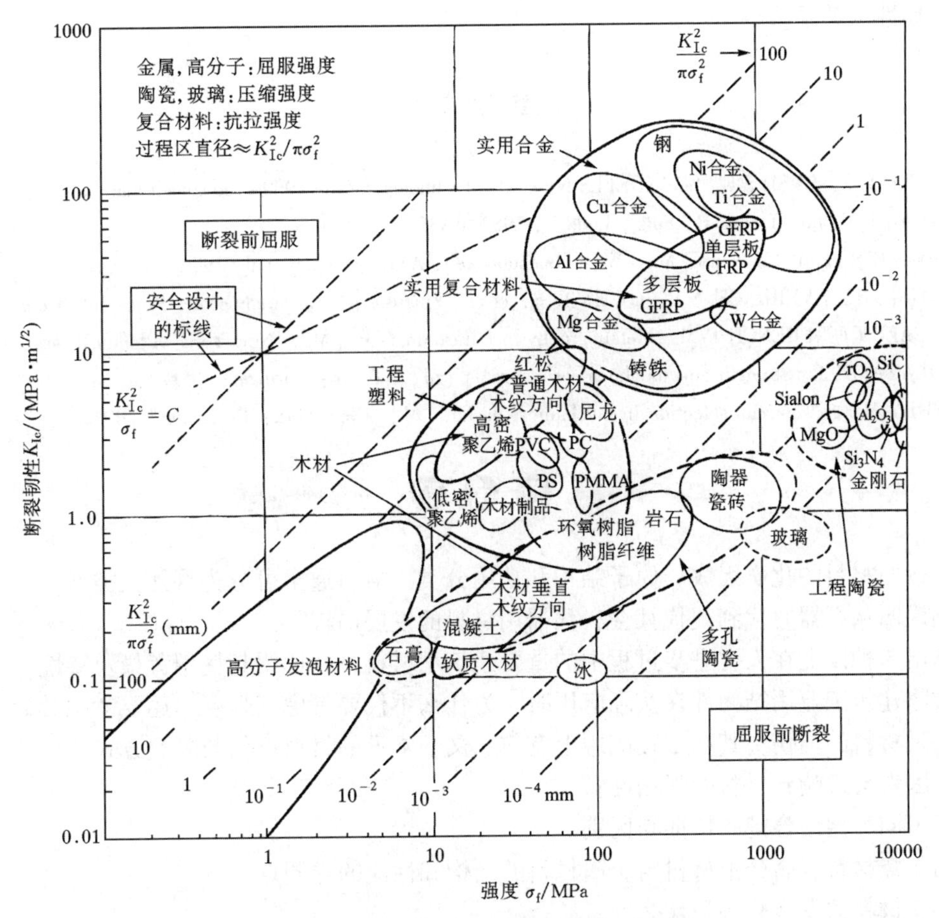

图 1.12 各种材料的强度-断裂韧性相关性图

1.5 本书的构成(Consists of the Book)

本书是根据我国高等理工科院校材料科学与工程及相关专业的教学需要而编写。从教学安排上，考虑到学生已经修完“材料科学基础”“工程力学”等课程，进一步加强材料科学与工程专业有关结构材料知识的学习，本教材力求将传统的金属、陶瓷、高分子三大材料以及复合材料有机地融为一体，传授对结构材料强度(强化)、韧性(韧化)的统一认知。考虑到理工科学生的应用背景，在注重基础理论(如各种材料强度与韧性的物理意义与本质)的同时，强调理论的应用(如材料强度与韧性的影响因素及其变化规律)。另外，本教材力求将材料力学行为的微细观物理本质与力学行为的宏观规律有机结合，既强调材料强度与韧性的经典理论，又尽可能介绍本学科相关的一些最新成就，为学生由材料的设计、制备出发，研制新材料、改进或创新工艺提供依据；为在机械设计和制造过程中，正确选择与合理使用各种材料指明方向，并为机器零件或构件的失效分析奠定一定基础。为此，本教材第 1 章简要介绍材料的发展史及结构材料强度与韧性的重要性；第 2、3 章介绍材料的基本力学性能及弹性变形、塑性变形的基本概念；第 4 章系统叙述材料的强化与韧化基本原理、方法等，这是本教材的重点；第 5、第 6 章介绍材料的断裂及断裂韧性的基本知识；第 7~9 章分别介绍材料在疲劳、高温及环境、磨损和接触疲劳等特定加载方式及外界环境下的力学行为与其强度和韧性的关系。

参考文献

[1] ASHBY M F, BUSH S F, SWINDELLS N, et al. Technology of the 1990s, advanced materials and predictive design [J]. Phil. Trans. R. Soc., London, 1987 (A322): 393-407.

[2] LANGER E L. ASTM News [M]. West conshohocken, ASTM International, 1989.

[3] HAHN G T, AVERBACH B L, OWEN W S, et al. Fracture [M]. Swampscott, Proc. Int. Conf., 1959.

[4] MCCALL J L, FRENCH P M. Metallography in failure analysis [M]. New York: Plenum Press, 1977.

[5] KOBAYASHI T. Strength and toughness of materials [M]. Tokyo: Springer, 2004.

[6] ASHBY M F. Materials selection in mechanical design [M]. New York: Pergamon, 2003.

1. 分别按照材料的化学组成、原子结构和功用分类，材料通常可分为哪几大类?
2. 举例说明从石器时代到现代社会，兵器用材料的发展历程。
3. 请举出5种以上在人类进步过程中的重要建筑用材料，并说明其使用背景及特性。
4. 机械与建筑工业用结构件在实际应用时，为什么不仅要考虑其强度，还要考虑其韧性?
5. 什么是材料的损伤?其在工程应用上有何意义?常见的材料损伤与断裂方式有哪些?
6. 哪些因素会影响到材料的强韧性?
7. 简述不同类型结合键的特征与区别。
8. 说明陶瓷材料、高分子材料与金属材料的结构和性能的异同点。
9. 世界新材料的发展趋势是什么?

2 材料在静载荷下的力学性能

Mechanical Properties of Materials Under Static Loads

材料力学性能指标是结构设计、材料选择、工艺评价以及材料检验的主要依据。测定材料力学性能最常用的方法是静载荷方法，即在温度、应力状态和加载速率都固定不变的状态下测定力学性能指标的一种方法。

2.1 材料的拉伸性能(Tensile Properties of Materials)

材料的拉伸性能

静拉伸试验一般是指在常温、单向静拉伸载荷作用下，用光滑试样测定材料力学性能的试验。试验时，在试样两端缓慢地施加单向载荷，使试样的工作部分受轴向拉力而沿轴向伸长，一般进行到拉断为止。通过拉伸试验，可以获得材料的弹性（elasticity）、塑性（plasticity）、强度（strength）、应变硬化（work hardening）、韧性（toughness）等重要而又基本的力学性能指标，这些统称为材料的拉伸性能。

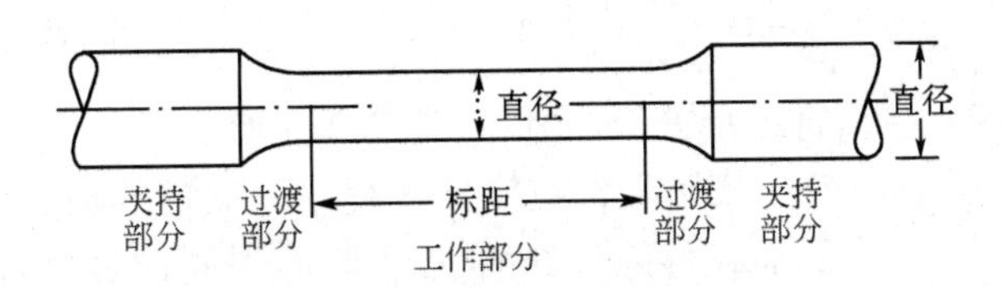

图 2.1 拉伸试样各部分示意

静拉伸试验可用圆柱试样或板状试样在拉伸机上进行。为确保材料确实处于单向拉伸状态，对试样形状、尺寸和加工精度都有一定要求。一般拉伸试样可分为工作部分、过渡部分和夹持部分三部分(见图 2.1)。其中，工作部分指图 2.1 所示的标距范围，其表面必须光滑，以保证材料表面也处于单向拉伸状态；夹持部分是指与试验机夹头连接的部分；过渡部分必须有适当的台肩和圆角，以降低应力集中，保证该处不发生变形和断裂。材料不同对其要求也不同，试样的形状、尺寸和加工精度等在国家标准中都有明确规定。

2.1.1 拉伸曲线和应力-应变曲线

2.1.1.1 应力（stress）与应变（strain）

物体受外加载荷作用时，在单位截面上所受到的力称为应力。载荷通常并不垂直于其所作用的平面，此时可将载荷分解为垂直于作用面的法向载荷与平行于作用面的切向载荷，如图 2.2 所示，前者称为正应力，后者称为切应力，分别表示为

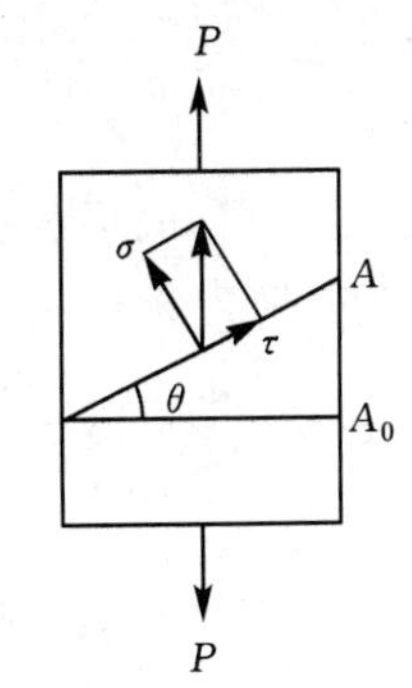

图 2.2 作用在截面积 *A* 上的应力

$$\left.\begin{aligned}\sigma&=\frac{P\cos\theta}{A}=\frac{P\cos\theta}{A_0/\cos\theta}=\frac{P}{A_0}\cos^2\theta\\ \tau&=\frac{P\sin\theta}{A}=\frac{P\sin\theta}{A_0/\cos\theta}=\frac{P}{A_0}\sin\theta\cos\theta\end{aligned}\right\}\tag{2-1}$$

在单向静载荷拉伸条件下，正应力 $\sigma=\frac{P}{A}$，其中 P 为拉伸载荷，A 为垂直拉伸轴线截面的面积，工程上规定，加载过程中，截面积不变，即以原始截面积 A_0 代替 A，这样得到的应力为工程应力（engineering stress）（或称条件应力），$\sigma=\frac{P}{A_0}$。

物体在外力作用下，单位长度(或面积)上的变形量称为应变，应变是应力作用的结果。每种应力对应一种应变。与工程应力相对应的是工程应变（engineering strain），表示为：$\varepsilon=\frac{l-l_0}{l_0}\times100\%$，其中 l_0 为试样原始标距的长度，l 为试样伸长后的长度。如果用面积表示，工程应变为 $\psi=\frac{A_0-A}{A_0}\times100\%$，其中 A_0 为试样的原始截面积，A 为受力后的截面积。与切应力相对应的是切应变，切应变为切向载荷所引起的切位移与相邻两截面的距离之比，或等于试样转动角度的正切值，即 $\gamma=\frac{a}{h}=\tan\theta$，其中 γ 为切应变，a 为切位移，h 为相邻截面间距离，θ 为转动角度，如图 2.3 所示。

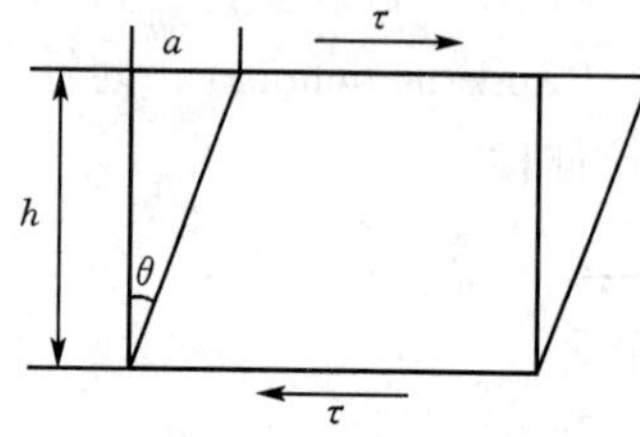

图 2.3　滑移切应变

实际上，在拉伸过程中，试样的横截面积是逐渐减小的，外加载荷除以试样某一变形瞬间的截面积称为真应力（true stress），表示为

$$S=\frac{P}{A_i}\tag{2-2}$$

式中，S 为真应力，A_i 为瞬时截面积。根据在塑性变形前后材料体积不变的近似假定，即 $A_0l_0=A_il_i$，则

$$S=\frac{P}{A_i}=\frac{P}{A_0}\frac{l_i}{l_0}=\sigma\frac{l_0+\Delta l}{l_0}=\sigma\left(1+\frac{\Delta l}{l_0}\right)$$

所以

$$S=\sigma\ (1+\varepsilon)\tag{2-3}$$

由式(2-3)可知，真应力 S 大于工程应力 σ，而且随变形量的增大，两者差别越加明显。

与真应力相对应的应变为真应变（ture strain）e，拉伸时某一瞬时试样伸长 $\mathrm{d}l$ 时，其瞬时应变 $\mathrm{d}\varepsilon=\frac{\mathrm{d}l}{l}$。若试样原始长度为 l_0，在受载荷 P 的作用后试样的长度为 l_f，其真应变为

$$e=\sum_{f=1}^{n}\mathrm{d}\varepsilon=\int_{l_0}^{l_f}\frac{\mathrm{d}l}{l}=\ln\frac{l_f}{l_0}=\ln\frac{l_0+\Delta l}{l_0}=\ln(1+\varepsilon)\tag{2-4}$$

由式(2-4)可见，真应变 e 小于工程应变 ε。这是因为每一时刻的实际应变与瞬时的标距长度 l_i 有关。如果固定位移增量，相应的应变增量将会逐步减小 Δl，因为随着附加每一

位移增量，瞬时标距长度 l_i 都要增加 Δl。在由杆的总长度变化来定义其应变时，认为该长度变化是一步达到的，也可能是任意多步达到的。现在考虑钢丝分两步拉拔的情况，其中间经过退火处理。根据工程应变的定义，两次拉丝的应变值分别为$\frac{l_1-l_0}{l_0}$和$\frac{l_2-l_1}{l_1}$。这两个应变增量加起来并不等于最后的工程应变增量$\frac{l_2-l_0}{l_0}$，而对于真应变，两次真应变之和确实得到正确的结果。即

$$\ln\frac{l_1}{l_0}+\ln\frac{l_2}{l_1}=\ln\frac{l_2}{l_0}=e_{总}$$

下面的例题能够很好地说明这个问题。

【例题】 一钢坯长 $l_0=1\text{m}$，直径 $d_0=10\text{mm}$，它通过了直径 $d_1=8\text{mm}$ 和直径 $d_2=5\text{mm}$ 的拔丝模具两次拉拔，试问两次拉拔后的真实应变 e_1、e_2 各为多少？条件应变 ε_1、ε_2 各为多少？总的真实应变 e、条件应变 ε 各为多少？

【解】 根据体积不变原理，可求出两次拉拔后的长度 l_1 与 l_2，有

$$l_1=\frac{A_0l_0}{A_1}=\frac{\pi\left(\frac{d_0}{2}\right)^2l_0}{\pi\left(\frac{d_1}{2}\right)^2}=\frac{d_0^2l_0}{d_1^2}=\frac{10^2\times1}{8^2}=1.5625\ (\text{m})$$

$$l_2=\frac{d_0^2l_0}{d_2^2}=\frac{10^2\times1}{5^2}=4\ (\text{m})$$

两次拉拔后总的条件应变为

$$\varepsilon_1=\frac{l_1-l_0}{l_0}\times100\%=\frac{1.5625-1}{1}\times100\%=56.25\%$$

$$\varepsilon_2=\frac{l_2-l_1}{l_1}\times100\%=\frac{4-1.5625}{1.5625}\times100\%=156\%$$

两次拉拔后的真实应变为

$$e_1=\ln\frac{l_1}{l_0}=\ln\frac{1.5625}{1}=0.446$$

$$e_2=\ln\frac{l_2}{l_1}=\ln\frac{4}{1.5625}=0.94$$

两次拉拔后总的条件应变 ε 和真实应变 e 为

$$\varepsilon=\frac{l_2-l_0}{l_0}\times100\%=\frac{4-1}{1}\times100\%=300\%$$

$$e=\ln\frac{l_2}{l_0}=\ln\frac{4}{1}=1.386$$

【答】 $\varepsilon_1=56.25\%$，$\varepsilon_2=156\%$，$\varepsilon=300\%$；$e_1=0.446$，$e_2=0.94$，$e=1.386$。

2.1.1.2 拉伸曲线与应力-应变(σ-ε)曲线

拉伸试验机上带有自动记录装置，可以自动记录作用在试样上的力和由受力而引起的试样伸长，绘出载荷 P 与伸长量 Δl 的关系曲线，这种曲线叫作拉伸曲线或拉伸图。

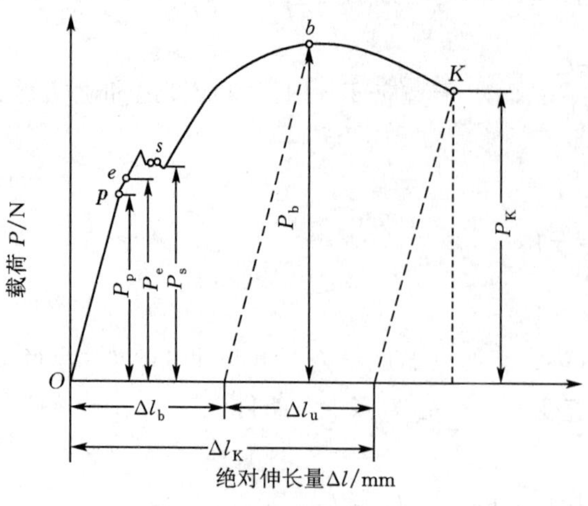

图 2.4 低碳钢的拉伸曲线

图 2.4 所示是退火低碳钢的拉伸曲线，图中纵坐标表示载荷 P，单位是牛(N)或兆牛(MN)，横坐标表示试样在载荷 P 的作用下的绝对伸长量 Δl，单位是毫米(mm)。

在给试样加载初期，载荷比较小，其伸长量与载荷间按照直线关系成正比地增加。当载荷超过 P_p 后，拉伸曲线开始偏离直线。P_p 为保持直线关系的最大载荷。

曲线偏离直线后，试样随载荷增加继续变形，此时如果卸掉载荷，试样立刻恢复原来形状，这种变形称为弹性变形(elastic deformation)。当载荷大于 P_e 再卸掉载荷时，试样只能部分地恢复原来形状，而保留一部分残余变形。卸掉载荷后的残余变形称为塑性变形（plastic deformation)。不产生塑性变形的最大载荷称为弹性极限载荷 P_e。一般说来，P_p 和 P_e 是很接近的。

载荷增加到一定值时，拉伸曲线上出现了平台或锯齿，这种在载荷不增加或减小的情况下，试样还继续伸长的现象称为屈服（yield)。屈服后，试样开始发生明显的塑性变形，表面会出现滑移带。

屈服现象发生后，试样再继续变形必须不断增加载荷，即变形抗力增加。随着试样塑性变形量的不断增大，变形抗力不断增加的现象称为形变强化或加工硬化。当载荷达到最大值 P_b 后，试样的某一局部截面开始急剧缩小，出现了“颈缩”（necking）现象，以后的变形主要集中在这个颈缩了的部位。

由于“颈缩”使试样截面面积急剧减小，致使试样承载能力下降。拉伸曲线上的最大载荷 P_b 是强度极限的载荷。当载荷达到 P_K 时，试样断裂，这个载荷称为断裂载荷。

新标准 GB/T 228.1—2010 中对室温拉伸性能指标名称和符号进行了修改，由于高温力学性能指标并没有修改，为保持符号前后一致性，这里仍采用原国家标准规定的符号，表 2.1 列举了几个主要的新旧标准性能名称和符号对照，详情请参见 GB/T 228—2002。

表 2.1 主要拉伸性能指标的新旧标准用符号对照表

新标准			旧标准
性能名称		符号	符号
抗拉强度	tensile strength	R_m	σ_b
断面收缩率	percentage reduction of area	Z	ψ
断后伸长率	percentage elongation after fracture	A	δ

以工程应力作纵坐标，以工程应变作横坐标绘制的曲线，称为应力-应变(σ-ε)曲线(见图 2.5)。比较低碳钢的拉伸曲线(见图 2.4)和其应力-应变曲线(见图 2.5)，可以看出，两者具有完全相同的形状，但其横、纵坐标不同，两曲线的意义也不同。应力-应变曲线的纵坐标表示应力，单位是兆帕(MPa)，横坐标表示相对伸长量，单位是百分数(%)。在应力-应变曲线上，可以直接读出材料的力学性能指标，如屈服强度(yield strength) σ_s，强度极限 (ultimate tensile strength) σ_b，伸长率/延伸率(elongation) δ_K 等。由图 2.5 应力-应变曲线可以看出，不同的曲线段反映不同的强度指标。

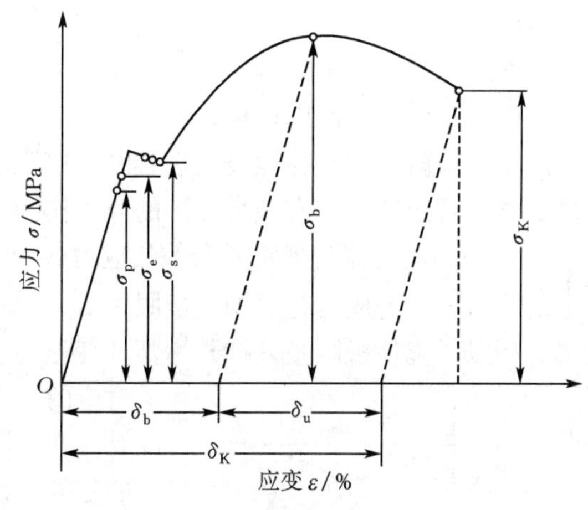

图 2.5 低碳钢的应力-应变曲线

强度指标及测定方法（比例极限）

2.1.1.3 强度指标及其测定方法

(1) 比例极限 σ_p (proportional limit)

当应力比较小时，试样的伸长随应力成正比地增加，保持直线关系。当应力超过 σ_p 时，曲线开始偏离直线，因此称 σ_p 为比例极限，是应力与应变成直线关系的最大应力值，且

$$\sigma_p=\frac{P_p}{A_0}\ (\mathrm{MPa}) \tag{2-5}$$

式中 P_p——比例极限的载荷，N；

A_0——试样的原截面积，mm^2。

在实际拉伸过程中，完全精确地测定开始偏离直线那一点的应力不是很容易，因此，通常测定偏离一定值的应力，一般规定过曲线上某点的切线和纵坐标夹角的正切值 $\tan\theta'$ 比直线部分和纵坐标夹角的正切值 $\tan\theta$ 增加 50% 时，则该点对应的应力即规定比例极限 σ_{p50} (简写为 σ_p)，见图 2.6。如果要求精确时，也可规定偏离 25% 或 10% 时所对应的应力为 σ_{p25} 或 σ_{p10}，显然 $\sigma_p>\sigma_{p25}>\sigma_{p10}$。

弹性极限

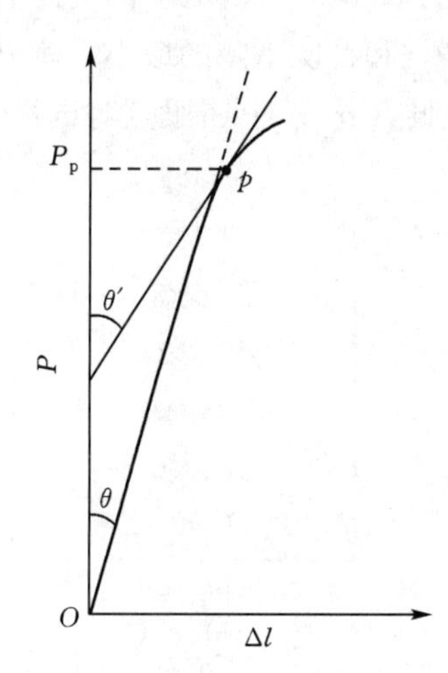

图 2.6 规定比例极限

(2) 弹性极限 σ_e (elastic limit)

应力-应变曲线中，应力在 σ_e 时称为弹性强度极限，该阶段为弹性变形阶段。当应力继续增加，超过 σ_e 以后，试样在继续产生弹性变形的同时，也伴随微量的塑性变形，因此 σ_e 是材料由弹性变形过渡到弹-塑性变形的应力。应力超过弹性极限以后，便开始发生塑性变形。

$$\sigma_e = \frac{P_e}{A_0}\ (\text{MPa}) \tag{2-6}$$

式中　P_e——弹性极限的载荷，N。

和比例极限一样，弹性极限也受测量精度的影响。为了便于比较，根据材料构件服役条件的要求，规定产生一定残余变形的应力作为“规定弹性极限”，国家标准中规定以残余伸长为0.01%的应力作为规定残余伸长应力，用$\sigma_{0.01}$表示。弹性极限并不是材料对最大弹性变形的抗力，因为应力超过弹性极限之后，材料在发生塑性变形的同时，还要继续产生弹性变形。所以，弹性极限是表征开始塑性变形的抗力，严格地说，是表征微量塑性变形的抗力对应的应力值。

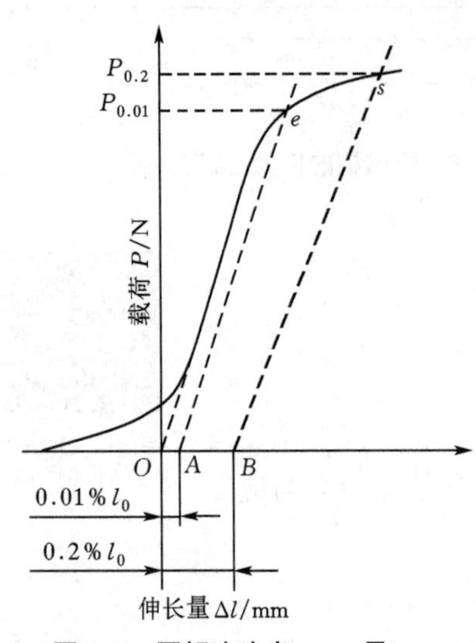

图 2.7　图解法确定 $\sigma_{0.01}$ 及 $\sigma_{0.2}$

在实际工作条件下，对于不允许产生微量塑性变形的零件，设计时应该根据规定弹性极限数据来选材。例如，选用弹簧材料，如果其规定弹性极限值较低，该弹簧工作时就可能产生塑性变形，尽管每次变形量可能很小，但在长期服役条件下，弹簧的尺寸会发生明显的变化，导致弹簧失效。

规定残余伸长应力$\sigma_{0.01}$的测量方法与规定屈服强度$\sigma_{0.2}$(下面将述及)相似，可采用图解法。在自动记录装置绘出的载荷-伸长量曲线(见图2.7)上，从弹性直线段与横坐标轴的交点O起，截取$0.01\%l_0$残余伸长量OA，再过A点作Ae线，使Ae平行于弹性直线段，交拉伸曲线于e点。对应于e点的载荷值，便是规定残余伸长应力的载荷$P_{0.01}$，即可算出$\sigma_{0.01}$值。确定$\sigma_{0.01}$的拉伸曲线，伸长量坐标比例应不低于1000倍。

(3) 屈服强度（yield strength）

屈服强度
（物理意义）

在拉伸过程中，当应力达到一定值时，拉伸曲线上出现了平台或锯齿形流变(如图2.8所示)，在应力不增加或减小的情况下，试样还继续伸长而进入屈服阶段。屈服阶段恒定载荷P_s［见图2.8(a)］所对应的应力为材料的屈服点；而图2.8(b)的曲线中，最大载荷P_{su}和首次下降的最小载荷P_{sl}所对应的应力分别为材料的上屈服点σ_{su}和下屈服点σ_{sl}。上屈服点对试样上的局部应力集

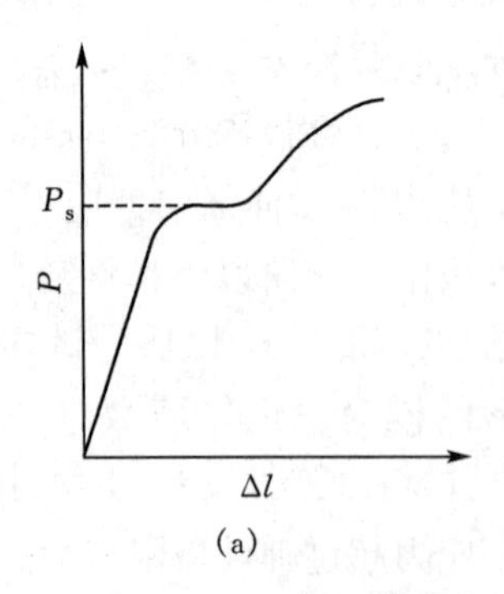

(a)

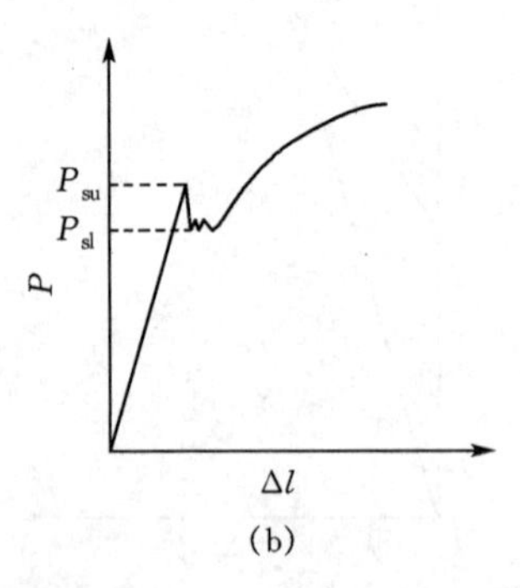

(b)

图 2.8　屈服点的定义

中极为敏感。具有上、下屈服点的材料规定用下屈服点作为材料的屈服点，并用 σ_s 表示，有

$$\sigma_s = \frac{P_s}{A_0}\ (\text{MPa}) \tag{2-7}$$

式中 P_s——载荷不增加或开始下降，试样还继续伸长的恒定载荷或首次下降的最小载荷，N。

屈服点是具有屈服现象的材料特有的强度指标。屈服点 σ_s 的载荷可借助拉伸曲线的纵坐标来确定。

除退火或热轧的低碳钢和中碳钢等少数合金有屈服现象外，大多数金属合金都没有屈服点，因此，规定产生0.2%残余应变的应力为屈服强度，以 $\sigma_{0.2}$ 表示，有

$$\sigma_{0.2} = \frac{P_{0.2}}{A_0}\ (\text{MPa}) \tag{2-8}$$

式中 $P_{0.2}$——产生0.2%残余应变的载荷，N。

屈服强度 $\sigma_{0.2}$ 和屈服点一样，表征材料发生明显塑性变形的抗力。弹性极限和屈服强度(屈服点)都表征材料开始塑性变形的抗力。但是从变形程度来看，弹性极限 σ_e 规定的残余变形小(0.005%~0.05%)，表示开始产生塑性变形的抗力，屈服强度 $\sigma_{0.2}$ 规定的残余变形大一点，表征开始产生明显塑性变形的抗力；比例极限 σ_p 规定的残余伸长更小，在0.001%~0.01%之间。这三个强度指标都是材料的微量塑性变形抗力指标，从工程技术上和标准中的定义来看，它们之间并无原则差别，只是规定的塑性变形大小不同而已。因此，可以用规定残余伸长应力把比例极限、弹性极限及屈服强度的定义统一起来。

结构件常因过量的塑性变形而失效，一般不允许发生塑性变形。对于要求特别严格的构件，应该根据材料的弹性极限或比例极限设计，而要求不十分严格的构件则要以材料的屈服强度作为设计和选材的主要依据。所以屈服强度被公认为是评定材料的重要的力学性能指标。

(4) 强度极限(抗拉强度) σ_b (ultimate tensile strength)

强度极限

屈服阶段以后，材料开始产生明显的塑性变形，进入弹-塑性变形阶段，有时伴有形变强化现象，要继续变形必须不断增加应力。随着塑性变形的增大，变形抗力不断增加，当应力达到最大值 σ_b 以后，材料的形变强化效应已经不能补偿由于横截面积的减小而引起的承载能力的降低，此时试样的某一部位截面开始急剧缩小，因而在工程应力-应变曲线(见图2.5)上，出现了应力随应变的增大而降低的现象，曲线上的最大应力 σ_b 为抗拉强度或强度极限，它是由试样拉断前最大载荷所决定的条件临界应力，即试样所能承受的最大载荷除以原始截面积

$$\sigma_b = \frac{P_b}{A_0}\ (\text{MPa}) \tag{2-9}$$

对塑性材料来说，在 P_b 以前试样为均匀变形，试样各部分的伸长基本上是一样的；在 P_b 以后，变形将集中于试样的某一部分，发生集中变形，试样上出现颈缩，由于颈缩处截面积急剧减小，试样能承受的载荷降低，所以按试样原始截面积 A_0 计算出来的条件应力也

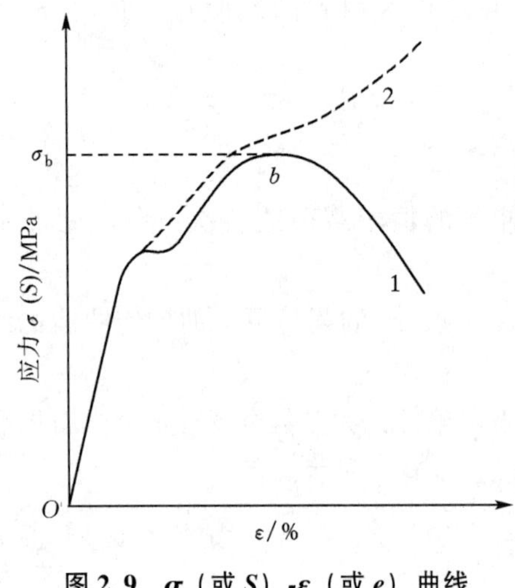

图 2.9 σ（或 S）-ε（或 e）曲线

1—条件应力；2—真应力

随之降低，如图 2.9 中曲线 1 所示。在 P_b 以后，如果改用瞬时载荷除以颈缩处的瞬时截面积 A_i，得到的真应力 $S\left[S=\dfrac{P}{A_i}\ (\text{MPa})\right]$ 也是随变形量增加而增大的，如图 2.9 中曲线 2 所示。这说明产生颈缩以后，变形抗力将继续增加，进一步产生形变强化。

尽管如此，强度极限 σ_b 仍是很重要的，它的物理意义是表征材料对最大均匀变形的抗力，代表材料在拉伸条件下所能承受的最大载荷的应力值，工程上通常称为抗拉强度，它是设计和选材的主要依据之一，也是材料的重要力学性能指标。

（5）断裂强度 σ_K（fracture strength）

断裂强度 σ_K 是试样拉断时的真应力，它等于拉断时的载荷 P_K 除以断裂后颈缩处截面积 A_K

$$\sigma_K=\frac{P_K}{A_K}\ (\text{MPa}) \tag{2-10}$$

断裂强度表征材料对断裂的抗力。但是，对塑性材料来说，它在工程上意义不大，因为产生颈缩后，试样所能承受的外力减小，所以国家标准中没有规定断裂强度。

脆性材料一般不产生颈缩，拉断前的最大载荷 P_b 就是断裂时的载荷 P_K，并且由于塑性变形小，试样截面积变化不大，$A_K\approx A_0$，所以抗拉强度 σ_b 就是断裂强度 σ_K。此时的抗拉强度 σ_b 就表征材料的断裂抗力。

2.1.1.4 塑性指标及其测定

塑性指标及其测定

在试样拉伸过程中，除能测定上述强度指标外，还可测得塑性指标。材料断裂前发生永久塑性变形的能力称为塑性。塑性指标常用材料断裂时的最大相对塑性变形来表示。

（1）伸长率 δ(或 δ_K)（elongation）

伸长率 δ_K 是断裂后试样标距长度的相对伸长值，它等于标距的绝对伸长量 $\Delta l_K=l_K-l_0$ 除以试样的原始标距长度 l_0，用百分数(%)表示

$$\delta_K=\frac{\Delta l_K}{l_0}\times100\%=\frac{l_K-l_0}{l_0}\times100\% \tag{2-11}$$

式中 l_0——试样的原始标距长度，mm；

l_K——试样断裂后的标距长度，mm；

Δl_K——断裂后试样的绝对伸长量，mm。

通常，δ_K 用 δ 来表示。

由图 2.4 拉伸曲线可以看出，在颈缩开始前，试样发生的是均匀变形，伸长量为 Δl_b；颈缩开始后，塑性变形集中在颈缩区，由颈缩区的不均匀塑性变形而引起的伸长量为 Δl_u；则总的伸长量 $\Delta l_K=\Delta l_b+\Delta l_u$。

根据实验研究结果，有

$$\Delta l_b = ml_0,\ \Delta l_u = n\sqrt{A_0}$$

式中，m 和 n 都是常数，仅与材料相状态有关，所以

$$\delta = \delta_K = \frac{\Delta l_b + \Delta l_u}{l_0} = \delta_b + \delta_u = \frac{ml_0 + n\sqrt{A_0}}{l_0} = m + n\frac{\sqrt{A_0}}{l_0} \tag{2-12}$$

由此可见，伸长率 δ 除取决于 m 和 n 以外，还受试样尺寸的影响，随着$\frac{\sqrt{A_0}}{l_0}$的增大而增大。为了使具有不同尺寸的同一种材料得到一样的伸长率，必须取$\frac{\sqrt{A_0}}{l_0}$为常数，即试样必须按比例地增大或减小其长度或截面积。为此，选定$\frac{l_0}{\sqrt{A_0}}=11.3$ 或 5.65。对于圆柱形拉伸试样，$\frac{l_0}{\sqrt{A_0}}=5.65$ 对应$\frac{l_0}{d_0}=5$，称为短试样；而$\frac{l_0}{\sqrt{A_0}}=11.3$ 对应$\frac{l_0}{d_0}=10$，称为长试样。用 $l_0=5d_0$ 试样测得的伸长率记作 δ_5，用 $l_0=10d_0$ 试样测得的伸长率记作 δ_{10}。按照上述两种比例关系制作的拉伸试样称为比例试样。标距长度与原截面积间不满足上述两种关系的试样称为非比例试样。非比例试样所测得的伸长率结果不能与 δ_5 或 δ_{10} 相比较。另外，由式(2-12)可知，由于 m、n 为常数，则 δ 值取决于$\frac{\sqrt{A_0}}{l_0}$；短试样的$\frac{\sqrt{A_0}}{l_0}=\frac{1}{5.65}$，而长试样的$\frac{\sqrt{A_0}}{l_0}=\frac{1}{11.3}$，短试样的$\frac{\sqrt{A_0}}{l_0}$数值比长试样的大 1 倍，所以 $\delta_5>\delta_{10}$，一般地，$\delta_5=(1.2\sim1.5)\delta_{10}$。由于短试样可以节约原材料且加工较方便，所以国标中多优先选用短试样来测伸长率。

(2) 断面收缩率 ψ (reduction of area)

断面收缩率 ψ 是断裂后试样截面的相对收缩值，它等于截面的绝对收缩量 $\Delta A_K=A_0-A_K$ 除以试样的原始截面积 A_0，也是用百分数(%)表示的

$$\psi = \frac{A_0 - A_K}{A_0} \times 100\% \tag{2-13}$$

式中　A_K——试样断裂后的最小截面积。

对于圆柱形试样，ψ 的测定比较简单，将断裂后的试样对接起来，测出它的直径 d_K(从相互垂直方向测 2~3 次，取平均值)后，即可求出 ψ 值。另外，由式(2-13)可知，ψ 值和试样的尺寸无关。

综上所述，每种材料因其具有不同的化学成分和微观组织结构，在相同的实验条件下，会显示出不同的应力-应变曲线。图 2.5 是低碳钢的应力-应变曲线，而其他几种典型的应力-应变曲线见图 2.10。

在材料拉伸性能测试中，按照材料在拉伸断裂前是否发生塑性变形，将材料分为脆性材料和塑性材料两大类。脆性材料在拉伸断裂前不产生塑性变形或塑性变形不明显；而塑性材料在拉伸断裂前不仅产生均匀伸长，而且发生颈缩现象。

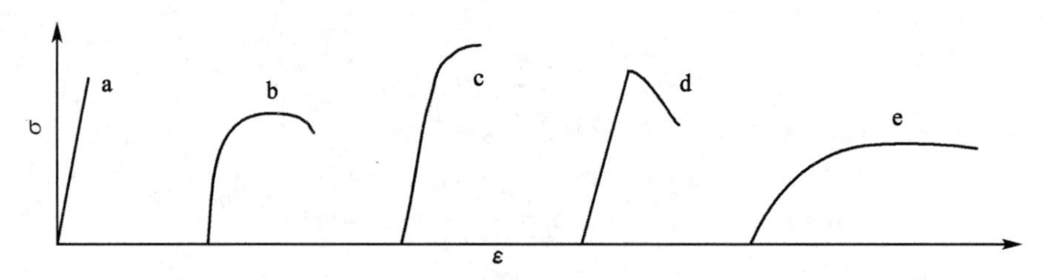

图 2.10　几种典型的应力-应变曲线

脆性与塑性材料的拉伸性能

2.1.2　脆性材料的拉伸性能

脆性材料在拉伸变形时只产生弹性变形，一般不产生或产生很微量的塑性变形，其应力-应变曲线如图 2.10 中曲线 a 所示，这类曲线常出现于玻璃、岩石、陶瓷、淬火高碳钢及铸铁等材料中。在弹性变形阶段，应力与应变成正比关系。

拉伸时
$$\sigma = E\varepsilon \tag{2-14}$$
剪切时
$$\tau = G\gamma \tag{2-15}$$

式中，E 和 G 分别为正弹性模量和切变弹性模量，单位为 MPa，正弹性模量又称为杨氏模量（Young′s modulus）。弹性模量是度量材料刚度的系数或者表征材料对弹性变形的抗力。其值越大，则在相同应力下产生的弹性变形就越小。

在拉伸时，试样在发生纵向伸长的同时，也发生横向收缩，把横向应变 ε_r 与纵向应变 ε_1 的比值的负值用 ν 来表示。

$$\nu = -\frac{\varepsilon_r}{\varepsilon_1} \tag{2-16a}$$

ν 称为泊松比（Poisson′s ratio），也是材料的弹性常数。一些工程材料的弹性性能列入表 2.2。

表 2.2　工程材料的弹性性能

材　料	E/GPa	ν	G/GPa	材　料	E/GPa	ν	G/GPa
铝（Al）	70.3	0.345	26.1	氧化铝（致密）	~415	—	—
镉（Cd）	49.9	0.300	19.2	金刚石	~965	—	—
铬（Cr）	279.1	0.2101	15.4	有机玻璃	80.1	0.27	31.5
铜（Cu）	129.8	0.343	48.3	尼龙 66	1.2~2.2	—	—
金（Au）	78.0	0.440	27.0	聚碳酸酯	2.4	—	—
铁（Fe）	211.4	0.293	81.6	聚乙烯（高密度）	0.4~1.3	—	—
镁（Mg）	44.7	0.291	17.3	有机玻璃（聚甲基丙烯酸甲酯）	2.4~3.4	—	—
镍（Ni）	199.5	0.312	76.0				
铌（Nb）	104.9	0.367	37.5	聚丙烯	1.1~0.16	—	—
银（Ag）	82.7	0.367	30.3	聚苯乙烯	2.7~4.2	—	—
钽（Ta）	185.7	0.342	69.2	水晶（熔凝石英）	73.1	0.170	31.2
钛（Ti）	115.7	0.321	43.8	碳化硅	~470	—	—
钨（W）	411.0	0.280	160.6	碳化钨	534.4	0.22	219.0
钒（V）	127.6	0.366	46.7				

对于 $Ox_1x_2x_3$ 坐标系，沿 Ox_3 方向单向拉伸一个单胞，单胞受三向应力 σ_{ij} 的作用，其中 i 为作用面，j 为作用方向。

正应力 σ_{ii} 两下标一致（σ_{11}，σ_{22}，σ_{33}），相当于 σ；切应力 σ_{ij} 两下标不一致（σ_{12}，σ_{13}，σ_{23}），相当于 τ。

σ_{33} 产生应变 ε_{11}、ε_{22}、ε_{33}、由于沿 Ox_2 和 Ox_3 两方向拉伸长度缩短，因此，应变 ε_{11} 和 ε_{22} 均为负值，见示意图 2.11。

$$\nu = -\frac{\varepsilon_{11}}{\varepsilon_{33}} = \frac{-\varepsilon_{22}}{\varepsilon_{33}} \text{（对于各向同性材料）} \tag{2-16b}$$

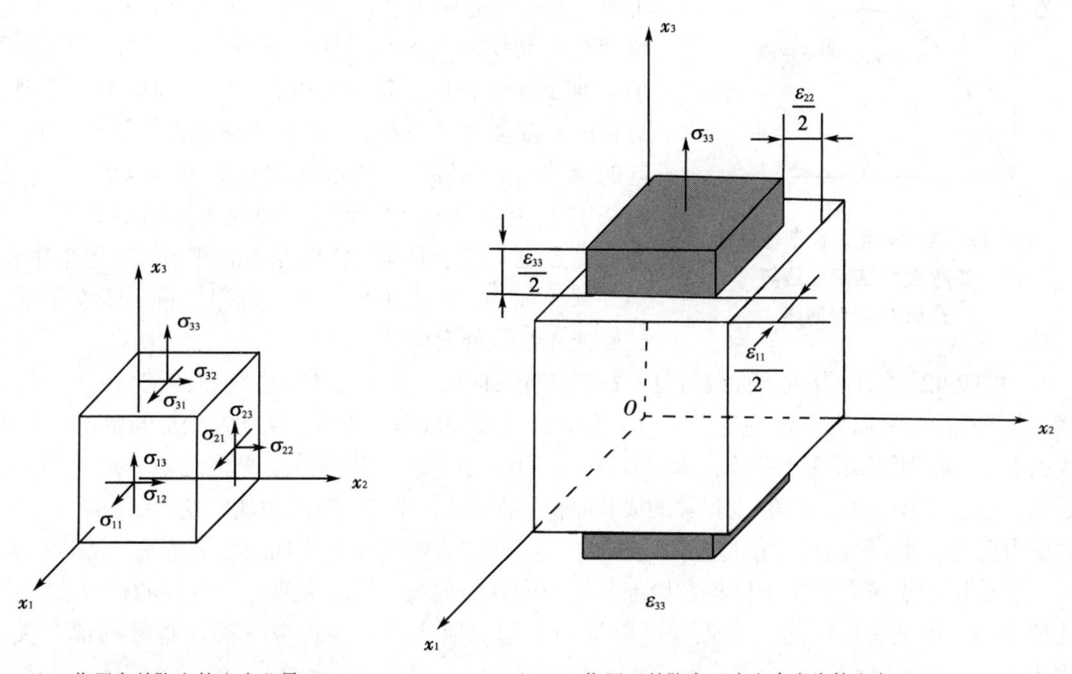

(a) 作用在单胞上的应力分量 (b) σ_{33}作用下单胞在三个方向产生的应变

图 2.11 泊松比计算示意图

由于完全脆性材料的应力-应变曲线只有线性阶段，完全可以用胡克定律（Hooke's law）$\sigma = E\varepsilon$ 来描述，因此表征脆性材料力学特征的主要参量有两个：弹性模量 E 和应力的最大值断裂强度 σ_K。不难看出，脆性材料的断裂强度等于甚至低于弹性极限，因此断裂前不发生塑性变形，其强度极限比较低，但是这种材料的抗压强度比较高，一般情况下，脆性材料的抗压强度比抗拉强度大几倍，理论上可以达到抗拉强度的 8 倍，因此，在工程上，脆性材料被大量地应用于受压载荷的构件上，如车床的床身一般由铸铁制造，建筑上用的混凝土被广泛地用于受压状态下，如果需要承受拉伸载荷，则用钢筋来加固。

实际使用的脆性材料并非都属于完全的脆性，尤其是金属材料，绝大多数都有些塑性，在拉伸变形后，即便是脆性材料，也或多或少会产生一些塑性变形，这些材料的应力-应变曲线如图 2.10 曲线 c 所示。受力后，首先产生弹性变形，接着产生均匀的塑性变形，之后是脆性断裂。属于这种类型的材料一般强度、硬度比较高，但塑性差，如高强度钢、高锰钢，还有铝青铜、锰青铜等材料都具有这样的特点。

2.1.3 塑性材料的拉伸性能

2.1.3.1 塑性连续过渡型应力-应变曲线

塑性较好的材料，如有色金属、中低温回火结构铜等，在拉伸变形时，其应力-应变曲线如图 2.12 所示。曲线大致可分为弹性变形、塑性变形和断裂三个阶段。

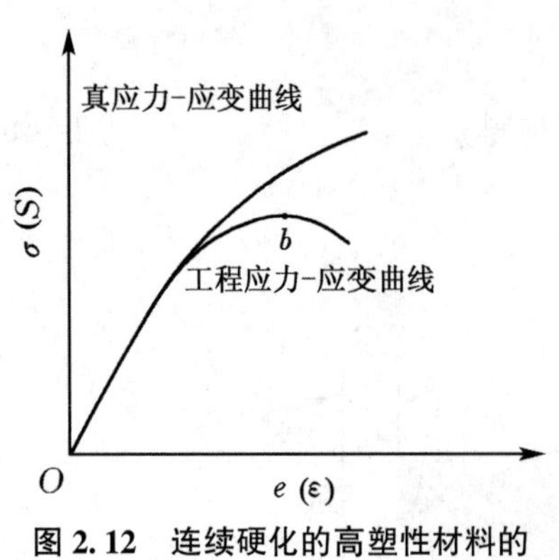

图 2.12 连续硬化的高塑性材料的工程应力-应变曲线与真应力-应变曲线

当应力很低时，是弹性变形阶段，此时应力与应变成正比，变形量的大小与弹性模量 E 有关。弹性变形之后是均匀塑性变形过程，曲线也是光滑连续的，且呈上升趋势，这是由于随着塑性变形的不断进行，位错的增殖与运动使材料产生不断的硬化，变形抗力不断增加。曲线继续上升，直至达到最大的工程应力，此时，材料的形变强化已经不能补偿由于横截面积的减小而引起的承载能力的降低，因而在工程应力-应变曲线（见图 2.12）上，出现随应变增大而应力降低的现象。应力最高点也对应于非均匀塑性变形的开始，变形集中在某局部区域，宏观上出现了颈缩现象，进一步变形后，试样便在细颈处发生断裂。

由图 2.12 的真应力-应变曲线可见，在弹性变形阶段，由于应变较小(一般低于 1%)，并且横向收缩较小，所以真应力-应变曲线与工程应力-应变曲线基本重合。从塑性变形开始到应力最大的 b 点，即均匀塑性变形阶段，真应力高于工程应力，随应变的增大，两者之差增大。颈缩开始后，塑性变形集中在颈缩区，试样的横截面积急剧减小，虽然工程应力随应变增加而减少，但真应力仍然增大，因而真应力-应变曲线显示出与工程应力-应变曲线不同的变化趋势。

从使用观点来看，希望材料在局部颈缩前的均匀伸长范围越大越好，这样的材料形变强化能力强，抵抗变形的能力也强。可以证明，均匀应变的大小与应变硬化指数的值有关。因为

$$P=\sigma A$$

而

$$\mathrm{d}P=\sigma\mathrm{d}A+A\mathrm{d}\sigma \tag{2-17}$$

由于颈缩发生在最大载荷点，所以

$$\mathrm{d}P=0$$

即

$$\sigma\mathrm{d}A+A\mathrm{d}\sigma=0$$

因此

$$\frac{\mathrm{d}\sigma}{\sigma}=-\frac{\mathrm{d}A}{A}$$

$$\sigma=-\frac{\mathrm{d}\sigma}{\frac{\mathrm{d}A}{A}}$$

根据体积不变原理

$$A\mathrm{d}l+l\mathrm{d}A=0$$

$$-\frac{dA}{A}=\frac{dl}{l}$$

又因为

$$\frac{dl}{l}=d\varepsilon$$

所以

$$\sigma=\frac{d\sigma}{d\varepsilon}$$

应用霍尔曼(Hollomon)关系式

$$\sigma=K\varepsilon^{n}$$

则

$$K\varepsilon^{n}=Kn\varepsilon^{n-1}$$

因此

$$n=\varepsilon$$

可见，颈缩失稳处的塑性真应变在数值上等于形变硬化指数。

2.1.3.2 塑性不连续型应力-应变曲线

在塑性材料中，除上述连续过渡型应力-应变曲线之外，还有几种不连续型应力-应变曲线，如图2.13所示。

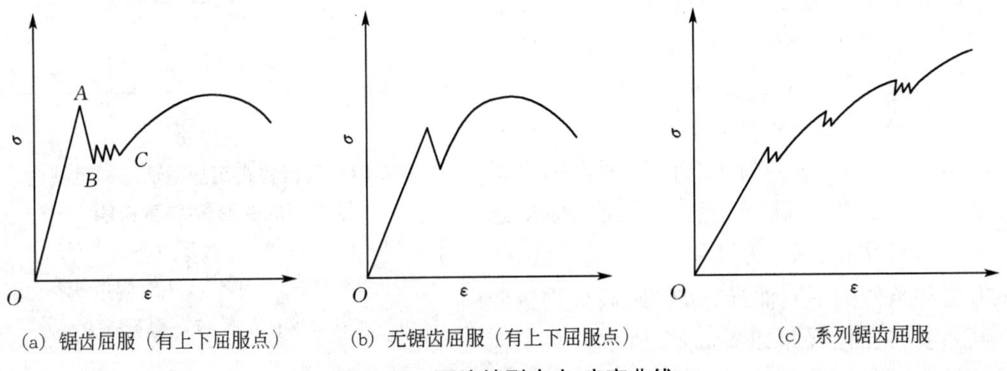

(a) 锯齿屈服（有上下屈服点） (b) 无锯齿屈服（有上下屈服点） (c) 系列锯齿屈服

图2.13 不连续型应力-应变曲线

图2.13(a)所示曲线的材料在弹性变形后出现明显的屈服现象，曲线上有一段锯齿形屈服平台，之后发生均匀塑性变形，出现这类曲线的比较典型的材料是退火低碳钢，此外还有些低合金高强度钢以及有色合金材料。试样受力后，首先产生弹性变形，加载到 A 点时，材料突然发生塑性变形(A 点称为上屈服点)之后，可以看到，在材料上出现与拉力呈45°的局部变形带，称为吕德斯(Lüders)带。由于材料突然产生塑性变形，原来的载荷急剧下降至 B 点(称为下屈服点)。因为上屈服点对微小的应力集中(如试样的加工划痕、试样在夹具上安置的位置等)以及其他因素都极为敏感，因此测得的值比较分散，对于这种类型的材料一般取其下屈服点作为材料的屈服应力。关于屈服降落的落差、吕德斯带以及屈服平台的产生原因，将在后面章节中详细介绍。

图2.13(b)所示是均匀屈服型应力-应变曲线，试样受力产生弹性变形后，出现了明显的上、下屈服点，屈服降落的落差与晶体中不可动位错的增殖和位错滑移速度与应力的关系有关，详细内容将在第3章和第4章中介绍。实验发现：均匀屈服现象在 α-Fe 单晶材料中是常见的，此外，在多晶的纯铁和半导体材料硅、金属锗也出现明显的均匀屈服现象。

图2.13(c)所示是在正常的弹性变形之后，有一系列的锯齿叠加于抛物线型的塑性流变曲线，这类材料的特性是由于材料内部不均匀的塑性变形造成的。这类曲线在一般的实验条件下不容易出现，面心立方金属在低温和高应变速率下易出现这种类型的曲线。这种不均匀塑性变形的出现往往不是由于滑移，而是由于孪生或者溶质原子与位错的交互作用造成的。

2.1.4 高分子材料的拉伸性能

高分子材料的拉伸性能

高分子材料[又称高聚物（polymer）]是具有大分子链结构的聚合体，是由许多重复的单元组成的巨型分子，这就决定了它具有与低分子材料不同的物理性态。高分子材料变形时最大的特点是具有高弹性和黏弹性，在外力和能量的作用下，对于温度和载荷作用时间等因素比金属材料要敏感得多，尤其是随温度变化其物理状态会发生改变，因此，高分子材料的力学性能变化幅度较大，这里仅讨论在室温下高分子材料的主要拉伸性能特征。

2.1.4.1 线性非晶态高分子材料的应力-应变曲线

线性非晶态高分子材料是指结构上无交联、聚集态无结晶的高聚物，按所处的温度不同，其所处的物理状态分为玻璃态、高弹态和黏流态(见图2.14)，在这三种状态下，分子间的排列都类似于液相，分子间的排列处于无序状态。高分子材料处于三态时的主要差别是它们的变形能力不同，弹性模量也不同，因而从力学性能角度称为三态。

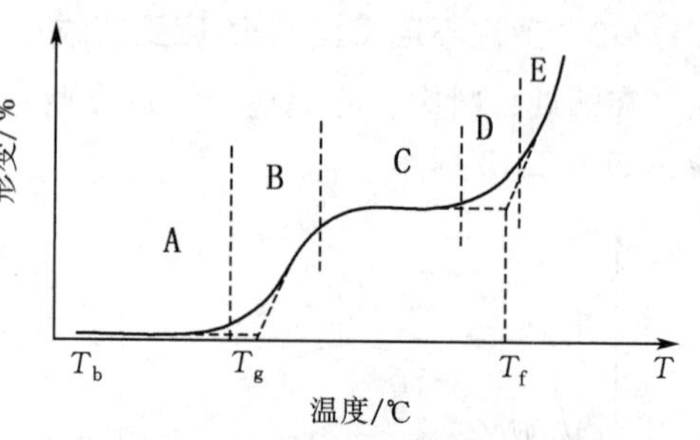

图2.14 高聚物在定加载速率和定载荷作用下的变形量-温度曲线

A—玻璃态；B—过渡态；C—高弹态；D—过渡态；E—黏流态；T_b—脆化温度；T_g—玻璃化温度；T_f—黏流温度

(1) 玻璃态（glassy state）

当温度低于 T_g 时，高聚物的内部结构类似于玻璃，所以称为玻璃态。室温下处于玻璃态的高聚物称为塑料，T_g 为玻璃化温度，其值随测试方法和条件的不同而异。玻璃态高聚物拉伸时，其强度的变化规律如图2.15所示，两条应力曲线随温度变化交于 T_b 点。

当温度 $T<T_b$ 时，高聚物处于硬玻璃状态，在此温度范围内拉伸，材料发生脆性断裂，应力-应变曲线如图2.16中的曲线 a 所示，因此，将 T_b 称为塑料的脆化温度。聚苯乙烯在

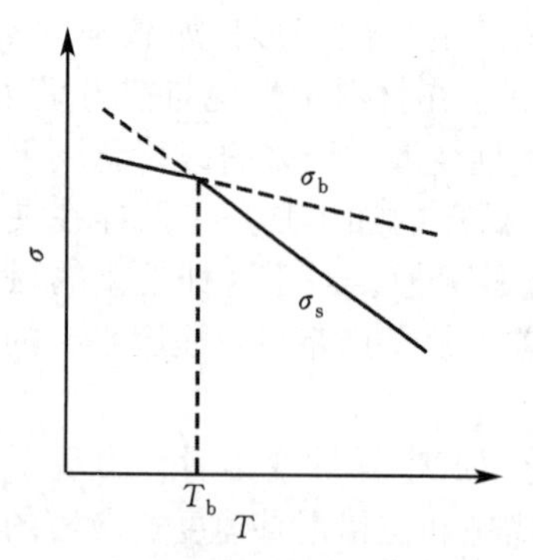

图2.15 玻璃态高聚物脆性温度示意图

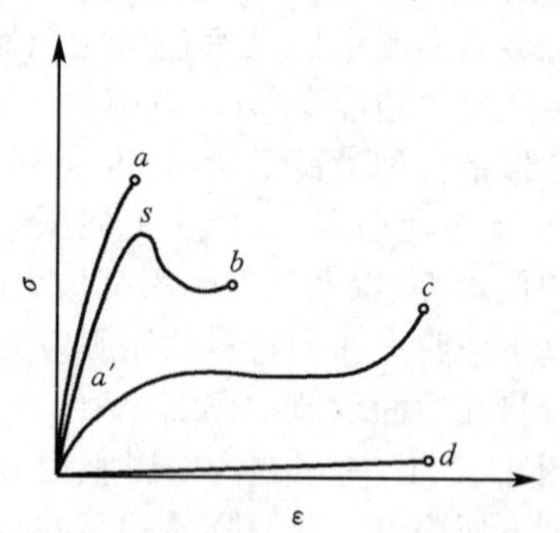

图2.16 线性非晶态高聚物在不同温度下的 σ-ε 曲线 ($T_a<T_b<T_c<T_d$)

室温下即处于硬玻璃态，拉伸试验时，试样的伸长率很小，断口与拉力方向垂直，其弹性模量比处于其他状态下的材料的弹性模量都要大，无弹性滞后，弹性变形量很小。

当 $T_b<T<T_g$ 时，高聚物处于软玻璃状态。图 2.16 中的曲线 b 为软玻璃态高聚物的应力-应变曲线。室温下，ABS 塑料和聚碳酸酯都属于此类。在图 2.16 所示的曲线 b 中，a' 点以下为普弹性变形；普弹性变形后的 $a's$ 段所产生的变形为受迫高弹性变形，在外力去除后，受迫高弹性变形被保留下来，成为“永久变形”，其数值可达 300%~1000%，这种变形在本质上是可逆的，但只有加热到 T_g 以上变形才可能恢复，这是塑料与橡胶弹性的重要区别。屈服后，外力一般会有所下降，原因之一是试样横截面积减小。屈服后的变形是塑性变形，分子链沿外力方向取向。由于塑性变形是外力驱使本来不可运动的链段进行运动产生的，因而称为“冷流”。大分子链呈一定取向后，变形抗力再度上升，直至断裂。玻璃态的温度较低，分子热运动能力低，处于所谓“冻结”状态，除链段和链节的热振动、键长和键角的变化外，链段不能作其他形式的运动，因此，受力时产生的普弹性变形来源于键长及键角的改变。图 2.17(a)示意地表示了主键受拉伸时产生弹性变形。而在受迫高弹性变形时，外力强迫本来不可运动的链段发生运动，导致分子沿受力方向取向。

某些高聚物在玻璃态下拉伸时会产生垂直于应力方向的银纹(龟裂)(见图 2.18)。这种银纹实际上是垂直于应力的椭圆形空楔，用显微镜可以看到有些取向的微丝(微纤维)充填其中。银纹因其易于沿垂直于应力方向扩展而对材料强度有一定的影响。

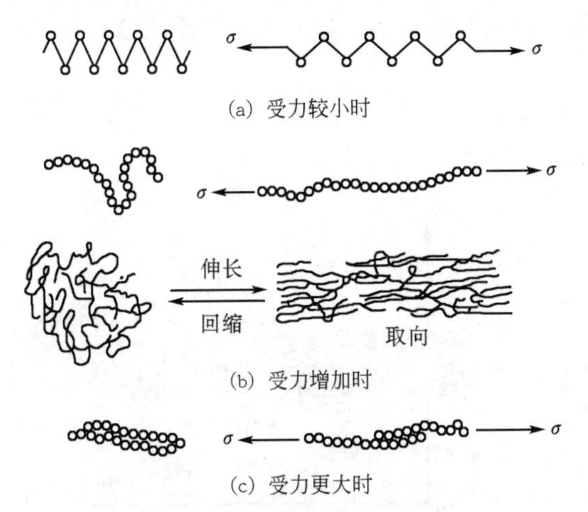

图 2.17 长链聚合物变形方式示意图

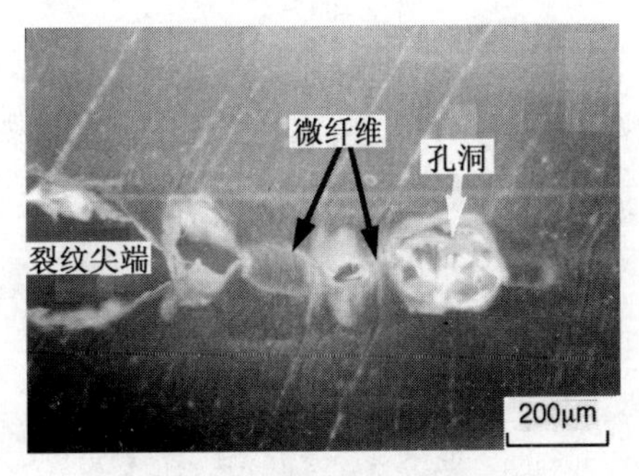

图 2.18 聚氯乙烯板中的银纹

(2) 高弹态 (high-elastic state)

在图 2.14 所示的 $T_g<T<T_f$ 范围内，高分子材料处于高弹态或橡胶态，它是高分子材料特有的力学状态。高弹态是橡胶的使用状态，所有在室温下处于高弹态的高分子材料都称为橡胶，显然，其玻璃化温度 T_g 低于室温。图 2.16 中的曲线 c 为橡胶的拉伸应力-应变曲线，室温下硫化橡胶和高压聚乙烯的拉伸应力-应变曲线都具有这种形状。在高弹态，高分子材料的弹性模量随温度升高而增加，这与金属的弹性模量随温度变化的趋势恰好相反。这主要是由高分子链段的热运动造成的。当 $T>T_g$ 时，分子链动能增加，同时因膨胀造成链间未被分子占据的体积增大，此时链段得以运动。大分子链间的空间形象称为构象。在高弹态受外力时，分子链通过链段调整构象，使原来卷曲的链沿受力方向伸展，宏观上表现为很大的变形，见图 2.17(b)。应当指出，高弹性变形时，分子链的质量中心并未产生移动，因为无规则缠结在一起的大量分子链间有许多结合点(分子间的作用和交联点)，当除去外力后，通过链段运动，分子链又回复到卷曲状态，宏观变形消失，这种调整构象的回复过程需要时间。

(3) 黏流态 (viscous flow state)

温度高于 T_f 时，高聚物成为黏态熔体(黏度很大的液体)。此时，大分子链的热运动是以整链作为运动单元的。熔体的强度很低，稍一受力即可产生缓慢的变形，链段沿外力方向运动，而且还引起分子间的滑动。熔体的黏性变形是大分子链质量中心移动产生的。这种变形是不可逆的永久变形。

塑性和黏性都具有流动性，其结果都产生不可逆的永久变形。通常把无屈服应力出现的流动变形称为黏性，黏流态的永久变形称为黏性变形。图 2.16 中的曲线 d 为黏流温度附近处于半固态和黏流态的应力-应变曲线。由图可见，当外力很小时，即可产生很大的变形。因此，高聚物的加工成形常在黏流态下进行。加载速率高时，黏流态可显示出部分的弹性，这是因为此时卷曲的分子可暂时伸长，而卸载后又会发生卷曲。

图 2.19 给出了线性非晶态高聚物(聚甲基丙烯酸甲酯)在不同温度下的拉伸应力-应变曲线。该材料的玻璃化温度 T_g 约为 100℃；在 86℃以下，变形是弹性的；从 104℃开始，有屈服现象出现。可以看出，随温度的下降，材料从韧性向脆性转变，转变温度大致与 T_g 相同。与多数金属材料的力学性能随温度的变化相似，随温度下降，材料发生强化和脆化，但弹性模量却有明显的变化，这与金属材料又有所不同。

线性非晶态高聚物的力学三态不仅与温度有关，还与分子量有关(见图 2.20)，由图 2.20 可见，随分子量增大，T_g 升高，T_f-T_g 也增大。

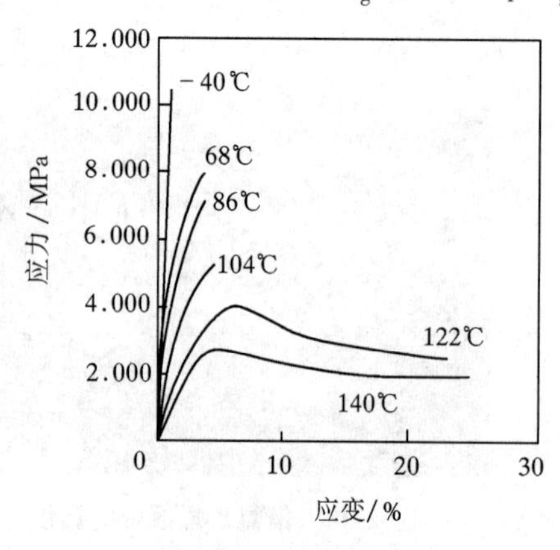

图 2.19 非晶态高聚物 PMMA (聚甲基丙烯酸甲酯)在不同温度下的拉伸应力-应变曲线

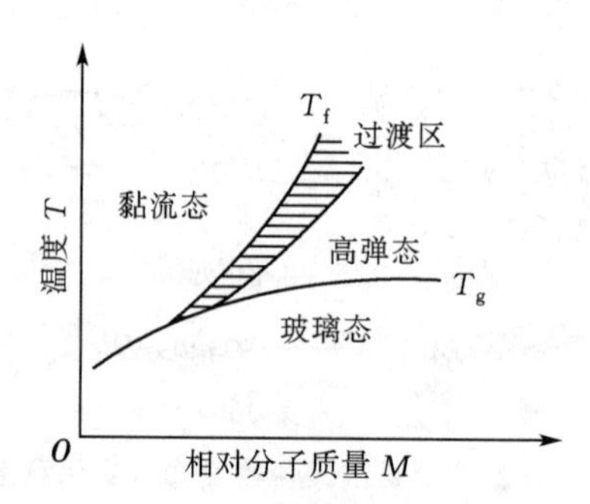

图 2.20 非晶态高聚物的力学状态与分子量和温度的关系

2.1.4.2 结晶高聚物的应力-应变曲线

高聚物一般是由各种结构单元组成的复合物。在一定条件下，高聚物可以形成结晶，此时，其变形规律和低分子晶体材料相似。片状结晶高聚物的应力-应变曲线如图 2.21 所示。整个曲线可分为三个阶段，弹性变形阶段(曲线 OA 部分)、不均匀塑性变形阶段(曲线 AB 部分)和均匀塑性变形阶段(曲线 BC 部分)。

由图 2.21 可以看出，曲线上有一个明显的上屈服点(A 点)，因为结晶高聚物的基本结构单元是晶片，晶片的取向相对于试样的轴线是无规则的，但是，必定有一部分晶片的取向平行于试样的轴线（连续晶片的折叠分子链与试样轴线相垂直）。当试样受轴向拉伸载荷作用后，该部分晶片受到的应力较其他晶片所受的应力要大，因此，当试样上承受的应力达到应力-应变曲线上 A 点的应力值时，其取向平行于试样轴线的晶片首先发生碎裂，产生无数晶片散块。晶片的碎裂并未引起晶片内分子链的断开，散块中分子链仍然保持折叠形状，散块之间由分子链连结着，结晶高聚物内由于晶片的碎裂而出现屈服，塑性变形开始，试样拉伸变形增大，作用应力下降，应力-应变曲线由 A 点缓慢下降到 B 点；当作用在试样上的应力超过应力-应变曲线上 B 点的应力值后，试样出现了颈缩，颈缩向两旁发展，使试样均匀变细，在此期间，应力保持恒定，在变形剧烈处，试样变白，此时原始结构已经被破坏。

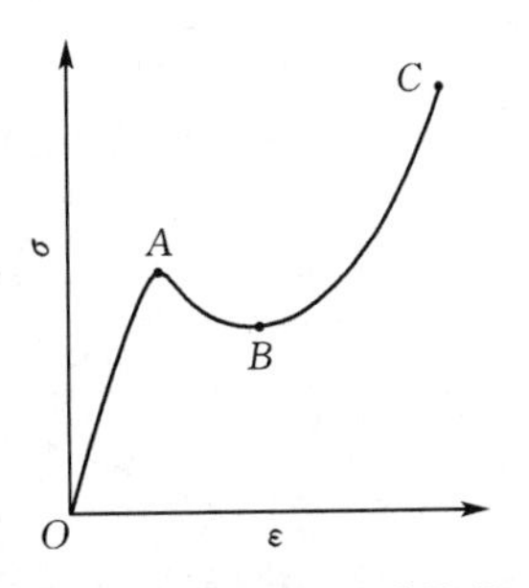

图 2.21　片状结晶高聚物的应力-应变曲线

如果在颈缩发生后试样不立刻发生破坏，那么在变形过程中，分子排列重新调整，晶片散块开始转向，晶片散块的晶面逐渐转向与试样轴线相垂直，并由分子链将无数散块连成一串，形成高度取向的坚固单元，且随变形量的不断增大而增多，因而提高了高聚物的抗变形能力，试样继续变形需增加应力，此时，应力-应变曲线又转为逐渐上升的趋势，由 B 点直至 C 点后试样断裂。

试样在拉伸过程中观察到的局部“泛白”现象，表明高聚物内晶片散裂开始，试样变形增大。当观察到拉伸试样原先“泛白”的区域重新变成清晰透明时，表明晶片散块发生重排，形成高度取向单元，该过程称为高聚物的“冷拉”。

2.1.5　复合材料的拉伸性能

复合材料的拉伸性能

和金属材料一样，复合材料也分为结构材料和功能材料，从力学性能角度出发，主要以结构材料为主来讨论问题。结构复合材料一般是将高强度、高模量的纤维材料与韧性好的基体材料经过一定的工艺过程制成的。复合材料的比强度、比刚度、耐热性、减震性及抗疲劳性等方面都远远超过了基体材料，因此，它是一种很有前途的新型结构材料。为讨论问题方便起见，只讨论金属基体与纤维材料的复合，并假定基体与纤维材料都是连续、均匀的各向同性体，纤维与基体结合得良好，其性能与未复合前相同，复合后的材料的三维示意图如图 2.22 所示。

单向连续纤维复合材料宏观上是均匀的，受力作用后，外力同时作用在基体和纤维上，由于基体较软，首先要发生塑性变形，这时作用在基体上的力转移到纤维上。复合材料的应力-应变曲线由纤维和基体的应力-应变曲线复合而成，曲线的形状与纤维和基体的力学性能以及其体积分数有关，如果基体的体积分数比较高，复合材料的应力-应变曲线则接近基体的应力-应变曲线。基体、纤维及复合材料的应力-应变曲线如图 2.23 所示。

复合材料的应力-应变曲线按其变形过程分为四个阶段：① 纤维和基体都处于弹性变形；② 基体发生塑性变形，纤维仍是弹性变形；③ 纤维随基体一起塑性变形；④ 纤维断裂。

第 I 阶段，变形刚开始，材料完全属于弹性变形。弹性模量

$$E_c = E_f V_f + E_m V_m \tag{2-18}$$

式中　E_c——复合材料的弹性模量；

E_f——纤维弹性模量；

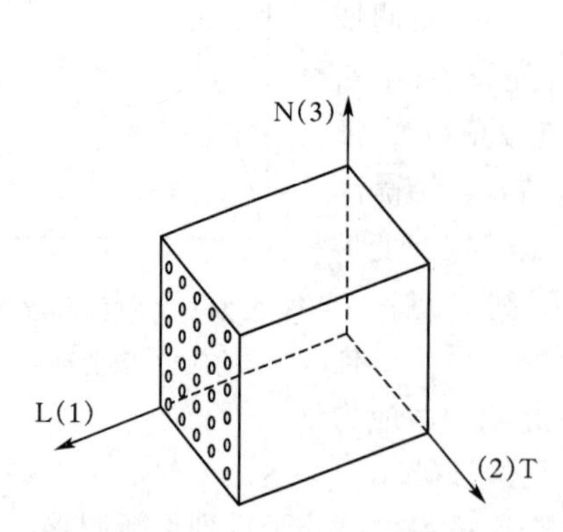

图 2.22 单向连续纤维复合材料示意图

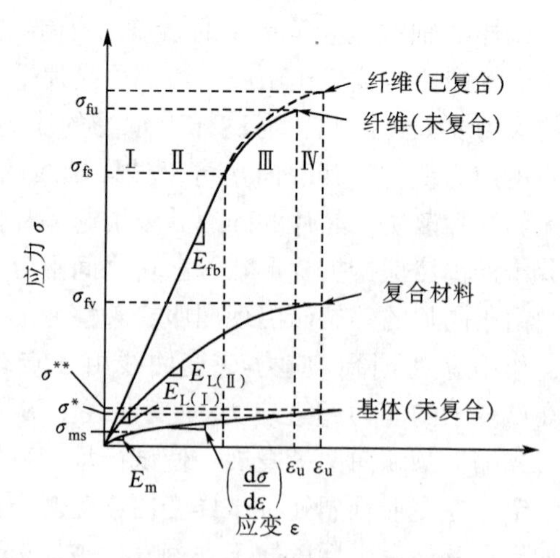

图 2.23 金属基单向连续纤维增强复合材料应力-应变曲线示意图

E_m——基体弹性模量；

V_f——纤维的体积分数；

V_m——基体的体积分数，且 $V_f+V_m=1$。

第Ⅱ阶段，纤维是弹性变形，基体是塑性变形。第Ⅱ阶段和第Ⅰ阶段间有一个拐点。一般来说，$E_f \gg E_m$，所以，该点基本上对应于基体应力-应变曲线的拐点，即该拐点相当于基体发生屈服时的应力。当基体的整个应力-应变曲线线性变化时，则不出现拐点，此时，复合材料的弹性模量为

$$E_c=E_fV_f+\left(\frac{d\sigma_m}{d\varepsilon_m}\right)V_m \tag{2-19}$$

式中 $\frac{d\sigma_m}{d\varepsilon_m}$——基体 σ-ε 曲线的斜率，为基体有效硬化系数。

如去掉外力，纤维仍保留弹性伸长，但此时基体受到压力。

第Ⅲ阶段是塑性变形阶段(基体和纤维都发生塑性变形)，此阶段应该从纤维出现非弹性变形时开始。对于脆性纤维，观察不到第Ⅲ阶段；对于韧性纤维，拉伸出现颈缩时，基体对韧性纤维施加了阻止颈缩倾向的约束，使颈缩的发生推迟进行。

第Ⅳ阶段是断裂阶段，由于纤维的强度高但塑性差，一般情况下，断裂从纤维开始，所以，此阶段实质是高强度纤维的断裂。

2.2 材料在其他静载荷下的力学性能(Mechanical Properties of Materials Under Other Static Loads)

2.1 节主要讲述了材料在单向静拉伸载荷作用下的应力状态、变形方式及其力学性能，但在工程实际中，许多构件的受力状态很复杂，受力方式不同，反映出的材料的应力状态及力学性能也不同。为了解材料在不同应力状态下的力学性能，本节主要介绍材料在其他静载荷不同加载方式（如扭转、弯曲、压缩、剪切等）下的试验方法及其力学性能指标。

2.2.1 加载方式与应力状态图

2.2.1.1 加载方式及应力状态软性系数

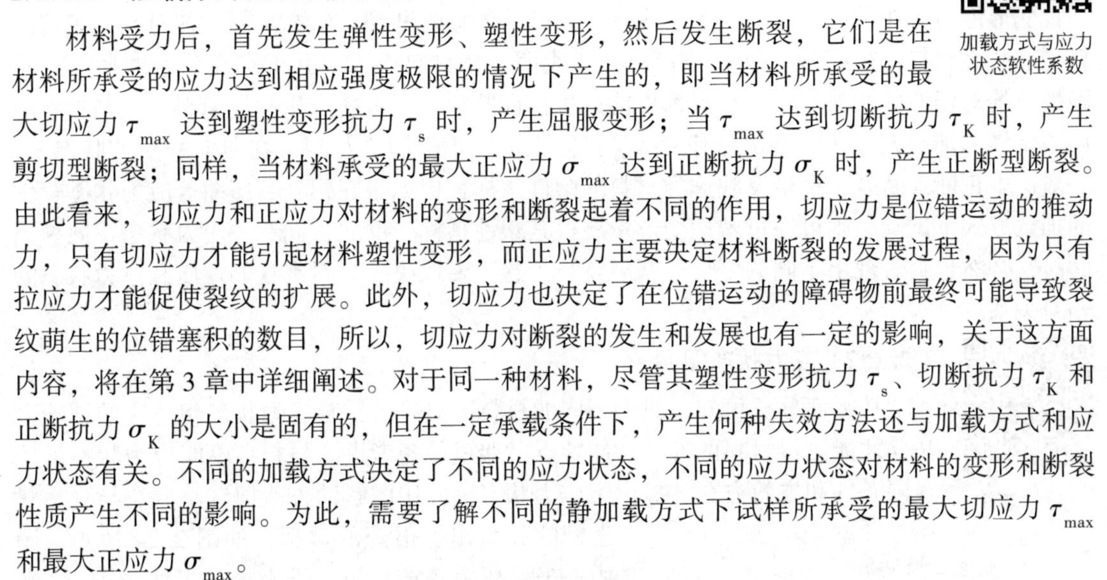

加载方式与应力状态软性系数

材料受力后，首先发生弹性变形、塑性变形，然后发生断裂，它们是在材料所承受的应力达到相应强度极限的情况下产生的，即当材料所承受的最大切应力 τ_{max} 达到塑性变形抗力 τ_s 时，产生屈服变形；当 τ_{max} 达到切断抗力 τ_K 时，产生剪切型断裂；同样，当材料承受的最大正应力 σ_{max} 达到正断抗力 σ_K 时，产生正断型断裂。由此看来，切应力和正应力对材料的变形和断裂起着不同的作用，切应力是位错运动的推动力，只有切应力才能引起材料塑性变形，而正应力主要决定材料断裂的发展过程，因为只有拉应力才能促使裂纹的扩展。此外，切应力也决定了在位错运动的障碍物前最终可能导致裂纹萌生的位错塞积的数目，所以，切应力对断裂的发生和发展也有一定的影响，关于这方面内容，将在第 3 章中详细阐述。对于同一种材料，尽管其塑性变形抗力 τ_s、切断抗力 τ_K 和正断抗力 σ_K 的大小是固有的，但在一定承载条件下，产生何种失效方法还与加载方式和应力状态有关。不同的加载方式决定了不同的应力状态，不同的应力状态对材料的变形和断裂性质产生不同的影响。为此，需要了解不同的静加载方式下试样所承受的最大切应力 τ_{max} 和最大正应力 σ_{max}。

由材料力学知识可知，任何复杂的应力状态都可用三个主应力 σ_1、σ_2 和 σ_3($\sigma_1>\sigma_2>\sigma_3$)来表示。由“最大切应力理论”和“最大正应力理论”可知

$$\tau_{max}=\frac{1}{2}(\sigma_1-\sigma_3) \tag{2-20}$$

$$\sigma_{max}=\sigma_1-\nu(\sigma_2+\sigma_3) \tag{2-21}$$

其中，ν 为泊松比。

根据式(2-20)和式(2-21)可计算出最大切应力 τ_{max} 和最大正应力 σ_{max}，而 τ_{max} 与 σ_{max} 的比值表示它们的相对大小，称为应力状态软性系数，记作 α，且

$$\alpha=\frac{\tau_{max}}{\sigma_{max}} \tag{2-22}$$

将式(2-20)和式(2-21)代入式(2-22)，可得

$$\alpha=\frac{\sigma_1-\sigma_3}{2\sigma_1-2\nu\ (\sigma_2+\sigma_3)} \tag{2-23}$$

对于金属材料，一般取 $\nu=0.25$，则 α 值为

$$\alpha=\frac{\sigma_1-\sigma_3}{2\sigma_1-0.5\ (\sigma_2+\sigma_3)} \tag{2-24}$$

金属材料在变形和断裂过程中，正应力和切应力的作用是不同的，只有切应力才能引起塑性变形和韧性断裂，而正应力一般只引起脆性断裂。因此，可以根据材料所受应力状态软性系数 α 值来分析判断金属材料塑性变形和断裂的情况。α 值越大，最大切应力分量越大，金属越易先发生塑性变形，然后韧断；反之，则金属易脆断。

在不同静载荷试验方法下，材料所处应力状态不同。α 值是应力状态的一种标志，$\alpha>1$ 表示软的应力状态，$\alpha<1$ 表示硬的应力状态。材料的加载方式不同，应力状态不同，则产生

的断裂方式也不同。对于低塑性和脆性材料来说，单向拉伸试验不能测得它们的塑性和强度指标，需要选用 α 值较大的加载试验来评定。比如灰铸铁，在作布氏硬度试验(试样方法详见2.3节)时(相当于侧压应力状态，$\alpha>2$)，可以压出一个很大的压痕坑，表现出比较好的塑性变形能力，在单向压缩时，也可表现出切断式的韧性断裂，但在单向拉伸时，却表现出典型的脆性材料特征(正断式脆性断裂)。这表明，就材料而言，并不存在什么本质上绝对脆性或绝对塑性的材料，任何材料都可能产生韧性断裂，也可能产生脆性断裂，这与材料的试验条件和加载方式即受力状态有关。又如淬火高碳钢等脆性材料，在单向静拉伸状态下，一般产生正断式断裂，很难反映这类材料的塑性指标，但如果在扭转、压缩等应力状态较软的加载方式下试验，则可通过塑性变形量测得其塑性指标。反之，同一种应力状态不同种类的材料必然也会表现出不同的变形和断裂特征，这主要取决于材料本身的性质和应力状态的相对关系。

应力状态图

2.2.1.2 应力状态图

从上面分析可知，对于不同的材料，只有选择与应力状态相适应的试验方法，才能测得材料的各种性能特点。弗里德曼考虑了材料在不同应力状态下的极限条件和失效方式，提出了应力状态图，用图解的方法把试验方法与受力状态间的关系作了很好的概括，如图2.24所示。图中横坐标代表正应力 σ，纵坐标代表切应力 τ。在一定的试验条件下，可以把一定的材料的塑性变形抗力指标(切变屈服强度) τ_s、切变断裂强度指标(切断强度) τ_K 和材料的正断抗力指标(强度极限) σ_K 都看作常数(分别见图2.24中两条水平线和一条垂直线)，这三条线上各点分别表示材料要发生屈服、切断和正断所需的极限应力，其中 $\sigma_K=\sigma_s$(或 σ_b) 线在 τ_s 以下与纵轴平行，超过 τ_s 后是斜线，这表示 σ_K 在弹性状态时不受应力状态的影响，而在大于 τ_s 后，则随材料塑性变形的发展而增大。图2.24中 τ_s 线和 τ_K 线都与应力状态无关。三条直线又划出了表示材料力学性能的四个重要区域，即在 τ_s 线以下 σ_K 线以左的区域是弹性变形区；在 τ_s 和 τ_K 线之间而又在 σ_K 线以左的区域是弹塑性变形区域；τ_K 线以上是发生切断的区域；在 σ_K 线以右发生正断。从原点出发、具有不同斜率的几条虚线分别代表不同的受力状态。$\alpha<0.5$ 代表三向不等拉伸；$\alpha=0.5$ 代表单向拉伸；$\alpha=0.8$ 代表扭转；$\alpha=2$ 代表单向压缩；$\alpha>2$ 代表侧压。

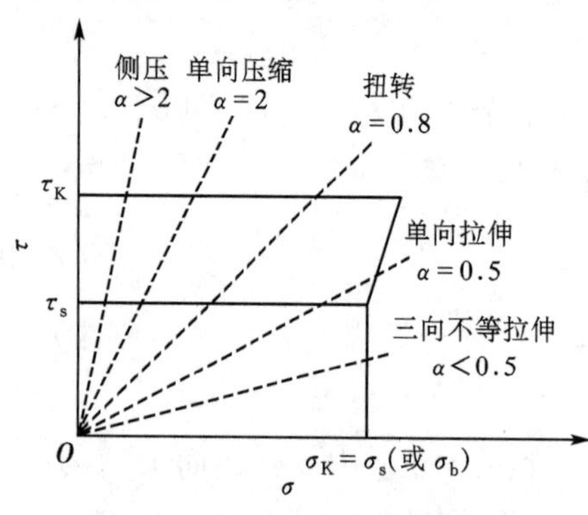

图2.24 材料的典型应力状态图

根据力学状态图上标出的材料变形抗力和断裂抗力指标，以及相应于不同加载方式下的各种应力状态，可以根据状态图来判断该材料在各种应力条件下所处的状态和失效行为。例如：三向不等拉伸($\alpha<0.5$)随应力不断增加，代表应力状态的虚线与 σ_K 线相交，即发生正断，由于与 τ_s 线不相交，所以没有发生塑性变形，属于脆性断裂。如果是单向拉伸($\alpha=0.5$)，其代表的虚线先与 τ_s 线相交，即先发生塑性变形，然后又与 σ_K 线相交，发生正断，这种断裂属于正断式的韧性断裂。如果是扭转($\alpha=0.8$)，则其代表虚线首先与 τ_s 相交，然后又与 τ_K 线相交，这样的断裂是切断式的韧性断裂。

从应力状态图可知，不同材料的力学性能指标 τ_s、τ_K 和 σ_K 也各不相同，只有选择与应力状态相适应的试验方法进行试验，才能显示出不同材料性能上的特点。如图 2.25 所示的 A、B、C 三种材料，材料 A 除了在侧压(相当于压入法硬度试验时的应力状态)时表现为切断式的韧性断裂外，在其他加载方式下，都表现为正断式的脆性断裂，显然，对这种材料进行拉伸、弯曲、扭转等试验时，除了得到一个断裂强度值外，无法测得其他性能数据。普通灰铸铁、淬火高碳钢就属于这类材料。材料 B 除了在单向拉伸时表现为正断式的脆性断裂外，在其他较“软”的应力状态下，都表现为切断式的韧性断裂，显然，对于这种材料，要获得其断裂强度以外的其他力学性能指标，就应该进行扭转试验，而不能单纯进行拉伸试验，淬火加低温回火处理后的高碳钢和某些结构钢就属于这类材料。材料 C 在所有加载方式下，包括单向拉伸时，都表现为切断式的韧性断裂，当然，对这种材料，只要进行单向拉伸试验，就可以获得强度、塑性等性能指标，实际生产上，大部分退火、正火、调质处理的碳素结构钢和某些低合金结构钢都属于这种情况，这也正是单向拉伸试验在生产上得到广泛应用的原因。

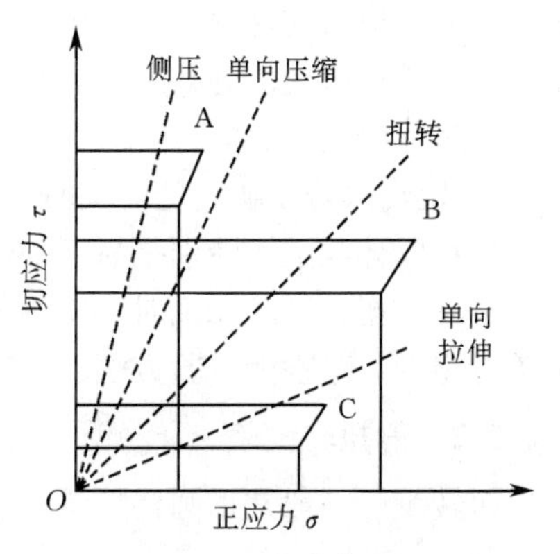

图 2.25　力学状态图

除拉伸之外，下面分别介绍在静载荷作用下的扭转、弯曲和压缩试验的试验方法及性能指标的测定。

2.2.2　扭　转（torsion）

2.2.2.1　静扭转试验的特点

① 扭转的应力状态较拉伸时的软($\alpha=0.8$)，可以测定那些在拉伸时表现为脆性的材料特性，使低塑性材料处于韧性状态，便于测定它们的强度和塑性指标。

② 用圆柱形试样进行扭转试验时，从试验开始到试样破坏为止，试样沿整个长度上的塑性变形始终是均匀发生的，不出现静拉伸时所出现的颈缩现象，因此，对于那些塑性很好的材料，用这种试验方法可以精确地测定其应力和应变关系。

③ 扭转试验可以明显地区别材料的断裂方式是正断还是切断。根据材料力学知识，圆柱形试样在扭转试验时，试样表面的应力状态如图 2.26 所示，最大切应力和正应力绝对值相当，夹角一定。

④ 扭转试验时，试样横截面上沿直径方向切应力和切应变的分布是不均匀的，如图 2.27 所

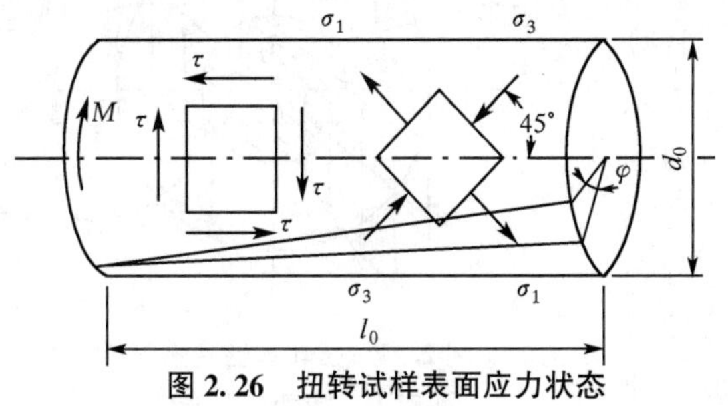

图 2.26　扭转试样表面应力状态

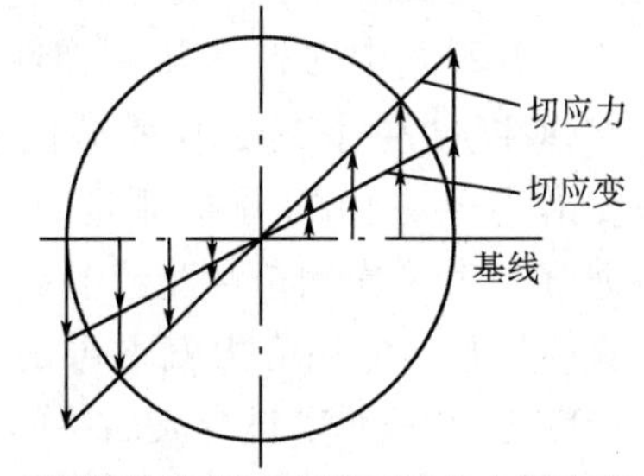

图 2.27　扭转弹性变形时断面切应力和应变分布情况

示，表面的应力和应变最大。因此，扭转试验可以灵敏地反映材料的表面缺陷，如金属工具钢的表面淬火微裂纹等，还可以利用扭转试验的这一特点对表面淬火、化学热处理等表面强化工艺进行研究。

⑤ 扭转试验的缺点是：截面上的应力分布不均匀，在表面处最大，越往心部越小，这对于材料整体缺陷，特别是靠近心部的材质缺陷不能很好地显示出来。

可见，扭转试验无论对于塑性材料还是脆性材料，都可进行强度和塑性的测定，是一种较为理想的力学性能试验方法，尤其对承受扭矩的构件。

2.2.2.2 静扭转试验

扭转试验一般常用圆柱形试样在扭转试验机上进行。扭转试验过程中，根据每一时刻加于试样上的扭矩 M 和扭转角 φ(在试样标距 l_0 上的两个截面间的相对扭转角)绘制成 M-φ 曲线，称为扭转图。图 2.28 为退火低碳钢的扭转图。利用材料力学公式可以求出材料的扭转强度（torsion strength）、切变模量及剪切应变。

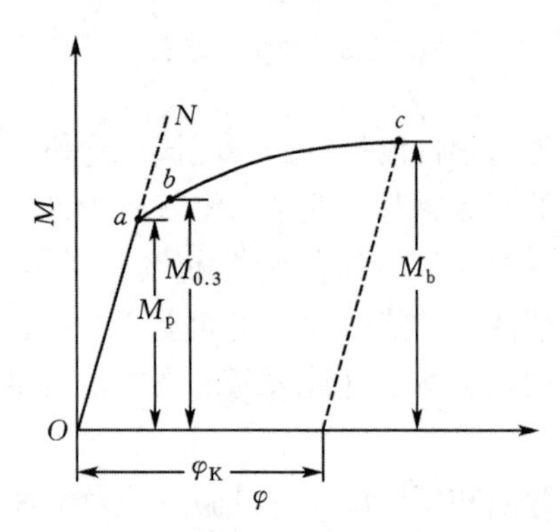

图 2.28 退火低碳钢的扭转图

扭转比例极限 τ_p(见图 2.28)值：用扭转曲线开始偏离直线 ON 的扭矩作为 M_p(与 σ_p 的规定比例极限相似)，通常以过曲线上某一点的切线与 M 轴夹角的正切值超过直线部分 ON 正切值的 50%时所对应点的扭矩作为 M_p，按式（2-25）计算

$$\tau_p=\frac{M_p}{W}\ (\text{MPa}) \tag{2-25}$$

式中 W——试样断面系数，圆柱试样为$\frac{\pi d_0^3}{16}$（d_0 为试样直径，mm），mm^3。

扭转屈服强度 $\tau_{0.3}$：用残余扭转切应变为 0.3%(相当于拉伸残余应变 0.2%)的扭矩作为 $M_{0.3}$，按式（2-26）计算

$$\tau_{0.3}=\frac{M_{0.3}}{W}\ (\text{MPa}) \tag{2-26}$$

扭转条件强度极限 τ_b：用断裂前的最大扭矩作为 M_b，按式（2-27）计算

$$\tau_b=\frac{M_b}{W}\ (\text{MPa}) \tag{2-27}$$

扭转条件强度极限常称为抗剪强度。

式（2-27）中的 τ_b 是采用弹性力学公式计算的，在弹性阶段，扭转试样横截面上的切应力和切应变沿半径方向的分布都是直线关系，如图 2.27 所示。若考虑到塑性变形的影响，切应变虽保持直线分布，但切应力就不再是直线关系分布了，如图 2.29 所示。试样表面层的塑性变形使得切应力重新分布，并有所降低，这是因为形变强

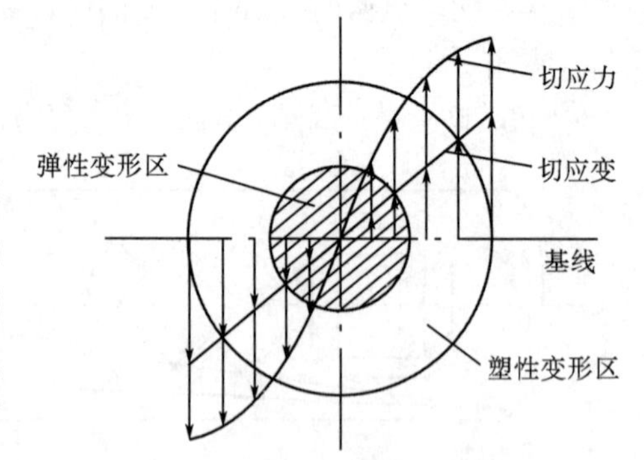

图 2.29 扭转塑性变形时断面应力、应变的分布情况

化模量 D 较切变模量 G 小使应力曲线下降的结果。所以，用式(2-27)计算出来的 τ_b 值与真实情况不符合，故称 τ_b 为条件强度极限。

在塑性理论中，用真实切应力的公式计算

$$\tau_{max}=\frac{4}{\pi d_0^3}\left(3M+\varphi\frac{dM}{d\varphi}\right) \tag{2-28}$$

式中 τ_{max}——试样横截面上半径为 r_0 处的最大真实切应力，MPa；

M——作用在试样上的扭矩，MPa；

φ——试样标距 l_0 上的两个截面间的相对扭转角；

$\frac{dM}{d\varphi}$——M-φ 扭转曲线上该点的切线相对于 φ 轴的夹角的正切，N · mm/r；

d_0——试样直径，mm。

当试样扭断时，则

$$M=M_K,\quad \varphi=\varphi_K$$

则真实扭转强度极限

$$\tau_K=\tau_{max}=\frac{4}{\pi d_0^3}\left[3M_K+\varphi_K\left(\frac{dM}{d\varphi}\right)_K\right] \tag{2-29}$$

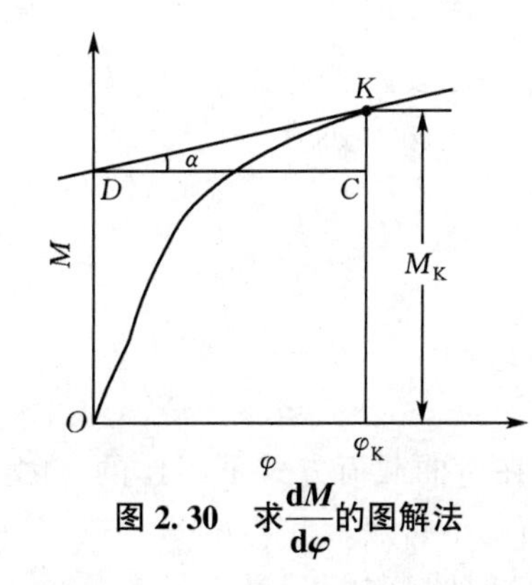

图 2.30 求$\frac{dM}{d\varphi}$的图解法

由图解法可求出$\frac{dM}{d\varphi}$值，如图 2.30 所示。

$$\left(\frac{dM}{d\varphi}\right)_K=\tan\alpha=\frac{KC}{DC}$$

式中 $\left(\frac{dM}{d\varphi}\right)_K$——扭转曲线上 K 点($M=M_K$)的斜率。

从式(2-29)可以看出当$\left(\frac{dM}{d\varphi}\right)_K=0$ 时

$$\tau_K=\frac{12M_K}{\pi d_0^3}$$

这是在完全理想塑性条件下的表达式。而式(2-29)中的第二项则代表弹性变形和形变强化情况下应有的校正。

切变模量 G 用弹性阶段的扭矩和相对扭转角计算如下

$$G=\frac{32Ml_0}{\pi\varphi d_0^4}\ (\text{MPa})$$

扭转切应变 γ_K 可用断裂时的长度和相对扭转角 φ_K 计算如下

$$\gamma_K=\frac{\varphi_K d_0}{2l_0}\times100\% \tag{2-30}$$

对于塑性材料，因为塑性变形很大，弹性切应变可以忽略不计，所以可将式(2-30)中求出的总切应变看作残余切应变。对于脆性材料和低塑性材料，因为塑性变形很小，弹性变形不能忽略，必须从式(2-30)中所得的总切应变值中减去弹性切应变 $\gamma_y\left(\gamma_y=\frac{\tau_b}{G}\times100\%\right)$才是残余切应变。

对于塑性材料和脆性材料来说，都可在扭转载荷下发生断裂，其断裂方式有以下两种。

① 切断断口。沿着与试样轴线垂直的截面破断，断口平整，有经过塑性变形后的痕迹（通常表现为回旋状的塑性变形痕迹），这是由于切应力作用而造成的切断，塑性材料常为这种断口，如图 2.31(a)所示。

② 正断断口。沿着与试样轴线成45°角破断，断口呈螺旋状或斜劈形状，这是由于正应力作用造成的正断，脆性材料常为这种断口，如图 2.31(b)所示。

这样，可以根据试样破断后的断口形状特征来判断产生破断的原因。

扭转时也可能出现第三种断口，呈层状或木片状，如图 2.31(c) 所示。对于金属材料，一般认为这是由于锻造或轧制过程中使夹杂或偏析物沿轴向分布，降低了轴向切断抗力 τ_K，形成纵向和横向的组合切断断口。

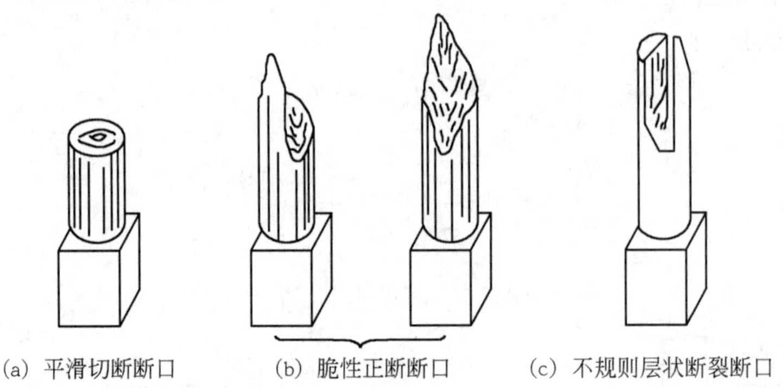

(a) 平滑切断断口 (b) 脆性正断断口 (c) 不规则层状断裂断口

图 2.31 扭转试样断口的宏观特征

2.2.3 弯 曲 (bending)

2.2.3.1 静弯曲试验的特点

工程上，有很大一部分在静载荷下工作的零件和构件是在弯曲载荷方式下工作的。因此，进行静弯曲试验可以直接模拟这些零件的服役情况。它有如下特点。

① 从受拉方面考虑，弯曲加载的应力状态基本上和静拉伸时的应力状态相同。

② 弯曲试验不受试样偏斜的影响，可以稳定地测定脆性和低塑性材料的抗弯强度，同时，用挠度表示塑性，能明显地显示脆性或低塑性材料的塑性。所以，这种试验很适于评定脆性和低塑性材料的性能。

③ 弯曲试验不能使塑性很好的材料破坏，不能测定其弯曲断裂强度。但可以比较一定弯曲条件下不同材料的塑性，如进行弯曲工艺性能试验。

④ 弯曲试验时，试样断面上的应力分布是不均匀的，表面应力最大，可以较灵敏地反映材料的表面缺陷情况，用来检查材料的表面质量。

2.2.3.2 静弯曲试验

试验在万能试验机上进行，一般采用矩形截面试样或圆截面试样。将试样放在有一定跨度的支座上，加载方式一般有两种，图 2.32(a)所示为三点弯曲加载，最大弯矩为 $M_{max}=\frac{PL}{4}$，P 为弯曲载荷，L 为跨距；图 2.32(b)所示为四点弯曲加载，L 为等弯矩，最大弯矩为 $M_{max}=\frac{PK}{2}$。

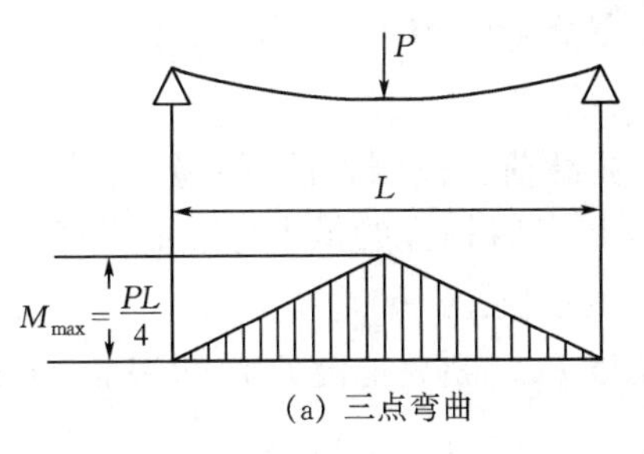

(a) 三点弯曲

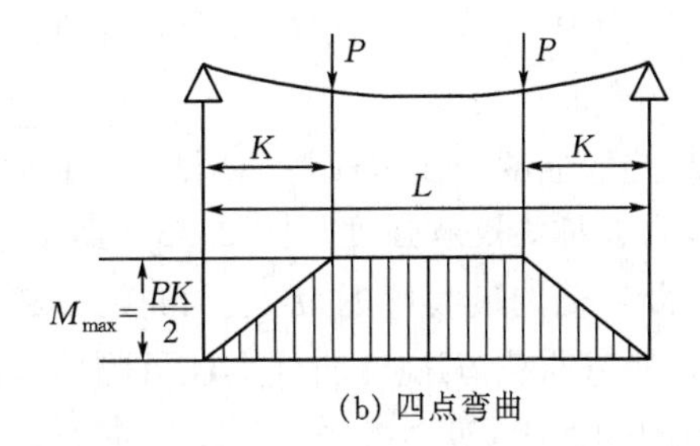

(b) 四点弯曲

图 2.32 弯曲加载方式与弯矩图

根据弯矩值 M，借助材料力学公式求弯曲强度。对于脆性材料，只求断裂时的抗弯强度

$$\sigma_{bb}=\frac{M_b}{W}\ (\text{MPa}) \tag{2-31}$$

式中 M_b——试样断裂弯矩，根据断裂时的弯曲载荷 P_b，按照图 2.32(a)计算

$$M_b=\frac{P_b L}{4}\ (\text{N}\cdot\text{mm}) \tag{2-32}$$

W——试样截面系数，对于直径为 d_0 的圆柱试样

$$W=\frac{\pi d_0^3}{32}\ (\text{mm}^3)$$

对于宽度为 b、高度为 h 的矩形试样

$$W=\frac{bh^2}{6}\ (\text{mm}^3)$$

弯曲挠度用 f 表示，可用百分表或挠度计直接读出。在直角坐标上用曲线表示弯曲载荷 P 与试样弯曲挠度 f 的关系，称为弯曲曲线或弯曲图，如图 2.33 所示，据此可确定下面的材料力学性能指标。

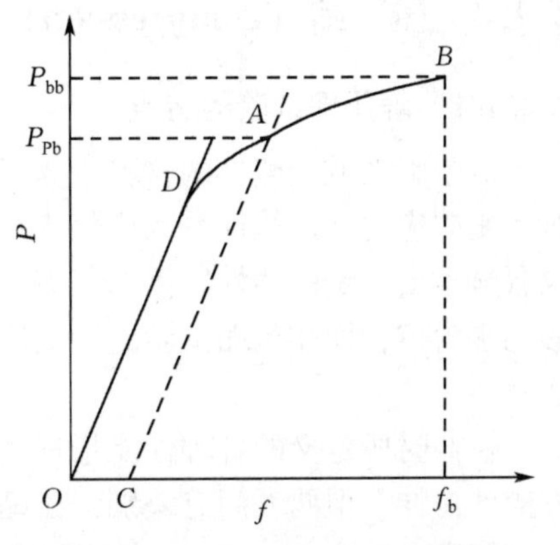

图 2.33 *P-f* 曲线(弯曲)图

① 规定非比例弯曲应力 σ_{Pb}。试样弯曲时，外侧表面上的非比例弯曲应变 ε_{Pb} 达到规定值时，按照弹性弯曲应力公式计算的最大弯曲应力，称为规定非比例弯曲应力。例如，规定非比例弯曲应变 ε_{Pb} 为 0.01%或 0.02%时的弯曲应力，分别记为 $\sigma_{Pb0.01}$ 或 $\sigma_{Pb0.02}$。

在图 2.33 所示的弯曲载荷-挠度曲线上，过 O 点截取相应于规定非比例弯曲应变的线段 OC，其长度按下式计算：

对于三点弯曲试样

$$OC=\frac{nL^2}{12Y}\varepsilon_{Pb} \tag{2-33}$$

对于四点弯曲试样

$$OC=\frac{n\ (23L^2-4K^2)}{24Y}\varepsilon_{Pb} \tag{2-34}$$

式中 n——挠度放大倍数；

Y——圆柱试样的横截面半径($d_0/2$)或矩形试样的截面半高($h/2$)。

过 C 点作弹性直线 OD 的平行线 CA 交曲线于 A 点，A 点所对应的力为所测的规定非比

例弯曲应力 P_{Pb}，然后根据试样形状计算出断裂前的最大弯矩 M_{max}，再按式(2-31)计算出规定非比例弯曲应力 σ_{Pb}。

② 抗弯强度。在试样弯曲至断裂前达到最大弯曲载荷，按照弹性弯曲公式计算的最大弯曲应力，称为抗弯强度。图2.33所示的曲线上的 B 点取相应的最大弯曲载荷 P_{bb}，然后计算出断裂前的最大弯矩 M_{max}，再按式(2-31)计算出抗弯强度 σ_{bb}。

③ 从弯曲载荷-挠度曲线上还可测出弯曲弹性模量 E_b、断裂挠度 f_b 及断裂能 U(曲线下面所包围的面积)等性能指标。

对于三点弯曲试验，由于受力比较集中，试样一般在最大弯矩处断裂。对于四点弯曲试验，弯矩均匀分布在整个试样工作长度 L 上，常在试样的缺陷处断裂，所以，它能比较好地反映出材料的性质。总之，无论哪种试样形状和加载方式下的试验，操作都很方便，且试样表面上受的应力最大，这样，试样表面上若存在缺陷，其反应就更灵敏，因此，可以测定材料的表面性能，这是弯曲试验的两个主要特点。根据这两个特点，试验主要用来测定硬度高、塑性差、难于加工成形的材料，如铸铁、工具钢、陶瓷、硬质合金等又硬又脆的材料。同时，由于试验对表面缺陷的敏感性，它又用于测定或检验材料的表面性能，比如钢的渗碳层或表面淬火层的质量与性能以及复合材料等的表面质量。

2.2.4 压 缩（compression）

2.2.4.1 静压缩试验的特点

对于脆性或低塑性的材料，为了解其塑性指标，可以采用压缩试验。单向压缩时，试样所承受的应力状态软性系数比较大($\alpha=2$)，因此，在拉伸载荷下呈脆性断裂的材料压缩时也会显示出一定的塑性。例如灰铸铁在拉伸试验时，表现为垂直于载荷轴线的正断，塑性变形几乎为零；而在压缩试验时，则能产生一定的塑性变形，并会沿与轴线成45°的方向产生切断。

拉伸时所定义的各种性能指标和相应的计算公式在压缩试验中仍适用。压缩可以看作反方向的拉伸，但两者间有差别，压缩试验时，试样不是伸长，而是缩短；横截面不是缩小，而是胀大。

对于塑性材料，只能压扁，不能压破，试验只能测得弹性模量、比例极限和弹性极限等指标，而不能测得压缩强度极限。

2.2.4.2 静压缩试验

试样采用圆柱形，图2.34(a)为短圆柱形试样[$d_0=10\sim25$mm，$h_0=(1\sim3)d_0$]，用于破坏试验；图2.34(b)为长圆柱形试样($d_0=25$mm)，用于测弹性性能和微量塑性变形抗力。试样两端面平行并和轴线垂直，表面粗糙度在国标中有规定。

压缩试验时，材料抵抗外力变形和破坏的情况也可用压力和变形的关系曲线表示，称为压缩曲线，如图2.35所示。曲线1说明塑性材料只能压缩变形，不能压缩破坏，由压缩曲线可以求出压缩强度指标和塑性指标；而对于曲线2所示的脆性材料，一般只求压缩强度极限(抗压强度)σ_{bc} 和压缩塑性指标。

抗压强度

$$\sigma_{bc}=\frac{P_{bc}}{A_0}\ (\text{MPa}) \tag{2-35}$$

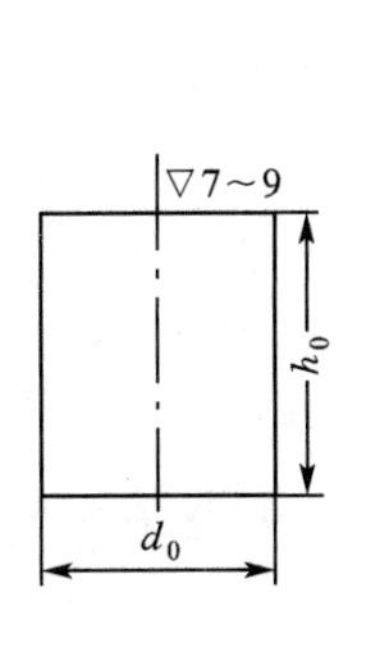

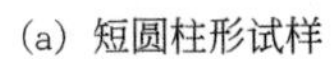
(a) 短圆柱形试样

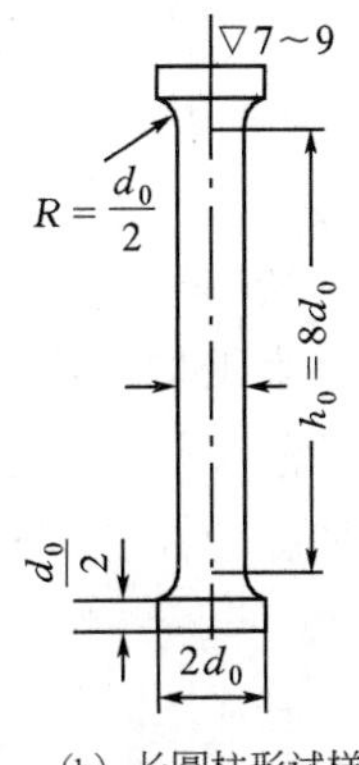

(b) 长圆柱形试样

图 2.34 压缩试样

图 2.35 压缩载荷-变形曲线(压缩曲线)

相对压缩率

$$\varepsilon_c=\frac{h_0-h_K}{h_0}\times100\% \tag{2-36}$$

相对断面扩展率

$$\psi_c=\frac{A_K-A_0}{A_0}\times100\% \tag{2-37}$$

式中 P_{bc}——压缩断裂载荷，N；

A_0，A_K——试样原始和破坏时的断面面积，mm^2；

h_0，h_K——试样原始和破坏时的高度，mm。

从式(2-35)可以看出，σ_{bc} 是按试样原始横截面面积 A_0 求出的，故称为条件压缩强度极限。如果考虑横截面变化的影响，可用压缩强度极限 S_{bc} 来表示

$$S_{bc}=\frac{P_{bc}}{A_i}\ (\mathrm{MPa}) \tag{2-38}$$

显然，$\sigma_{bc}\geqslant S_{bc}$，与拉伸一样，可推导出二者的关系

$$\sigma_{bc}=(1+\psi_c)S_{bc} \tag{2-39}$$

或

$$S_{bc}=(1-\varepsilon_c)\sigma_{bc} \tag{2-40}$$

压缩试验时，试样端部的摩擦阻力对试验结果有很大影响。这个摩擦力发生在上下压头与试样端面之间。为减少摩擦阻力的影响，试样断面必须光滑平整，并涂润滑油或石墨粉等使之润滑，也可以采用如图 2.34(c)所示的储油端面试样，或采用特殊设计的压头，使端面的摩擦力减到最小程度。

另外，在压缩试验时，为防止试样受压缩载荷作用时失稳，试样的高度与直径的比值取为 $h_0/d_0=1.5\sim2.0$，试样端面摩擦和试样形状都会影响试验结果，试样太长会出现弯曲失稳，因此，只有试样的形状、大小在 h_0/d_0 比值相同情况下的压缩试验结果才能互相比较。

2.3 硬度(Hardness)

硬度是衡量材料软硬程度的一种性能指标。硬度的试验方法很多，基本可

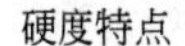
硬度特点

分为压入法和刻划法两大类。在压入法中，根据加载速度不同又分为静载压入法和动载压入法(弹性回跳法)。在静载压入法中，根据载荷、压头和表示方法不同又分为布氏硬度、洛氏硬度、维氏硬度和显微硬度等多种。

试验方法不同，硬度值的物理意义也不同。例如，压入法的硬度值是材料表面抵抗另一物体压入时所引起的塑性变形抗力；刻划法硬度值表示材料抵抗表面局部断裂的能力；回跳法硬度值代表材料弹性变形功的大小。因此，硬度值实际上是表征材料的弹性、塑性、形变强化、强度和韧性等一系列不同物理量组合的一种综合性能指标。一般认为，硬度表示材料表面抵抗局部压入变形或刻划破裂的能力。

2.3.1 硬度试验的特点

硬度试验(主要指压入法硬度试验)的特点如下。

① 应力状态最软，$\alpha>2$，因此，无论是塑性材料还是脆性材料，在此应力状态下都可以观察到它在外力作用下所表现的行为，甚至像玻璃、硬质合金、陶瓷、金刚石等几乎完全非塑性材料，在进行硬度试验时仍表现为塑性状态。

② 试验方法比较简单，无须试样加工，可随意搬动，且对构件本身无损坏。

③ 与其他静载荷下的力学性能指标间存在一定的关系。如在一定条件下，可以由硬度值大致推测出其强度值。

④ 测量范围大可测多个晶粒，小可测单个晶粒，甚至几个原子范围[如纳米压痕仪(nano indenter)]。

由于上述特点，无论在科学研究还是在生产和工程实际中都被广泛使用。

布氏硬度

2.3.2 布氏硬度

2.3.2.1 布氏硬度试验的原理和方法

布氏硬度试验是应用得最久，也最为广泛的压入法硬度试验之一。1900年由瑞典人布利奈尔(Brinell)提出而得名。

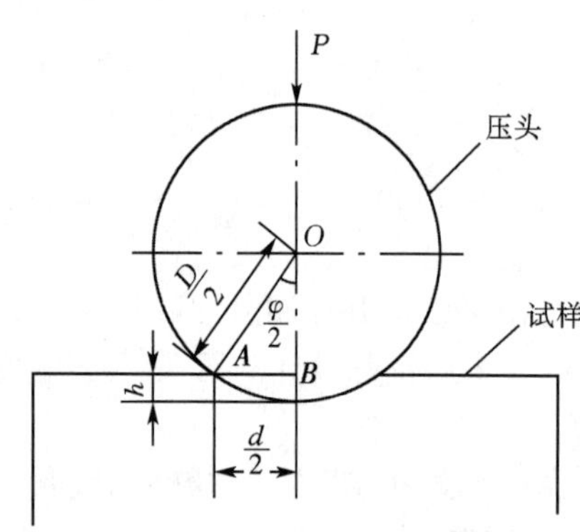

图 2.36 布氏硬度试验原理示意图

其测定原理是用一定大小的载荷 P(N)，把直径为 D(mm) 的淬火钢球压入被测材料表面(见图 2.36)，保持一定时间后，卸除载荷，载荷与材料表面压痕的凹陷面积 A(mm^2) 的比值即为布氏硬度值，用符号 HB 表示。

$$HB=\frac{P}{A}=\frac{P}{\pi Dh}\ (MPa)$$

式中，h 为压痕深度（见图 2.36），布氏硬度值的大小就是压痕单位面积上所承受的压力。一般不标出单位。硬度值越高，表示材料越硬。

在实际试验时，由于测量压痕直径 d（如图 2.36）比 h 方便，因此，将上式中 h 换算成 d 的表达式。

从图 2.36 所示直角三角形 OAB 的关系中可求出

$$h=\frac{D}{2}-\frac{1}{2}\sqrt{D^2-d^2}$$

因此

$$\mathrm{HB}=\frac{2P}{\pi D\ (D-\sqrt{D^2-d^2}\ )} \tag{2-41}$$

式中，只有 d 是变数，试验时，只要测量出压痕直径 d(mm)，通过计算或查布氏硬度表，即可得出 HB 值。

2.3.2.2 压痕相似原理

布氏硬度试验的基本条件是载荷 P 和钢球直径 D 必须恒定，所得数据才能进行比较。但由于材料有大小、软硬、厚薄之分，如果仅采用一种标准的载荷 P 和钢球直径 D，则对于硬的材料适合，而对于极软的材料就不适合，会发生整个钢球全部陷入材料内的现象；对于厚的材料适合，对于薄的材料会出现压透的现象；此外，尺寸有宽窄之分，有的要求表面不能有过大的压痕等，因此，在实际进行布氏硬度试验时，要求能使用不同大小的载荷 P 和钢球直径 D。对同一种材料，采用不同的 P 和 D 进行试验时，能否得到统一的布氏硬度值，关键在于压痕的几何形状是否相似。只要保证压痕几何形状相似，即可建立 P 和 D 的某种选配关系。满足这种关系时，改变 P 和 D 也可保证布氏硬度值不变。

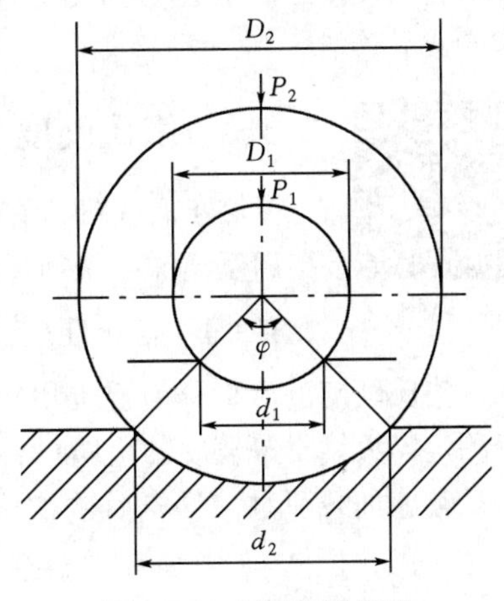

图 2.37 压痕相似原理

图 2.37 表示两个不同直径的压头 D_1 和 D_2 在不同载荷 P_1 和 P_2 的作用下压入材料表面的情况，由图 2.37 可知，要得到相同的 HB 值，必须保证两个压痕几何形状相似，也就是保证压入角 φ 相等。即

$$\frac{d}{2}=\frac{D}{2}\sin\frac{\varphi}{2}$$

或

$$d=D\sin\frac{\varphi}{2}$$

代入式(2-41)中，得

$$\mathrm{HB}=\frac{P}{D^2}\frac{2}{\pi\left(1-\sqrt{1-\sin^2\frac{\varphi}{2}}\right)} \tag{2-42}$$

式（2-42）说明，假如压入角 φ 不变，为了使同一材料两种不同载荷下所得 HB 值也不变，则 $\frac{P}{D^2}$ 也应保持为一个常数。因此，将不同的 P_1、P_2 及 D_1、D_2 代入式(2-42)，得

$$\frac{P_1}{D_1^2}=\frac{P_2}{D_2^2}=\cdots=\text{常数} \tag{2-43}$$

这就是由压痕几何相似原理推导出的 P 和 D 的制约关系，不论采用多大的载荷和直径的钢球，只要保证 $\frac{P}{D^2}$=常数，则同一材料的 HB 值就是一样的。

工程实际中，常用的$\frac{P}{D^2}$的比值为30、10、2.5三种。

布氏硬度试验的优点是其硬度值代表性全面，因压痕面积较大，能反映较大范围内材料各组成相综合影响的平均性能，而不受个别组成相以及微小不均匀度的影响，因此，特别适于测定灰铸铁、轴承合金和具有粗大晶粒的金属材料；试验数据稳定，数据重复性强；此外，布氏硬度值和抗拉强度间存在一定的换算关系。

布氏硬度试验的缺点是其压头为淬火钢球，由于钢球本身的变形问题，不能用来测量过硬材料的硬度，一般在HB450以上就不能使用了。另外，由于压痕较大，对有些表面有要求的成品检验不利。

洛氏硬度

2.3.3 洛氏硬度

鉴于布氏硬度存在以上缺点，1919年，P. 洛克威尔(Rockwell)提出了直接用压痕深度来衡量硬度值的洛氏硬度试验。

2.3.3.1 洛氏硬度试验的原理和方法

洛氏硬度的压头分为硬质和软质两种。硬质的由顶角为120°的金刚石圆锥体制成，适于测定淬火钢材等较硬的金属材料；软质的为直径1.588mm(1/16英寸)的钢球。

在施加载荷时，分先后两次进行，先加初载荷P_1，然后加主载荷P_2，所加的总载荷$P=P_1+P_2$。图2.38中0-0为金刚石压头没有和试样接触时的位置；1-1为压头受到初载荷P_1作用后，压入试样深度为h_0的位置；2-2为压头受到主载荷P_2作用后，压入试样深度为h_1的位置；3-3为压头卸除主载荷P_2后，但仍保留初载荷P_1下的位置，由于试样弹性变形的恢复，压头位置提高了h_2后的位置。此时，压头受主载荷作用压入的深度为h，用h值的大小来衡量材料的硬度。

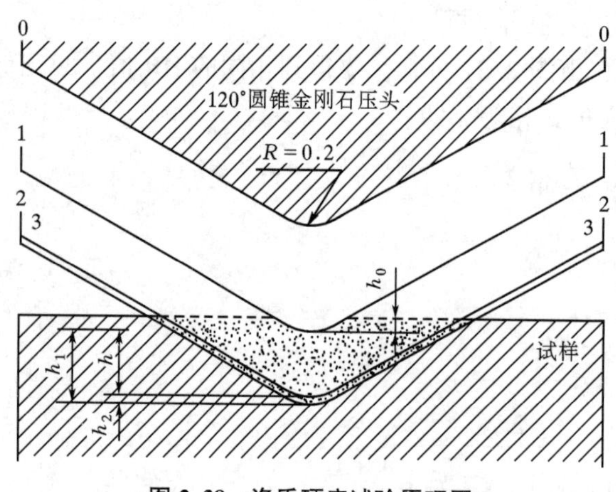

图2.38　洛氏硬度试验原理图

材料越硬，压痕深度越小；材料越软，压痕深度越大。若直接以深度h作为硬度值，则出现硬的材料h值小，软的材料h值反而大的现象。为了适应人们习惯上数值越大硬度越高的概念，人为地规定一个常数K减去压痕深度h的值作为洛氏硬度单位。用符号HR表示，则洛氏硬度值为

$$HR=\frac{K-h}{0.002} \tag{2-44}$$

使用金刚石压头时，常数$K=0.2$mm，黑色表盘刻度所示范围；使用钢球压头时，常数$K=0.26$mm，红色表盘刻度所示范围。

为了能用一种硬度计测定软、硬材料的硬度，采用不同的压头，并施加不同的总载荷，可以组成不同的洛氏硬度标尺。每一种标尺都是在洛氏硬度符号HR后再加上一个字母注明。我国较常用的是HRA、HRB、HRC三种。试验规范见表2.3。

表 2.3 洛氏硬度的试验规范

标 度	压头类型	初载荷/N	总载荷/N	表盘刻度颜色	测量范围/mm
HRA	120°金刚石圆锥体	100	600	黑色	70~85
HRB	1.588mm 直径钢球	100	1000	红色	25~100
HRC	120°金刚石圆锥体	100	1500	黑色	20~67

测试洛氏硬度时，试件表面应为平面。在圆柱面或球面上测定时，测得的硬度值比材料的真实硬度要低，应加以修正。

对于圆柱面

$$\Delta HRC=6\frac{(100-HRC')^2}{D}\times10^{-3}$$

对于球面

$$\Delta HRC=12\frac{(100-HRC')^2}{D}\times10^{-3}$$

式中 ΔHRC——应加上的校正值；

HRC′——球面或圆柱面的硬度；

D——球或圆柱的直径。

2.3.3.2 表面洛氏硬度

由于洛氏硬度试验所用载荷较大，不宜用来测定极薄工件及各种表面处理层(如表面渗碳、渗氮层等)的硬度。为了解决表面硬度测量问题，采用一种表面洛氏硬度计，它与洛氏硬度的原理一样，与普通洛氏硬度不同之处在于：① 预载荷为 30N，总载荷比较小；② 取压痕残余深度为 0.1mm 时的洛氏硬度为零，深度每增大 0.001mm，表面洛氏硬度减小一个单位。表面洛氏硬度标度符号及试验规范见表 2.4。

表 2.4 表面洛氏硬度标度符号及试验规范

压头类型	120°金刚石圆锥			1.588mm 直径钢球		
标度符号	HR15N	HR30N	HR45N	HR15T	HR30T	HR45T
总载荷/N	150	300	450	150	300	450
测量范围/mm	68~92	39~83	17~72	70~92	35~82	7~72

2.3.3.3 洛氏硬度的优缺点

洛氏硬度测定具有以下优点：① 简便迅速、效率高。洛氏硬度值可以直接从硬度机表盘上读取；② 对试样表面造成损伤较小，可用于成品零件的质量检验；③ 因有预加载荷，可以消除表面轻微的不平度对试验结果的影响。

洛氏硬度测定的缺点是：① 洛氏硬度是人为定义的，使得不同标尺的洛氏硬度值无法相互比较；② 由于压痕小，洛氏硬度对材料组织不均匀性很敏感，测试结果比较分散，重复性差，因而不适于具有粗大、不均匀组织材料的硬度测定。

2.3.4 维氏硬度

维氏硬度是 1925 年由 R. 斯密思(Smith)和 G. 桑兰德(Sandland)提出，在

维氏硬度

维克尔斯(Vickers)厂最早使用而得名。

2.3.4.1 维氏硬度测定的原理和方法

维氏硬度的测定原理和方法基本上与布氏硬度的相同，也是根据单位压痕表面积上所承受的压力来定义硬度值。但测定维氏硬度所用的压头为金刚石制成的四方角锥体，两相对面间夹角为136°，所加的载荷较小。测定维氏硬度时，也是以一定的压力将压头压入试样表面，保持一定的时间后卸除压力，于是，在试样表面上留下压痕，如图2.39所示。

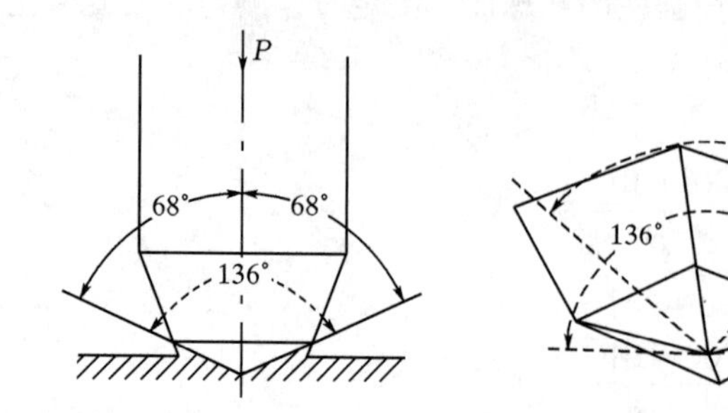

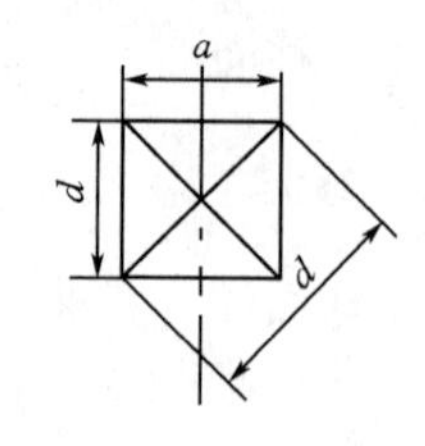

图2.39 维氏硬度试验原理示意图

载荷为P，测得压痕两对角线长度后，取平均值d，代入式（2-45），求得维氏硬度，单位为10Pa，但一般不标注单位

$$\mathrm{HV}=\frac{2P\sin\frac{136^\circ}{2}}{d^2}=\frac{1.8544P}{d^2} \tag{2-45}$$

进行维氏硬度试验时，所加的载荷为50、100、200、300、500、1000N等6种。当载荷一定时，即可根据d值算出维氏硬度表。试验时，只要测量压痕两对角线长度的平均值，即可查表求得维氏硬度。维氏硬度的表示方法与布氏硬度的相同。

维氏硬度特别适用于表面硬化层和薄片材料的硬度测定。选择载荷时，应使硬化层或试件的厚度大于$1.5d$。若不知待测试件的硬化层厚度，则可在不同的载荷下，按照从小到大的顺序进行试验。当待测试层厚度较大时，应尽量选用较大的载荷，以减小对角线测量的相对误差和试件表面层的影响，提高维氏硬度测定的精度。

2.3.4.2 维氏硬度的特点

① 由于维氏硬度测试采用四方角锥体压头，在各种载荷作用下所得的压痕几何形状相似。因此任意选择载荷大小所得硬度值都相同，不受测试方法、施加的载荷和压头规定条件的约束。维氏硬度法测量范围较宽，软硬材料都可以测试，而不存在洛氏硬度法那种不同标尺的硬度无法统一的问题，并且与洛氏硬度法比能更好地测定薄件或薄层的硬度，因而常用来测定表面硬化层以及仪表零件的硬度。

② 由于维氏硬度的压痕为一轮廓清晰的正方形，其对角线长度易于精确测量，所以精度较布氏硬度法高。

③ 当材料的硬度小于HV450时，维氏硬度值与布氏硬度值大致相同。

2.3.5 显微硬度

前面介绍的布氏、洛氏和维氏三种硬度试验法测定载荷较大，只能测得材料组织的平均硬度值。如果要测定极小范围内物质的硬度，或者研究扩散层组织、偏析相、硬化层深度以及极薄件等，那么上述方法就不适用了，特别是像陶瓷这样的脆性材料，用上述方法所施加的载荷大，使得陶瓷材料容易破碎。可以用显微硬度试验来进行硬度试验。

所谓显微硬度试验，一般是指测试载荷小于 2N 的硬度试验。常用的有维氏显微硬度和努氏硬度两种。

2.3.5.1 维氏显微硬度

维氏显微硬度试验实质上就是小载荷的维氏硬度试验，其测试原理和维氏硬度试验相同，所以硬度值可用式(2-45)计算，并仍用符号 HV 表示。但由于测试载荷小，载荷与压痕之间的关系就不一定像维氏硬度试验那样，符合几何相似原理，因此测试结果必须注明载荷大小，以便能进行有效的比较。

2.3.5.2 努氏硬度

努氏(Knoop)硬度原理与维氏硬度相同，只是压头形状不同。它采用金刚石四角棱锥压头，两长棱夹角为 172.5°，两短棱夹角为 130°，压痕形状是菱形，其中长对角线的长度是短对角线的 7.11 倍。测量时，只测量长对角线的长度，所以测量精度较高，对测量薄层的硬度及检查硬化层的硬度分布很有价值，比维氏硬度好。

2.3.6 肖氏硬度

肖氏硬度

肖氏硬度试验是一种动载荷试验法，1806 年由 A. F. 肖尔(Shore)提出，故称为肖氏硬度。其基本原理是使一定质量的带有金刚石圆头或钢球的重锤从一定高度落向试件表面，根据钢球回跳的高度来衡量试件硬度值大小，因此也称回跳硬度。肖氏硬度用 HS 表示。

钢球从一定高度落于试件表面，即钢球以一定的能量冲击试样表面，产生弹性变形和塑性变形。钢球的冲击能量一部分转变成塑性变形功被试件所吸收，另一部分转变成弹性变形功而被试件储存起来，当弹性变形恢复时，能量被释放出来，使钢球回跳到一定高度。试件的弹性极限越高，塑性变形越小，储存的能量越多，钢球回跳高度就越高，表明该材料越硬。肖氏硬度值只能对弹性模量相同的材料进行测定比较。

肖氏硬度试验的优点是：它是一种轻便的手提式硬度计，使用方便，可以在现场测量大型试件的硬度。其缺点是：测试结果的准确性受人为因素影响较大，所以在科学研究中较少使用。

参考文献

[1]《金属机械性能》编写组. 金属机械性能 [M]. 北京：机械工业出版社，1983.

[2] 郑修麟. 材料的力学性能 [M]. 西安：西北工业大学出版社，1990.

[3] HERTZBERG R W. Deformation and fracture mechanics of engineering materials [M]. New York：John Wiley，1983.

[4] MCCLINTOCK F A，ARGON A S. Mechanical behavior of materials [M]. New York：Addison-Wesley Publishing Company，1966.

[5] JENKINS A D. Polymer science [M]. North Holland Publ. Co.，1972.

[6] 赫兹伯格. 工程材料的变形与断裂力学 [M]. 王克仁，译. 北京：机械工业出版社，1982.

[7] ALFREY T. Mechanical behavior of high polymers [M]. New York：Interscience Publishers Inc，1948.

[8] 潘鉴元，席世平，黄少慧. 高分子物理 [M]. 广州：广东科技出版社，1981.

1. 名词解释

工程应变；真应力；比例极限；弹性极限；屈服强度；抗拉强度；泊松比；弹性模量；切变模量；塑性；延伸率；断面收缩率；颈缩；吕德斯带；硬度；维氏硬度；显微硬度

2. 试画出连续塑性变形材料的应力-应变曲线，并说明如何根据应力-应变曲线确定材料的屈服强度。

3. 已知某种钢材的拉伸试样（直径为 1.2mm，标距为 5mm）拉伸断裂后最终的标距伸长为 6.3mm，最终的直径为 0.8mm，试计算：① 此材料的延伸率为多少？② 断面收缩率为多少？③ 断裂时的真应变是多少？

4. 某个多晶金属的塑性应力-应变曲线遵循 Hollomon 方程 $\sigma=K\varepsilon^n$，若已知此材料在塑性变形为 2%和 10%时的流变应力分别为 175 MPa 和 185 MPa，请确定 n。

5. 如果工程应变 $\varepsilon=0.1\%$、0.2%、2%、4%、6%，试估算工程应力 σ 与真应力 S，工程应变 ε 与真应变 e 之间的差别有多大？

6. 利用 Hollomon 方程 $\sigma=K\varepsilon^n$ 推导应力-应变曲线上应力达到最大值时产生颈缩的条件，证明在材料发生颈缩时 $\varepsilon_T=n$，并说明其意义。

7. 脆性和塑性材料的典型应力-应变曲线有哪几种？并分别叙述应力-应变曲线的主要特征。

8. 用两个原始长度为 5cm 的橡胶试样分别进行压缩和拉伸试验，如果它们的工程应变分别是-0.5 和+0.5，那么两个试样的最终长度是多少？它们的真应变分别是多少？为什么两个结果会有数值差异？

9. 已知一个圆柱状材料，直径为 2.5mm，长 180mm，若它受到 50N · m 的扭矩，请问：① 若它的一端是固定的，计算顶端的挠度；② 此材料能否发生塑性变形？

10. 对静载拉伸试验，试根据体积不变条件及延伸率、断面收缩率的概念，推导均匀变形阶段材料的延伸率 δ 与断面收缩率 ψ 的关系式。

11. 对 1040 碳钢施加 4000N 压缩力，若初始碳钢的直径为 15cm，试计算压缩后碳钢圆棒的直径。

12. 用 Instron 拉伸试验机在横截面积为 $2cm^2$，长度为 10cm 的钢试样上进行拉伸性能测试。如果原始应变速率为 $10^{-3}s^{-1}$，试确定载荷位移曲线在弹性范围内的斜率（$E=210GPa$）。

13. 已知试样原始横截面积为 $4cm^2$，十字头（试验机横梁）速度为 3mm/s，标准长度为 10cm，最终横截面积为 $2cm^2$，颈缩处的曲率半径为 1cm。确定下图中加载曲线（对于圆柱试样）中应力-应变曲线的所有常数。并画出工程应力-应变和真应力-应变曲线。

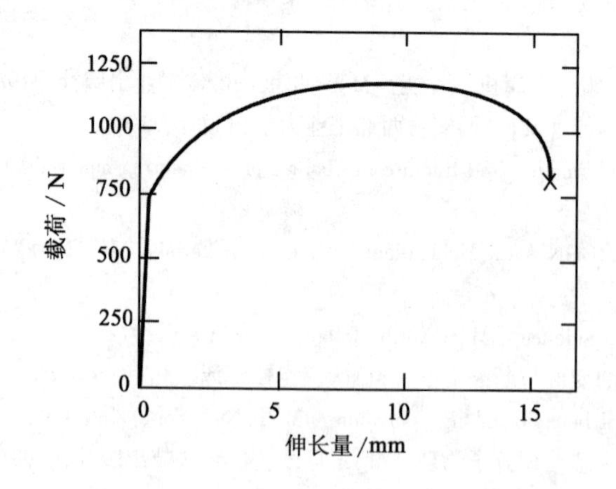

14. 70-30 黄铜的应力-应变曲线可以用方程 $\sigma = 600\varepsilon_{p}^{0.35}$MPa 来描述，直到塑性失稳，找到0.2%条件屈服极限的应力值。
15. 玻璃纤维/环氧树脂单层复合材料由2.5kg纤维与5kg树脂组成。已知玻璃纤维的弹性模量 $E_f = 85$GPa，密度 $\rho_f = 2500\text{kg/m}^3$，环氧树脂的弹性模量 $E_m = 5$GPa，密度 $\rho_m = 1200\text{kg/m}^3$。试估算该复合材料的弹性模量 E。
16. 现有一种单向连续碳化硅纤维增强的石英玻璃基复合材料 SiC_f/SiO_2，测得其密度为2.60g/cm^3。假设复合材料完全致密，SiC_f/SiO_2 界面结合良好且无裂纹等其他缺陷，根据复合法则预估该复合材料沿纤维方向的弹性模量和强度最大值（已知 SiO_2 的密度为2.2g/cm^3，致密 SiO_2 的强度为30MPa，弹性模量为50GPa；SiC_f 的密度为3.2g/cm^3，强度为3600MPa，弹性模量为400GPa）
17. 简述纤维增强复合材料在拉伸试验中的几种可能破坏模式及其原因。
18. 从力学性能角度简述高分子材料三态时的变形特点。
19. 试述高分子聚合物和陶瓷材料的力学性能特点、可选用的测试表征手段，并简述测试方法。
20. 试比较金属材料单向拉伸、压缩、弯曲及扭转试验的特点和应用范围。
21. 为什么金属材料进行拉伸试验时真应力总比工程应力高，而压缩试验时正好相反？
22. 简述扭转试验、弯曲试验的特点。测试渗碳淬火钢、陶瓷玻璃试样力学性能常用的方法是什么？
23. 若拉伸试验中途卸载，卸载曲线是怎样的？若重新加载，加载的曲线又是怎样的？为什么？
24. 硬度的测试有几种方法？试比较几种硬度测试方法的优缺点和适用范围，并说明以下零件和材料采用哪种测试方法比较好：① 铸铁；② 渗碳钢；③ 淬火钢；④ 高速钢刀具；⑤ 退火低碳钢。
25. 有两个零件的硬度分别是A：HB350；B：HV260，是否说明A零件比B零件的硬度高，为什么？
26. 用维氏显微硬度计测得的某试样的硬度扫描电镜图像如下图所示，已知施加的力为2kN，试确定该材料的硬度值。

3　材料的变形 Deformation of Materials

第2章介绍了材料在各种静载荷下的力学性能，如强度、塑性和硬度等，它们都是在一定的变形和断裂条件下标定的，其中多数性能指标都表征材料的变形能力和变形抗力，这些性能指标都具有一定的实际意义，是设计和评定材料的主要依据。为了进一步理解这些性能指标的物理本质及性能转变原理，为研究材料的断裂奠定基础，本章将集中研究材料的弹性变形和塑性变形的基本规律及原理。

材料在外力作用下产生形状和尺寸的变化称为变形（deformation）。任何材料在外力作用下都会或多或少地发生变形，但是由于各种材料的本质不同、材料所受外力的性质和大小不同，材料工作时所处的环境不同，变形的性质和程度也就不同。根据外力去除后材料的变形能否恢复，可分为弹性变形和塑性变形两种。能恢复的变形称为弹性变形，不能恢复的变形称为塑性变形。从前面讲述的拉伸曲线可以看出，材料在外力作用下先发生弹性变形，当应力超过材料的弹性极限后，材料就会发生塑性变形，即材料开始屈服，屈服的材料在发生塑性变形的同时，还伴随着弹性变形和形变强化。研究材料的弹性变形和塑性变形的机制、规律和形变强化问题，对于提高材料的综合性能具有重要的应用价值。

3.1　材料的弹性变形(Elastic Deformation of Materials)

材料的弹性变形

材料的弹性变形是指材料在外力作用下发生一定量的变形，当外力去除后，材料能够恢复原来形状的变形。

3.1.1　弹性变形的基本特点

① 弹性变形是一种可逆性的变形。材料在外力作用下，先发生弹性变形，外力去除后，变形完全消失，从而表现为弹性变形的可逆性特点。

② 大多数弹性变形又具有单值性的特点。材料在受拉伸、压缩、扭转、剪切和弯曲载荷作用时，都会产生弹性变形，在弹性变形过程中，无论是加载还是卸载，其应力和应变间都保持单值线性关系。一般由正应力引起的弹性变形称为正弹性应变，由切应力引起的弹性变形称为切弹性应变。

③ 弹性变形的变形量很小。材料弹性变形主要发生在弹性变形阶段，但在塑性变形阶段，也还伴随一定量的弹性变形。即使这样，两个变形阶段的弹性变形量也很小，一般不超过0.5%~1%。

总之，材料弹性变形具有可逆性、单值性和变形量很小三个特点。

3.1.2　弹性变形的物理本质

组成材料的相邻原子间存在一定的作用力，材料的弹性行为起源于晶体点阵中原子间的相互作用，弹性变形就是外力克服原子间作用力，使原子间距发生变化的结果；而恢复弹性变形则是在外力去除后，原子间作用力迫使原子恢复原来位置的结果。为简便起见，可借用双原子模型来进行分析。

如图 3.1 和图 3.2 所示，相邻两原子在一定范围内，其间存在相互作用力，包括相互引力和相互斥力。一般认为，引力是由材料正离子和自由电子间的库仑引力产生的；斥力由正离子和正离子、电子和电子间的斥力产生。引力和斥力是互相矛盾的，前者力图使两个原子 N_1 和 N_2 尽量靠近，而后者又力图使两个原子尽量分开。图 3.2 所示曲线 1 表示引力随原子间距离 r 的变化情况，曲线 2 表示斥力随 r 的变化情况，曲线 3 表示引力和斥力的合力的变化情况。当没有外力作用时，原子 N_2 在 $r=r_0$ 处引力和斥力平衡，合力为零，所以 r_0 是两原子平衡间距，也就是正常的晶格原子间距。图 3.2 所示的原子间势能曲线在 r_0 处最低，处于稳定状态。当外力作用迫使两原子靠近($r<r_0$)或分开($r>r_0$)时，必须分别克服相应的斥力或引力，才能使原子 N_2 达到新的平衡位置，产生原子间距变化，即所谓材料变形。当外力去除后，因原子间力(见合力曲线 3)的作用，原子又回到原来的平衡位置($r=r_0$)，即恢复变形。这就是弹性变形的物理过程，也是弹性变形具有可逆性特点的原因。

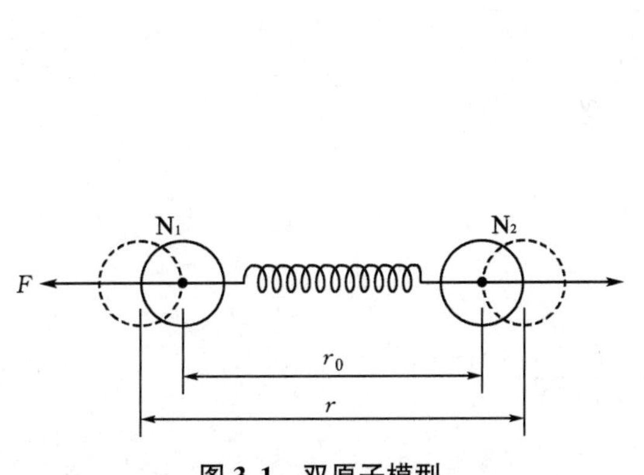

图 3.1 双原子模型

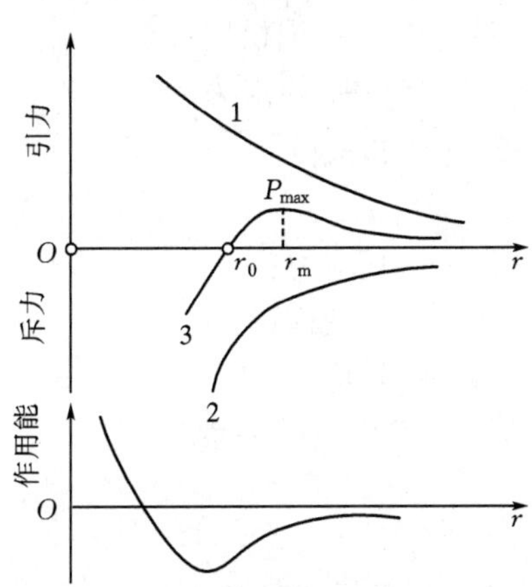

图 3.2 原子间引力和斥力相互作用示意图

理论分析表明，两个原子间的作用力 P 和其原子间距 r 之间的关系可表示为

$$P=\frac{A}{r^2}-\frac{Ar_0^2}{r^4} \tag{3-1}$$

式（3-1）第一项表示引力，第二项表示斥力。当两原子靠近($r<r_0$)时，斥力比引力变化快，因而合力 3 表现为斥力；而当两原子分开（$r>r_0$）时，引力起主导作用，合力 3 表现为引力。同时，式(3-1)还说明合力 P 和 r 是曲线关系。

合力曲线 3 虽然是两原子间的作用力曲线，但也表示出材料弹性变形时载荷和变形的关系。这样，材料弹性变形似乎不服从胡克定律；但是，由于实际金属材料弹性变形量极小，在这样小的 Δr 区间内，P-r 曲线可以近似看作直线，胡克定律仍然适用。两原子受外力作用时，其间距 r 的变化与去除外力时 r 的变化都沿 P-r 曲线进行，表现为应力-应变关系的单值性。

从曲线 3 还可以看出，r_m 为最大弹性伸长变形，表示理论的最大弹性变形能力。P_{max} 为相应的最大弹性变形抗力，也就是材料的最大拉断抗力，表示理论拉断抗力。理论分析表明，$r_m \approx 1.25r_0$，即最大相对弹性变形量可达 25%，远远超过了实际数值。这是由于实际材料中存在位错和其他缺陷，在外加载荷作用下，当外力还未达到 P_{max} 时，位错早已运动而产生塑性变形，或因其他缺陷的作用而提前断裂，所以，实际弹性变形量很小。这就解释了弹性变形的第三个特点——变形量很小。

3.1.3 胡克定律（Hooke's law）

（1）简单应力状态的胡克定律

① 单向拉伸

$$\varepsilon_x=\varepsilon_z=-\nu\varepsilon_y=-\nu\frac{\sigma_y}{E}$$

$$\varepsilon_y=\frac{\sigma_y}{E} \tag{3-2}$$

式中 ε_x，ε_z——横向收缩应变；

ε_y——纵向拉伸应变；

E——弹性模量；

ν——泊松比；

σ_y——拉应力。

② 剪切和扭转

$$\tau=G\gamma \tag{3-3}$$

式中 τ——切应力；

G——切变模量；

γ——切应变。

③ E，G 和 ν 的关系

$$G=\frac{E}{2(1+\nu)} \tag{3-4}$$

（2）广义胡克定律

① 应力分量。实际构件受力状态都比较复杂，应力往往是两向或三向的，这样的应力状态称为复杂应力状态。

一个构件上任意一点的受力状态可用其单元体上的 9 个应力分量表示(如图 3.3 所示)。其张量表示式为

$$\boldsymbol{\sigma}=\begin{pmatrix}\sigma_x & \tau_{xy} & \tau_{xz}\\ \tau_{yx} & \sigma_y & \tau_{yz}\\ \tau_{zx} & \tau_{zy} & \sigma_z\end{pmatrix}$$

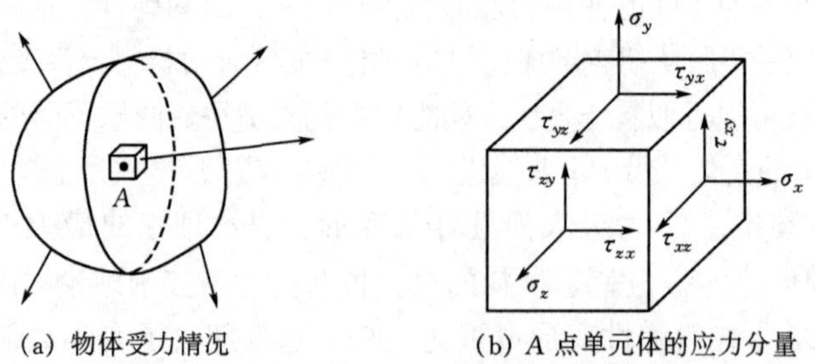

(a) 物体受力情况　(b) A 点单元体的应力分量

图 3.3 物体任意一点受力和应力状态的表示方法

根据切应力互等原理

$$\tau_{xy}=\tau_{yx},\ \tau_{yz}=\tau_{zy},\ \tau_{zx}=\tau_{xz}$$

这样，实际上一点的应力状态只有6个独立应力分量：σ_x，σ_y，σ_z，τ_{xy}，τ_{yz}，τ_{zx}。

其中前三个为正应力，后三个为切应力。切应力的第一个角标表示力所作用平面的法线方向，第二个角标表示力作用的方向。

② 应变分量。复杂应力状态下，任一点的应变也可借用单元体的9个应变分量表示。其张量表示式为

$$(\boldsymbol{\varepsilon})=\begin{pmatrix}\varepsilon_x & \gamma_{xy} & \gamma_{xz}\\ \gamma_{yx} & \varepsilon_y & \gamma_{yz}\\ \gamma_{zx} & \gamma_{zy} & \varepsilon_z\end{pmatrix}$$

实际上，也只有6个独立应变分量：ε_x，ε_y，ε_z，γ_{xy}，γ_{yz}，γ_{zx}。其中前三个是正应变，后三个是切应变。

③ 广义胡克定律。将上述6个应力分量和应变分量用弹性系数联系起来，就构成广义胡克定律，其表达式为

$$\left.\begin{aligned}\varepsilon_x&=\frac{1}{E}\left[\sigma_x-\nu\left(\sigma_y+\sigma_z\right)\right]\\ \varepsilon_y&=\frac{1}{E}\left[\sigma_y-\nu\left(\sigma_z+\sigma_x\right)\right]\\ \varepsilon_z&=\frac{1}{E}\left[\sigma_z-\nu\left(\sigma_x+\sigma_y\right)\right]\\ \gamma_{xy}&=\frac{\tau_{xy}}{G}\\ \gamma_{yz}&=\frac{\tau_{yz}}{G}\\ \gamma_{zx}&=\frac{\tau_{zx}}{G}\end{aligned}\right\} \tag{3-5}$$

上述6个应力分量随单元体的取向不同而变化，但总的应力效果，即 $\boldsymbol{\sigma}$ 是不变的，所以，可以任意选取单元体的方位。设想取一种单元体，其上只有3个正应力分量而无切应力分量，这样的单元体叫作主应力单元体，其上的3个正应力分量称为主应力 σ_1、σ_2、σ_3。其中 σ_1 最大，称为第一主应力；σ_2 次之，称为第二主应力；σ_3 最小，称为第三主应力。此时，应力的张量表示式为

$$\boldsymbol{\sigma}=\begin{pmatrix}\sigma_1 & 0 & 0\\ 0 & \sigma_2 & 0\\ 0 & 0 & \sigma_3\end{pmatrix}$$

显然，主单元体上也只有3个主应变 ε_1、ε_2、ε_3，其应变张量表示式为

$$\boldsymbol{\varepsilon}=\begin{pmatrix}\varepsilon_1 & 0 & 0\\ 0 & \varepsilon_2 & 0\\ 0 & 0 & \varepsilon_3\end{pmatrix}$$

可见，这种单元体的应力和应变分量最少，处理起来比较简单。此时广义胡克定律的表达式为

$$\left.\begin{aligned}\varepsilon_1&=\frac{1}{E}\left[\sigma_1-\nu\left(\sigma_2+\sigma_3\right)\right]\\\varepsilon_2&=\frac{1}{E}\left[\sigma_2-\nu\left(\sigma_3+\sigma_1\right)\right]\\\varepsilon_3&=\frac{1}{E}\left[\sigma_3-\nu\left(\sigma_1+\sigma_2\right)\right]\end{aligned}\right\}\tag{3-6}$$

3.2 弹性模量及其影响因素(Elastic Modulus and its Influencing Factors)

3.2.1 弹性模量的意义

弹性模量的意义

由式(3-5)可见，弹性模量 E 越大，在相同的应力作用下材料的弹性变形越小。因此，弹性模量表明了材料对弹性变形的抗力，即材料发生弹性变形的难易程度，代表了材料的刚度。对于按照刚度要求设计的构件，应选用弹性模量值高的材料，因为用弹性模量高的材料制成的构件受到外力作用时保持其固有尺寸和形状的能力强，即构件的刚度高。

从原子间相互作用力角度来看，弹性模量也是表征原子间结合力强弱的一个物理量，其值的大小反映了原子间结合力的大小。

对于单晶体材料来说，不同晶向原子结合力不同，其弹性模量也不同，表现为弹性各向异性。常见的具有体心立方晶体结构的金属与合金材料的<111> 晶向的弹性模量 E_{111} 最大，而<100>晶向的弹性模量 E_{100} 最小，其他晶向的弹性模量介于二者之间。多晶体金属材料各晶粒取向是任意的，其弹性模量应该是各个晶向弹性模量的统计平均值。

3.2.2 弹性模量的影响因素

弹性模量的影响因素

材料的弹性模量值主要取决于材料的本性，与晶格类型和原子间距密切相关，通常表示为 $E=\frac{k}{r^m}$，其中 k 和 m 是材料的常数，r 是相邻两原子间距。

室温下，金属弹性模量 E 是原子序数的周期函数(见图 3.4)。同一周期的元素，如 Na、Mg、Al、Si 等，E 值随原子序数增加而增大，这与元素价电子增多及原子半径减小有关。同族的元素，如 Be、Mg、Ca、Sr、Ba 等，E 值随原子序数增加而减小，这与原子半径增大有关，但对于过渡金属来说，并不适用，由图 3.4 可知，过渡族金属的弹性模量最高，可能和它们的 d 层电子未被填满而引起的原子间结合力增大有关，常用的过渡族金属，如 Fe、Ni、Mo、W、Mn、Co 等，其弹性模量都很大。

合金中固溶溶质元素虽然可以改变合金的晶格常数，但对于常用钢铁合金来说，合金化对其晶格常数改变不大，因而对弹性模量影响很小。例如各种低合金钢和碳钢相比，其 E 值相当接近。所以若仅考虑构件刚度问题，完全可以用碳钢代替低合金钢。

热处理是改变组织的强化工艺，但对弹性模量值影响不大。如晶粒大小对 E 值无影响，

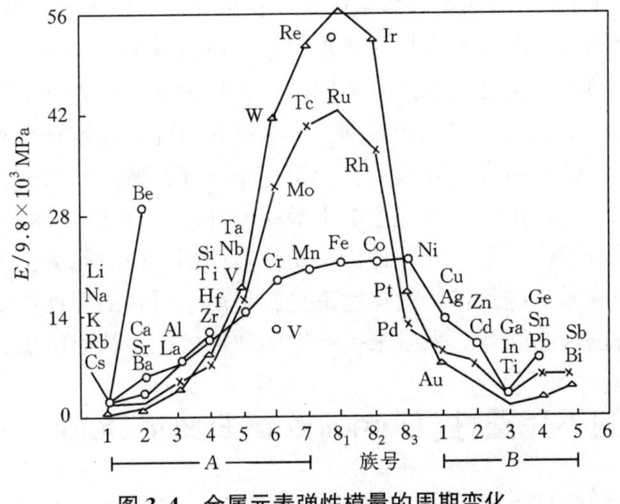

图 3.4 金属元素弹性模量的周期变化

第二相大小和分布对 E 值影响也很小，淬火后 E 值虽稍有下降，但回火后又恢复到退火状态的数值。

冷塑性变形使 E 值稍有降低，一般降低 4%~6%，但当变形量很大时，因形变织构而使其出现各向异性，沿变形方向 E 值最大。

温度升高，原子间距增大，使 E 值降低。碳钢加热时每升高 100℃，其弹性模量 E 值就下降 3%~5%。

加载速度对弹性模量也没有大的影响。这是因为弹性变形速率与弹性介质中声的传播速度相等，远远超过实际加载速率。

总之，弹性模量是一个对组织不敏感的力学性能指标，其大小主要取决于材料的本质和晶体结构，而与显微组织关系不大。

3.2.3 弹性比功

弹性比功

弹性比功又称弹性应变能密度，指材料吸收变形功而又不发生永久变形的能力，它标志着在开始塑性变形前，材料单位体积所吸收的最大弹性变形功。它是一个韧性指标。图 3.5 中阴影线所示面积代表这一变形功的大小。表示为

$$W=\frac{1}{2}\sigma_e\varepsilon_e=\frac{\sigma_e^2}{2E} \tag{3-7}$$

由式(3-7)可知，提高 σ_e 或降低 E 值，可以提高材料的弹性比功。

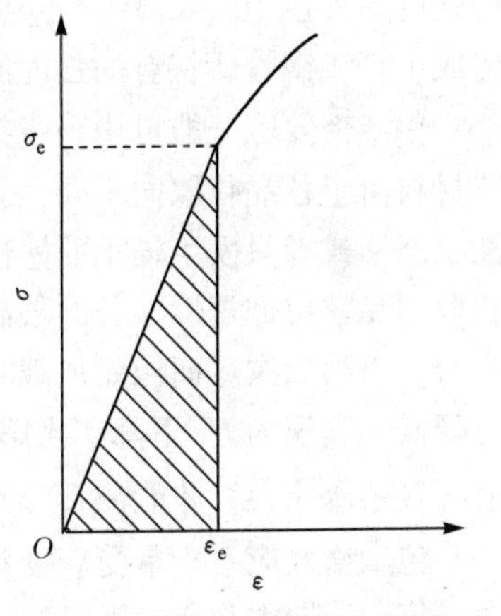

图 3.5 弹性比功的计算示意图

弹簧是典型的弹性构件，主要起减震和储能驱动作用，既要吸收大量变形功（应变能）又不允许发生塑性变形，因此，弹簧材料应尽可能具有最大的弹性和弹性比功。由前述可知，弹性模量 E 是一个很稳定的力学性能指标，合金化、热处理、冷变形等方法对其影响不大，只能用提高弹性极限的方法提高弹性。对于金属弹簧，一般用合金化热处理和冷变形强化等方法来提高其弹性极限和弹性比功。例如，硅锰弹

簧钢含碳量为0.5%~0.7%，形成足够数量的第二相碳化物，加入Si、Mn，以强化铁素体基体，并经淬火加中温回火，获得回火屈氏体组织，可以有效地提高σ_e。

必须强调指出，弹性与刚度的概念是不同的。弹性表征材料弹性变形的能力，刚度表征材料弹性变形的抗力。举例说明它们的差别，汽车弹簧可能出现这样两种情况：一种是汽车没有满载，弹簧变形已达到最大，卸载后，弹簧完全恢复到原来的状态，这是由于弹簧刚度不足造成的。由于弹性模量是对成分、组织不敏感的性能，因此，要解决这一问题，要从加大弹簧尺寸和改进弹簧结构着手。另一种情况是弹簧使用一段时间后，发现弹簧的弓形越来越小，即产生了塑性变形，这是弹簧的弹性不足，是由于材料的弹性极限低造成的，可以利用改变材料、对材料进行热处理等手段来提高钢的弹性极限，从而解决这个问题。

3.3 弹性变形的不完整性(Damping of Elastic Deformation)

理想的弹性变形应该是单值性的可逆变形，加载时立即变形，卸载时又立即恢复原状，变形和时间无关，加载线和卸载线重合一致。但由于实际使用的材料往往是多晶体材料，存在各种缺陷，弹性变形时并不是完整弹性的，会出现包辛格效应、弹性后效等现象。

3.3.1 包辛格效应（bauschinger effect）

包辛格效应

材料经过预先加载产生微量塑性变形，然后再同向加载其弹性极限升高，反向加载则其弹性极限降低的现象称为包辛格效应，是多晶体材料所具有的普遍现象。

包辛格效应在实际生产中也时有发生。例如管线钢在制管成形过程中按照API标准进行强度测试，在压平试样的制作和拉伸过程中，管线钢管经过反复拉、压变形产生包辛格效应，由于包辛格效应的作用，钢管屈服强度比钢板的屈服强度低40~80MPa，或者说，钢管的强度损失达10%~15%。包辛格效应与材料形变强化（将在第4章中学习）效应相互作用构成了管线钢管所特有的强度问题。因此，实际生产中包辛格效应对材料的作用不容忽视。

包辛格效应一般可用第二类内应力的作用来解释。在给定拉力$P \approx P_e$的作用下，多晶体材料由于各晶粒取向不同，只在软取向晶粒上产生塑性变形，而相邻硬取向的晶粒处于弹性状态，或者只发生较小的塑性变形。当外力去除后，硬取向晶粒力图恢复弹性变形，但因软取向晶粒拉伸塑性伸长的限制，不能完全恢复，于是，就对软取向晶粒产生了附加残余拉应力。当第二次反向压缩加载时，软取向晶粒因有残余压应力的作用，其开始压缩形变的外力降低，表现为σ_e下降。当第二次是正向拉伸加载时，必须增加外力，以克服软取向晶粒上的残余压应力，才能使其开始塑性变形，表现为σ_e升高。

包辛格效应对于承受应变疲劳载荷作用的构件是很重要的，因为材料在应变疲劳过程中，每一周期内都产生微量的塑性变形，在反向加载时，微量塑性变形抗力降低，显示循环软化现象。另外，对于预先冷变形处理的材料，如冷拉型材，在反向加载时，如在受压状态下工作，就应考虑微量塑性变形后抗力降低的有害影响。当然有些情况下人们可以利用包辛格现象，如薄板反向弯曲成形，拉拔的钢棒经过轧辊压制变直，等等。

消除包辛格效应的方法是：预先进行较大的塑性变形，或在第二次反向受力前使材料在回复或再结晶温度下退火。

3.3.2　弹性后效

图 3.6 是弹性后效示意图。实际金属材料在外力作用下开始产生弹性变形时沿 OA 变化，产生瞬时弹性应变 Oa 之后，在载荷不变的条件下，随时间延长，变形慢慢增加，产生附加的弹性应变 aH。这一现象叫作正弹性后效或弹性蠕变。卸载时，立即沿 Bc 变化，部分弹性应变 Hc 消失，之后，随时间延长，变形才缓慢消失至零。这一现象称为反弹性后效。

这种弹性应变落后于外加应力，并和时间有关的弹性变形称为弹性后效或滞弹性。随时间延长而产生的附加弹性应变称为滞弹性应变。滞弹性应变随时间的变化情况如图 3.6 下半部分所示。正弹性后效 ab 段和反弹性后效 ed 段都是时间的函数，而瞬时弹性应变 Oa 和 be 则和时间无关。

产生弹性后效的原因有多种，都与金属中的某些松弛过程有关。例如，α-Fe 中碳原子因应力作用而发生的定向扩散就是一例。如图 3.7 所示，碳在 α-Fe 中处于八面体空隙及等效位置上，在 z 向拉应力作用下，x、y 轴上的碳原子就会向 z 轴扩散移动，使 z 方向继续伸长变形，于是，就产生了附加弹性变形。因扩散需要时间，所以附加应变为滞弹性应变。卸载后，z 轴多余的碳原子又会扩散回到原来 x、y 轴上，使滞弹性应变消失。

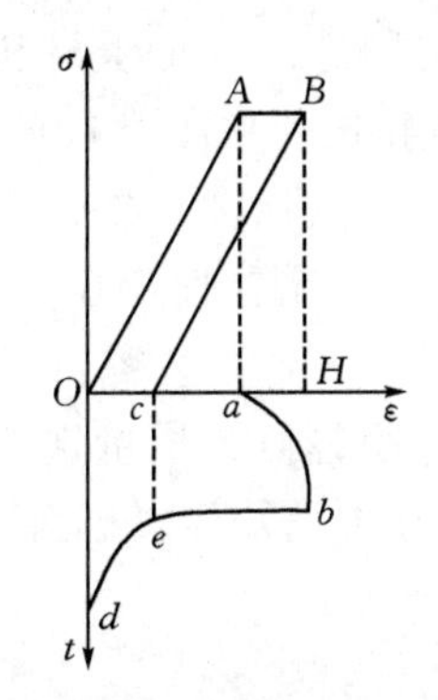

图 3.6　弹性后效示意图

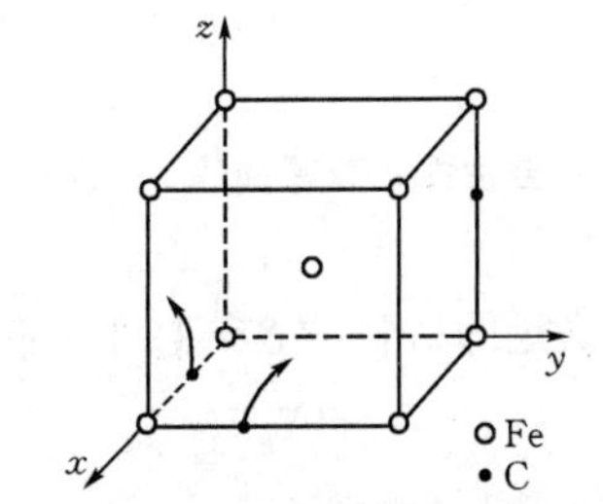

图 3.7　碳在 α-Fe 中的扩散移动示意图

弹性后效现象在仪表和精密机械制造业影响极大。一些重要的传感元件，如长期承受载荷的测力弹簧、薄膜传感器件所用材料，就应该考虑弹性后效问题，否则，测量结果就会出现误差。经过校直的工件，放置一段时间后又会变弯，也是弹性后效引起的结果。消除弹性后效也应采用长期回火的办法，使第二类内应力尽量消除，使组织结构稳定化。

3.3.3　弹性滞后环

从上述材料弹性后效现象可见，在弹性变形范围内，材料变形时应变滞后于外加应力，这会使加载线和卸载线不重合而形成回线，称这个回线为弹性滞后环(如图 3.8 所示)。这个滞后环的出现说明加载时消耗于材料的变形功大于卸载时材料所放出的变形功，因此，在材料内部消耗了一部分功。这部分功称为内耗，其大小可用回线内面积表示。

如果所加的不是单向循环载荷，而是交变循环载荷，并且加载速度比较慢，来得及表现弹性后效，就出现如图 3.8(a)所示的两个对称的弹性滞后环；如果加载速度比较快，来不及表现弹性后效，则出现如图 3.8(b) 和图 3.8 (c)所示的弹性滞后环，其回线面积表示在一个应力循环中材料的内耗，也可称为循环韧性。

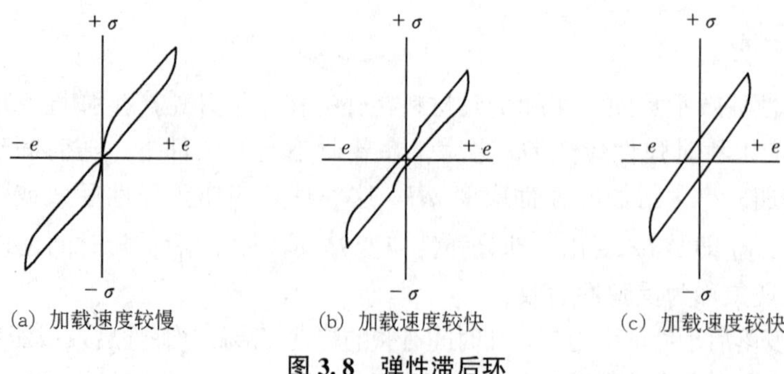

图 3.8 弹性滞后环

循环韧性也是材料的一个性能，一般用振动试样中自由振动振幅的衰减来表示循环韧性的大小。如图 3.9 所示，设 T_K 和 T_{K+1} 为自由振动相邻振幅的大小，则循环韧性可表示为

$$\delta=\ln\frac{T_K}{T_{K+1}}=\ln\frac{T+\Delta T}{T}\approx\frac{\Delta T}{T} \tag{3-8}$$

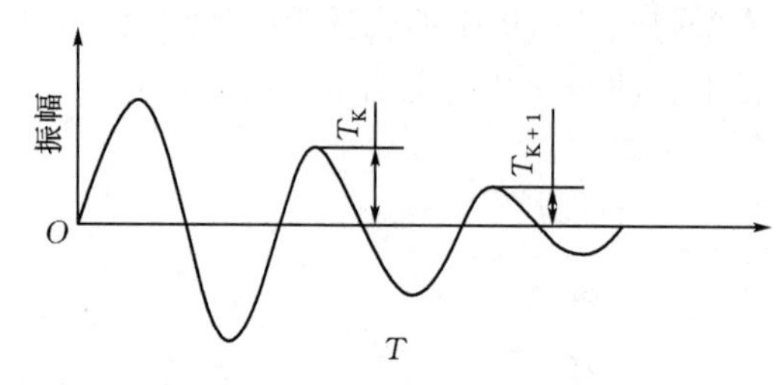

图 3.9 自由振动衰减曲线

循环韧性表示材料的消振能力。循环韧性大的材料的消振能力强。对于承受交变应力而易振动的构件，常希望材料有良好的消振性能，如汽轮机叶片常用 1Cr13 钢制造，除了因为这种钢耐热强度高外，还因为它有较高的循环韧性值，消振性能好。

但另一方面，对有些零件，又希望材料的循环韧性越小越好，尽量选择 δ 值低的材料。如仪表上传感元件材料的 δ 值越小，传感灵敏度越高，乐器所用金属材料 δ 越小，音色越美。

3.4 材料的塑性变形(Plastic Deformation of Materials)

当材料变形超过弹性极限后，就开始出现塑性变形。随外力的增加，塑性变形量也增加，当达到断裂时，塑性变形量达到一个极限值，一般将这个相对塑性变形极限值叫极限塑性，简称塑性。塑性指材料得到不可逆的永久变形而不破坏的能力。

3.4.1 塑性变形的一般特点

① 塑性变形不同于弹性变形，塑性变形是不可逆的。

② 一般来说，材料塑性变形主要是由切应力引起的，因为只有切应力才能使晶体产生滑移或孪生变形。

塑性变形的一般特点

③ 材料的塑性变形量一般用伸长率 δ 或断面收缩率 ψ 表示，根据材料和试验条件的不同，材料的塑性可达百分之几至百分之几十，超塑性材料可达 100%~1000%，因此，材料的塑性变形量远远大于弹性变形量。

④ 由于材料的弹性是比较稳定的力学性质，弹性变形能力和弹性变形抗力很少受外在和内在因素影响。而材料的塑性变形能力和抗力却受各种因素

影响，如材料内在的成分、组织、结构敏感性，外在的温度、加载速度、应力状态和环境介质等影响，因此，表征材料的塑性变形的力学性能指标都是很敏感的。

⑤ 在弹性变形过程中，随着形变的发展，材料内部除原子间的距离改变外，很少发生其他变化，而在塑性变形过程中，在一定条件下，随着形变的发展，却可能发生形变硬化、时效、残余内应力、恢复、再结晶、蠕变、应力松弛等各种内在变化，以致可能导致断裂的裂纹形成和裂纹扩展。材料的塑性变形还可能带来物理性质（如密度降低、电阻增加、磁矫顽力增加）或化学性质的变化。

⑥ 金属塑性变形阶段除了塑性变形本身外，还伴有弹性变形和形变强化的发生，因此，应力-应变不再是简单的直线关系。常温下塑性变形主要取决于应力，但在高温下塑性变形还和温度及时间(应变速率)有关。图 3.10 所示为金属在不同应变速度时的应力-应变曲线。慢速加载的变形曲线在快速加载的曲线下面，说明时间长(慢速加载)，塑性变形量大。如果应力不变，塑性变形随时间的增加而增加，这就是高温蠕变；应变一定，应力随时间的增长而下降，这就是高温应力松弛。因此，塑性变形是应力、应变和时间(应变速度、形变时间)的函数。

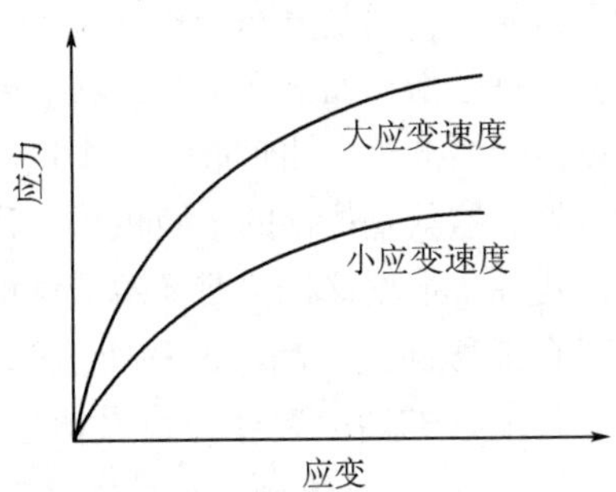

图 3.10　不同形变速度下的应力-应变曲线

综上所述，塑性变形行为非常复杂，具有变形不可逆、变形曲线非线性、变形量较大，只有切应力才可能引起塑性变形等许多特点。

塑性变形的物理过程

3.4.2　塑性变形的物理过程

塑性变形的方式主要有滑移、孪生、晶界滑移和扩散蠕变等四种。

（1）滑移变形

滑移是材料塑性变形的主要方式之一。滑移是材料在切应力作用下，沿着一定的晶面（滑移面）和一定的晶向（滑移方向）进行的切变过程。滑移面和滑移方向通常是晶体中原子排列最密的晶面和晶向，每个滑移面和其上的一个滑移方向的组合叫滑移系。晶体的滑移面和滑移方向取决于晶体的结构类型，常见金属材料的三种晶体结构的滑移面、滑移方向和滑移系如表 3.1 所示。一般来说晶体中的滑移系愈多，这种材料的塑性就可能愈好，但这不是唯一的决定因素，还与滑移面原子排列的密度及原子在滑移方向上的排列数目有关。例如：α-Fe 虽然有 48 个滑移系，比面心立方金属滑移系多，但因其滑移面上的原子密度不如面心立方金属大，滑移方向数目不如面心立方金属多，故滑移阻力大，塑性不如后者。另外，滑移系还受温度、合金元素和预先变形程度等因素的影响，例如：具有体心立方晶体结构的金属，其滑移面是 {110}，当温度升高时，它可能沿 {112} 和 {123} 晶面滑移，这主要是由于高指数晶面容易被温度激活所致。

表 3.1　常见金属晶体的滑移面、滑移方向和滑移系

晶体结构	金属举例	滑移面	滑移方向	滑移系
面心立方	Cu, Al	{111}	<110>	12
体心立方	α-Fe	{110}{112}{123}	<111>	48
密排六方	Mg	(0001)(100)	<11$\bar{2}$0>	3

根据位错理论可知，滑移是通过滑移面上的位错运动来实现的。滑移面上位错的柏氏矢量 $\boldsymbol{b}$ 根据柏氏回路来确定，其模数 b 表征位错的强度，它与滑移晶向的原子间距有关。面心立方金属 $b=\frac{a}{2}\langle 110\rangle$，体心立方金属 $b=\frac{a}{2}\langle 111\rangle$，密排六方金属 $b=\frac{a}{3}\langle 11\bar{2}0\rangle$。位错是一种点阵畸变原子组态，具有畸变能，其 b 值越小，畸变能也越小，位错越稳定。在晶体中，位错一般总是分布于滑移面上，而且它只能在滑移面上滑动。实际上，由于位错在晶体中并不都分布于一个滑移面上，而是分布于相互交叉的很多晶面上，于是，就构成一个空间位错网。这样，每段位错在自己滑移面上运动时，将会受到两端节点的钉扎作用。如果外加切应力足够大，便可使这段位错线向外弯曲扩展，一个接一个地放出 n 个位错环，如果移出晶体表面，就造成 nb 的滑移量。这就是位错的增殖机构，称为弗兰克-瑞德源(F-R 源)，这段弯曲扩展的位错线段称为位错源。根据这种位错增殖滑移机构，可以理解塑性变形量大的原因。

在滑移面上，晶体滑移所需的切应力必须达到一定值后晶体才能进行滑移。晶体沿滑移面开始滑移的切应力称为临界切应力 τ_c。它反映了晶体滑移的阻力，实际是位错运动的阻力。因此 τ_c 是晶体的一个性能，表示晶体滑移的切变抗力。

对于单晶体试样的单向拉伸来说，其屈服强度 σ_s 随滑移面取向不同而变化(见图 3.11)。由图 3.11 可得出

$$\sigma_s=\frac{\tau_c}{\cos\varphi\cos\lambda} \tag{3-9}$$

式中 φ——滑移面法向和载荷 P 的夹角；

λ——滑移方向和载荷 P 的夹角；

$\cos\varphi\cos\lambda$——滑移取向因子。

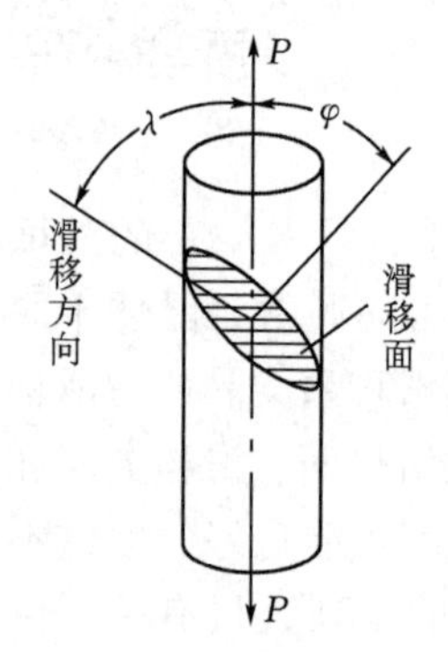

图 3.11 单晶体拉伸时应力分析图

由图 3.11 和式(3-9)可见，滑移面取向 $\varphi=45°$ 和 $\lambda=45°$ 时，滑移所需轴向应力最小，为 $\sigma_s=2\tau_c$，其他取向的 σ_s 都大；当 $\varphi=0°$ 或 $\varphi=90°$ 时，$\sigma_s\to\infty$。这说明 $\varphi=45°$ 为滑移面的软取向，所需轴向应力最小，即最易滑移；而在 $\varphi=0°$ 或 $\varphi=90°$ 时，不能滑移。

(2) 孪生变形

除滑移之外，塑性变形的另一种重要变形方式是孪生（twinning）变形。滑移变形的产物是滑移线和滑移带，而孪生变形的产物则是孪晶。当晶体的一部分与另一部分呈镜像对称时，称为孪晶，对称面称为孪晶面。图 3.12 所示为面心立方(fcc)晶体中形成孪晶时原子移动的示意图。与滑移相仿，孪生也是晶体学要素。除了孪晶面以外，原子也沿着一定的晶体学方向移动并平行于孪晶界，成为切变方向。

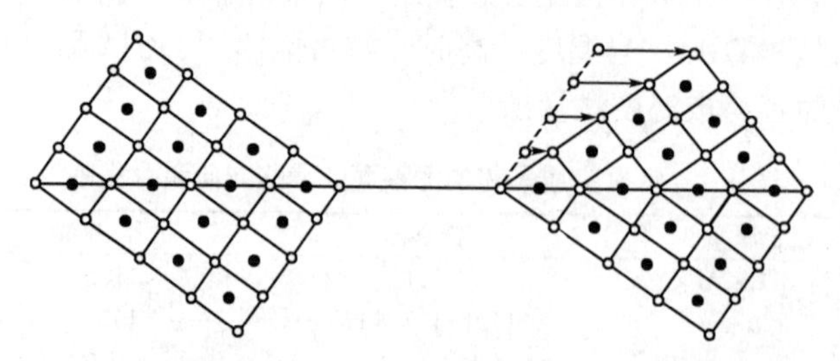

图 3.12 面心立方(fcc)晶体形成孪晶时原子的移动情况

作为晶体塑性变形的一种变形方式，孪生变形具有以下特点。首先，孪生多发生在较高的变形速度下。一般滑移较孪生容易，所以大多数金属先产生滑移，但对密排六方(hcp)晶体，由于其滑移系较少，有时可能一开始就会形成孪晶。对大多数晶体来说，在高变形条件下，尤其在低温高速下，易形成孪晶。其次，孪生所产生变形量很小，例如金属 Cd 单纯依靠孪生变形最大只能获得 7.39%的变形量，而滑移可达到 300%的变形量。最后，孪生具有一定的可逆性。实验观察发现，一些金属晶体在孪生变形的初期所形成的孪晶是弹性的。在孪晶变形尚未贯穿整个晶体断面之前，若去掉外力，则孪晶变小，甚至消失；相反，若再次施加外力，则孪晶重新长大变厚。当然，若外力达到一定值后，变形孪晶穿过整个试样即形成塑性孪晶，此时即使去除全部外力，这个孪晶也不能消失。

孪生与滑移都是晶体切变塑性变形的方式，但两者还是有着本质区别的。第一，在晶体取向上，孪生变形产生孪晶，形成的是镜像对称晶体，晶体的取向发生了改变，而滑移之后，沿滑移面两侧的晶体在取向上没有发生任何变化；滑移线或滑移带在材料表面上出现，经抛光可去掉，而孪晶则呈薄片状或透镜状存在于晶体中，抛光腐蚀后仍可见到。第二，切变情况不同。滑移是一种不均匀的切变，其变形主要集中在某些晶面上，而另一些晶面之间则不发生滑移。孪生是一种均匀的切变，其每个晶面位移量与到孪晶面的距离成正比(见图 3.13)。图 3.13 示意地表示了一个圆在滑移与孪生变形之后，由于切变情况不同而形成了不同的形状。可见，孪生变形后，圆变成了椭圆，而滑移使其成了四段(或若干段)弧，由此可见，滑移的切变是不均匀的，孪生的切变是均匀的。第三，变形量不同。如前所述，孪生的变形量很小，并且很易于受阻而引起裂纹，滑移的变形量可达百分之百乃至数千。值得注意的是，孪生变形量虽然小，但对材料塑性变形的贡献是不可低估的，这是由于一旦滑移变形受阻，晶体可以通过孪生使滑移转向，转到有利于滑移继续进行的方向上来，从而使滑移得以继续进行。因此，孪生对滑移有协调作用。

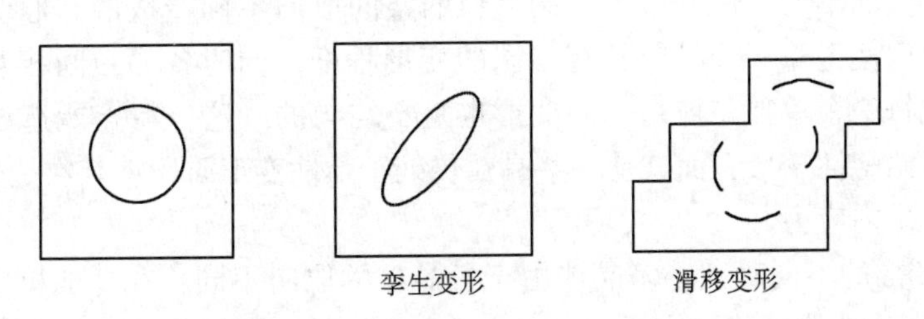

图 3.13　孪生与滑移切变的比较

(3) 晶界滑动和扩散蠕变

高温下，多晶体金属材料因晶界性质弱化，变形将集中于晶界进行。变形时，可以使晶界切变滑动，也可以借助于晶界上空穴和间隙原子定向扩散迁移来实现。

无论哪种方式的塑性变形，都是不可逆的，而且变形度都很大。除了高温下的晶界缺陷定向迁移外，其他变形都是切应力引起的。这可以解释塑性变形的许多宏观特征。

3.4.3　单晶体与多晶体材料塑性变形的特点

不同晶体材料在不同条件下变形可能以不同方式或几种方式同时进行。但最常见的晶体材料在一般条件下的塑性变形都是按滑移与孪生方式进行的，并以滑移为主。因此，在分析单晶体与多晶体特点时，也以此为主。

单晶材料塑性变形的特点

3.4.3.1 单晶体材料塑性变形的特点

① 引起塑性变形的外力在滑移面上的分切应力必须大于晶体在该面上的临界分切应力，滑移才能开始。

② 晶体的临界分切应力是各向异性的。以沿着原子排列得最为密集的面与方向上的临界分切应力最小。这种面称为最易滑移面，面上原子排列得最为密集的方向称为最易滑移方向。

③ 对于制备好后却从未受过任何形变的晶体，其最易滑移面和最易滑移方向上的临界分切应力都很小。不过，在这些方向上，随着塑性形变的发展，将迅速“硬化”，如外力不再增加，变形即停止进行。要使变形继续进行，则需继续增加外力，这就是所谓形变硬化(work hardening)现象。受过原始形变作用后的晶体(即形变硬化过的晶体)的临界分切应力会增加。

④ 形变硬化并不是绝对稳固的特性，这种特性将随着时间的延长而渐渐消失，而且温度越高，消失得越快。这就是所谓“硬化回复”现象，这一现象发生的全过程称为“回复”。

⑤ 如果认为形变硬化是由于塑性变形时晶体点阵结构的规则性遭到破坏所引起的(如某些原子离开点阵的正规位置，或移到点阵间隙中去)，那么回复可认为是由于晶体点阵结构的规则性又获得恢复(如因原子返回到原来位置，或移到新的阵点上)。若从这一点来看，则在恒定的外在条件下，单晶体的塑性变形将由一连串的破坏过程和一连串的“回复”过程组成。

多晶体塑性变形的特点

3.4.3.2 多晶体塑性变形的特点

① 多晶体塑性变形的第一个特点是形变的不均一性。形变不均一性不仅表现在各个晶粒之间，即使在同一个晶粒的内部，形变也是不均一的。这种形变的不均一性是由于不同晶粒的空间取向不同造成的。形变时不同的空间取向使得每一个晶粒具有不同的变形程度，同时各晶粒间相互牵制影响，造成每一个单独晶粒内部的变形也是不均匀的。这一特点所造成的后果首先是某些晶粒已经开始塑性变形，而其他一些晶粒仍处于弹性变形阶段；其次是塑性变形引起多晶体材料内部产生内应力。

② 各晶粒变形的不同时性。多晶体由于各晶粒的取向不同，在外加拉应力作用下，由式(3-9)可知，当某晶粒滑移取向因子 $\cos\varphi\cos\lambda=0.5$ 时，该晶粒为软取向晶粒，先开始滑移变形，而其他相邻晶粒因 $\cos\varphi\cos\lambda$ 小，所需 σ_s 大，只能在增加应力后才开始滑移变形。因此，多晶体塑性变形时，各晶粒不是同时开始的，而是先后相继进行的。

③ 由于各晶体的无规则取向，塑性变形首先在那些滑移面对外作用力来说具有最适宜取向的晶粒中开始，但它们的形变受到邻近具有不同取向的滑移面的晶粒的牵制，反之，它们的形变又对周围邻近晶粒施加压力，结果是它们处在一种复杂的应力状态中，阻碍了形变的发展，所以多晶体的形变抗力通常较单晶体高。

④ 多晶体各晶粒变形的相互配合性。多晶体作为一个整体，变形时要求各晶粒间能够相互协调，否则将造成晶界开裂。前面讲过，任何应变都可用6个应变分量来表示，即 ε_x、ε_y、ε_z、γ_{xy}、γ_{yz}、γ_{zx}。当体积不变时(即 $\Delta V=\varepsilon_x+\varepsilon_y+\varepsilon_z=0$)，只要有5个应变分量，即可满足任何方向的应变要求。因此，多晶体各晶粒要想协调变形，每个晶粒必须具有5个以上的应变分量，即每个晶粒必须有5个以上能够转动的滑移系。这样多晶体能否塑性变形的关

键就在于材料本身的滑移系。立方系晶体滑移系都在12以上，这些材料的多晶体具有较好的塑性。密排六方晶体滑移系较少，只有3个，不能满足上述要求，所以其多晶体塑性极差。金属间化合物滑移系更少，表现为更脆。

⑤ 多晶体塑性变形的晶界所表现行为的一般规律是：在较低温度下，晶界具有比晶粒内部大的形变阻力，因此，塑性变形总是先从晶粒内部开始，而在较高温度时，塑性变形可表现为沿着晶粒间分界面相对滑移，即晶界的形变阻力此时并不比晶粒内部大。

多晶体塑性变形性质所表现的特点和单晶体比较有重大差别，这些差别的根源在于多晶体各晶粒本身空间取向的不一致和晶界的存在。

3.4.4 形变织构和各向异性

形变织构和各向异性

随着塑性变形程度的增加，各个晶粒的滑移方向逐渐向主形变方向转动，使多晶体中原来取向互不相同的各个晶粒在空间取向逐渐趋于一致，这一现象称为择优取向，材料变形过程中的这种组织状态称为形变织构（deformation textures）。例如，拉丝时形成的织构，其特点是各个晶粒的某一晶向大致与拉丝方向平行，而轧板则是各个晶粒的某一晶面与轧制面平行而某一晶向与轧制主形变方向平行，当材料的形变量达到10%~20%时，择优取向现象就达到可察觉的程度。随着形变织构的形成，多晶体的各向异性（anisotropy）也逐渐显现。当形变量达到80%~90%时，多晶体就呈现明显的各向异性。形变织构现象在工业生产中有时可加以利用，有时则要避免。例如，沿板材的轧制方向有较高的强度和塑性，而横向强度和塑性则较低，因而在零件的设计和制造时，应使轧制方向与零件的最大主应力方向平行。而在用这种具有形变织构的板材冲杯状零件时，由于沿不同方向的形变抗力与形变能力不同，冲制的工件边缘不齐、壁厚不均，产生波浪形裙边，又要设法避免出现这种情况。

3.5 材料的屈服行为(Yielding Behavior of Materials)

在拉伸试验中，当外力不增加(保持恒定)时试样仍然能够伸长，或外力增加到一定数值时突然下降，然后在外力不增加或上下波动时试样仍继续伸长变形，这种现象叫屈服(yield)。

3.5.1 屈服现象及其解释

屈服现象

材料在拉伸过程中出现的屈服现象是材料开始产生宏观塑性变形的一种标志。材料在实际应用中，一般要求在弹性状态下工作，而不允许发生塑性变形。在设计构件时，把开始塑性变形的屈服视为失效。因此，研究屈服现象的本质和规律对于提高材料的屈服强度、避免材料失效和新材料的研发具有重要意义。屈服现象不仅在退火、正火、调质的中、低碳钢，低合金钢和其他一些金属及合金中出现，也在其他材料中被观察到，最常见的是含微量间隙原子的体心立方金属(如碳、氮溶于钼、铌、钽)和密排六方金属(如氮溶于镉和锌)中，以及含溶质浓度较高的面心立方金属置换固溶体(如三七黄铜)中。这说明屈服现象带有一定的普遍性，同时它又反映材料内部的某种物理过程，故可称为物理屈服。

在进行拉伸试验过程中，当出现屈服现象时，在试样表面可以看到约成45°方向的细滑线，称为吕德斯(Lüders)线或屈服线。屈服线在试样表面是逐步出现的，开始只在试样局部出现，其余部分仍处于弹性状态，随后，已屈服的部分应变不再增加，未屈服的部分陆续产生滑移线，这说明屈服变形的不均匀性和不同时性。当整个试样都屈服之后，开始进入均匀塑性变形阶段，并伴随着形变强化。

物理屈服现象还有时效效应。如果在屈服后一定塑性变形处卸载，随即再施加拉伸加载，则不再出现屈服现象。关于物理屈服现象及时效效应的柯氏气团和位错增殖理论解释，将在第4章中详细阐述。

由于在共价键晶体硅、锗和无位错的铜晶须中也观察到物理屈服现象，因而目前都用位错增殖理论来解释。根据这一理论，要出现明显的屈服必须满足两个条件：材料中原始的可动位错密度小和应力敏感系数 m 小。金属材料塑性应变速率 $\dot{\varepsilon}$ 与可动位错密度 ρ、位错运动速率 v 及柏氏矢量模数 b 的关系式为

$$\dot{\varepsilon}=b\rho v \tag{3-10}$$

变形前的材料中可动位错很少，为了适应一定的宏观变形速率(取决于试验机夹头运动速率)的要求，必须增大位错运动速率。而位错运动速率 v 又取决于应力的大小，其关系式为

$$v=\left(\frac{\tau}{\tau_0}\right)^m \tag{3-11}$$

式中　τ——沿滑移面的切应力；

τ_0——产生单位位错滑移所需的应力；

m——位错运动速率应力敏感系数。

要增大位错运动速率，必须有较高的外应力，于是就出现了上屈服点，接着材料发生塑性变形，位错大量增殖，ρ 增大，为适应原先的形变速率 $\dot{\varepsilon}$，位错运动速率必然大大降低；相应地，应力也就突然降低，就出现了屈服降落现象。m 值越小，为保持位错运动速率，所需的应力变化越大，屈服现象就越明显，体心立方金属的 $m<20$，面心立方金属的 $m>100\sim200$，因此，具有体心立方晶体结构的金属屈服现象显著，而面心立方金属屈服现象不明显。

3.5.2 屈服强度的物理意义

3.5.2.1 屈服强度的物理本质

既然屈服现象是材料开始塑性变形的标志，而各种构件在实际服役过程中大都处于弹性变形状态，不允许产生微量塑性变形，因此屈服现象就标志着失效。为了防止构件产生这种失效，要求在设计或选材中提出一个衡量屈服失效的力学性能指标，即屈服强度。屈服强度标志着材料对起始塑性变形的抗力。对单晶体来说，它是第一条滑移线开始出现的抗力，用 σ_s 表示，如用切应力表示，则为滑移临界切应力 τ_c，由式(3-9)可知，二者相差一个取向因子。对于多晶体来说，由于无法观察到第一条滑移线，所以不能用出现滑移线的方法，而是用产生微量塑性变形的应力来定义屈服强度；对于拉伸时出现屈服平台的材料，由于下屈服点再现性较好，故以下屈服应力作为材料的屈服强度，可记为 σ_s

屈服强度
(物理本质)

$$\sigma_s = \frac{P_s}{A_0} \tag{3-12}$$

式中　P_s——屈服载荷；

A_0——试样标距部分原始截面积。

但是，更多的材料在拉伸时看不到屈服平台，因而人为地将当试件发生一定残余塑性变形量时的应力作为失效的条件屈服强度，允许的残余变形量可因构件的服役条件而异，最常见的条件屈服强度为 $\sigma_{0.2}$，表示残余变形量为 0.2%时的强度值。

$$\sigma_{0.2} = \frac{P_{0.2}}{A_0} \tag{3-13}$$

式中，$P_{0.2}$——产生 0.2%残余伸长时的载荷。

对于一些特殊机件，如高压容器，为保持严格气密性，其紧固螺栓不允许有些许残余伸长，要采用 $\sigma_{0.01}$ 甚至 $\sigma_{0.001}$ 作为条件屈服强度；对于桥梁建筑物等大型工程构件，可用 $\sigma_{0.5}$ 作为条件屈服强度。由此可见，条件屈服强度与条件弹性极限没有本质区别。

3.5.2.2　影响屈服强度的因素及提高屈服强度的方法

屈服强度的影响因素

对于金属材料来说，一般是多晶体合金，往往具有多相组织，因此讨论影响屈服强度的因素必须注意以下三点：第一，金属材料的屈服变形是位错增殖和运动的结果，凡是影响位错增殖和运动的各种因素必然要影响金属材料的屈服强度；第二，实际金属材料中单个晶粒的力学行为并不能决定整个材料的力学行为，要考虑晶界、相邻晶粒的约束、材料的化学成分以及第二相的影响；第三，各种外界因素通过影响位错运动而影响屈服强度。下面将从内、外两个方面来进行讨论。

(1) 影响屈服强度的内在因素(以金属材料为例)

① 金属本质及晶格类型。一般地，多相合金的塑性变形主要在基体相中进行，这表明位错主要分布在基体相中。位错的运动首先取决于基体相的各种阻力。而金属临界切应力都与其切变弹性模量 G 有关。G 值越高，其临界切应力越大。过渡族金属 Fe、Ni 等的 G 值较高，其临界切应力也高，因而屈服强度也高。同时，临界切应力还与晶格类型有关。金属滑移方向的原子间距 b(柏氏矢量模数)越大，临界切应力也就越大；反之，则临界切应力越小。如面心立方金属 Cu、Al 和密排六方金属 Mg、Zn 等，因为 b 小，其临界切应力都很低；而体心立方金属 α-Fe、Cr 等，其临界切应力因 b 大都较高。因此，α-Fe、Cr 等的屈服强度较 Cu、Al、Mg、Zn 高。这就是以 α-Fe 为基的钢屈服强度比奥氏体钢的屈服强度高的原因。

由于多相合金的塑性变形主要在基体相中进行，如果不计合金成分的影响，那么一个基体相就相当于纯金属单晶体，从理论上来说，纯金属单晶体的屈服强度是使位错开始运动的临界切应力，其值由位错运动所受的各种阻力决定。这些阻力有晶格阻力、位错间交互作用产生的阻力等。不同晶格类型金属的位错运动所受的各种阻力是不相同的。

晶格阻力（即派-纳力）τ_{p-n} 是在理想晶体中存在的一个位错运动时需要克服的阻力。τ_{p-n} 与位错密度及柏氏矢量有关，两者又都与晶体结构有关

$$\tau_{p-n} \approx \frac{2G}{1-\nu} e^{-\frac{2\pi a}{b(1-\nu)}} = \frac{2G}{1-\nu} e^{-\frac{2\pi w}{b}} \tag{3-14}$$

式中　G——切变模量；

ν——泊松比；

a——滑移面的晶面间距；

b——柏氏矢量的模；

w——位错宽度。

由式(3-14)可见，位错宽度大、密度大时，因位错周围的原子偏离平衡位置不大，晶格畸变小，位错易于移动，故τ_{p-n}小，面心立方金属具有此特点；而体心立方金属的τ_{p-n}较大。式（3-14）也说明，τ_{p-n}还受晶面和晶向原子间距的影响，滑移面的面间距最大，滑移方向上原子间距最小，所对应的τ_{p-n}小，位错最易运动。不同金属材料的滑移面的晶面间距与滑移方向上的原子间距不同，所以τ_{p-n}也不同。此外，τ_{p-n}还与切变弹性模量G值成正比。

晶体中的位错呈空间网状分布，其中每段位错线在自己的滑移面上运动时，需要开动F-R位错源，这除了克服派-纳力之外，还必须克服位错线弯曲的线张力$T\left(T=\frac{1}{2}Gb^2\right)$，为了克服位错线弯曲所增加的线张力，其所需的切应力除了取决于T之外，还和位错弯曲的曲率半径有关，表示为

$$\tau=\frac{T}{br}$$

若F-R源位错线段长为L，则其弯曲时最小的曲率半径$r=\frac{L}{2}$，图3.14所需的极限切应力为

$$\tau=\frac{Gb}{2r}=\frac{Gb}{L} \tag{3-15}$$

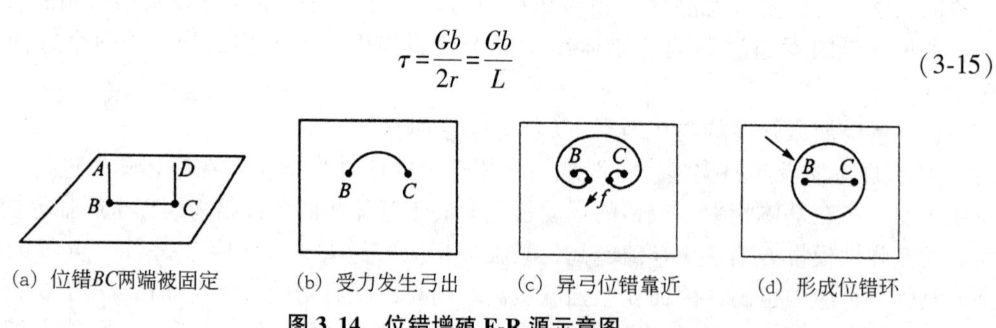

(a) 位错BC两端被固定　(b) 受力发生弓出　(c) 异弓位错靠近　(d) 形成位错环

图3.14　位错增殖F-R源示意图

这个切应力就是F-R源开动的最大阻力，其值除了正比于Gb之外，主要取决于位错线的长度。在一种材料中，位错线L越短，F-R源开动阻力越大。

由于位错本身具有自己的弹性应力场，所以当位错运动和其他平行位错接近时，将遇到弹性交互阻力。此外，晶体中位错呈空间网状分布，对于某一个位错线来讲，其滑移面和其他一些位错线是相交的，则这些相交叉的位错线称为林位错，如图3.15所示。当位错线运动通过林位错时，由于位错的交互作用，将形成位错割阶，因而要消耗能量，从而增大位错运动阻力。这个阻力和位错的结构类型、性质及间距有关，和位错源开动阻力一样都正比于Gb，而反比于位错间距离L，可以用式（3-16）表示

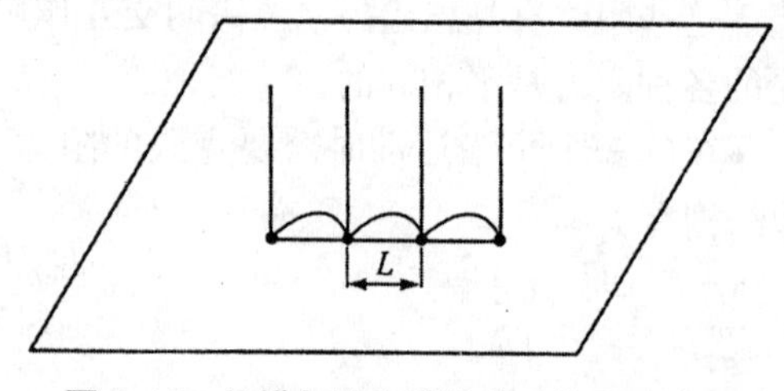

图3.15　位错与林位错的交互作用示意图

$$\tau=\frac{\alpha Gb}{L} \tag{3-16}$$

式中　α——比例系数。

因为位错密度 ρ 与 $1/L^2$ 成正比，则式(3-16)又可写为

$$\tau=\alpha Gb\rho^{\frac{1}{2}} \tag{3-17}$$

在平行位错情况下，ρ 为主滑移面中位错的密度；在林位错情况下，ρ 为林位错的密度。α 值与晶体本性、位错结构及分布有关，例如，对于面心立方金属 $\alpha\approx0.2$；对于体心立方金属 $\alpha\approx0.4$。

由式(3-17)可见，ρ 增加，τ 也增加，所以屈服强度也随之提高。

总之，实际晶体的切变强度(即临界切应力)是由位错运动的多种阻力决定的，除了弹性阻力和 F-R 源开动阻力之外，其他阻力都对温度敏感，因此，材料的屈服强度随温度的变化与这几种阻力有关。

② 晶粒大小和亚结构。晶粒大小的作用是晶界影响的反映，因为晶界是位错运动的障碍，在一个晶粒内部，必须塞积足够数量的位错才能提供必要的应力，使相邻晶粒中的位错源开动，并产生宏观可见的塑性变形。因而，减小晶粒尺寸将增加位错运动障碍的数目，同时减小晶粒内位错塞积群的长度，使屈服强度提高。许多金属与合金的屈服强度和晶粒大小的关系符合霍尔-佩奇关系(Hall-Petch relationship)，即

$$\sigma_s=\sigma_0+k_y d^{-\frac{1}{2}} \tag{3-18}$$

式中　σ_0——位错在基体金属中运动的总阻力，亦称为摩擦阻力，取决于晶体结构和位错密度；

k_y——度量晶界对强化贡献大小的钉扎常数，或表示滑移带前端部的应力集中系数；

d——晶粒平均直径。

式(3-18)中的 σ_0 和 k_y 在一定的试验温度和应变速率下均为材料常数。

对于以铁素体为基的钢而言，晶粒大小在 0.3~400μm 之间都符合这一关系。奥氏体钢也适用这个关系，但其 k_y 值较铁素体的小 1/2，这是因为奥氏体钢中位错的钉扎作用较小所致，体心立方金属较面心立方和密排六方金属的 k_y 值都高，所以体心立方金属细晶强化效果最好，而面心立方和密排六方金属则较差。

用细化晶粒提高金属屈服强度的方法叫作细晶强化，它不仅可以提高强度，而且还可以提高脆断抗力及韧性，所以细化晶粒是金属强韧化的一种有效手段。

亚晶界的作用与晶界类似，也阻碍位错的运动。实验发现，Hall-Petch 公式也完全适用于亚晶粒，但式(3-18)中的 k_y 值不同，有亚晶的多晶材料与无亚晶的同一材料相比，至少低 1/2~4/5，且 d 为亚晶粒的直径。另外，在亚晶界上产生屈服变形所需的应力对亚晶粒间的取向差不是很敏感。

相界也阻碍位错运动，因为相界两侧材料具有不同的取向和不同的柏氏矢量，还可能具有不同的晶体结构和不同的性能。因此，多相合金中的第二相的大小将影响屈服强度，同时第二相的形状、分布等因素也有重要影响。

③ 溶质元素。在纯金属中加入溶质元素(间隙型或置换型)，形成固溶合金或多相合金，将显著提高屈服强度，这就是固溶强化。通常间隙固溶体的强化效果大于置换固溶体的强化效果。在固溶合金中，由于溶质原子和溶剂原子直径不同，在溶质原子周围形成了晶格畸变

应力场，该应力场和位错应力场产生交互作用，使位错运动受阻，从而使材料屈服强度提高。溶质原子与位错交互作用能是溶质原子浓度的函数，因而固溶强化受单向固溶合金(或多相合金中的基体相)中溶质的量所限制。

溶质原子与位错弹性交互作用只是固溶强化的原因之一，它们之间的电学交互作用、化学交互作用和有序化作用等对其也有影响。

固溶合金的屈服强度高于纯金属，其流变曲线也高于纯金属。这表明，溶质原子不仅提高了位错在晶格中运动的摩擦阻力，而且增强了对位错的钉扎作用。

空位引起的晶格局部畸变类似于由置换型原子所引起的晶格畸变。因此，任何合金若其中含有过量的淬火空位或辐照空位将比具有平衡浓度空位的合金屈服强度高，这一点在原子能工程上是必须考虑的，因为材料在服役过程中空位浓度不断增加，屈服强度显著提高将导致材料塑性降低。

④ 第二相。工程上的金属材料，特别是高强度合金，其显微组织一般是多相的。除了基体产生固溶强化外，第二相对屈服强度也有影响。现在已经确认，第二相质点的强化效果与质点本身在金属材料屈服变形过程中能否变形有很大关系，据此可将第二相质点分为不可变形的(如钢中的碳化物与氮化物)和可变形的(如时效铝合金中 GP 区的共格相及粗大的碳化物)两类。这些第二相质点都比较小，有的可用粉末冶金的方法获得(由此产生的强化叫弥散强化)，有的则可用固溶处理和随后的沉淀析出来获得(由此产生的强化称为沉淀强化)。

根据位错理论，位错线只能绕过不可变形的第二相质点，为此，必须克服弯曲位错的线张力。弯曲位错的线张力与相邻质点的间距有关，故含有不可变形第二相质点的金属材料，其屈服强度与流变应力取决于第二相质点之间的间距。绕过质点的位错线在质点周围留下一个位错环。随着绕过质点的位错数量增加，留下的位错环增多，相当于质点的间距减小，流变应力就增高。对于可变形第二相质点，位错可以切过，使之同基体一起产生变形，因此也能提高材料的屈服强度。这是由于质点与基体间晶格错排以及位错切过第二相质点产生新的界面需要作功等原因造成的。这类质点的强化效果与粒子本身的性质以及它们与基体的结合情况有关。

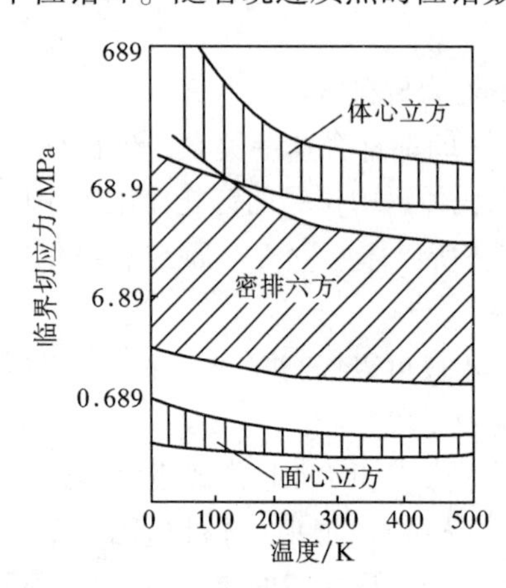

图 3.16 三种常见晶格类金属的临界切应力与温度的关系

(2) 影响屈服强度的外在因素

① 温度的影响。温度升高，屈服强度降低，但其变化趋势因不同晶格类型而异。图 3.16 是三种常见晶格类型金属的临界分切应力随温度变化的示意图。体心立方金属对温度很敏感，特别在低温区域，如 Fe 由室温降到 −196℃，屈服强度提高 4 倍。面心立方金属对温度不太敏感，如 Ni 由室温降到 −196℃，屈服强度仅提高 0.4 倍。密排六方金属介于二者之间。这可能是派-纳力起主要作用的结果，因为 τ_{p-n} 对温度十分敏感。绝大多数结构钢是以体心立方铁素体为基体，其屈服强度也有强烈的温度效应，这也是此类钢低温变脆的原因之一。

② 应变速率的影响。应变速率增大，金属材料的屈服强度增高，且屈服强度的增高要比抗拉强度的增高明显（见图 3.17），因此，在测定材料的屈服强度时，应按照国标 GB

228—2002 规定执行。对于 Q235A 钢如图 3.18 所示，当加载速率达到近 20MPa/s 时，屈服强度显著增加。

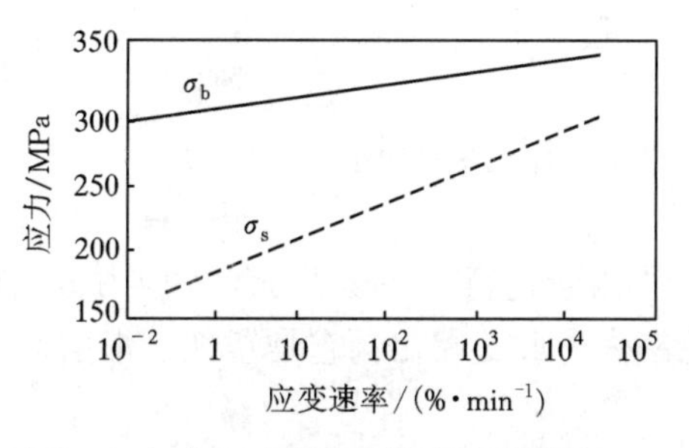

图 3.17　应变速率对屈服强度的影响

图 3.18　加载速率对 Q235A 钢的影响

③ 应力状态的影响。同一材料在不同加载方式下屈服强度不同。因为只有切应力才会使材料发生塑性变形，而不同应力状态下材料中某一点所受的切应力分量与正应力分量的比例不相同，切应力分量越大，越有利于塑性变形，屈服强度则越低，所以扭转比拉伸的屈服强度低，拉伸比弯曲的屈服强度低，三向不等拉伸下的屈服强度最高。材料在不同应力状态下的屈服强度的差别并不是由材料性质决定的，而是由材料在不同条件下表现的力学行为不同造成的。

总之，屈服强度是一个组织结构敏感的力学性能指标，只要材料的组织结构稍有变化，就会影响位错的运动，从而影响屈服强度。所以，工程实际中常利用合金化、热处理和冷变形等方法改变材料的组织结构，通过增加位错运动阻碍，达到提高屈服强度的目的。

3.5.3　屈服判据

屈服判据

屈服意味着材料构件的失效，为防止这种失效的出现，建立不同受力状态下开始屈服的力学临界条件具有重要的理论价值和实际意义。如果构件受单向静拉伸载荷作用，当最大正应力达到简单拉伸试验测得的材料屈服点时就发生屈服，此时屈服判据为

$$\sigma=\sigma_s$$

在复杂应力条件下，材料屈服的判据有两种：一种认为，当最大切应力达到材料拉伸屈服强度时，将引起屈服，屈服判据为：

$$S_{\text{Ⅲ}}=\sigma_1-\sigma_3\geqslant\sigma_s \tag{3-19}$$

式中　$S_{\text{Ⅲ}}$——换算应力；

σ_1，σ_3——主应力，且 $\sigma_1>\sigma_2>\sigma_3$。

式(3-19)称为屈雷斯加(Tresca)判据或第三强度理论。

另一种是畸变能理论，认为当比畸变能达到或超过该材料在单向拉伸屈服时的比畸变能时，会产生屈服，屈服判据为

$$S_{\text{Ⅳ}}=\sqrt{\frac{1}{2}\left[(\sigma_1-\sigma_2)^2+(\sigma_2-\sigma_3)^2+(\sigma_3-\sigma_1)^2\right]}\geqslant\sigma_s$$

或

$$(\sigma_1-\sigma_2)^2+(\sigma_2-\sigma_3)^2+(\sigma_3-\sigma_1)^2\geqslant2\sigma_s^2 \tag{3-20}$$

这一屈服判据常称冯米赛斯(Von Mises)判据或第四强度理论。$S_{\text{Ⅳ}}$ 是第四强度理论的换

算应力。

这两种屈服条件都是在一定的假设条件下推导出来的，因此都有些误差。第四强度理论较接近实际，但第三强度理论比较简单，便于工程上应用。

3.6 材料的形变强化(Strain Hardening of Materials)

绝大多数金属材料在出现屈服后，要使塑性变形继续进行，必须不断增大应力，在真应力-应变曲线上表现为流变应力不断上升，这种现象称为形变硬化，它是塑性变形引起的强度升高，也可叫形变强化。

形变强化的幅度除了取决于塑性变形量外，还取决于材料的形变强化能力。在金属整个变形过程中，当应力超过屈服强度后，塑性变形并不像屈服平台那样连续变形下去，而需要连续增加外力才能继续变形。这说明材料有一种阻止继续塑性变形的抗力，这种抗力就是形变强化能力。一般用应力-应变曲线斜率$\left(\frac{d\sigma}{d\varepsilon}或\frac{d\tau}{d\gamma}\right)$表示形变强化性能，叫形变强化率或应变硬化率。显然，这个强化率数值的高低反映金属材料继续塑性变形的难易程度，同时也表示材料形变强化效果的大小。

单晶体的形变强化曲线

3.6.1 形变强化曲线

3.6.1.1 单晶体材料的形变强化曲线

材料形变强化可用应力-应变曲线表示。图 3.19 是单晶金属材料的典型应力-应变曲线。其塑性变形分为三个阶段，分别记为Ⅰ、Ⅱ、Ⅲ。

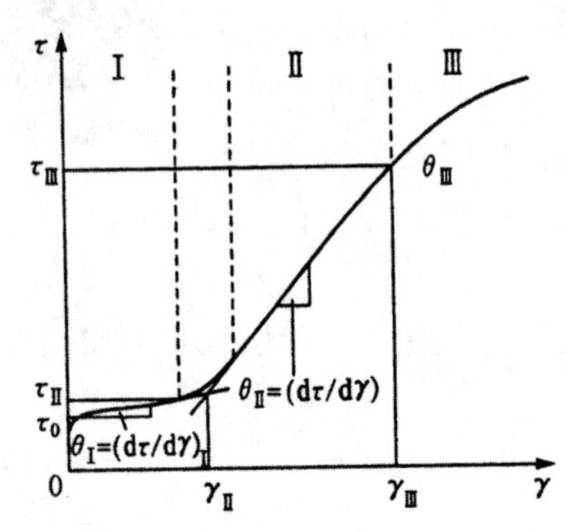

图 3.19 单晶体的典型应力-应变曲线

(1) 第Ⅰ阶段——易滑移阶段

当外力超过临界应力 τ_0 时，即进入第Ⅰ阶段，以后的流变应力没有多大变化，这一曲线近于直线，该直线的斜率表示为 $\theta_{Ⅰ}=\frac{d\tau}{d\gamma}$，定义为形变强化率。在变形初期，只有那些最有利于开动的位错源在自己的滑移面上开动，产生单系滑移，直到多系交叉滑移之前，其运动阻力很小，所以其 $\theta_{Ⅰ}$ 很小。

(2) 第Ⅱ阶段——线性强化阶段

该段变形曲线可视为直线，其形变强化速率最大。当变形达一定程度后，很多滑移面上的位错源都开动起来，产生多系交叉滑移。由于位错的交互作用形成割阶、固定位错和胞状结构等障碍，使位错运动阻力增大，因而表现为形变强化速率升高。

在交滑移面上运动的位错切割时会缠结在一起形成小胞块，随着形变量不断增加，胞块尺寸变小，继续塑变是通过胞内位错不断开动来实现的，因此，胞块小，将使位错源开动阻力增加，因而造成形变强化，表现为 $\theta_{Ⅱ}$很大。

但是，对于一些层错能较低的面心立方金属，因其扩展位错宽度较大，在塑变过程中不易形成胞状结构而形成位错网和罗曼-柯垂尔(Lomer-Cotroll)固定位错等障碍，使 $\theta_{Ⅱ}$ 增大。

因此，在这类金属中，形成空间位错网和 L-C 位错可能是第Ⅱ阶段形变强化的主要原因，一般认为，这一机制比胞状结构作用更大。

然而，不管怎样的位错运动障碍机构，都和多系交滑移中位错密度及位错运动范围缩小有关。实验证明，第二阶段形变强化和位错密度平方根成正比关系。

(3) 第Ⅲ阶段——抛物线强化阶段

抛物线滑移阶段，$\theta_{Ⅲ}$随变形增加而减小，塑性变形是通过交滑移实现的。在第Ⅱ阶段某一滑移面上，当位错环运动受阻时，其螺型位错部分将改变滑移方向进行滑移运动，当躲过障碍物影响区后，再沿原来滑移方向滑移(见图 3.20)，表现为 $\theta_{Ⅲ}$不断降低。

3.6.1.2 多晶体材料的形变强化曲线

多晶体的形变强化曲线

因为多晶体的塑性变形比单晶体的复杂，因此多晶体的形变强化也非常复杂。多晶体塑性变形时要求各晶粒必须是多系滑移才能满足各晶粒间变形相互协调。因此，多晶体的塑性变形一开始就是多系滑移，其变形曲线上不会有单晶体的易滑移阶段，而主要是第Ⅱ、Ⅲ阶段，且形变曲线较单晶体的陡直，如图 3.21 所示，即形变强化速率比单晶体的高。

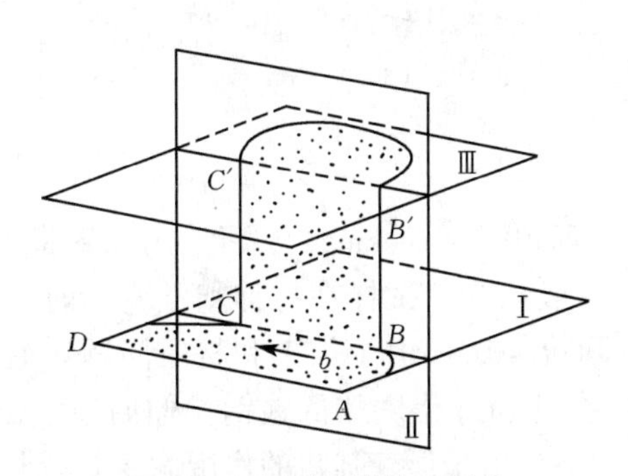

图 3.20 螺型位错的交滑移

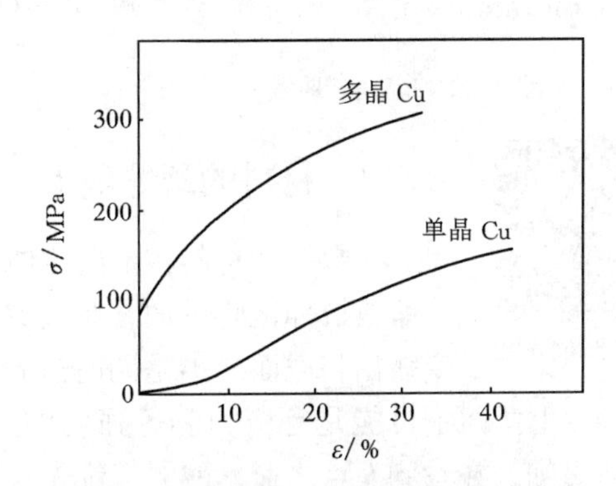

图 3.21 Cu 单晶和多晶的应力-应变曲线

在金属材料拉伸真应力-应变曲线上的均匀塑性变形阶段，应力与应变之间符合 Holloman 关系式

$$S=Ke^{n} \tag{3-21}$$

式中 S——真应力；

e——真应变；

n——形变强化指数；

K——滑移系数，是真应变等于 1.0 时的真应力。

n 值反映了金属材料抵抗继续塑性变形的能力，是表征材料应变强化的性能指标。在极限情况下，$n=1$，表示材料为完全理想的弹性体，S 与 e 成正比关系；$n=0$ 时，$S=K=$常数，表示材料没有应变强化能力，如室温下产生再结晶的软金属及已受强烈应变强化的材料。大多数金属材料的 n 值为 0.1~0.5。

表 3.2 是几种金属材料的 n 值，它们和晶体结构及层错能有关。当材料层错能较低时，不易交滑移，位错在障碍附近产生的应力集中水平要高于层错能高的材料，这表明，层错能低的材料的应变强化程度大。n 值除了与金属材料的层错能有关外，对冷热变形也十分敏感。通常退火态金属的 n 值比较大，而在冷加工状态时则比较小，且随金属材料强度等级降

低而增加。实验得知，n 值和材料的屈服点 σ_s 成反比关系。在某些合金中，n 值也随溶质原子含量增加而降低，晶粒变粗时 n 值提高。

表 3.2 几种金属材料的层错能和 n 值

金　属	晶体类型	层错能/($\times10^{-3}$J/m^2)	形变强化指数 n
奥氏体不锈钢	面心立方	<10	约 0.45
Cu	面心立方	约 90	约 0.30
Al	面心立方	约 250	约 0.15
α-Fe	体心立方	约 250	约 0.2

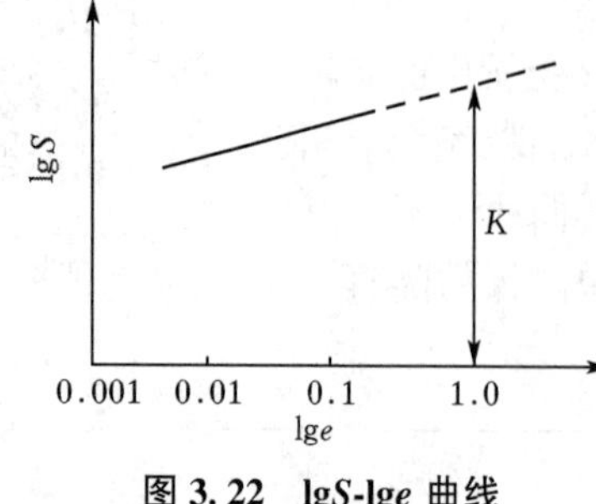

图 3.22 lg$S$-lg$e$ 曲线

n 值的测定一般常用直线作图法求得。对式(3-21)取对数

$$\lg S=\lg K+n\lg e \tag{3-22}$$

根据 lg$S$-lg$e$ 的直线关系，只要设法求出拉伸曲线上几个相应的 S 和 e 值，即可作图求得 n 值(见图 3.22)，S 和 e 一般用 σ 和 ε 求得

$$S=(1+\varepsilon)\sigma$$

$$e=\ln(1+\varepsilon)$$

材料的颈缩现象

3.6.2 材料的颈缩现象

多数韧性材料在单向拉伸后期会出现颈缩（necking）现象，并最终断裂。颈缩是拉伸试验中的一种特殊现象。一般认为，试样在拉伸塑性变形时，形变强化和截面减小是同时进行的。实际拉伸试样由于加工和材质问题，沿整个长度上截面不可能是等应力和等强度的，总会存在薄弱部位。从低碳钢拉伸曲线(见图 2.4)可知，在达到 b 点之前，薄弱部位先开始塑变，但是由于形变强化的作用，变形马上被阻止，将变形推移至其他次薄弱的部位，这样，变形和强化的交替进行构成均匀变形，而且由于变形强化其承载力一直增加。b 点之后，因形变强化作用跟不上变形的发展，变形集中于薄弱部位处进行，形成颈缩，承载力下降。

因此，材料拉伸、颈缩现象是物理因素(形变强化)与几何因素(试样截面缩小)共同作用的结果。显然，只有拉伸才有这种几何因素的作用，才会有颈缩现象，而扭转、压缩等因无截面缩小不会有颈缩现象。

形变强化的意义

3.6.3 形变强化的意义

① 强化可以使材料具有一定的抗偶然过载的能力，保证构件安全可靠。机件在使用过程中某些薄弱部位因偶然过载会产生局部塑性变形，如果此时材料没有形变强化能力去限制塑性变形继续发展，则变形会一直流变下去，而且因变形使截面积减小，过载应力越来越高，最后导致颈缩，产生韧性断裂。但是，由于材料有形变强化能力，它会尽量阻止塑性变形继续发展，使过载部位的塑性变形发展到一定程度便会停止，保证了机件的安全使用。

② 形变强化可使材料塑性变形均匀进行，保证冷变形工艺的顺利实现。金属材料在塑性变形时，由于应力和材料性能的不均匀性，截面上各点的塑性变形起始时间和大小各不一

样，若没有形变强化性能，则先变形的部位就会流变下去，造成严重的不均匀塑性变形，从而不能获得合格的冷变形金属制品。但是，由于金属有形变强化能力，哪里先变形，它就在哪里阻止变形继续发展，并将变形推移至别的部位，这样，变形和强化交替重复进行(即变形和强化的联合作用)，构成均匀塑性变形，从而获得合格的冷变形加工金属制品。

③ 形变强化可以提高金属材料强度，与合金化、热处理一样，也是强化金属的重要工艺手段。这种方法可以单独使用，也可以和其他强化方法联合使用对多种金属进行强化，尤其是对那些不能进行热处理强化的金属材料，这种方法就成为最重要的手段。如 1Cr18Ni9Ti 奥氏体不锈钢，变形前其强度不高，$\sigma_{0.2}=196$ MPa，$\sigma_b=588$ MPa；但经过 40%冷轧后，σ_b 增加 2 倍，$\sigma_{0.2}$ 提高了 3~4 倍。

实际生产中常用的喷丸和表面滚压就属于金属表面形变强化，除了造成有利的表面残余压应力外，也强化了表面材料，因而可以有效地提高材料的疲劳抗力。

④ 形变强化还可以降低塑性，改善低碳钢的切削加工性能。低碳钢因塑性好，切削时易产生粘刀现象，故表面加工质量差，此时可利用冷变形降低塑性，使切屑容易脆性剥离，改善切削加工性能。

参考文献

[1] 弗里德曼，著. 金属机械性能 [M]. 孙希太，译. 北京：机械工业出版社，1982.

[2]《金属机械性能》编写组. 金属机械性能 [M]. 修订本. 北京：机械工业出版社，1982.

[3] 赖祖涵. 金属晶体缺陷与力学性能 [M]. 北京：冶金工业出版社，1988.

1. 名词解释

   弹性变形；塑性变形；刚度；弹性比功；弹性后效；包辛格效应；弹性滞后环；滑移；孪生；形变织构；各向异性；派-纳力；形变强化；形变硬化指数

2. 金属弹性模量 E 的物理意义是什么？其值大小取决于什么？为什么说它是一个对组织不敏感的力学性能指标？

3. 推导表达式 $G=E/2\ (1-\nu)$，并说明符号通常的意义。

4. 冷轧 Cu 板有两种织构，织构 A：{100} 面与轧面平行，<001>与轧向平行；织构 B：{110} 面与轧面平行，<001>与轧向平行。若沿着轧面与轧向呈不同角度切取拉伸试样（0°，90°）试估算两种织构下不同拉伸试样测得的弹性模量值。（已知 Cu 各个晶向的弹性模量为 $E_{<111>}$，$E_{<100>}$，$E_{<110>}$）

5. 设计一铝合金的棒材零件，其在工程应用中承受 200kN 力的作用。已知该棒材截面承受的最大应力不能超过 170 MPa。若棒的长度至少为 3.8 m，受力时弹性形变不能超过 6 mm。所用铝材的弹性模量为 69 GPa。问该棒材不发生弹性变形应设计的最小直径为多少？

6. 什么是弹性比功？弹簧材料和刚性脆性材料分别对它有什么要求？为什么？

7. 对 Cu 单晶体的 [123] 方向施加拉力使其发生塑性变形，试确定哪个滑移系是最软取向的滑移系？

8. 将直径为 5 mm 的 Cu 单晶圆棒沿其轴向 [123] 方向拉伸，若铜棒在 60 kN 的外力下开始屈服，试求其临界分切应力。

9. 有一 bcc 晶体的（110）［111］滑移系的临界分切力为 60 MPa，试问在［001］和［010］方向必须施加多少应力才会产生滑移？
10. 分析 Zn、α-Fe、Cu 几种金属塑性不同的原因。
11. 影响金属材料屈服强度的因素有哪些？有何实际工程意义？试提出几种提高材料屈服强度而不降低塑性的方法。
12. 试分析退火低碳钢单晶体产生非均匀屈服的原因。
13. 试想，你坐飞机去旅行，碰巧这个飞机的设计师就坐在你的旁边。他告诉你机翼是用米赛斯（Mises）准则设计的，如果他告诉你使用的是屈雷斯加（Tresca）准则的话你会不会觉得更加安全一些呢？为什么？
14. 对一金属材料测得如下的应力状态：$\sigma_1=775$ MPa；$\sigma_2=470$ MPa；$\sigma_3=425$ MPa。试根据米赛斯（Mises）准则和屈雷斯加（Tresca）准则判断此金属材料是否屈服，已知该材料的屈服强度为 $\sigma_s=345$ MPa。
15. 一圆柱压力容器，直径 $D=6$ m，壁厚 $t=20$ mm，当内压 P 达到 18 MPa，发生灾难性事故。已知该压力容器钢 $E=210$ GPa，屈服强度为 2400 MPa，问若按米赛斯（Mises）准则设计是否会破坏？
16. 试述孪生和滑移的变形机制的共同特点及区别。
17. 什么是 Hall-Petch 关系？其适用于哪些范围？
18. 经退火的纯铁当晶粒大小为 16 个/mm^2 时，$\sigma_s=100$MPa；而当晶粒大小为 4096 个/mm^2 时，$\sigma_s=250$ MPa，试求晶粒大小为 256 个/mm^2 时的 σ_s。
19. 为什么细化晶粒既可以提高金属材料的强度，又可以提高其塑性？
20. 一种材料处于这种应力状态：$\sigma_1=3\sigma_2=2\sigma_3$。当 $\sigma_2=140$ MPa 的时候它开始流动。那么① 单向拉伸的流变应力是多少？② 如果这种材料是在 $\sigma_1=-\sigma_3$，并且 $\sigma_2=0$ 的条件下使用，根据 Tresca 和 Mises 准则，在 σ_3 为多少时它才开始流动？
21. 什么是应变硬化指数 n？有何特殊的物理意义？有何实际意义？
22. 影响塑性变形的因素有哪些？对其进行说明。
23. 面心立方单晶体的应力-应变曲线的形变强化速率 θ 为什么各个阶段各不相同？θ_{II} 最大的原因是什么？
24. 金属塑性变形过程中晶格阻力与滑移体系有何关系？
25. 试述多晶体金属产生明显屈服的条件，并解释 bcc 金属及其合金与 fcc 金属及其合金屈服行为不同的原因。

材料的强化与韧化意义

4 材料的强化与韧化

Strengthening and Toughening of Materials

强度和韧性作为衡量结构材料的最重要的力学性能指标，备受材料工作者及用户的关注。对于材料的设计、制造(备)一方，如何将材料的强度、韧性提高到用户需要的水准成为最关键的课题。由于新型、先进材料结构的复杂化、多样化，加之其昂贵的成本，传统的材料设计制备方法已远远满足不了材料强韧化的要求。换言之，为了有效地提高材料的强度和韧性，必须对材料的整体结构进行多组分设计，包括材料组分、微结构、界面性能和材料制备工艺等。应该承认，虽然本领域的研究正在各国广泛地展开，然而目前人们对此领域问题的认识尚处于初级阶段。亦因为如此，发达国家相继提出了发展高强韧新材料的计划。如美国国家科学基金会(NSF)在其资助计划中把力学性能与材料列为一个学科交叉研究领域，其中一个重要的研究方向是具有优越力学性能的新材料的设计与制备；日本很早就将力学与材料的发展列为一个领域，在国际上创立了致力于这一领域研究的国际学术组织——国际材料力学行为学会(ICM)；英国最早提出了根据力学性能与微观组织结构的定量关系，应用系统分析方法和计算机技术设计结构钢，近年又提出了在原子乃至电子层次计算材料宏观性能的思想。我国以国家自然科学基金为代表的国家级资助计划中，亦将结构材料的强韧化作为优先资助的课题。

众所周知，固体材料的破坏状态方程涉及宏观（macro）、细观（meso）、微观（micro）3 个层次。材料破坏研究的多层次性决定了研究的长期性，使之成为力学界和材料科学界锲而不舍的课题。材料的强韧化设计同样涉及宏观、细观、微观 3 个层次，不同层次设计有其互补性。鉴于此背景，本章以各种材料的强化与韧化为主线，首先介绍各种材料的宏观力学性能的微观理论、影响它的各种工艺因素；进而分析不同层次下的断裂过程和耗能过程，并概述各层次的主要强韧化机制以及有关材料强韧化的理论与实践进展；最后讨论跨层次的材料强韧力学计算。

4.1 金属及合金的强化与韧化(Strengthening and Toughening of Metals and Alloys)

在第 3 章中介绍了材料的弹性变形、塑性变形、金属的屈服与加工硬化。通常，金属的屈服对金属结构件来说，意味着失效。因此，人们研究的重点转移到如何使其不发生屈服或者提高屈服抗力，从而保障其服役的安全。本节主要介绍金属及合金强化与韧化方面的理论及方法。应该说强化的方法很多，例如第 3 章中介绍的加工硬化、淬火及热处理等，但最有效而稳定的方法，亦为实际生产中常用的方法，就是合金化(alloying)。因为它除了强化材料外，往往亦对其他性能有所改善。一般地，合金化后，直接提高了基体金属强度的称为直接强化，而由于合金化改变了组织(如细化晶粒、改善相的分布)从而强度有所提高的称为间接强化，两者之间存在着相互影响。

本节重点从固溶强化出发，介绍均匀强化(well-distributed strengthening)、非均匀强化(non-uniform strengthening)、细晶强化(strengthening by grain refining)、第二相强化(strengthening by secondary phase)以及其他的一些强化方法，形变强化(strengthening by deformation)即加工硬化的问题已在第3章论及，在此不再重复阐述。当然，由于实际应用的大多工业合金是多晶复相状态，显然这里还有一个很重要的界面强化问题。鉴于该问题涉及的内容广且复杂，本书不能作系统介绍，请参阅有关的专著。

4.1.1 均匀强化

如图4.1所示，溶质原子混乱地分布于基体中，因为位错线具有一定的弹性，故对同一种分布状态，由于不同溶质原子与位错线的相互作用不同，位错线的运动方式可划分为图4.1(a)、(b)所示的两种情况。图4.1(a)为相互作用强时，位错线便“感到”溶质原子分布较密；图4.1(b)为相互作用弱时，位错线便“感到”溶质原子分布较疏。若以 l 和 L 分别表示两种情况下可以独立滑移的位错段平均长度，F 为溶质原子沿滑移方向作用在位错线上的阻力，则使位错运动所需的切应力可表示为

$$\tau = \frac{F}{bl} \tag{4-1a}$$

或

$$\tau = \frac{F}{bL} \tag{4-1b}$$

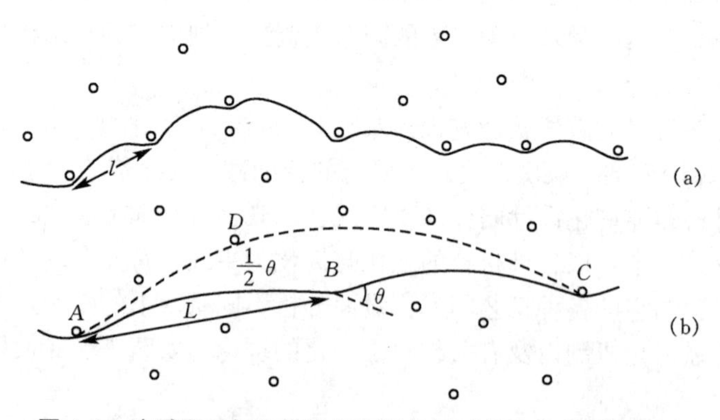

图4.1 溶质原子与位错线间相互作用对其可弯曲性的影响

理论上，以间隙方式固溶的溶质原子所引起的晶格畸变大、对称性低，应属于图4.1(a)所示情况；以置换方式固溶所引起的晶格畸变小、对称性高，则属于图4.1(b)所示情况。但事实上，间隙式溶质原子在晶格中多优先与缺陷相结合，超越了均匀强化的范畴。由此，后续有关均匀强化的讨论中，所谓位错与溶质原子相互作用强弱的说法均具有一定的局限性。此外，下述的均匀强化机制显然也不适用于溶质原子分布得十分密集，以至位错线的弹性不能发挥的情况。因为这时位错线附近溶质原子对它的作用力有正有负，平均后其强化作用就消失了。

均匀强化－Mott-Nabarro理论

(1) Mott-Nabarro 理论

Mott 和 Nabarro 最初处理均匀强化问题时，假设了溶质原子在晶格中产生一长程内应力场 τ_i，则位错弯曲的临界曲率半径为 $\frac{Gb}{\tau_i}$。若溶质原子间距 $l \ll$

Gb/τ_i，即位错与溶质原子间的作用为强相互作用时，整个位错便可以分成独立的 n 段，且 $n=\frac{L}{l}$。根据统计规律，作用在长为 L 的位错上的力应等于 $n^{1/2}$ 倍作用在每一段上的力，故长为 L 的位错运动的阻力可写成 $b\tau_i l(L/l)^{\frac{1}{n}}$。若此时外加切应力为 τ_c，遂得

$$\tau_c=\tau_i\left(\frac{l}{L}\right)^{\frac{1}{2}} \tag{4-2}$$

再按位错曲率公式，可有如下关系

$$L=\frac{Gb^2}{b\tau_i\left(\frac{l}{L}\right)^{\frac{1}{2}}}$$

或

$$L=\frac{G^2b^2}{\tau_i^2 l} \tag{4-3}$$

现设溶质原子浓度为 c，则 l 与 c 应有如下关系

$$\frac{1}{l^3}b^3=c \tag{4-4}$$

由于 $l\ll\frac{Gb}{\tau_i}$，位错线不能按照内应力场中能量最低的走向弯曲，所以 τ_i 应取其体积平均值。

为此，令 ε_b 为固溶原子与基体原子大小差引起的错配度，则由弹性力学得知距溶质原子 r 处的切应力为$\frac{G\varepsilon_b b^3}{r^3}$。故上述 τ_i 的体积平均值可写为

$$\tau_i=\frac{\int_0^l\frac{G\varepsilon_b b^3}{r^3}4\pi r^2\mathrm{d}r}{\int_0^l 4\pi r^2\mathrm{d}r}\approx G\varepsilon_b c\ln\frac{1}{c} \tag{4-5a}$$

联立式(4-2)~式(4-5a)，可得

$$\tau_c=G\varepsilon_b^2 c^{\frac{5}{3}}(\ln c)^2 \tag{4-5b}$$

在一般浓度范围内，$c^{\frac{2}{3}}(\ln c)^2$ 可近似为 1，故可简化为

$$\tau_c=G\varepsilon_b^2 c \tag{4-6}$$

此即临界切应力与溶质原子浓度成正比的关系，其中 ε_b 也可由晶格常数随浓度的变化梯度按式(4-7)求得

$$\varepsilon_b=\frac{1}{b}\times\frac{\mathrm{d}b}{\mathrm{d}c} \tag{4-7}$$

以铜合金为例，直接用基体同溶质的 Goldschmidt 原子直径差 ΔD 的对数与 $\frac{\mathrm{d}\tau_c}{\mathrm{d}c}$ 的对数作图，所得结果如图 4.2 所示。可见，除 Ni 以外各合金元素，基本上在斜率为 2 的直线附近，由此可以说式(4-6)仍不失为一有效的近似。

如果假设位错与溶质原子间的作用为弱相互作用，Friedel 曾作如下简化处理。设位错

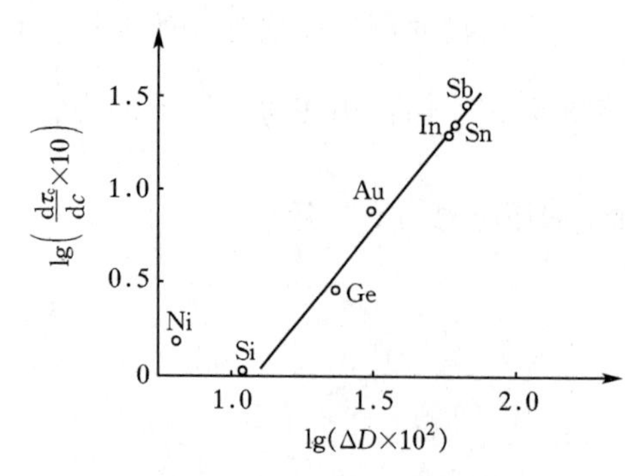

图 4.2 铜合金中固溶强化与晶格畸变间的关系

线张力为 T，由图 4.1(b)可见，障碍对位错的最大作用力

$$F_m = 2T\sin\frac{\theta}{2} \tag{4-8}$$

故由式(4-1b)得

$$\tau_c = \frac{2T}{bL}\sin\frac{\theta}{2} \tag{4-9}$$

又知滑移面上溶质原子间距 l 与其浓度 c 有关系

$$\frac{1}{l^2}b^2 = c \tag{4-10}$$

以及图 4.1(b)中面积 $ABCD$ 近似地可写成 $L^2\sin\frac{\theta}{2}$，并等于 l^2，故可得如下关系

$$L = \frac{l}{\sqrt{\frac{\sin\theta}{2}}} \tag{4-11}$$

联立式(4-1b)与式(4-8)~式(4-11)，并设 $T\approx\frac{1}{2}Gb^2$，可得

$$\tau_c = \frac{F_m^{\frac{3}{2}}}{b^3}\sqrt{\frac{c}{G}} \tag{4-12}$$

此即临界切应力与溶质原子浓度的平方根成正比的关系。

这里应指出的是，上述结果得到由位错与溶质原子强相互作用导出 $\tau_c\propto c$ 的关系，由位错与溶质原子弱相互作用却导出 $\tau_c\propto\sqrt{c}$ 的关系，这一矛盾暗示均匀强化中的强相互作用与间隙原子产生的不均匀强化可能不尽相同。

Fleischer 理论

(2) Fleischer 理论

Fleischer 理论有两个主要的特点：一是在溶质原子与基体原子的相互作用中，除了考虑由于大小不同所引起的畸变外，还考虑了由于“软”“硬”不同，即弹性模量不同而产生的影响；另一个是置换溶质原子与位错的静水张（压）力的相互作用中，除了考虑纯刃型的以外，还考虑了纯螺型的。因为即使溶质与基体原子半径相同，但弹性模量不同，位错周围应力场的弹性能在溶质所在处也会发生变化。设溶质和基体的弹性模量各为 G_1 和 G，则

$$\Delta G = G_1 - G = \frac{dG}{dc} \tag{4-13}$$

如图 4.3 所示，以纯螺型位错为例，在溶质原子处，当仍为基体原子占据时，其应力和应变分别为 $\frac{Gb}{2\pi r}$ 和 $\frac{b}{2\pi r}$。

当为溶质原子占据时，其应力和应变分别为 $\frac{G_1 b}{2\pi r}$ 和 $\frac{b}{2\pi r}$。因此，一体积近似以 b^3 表示的基体原子被溶质原子替代后能量的变化应为

$$E=\frac{1}{2}\int\left[G_1\left(\frac{b}{2\pi r}\right)^2-G\left(\frac{b}{2\pi r}\right)^2\right]\mathrm{d}b^3=\frac{\Delta Gb^5}{8\pi^2r^2} \quad (4\text{-}14)$$

仿式(4-7)定义

$$\varepsilon_G=\frac{1}{G}\times\frac{\mathrm{d}G}{\mathrm{d}c} \quad (4\text{-}15)$$

利用式(4-13)和式(4-15)，式(4-14)可变换成

$$E=\frac{\varepsilon_G Gb^5}{8\pi^2r^2} \quad (4\text{-}16)$$

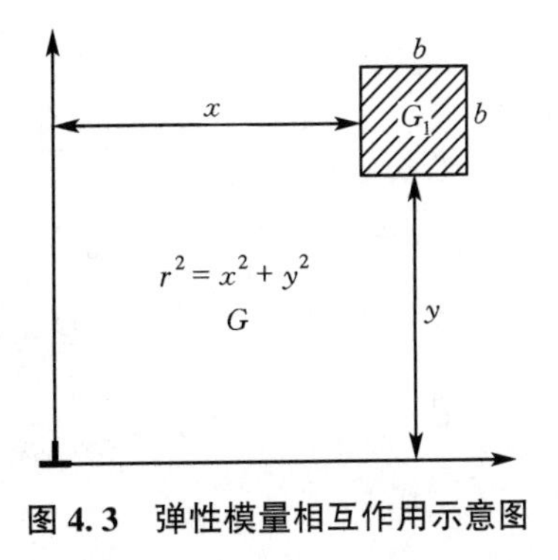

图 4.3 弹性模量相互作用示意图

同理，对纯刃型位错有

$$E=\frac{\varepsilon_G Gb^5}{8\pi^2(1-\nu)r^2} \quad (4\text{-}17)$$

式中 ν——泊松比。

另外，依据线性弹性力学理论，溶质原子与纯螺型位错的应力场之间不应该出现由于静水张（压）力产生的弹性相互作用。但 Stehle 和 Seeger 考虑二级效应后，求得纯螺型位错附近也有静水张（压）力与溶质原子的相互作用。Fleischer 计算此相互作用能为

$$E=\frac{K\varepsilon_b G(1+\nu)b^3}{2\pi^2(1-2\nu)}\left(\frac{b}{r}\right)^2 \quad (4\text{-}18)$$

根据上述结果和 Cottrell 计算的溶质原子与纯刃型位错相互作用能，可将溶质原子沿滑移方向(x 方向)作用在位错线上的阻力列入表 4.1，并将 ε_G 用 ε'_G 代替。

表 4.1 位错与溶质原子交互作用效果表

	刃 型	螺 型
大小作用	$\frac{2(1+\nu)Gb^4\varepsilon_b\chi y}{\pi(1-\nu)r^4}$	$\frac{KGb^5\varepsilon_b(1+\nu)\chi}{\pi^2(1-2\nu)r^4}$
“软”“硬”作用	$-\frac{Gb^5\varepsilon'_G\chi}{4\pi^2(1-\nu)r^4}$	$-\frac{Gb^5\varepsilon'_G\chi}{4\pi^2r^4}$
总和	$\frac{Gb^5\chi}{4\pi^2(1-\nu)r^4}\lvert\varepsilon'_G-32\varepsilon_b\rvert$	$\frac{Gb^5\chi}{4\pi^2r^4}\lvert\varepsilon'_G-16K\varepsilon_b\rvert$

注：设 $\nu=\frac{1}{3}$，$y=b$。

显然,无论对刃型或螺型位错而言，此力正比于 $\lvert\varepsilon'_G-\alpha\varepsilon_b\rvert$。其中 α 对刃型位错不小于 16(当 $y=\frac{b}{2}$ 时)；而对螺型位错，由于 $K\leqslant1$，故其值不大于 16。实验证实，对铜合金而言，$\alpha=3$，因此，可以认为铜合金中，位错滑移的阻力主要来自置换式溶质原子与螺型位错的相互作用，其值可写为

$$F'_m=\frac{Gb^5\chi}{4\pi^2r^4}\lvert\varepsilon'_G-3\varepsilon_b\rvert \quad (4\text{-}19)$$

根据式(4-1b)，为了求 τ_c，尚需知道弹性位错单位长度 L。利用图 4.4 所示的几何关系，可近似求得 L 与溶质原子浓度 c 有如式(4-20)所列关系

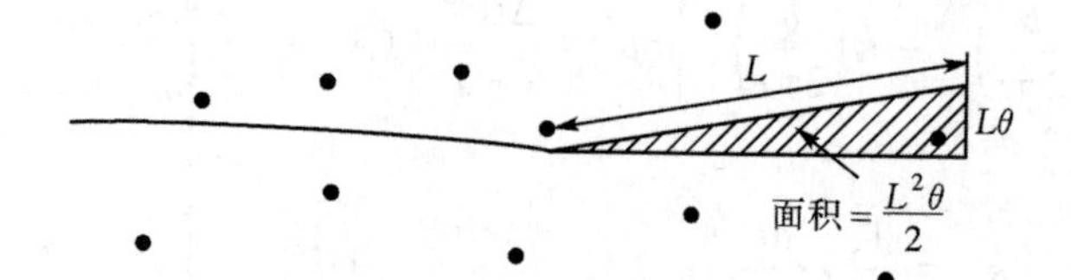

图 4.4 弹性位错单位长度 L 的定义示意图

$$\frac{b^2}{\frac{L^2\theta}{2}}=c \tag{4-20}$$

联立式(4-1b)、式(4-8)和式(4-20)，并设 $T\approx\frac{1}{2}Gb^2$，最后将 F_m 换成 F'_m，即得

$$\tau_c=\frac{F'^{\frac{3}{2}}_m}{b^3}\sqrt{\frac{c}{G}} \tag{4-21}$$

现将式(4-19)代入式(4-21)，可得

$$\tau_c\propto G\varepsilon_s^{\frac{3}{2}}c^{\frac{1}{2}} \tag{4-22}$$

其中

$$\varepsilon_s=|\varepsilon'_G-3\varepsilon_b| \tag{4-23}$$

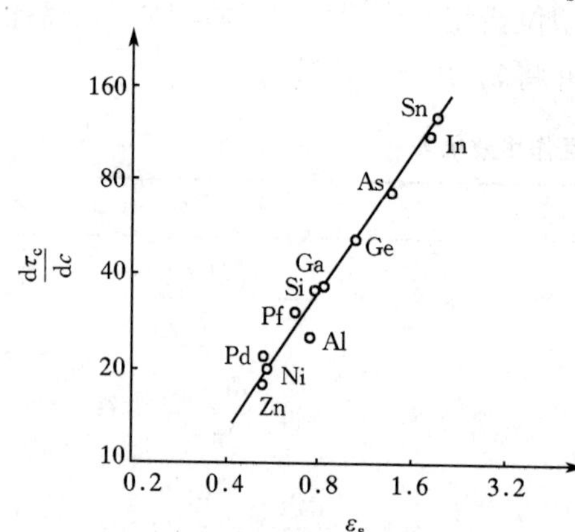

图 4.5 铜合金中固溶强化和溶质原子与螺型位错相互作用的关系

对用 11 种不同元素配制的铜合金，测得结果如图 4.5 所示。显然，与图 4.1 相比，结果与实测值更接近，$\frac{d\tau_c}{dc}$ 与 ε_s 之间成良好的直线关系，其斜率恰好等于$\frac{2}{3}$。这说明既考虑溶质原子的大小，又考虑其“软”“硬”的 Fleischer 理论较仅仅考虑溶质原子大小的 Mott-Nabarro 理论更符合实验结果。当然，Fleischer 理论还考虑了螺型位错在合金强化中的特殊作用。

虽然上述 Fleischer 理论与实验结果有较好的一致性，但不能认为 bcc 结构的 Fe-C 合金及 Nb-N 合金中溶质原子与位错间的相互作用也属于弱的一类。Labush 和 Nabarro 曾将溶质原子看成在滑移面上宽为 $2w$ 的位垒，f 为与位错间作用力在滑移面内沿滑移方向的分量，用不同方法，经严格理论计算都得到比较一致的关系，即当 w 或 c 很小时，$\tau_c=\frac{f^{\frac{3}{2}}}{b}\left(\frac{c}{2E}\right)^{\frac{1}{2}}$；反之，$\tau_c=\frac{f^{\frac{4}{3}}}{2b}\left(\frac{c^2w}{E}\right)^{\frac{2}{3}}$，式中 E 为位错线张力。但前者相当于强相互作用，而后者相当于弱相互作用。Traub、Neuhauser 和 Schwink 对不同浓度 Cu-Ge 和 Cu-Zn 合金进行研究，得到在一定浓度和温度范围内，临界切应力与浓度的关系变化在 $c^{\frac{1}{2}}$ 至 $c^{\frac{2}{3}}$ 之间，并得到 Basubski 等人提出的所谓合金强化的“应力等价(stress equivalence)”性，即合金强化与温度或形变速度的依赖关系，或者说单位激活过程只与应力水平有关，而与溶质原子的浓度无关。他们还用热激活分析法测得浓度高的合金中作为障碍的单元是溶质原子群，并且此群的大小存在一定分布。由此看来，浓度高的和浓度低的合金的强化机制应不尽相同。

Feletham 理论

(3) Feltham 理论

Feltham 提出的理论，是形式简单而又能解释更多实验事实的均匀强化理论。其理论建立在两个基本假设之上：一为假设溶质原子间距 λ 为

$$\lambda = bc^{-\frac{1}{2}} \tag{4-24}$$

二为假设长 l 的位错线在外加应力 τ_c 作用下，其中心凸出 nb 距离，n 值约为 2~3，如图 4.6 所示。令位错线凸出部分的曲率半径为 R，则 $\tau_c \approx \dfrac{Gb}{2R}$。利用几何关系 $2nbR \approx \dfrac{1}{4}l^2$，故得

$$\frac{l}{b} = \left(\frac{4Gn}{\tau_c}\right)^{\frac{1}{2}} \tag{4-25}$$

再设凸出的位错线可用一底边长为 l、高为 nb 的三角形的两斜边近似，则凸出后位错线的能量较凸出前的高 $\dfrac{1}{2}Gb^2\left(\dfrac{2n^2b^2}{l}\right)$。此外，位错自 $\dfrac{l}{bc^{-\frac{1}{2}}}$ 个溶质原子脱钉出来所需能量为 $lUc^{\frac{1}{2}}/b$，其中 U 为溶质原子与位错的相互作用能。由此可将图 4.6 中所示位错凸出的激活能表示为

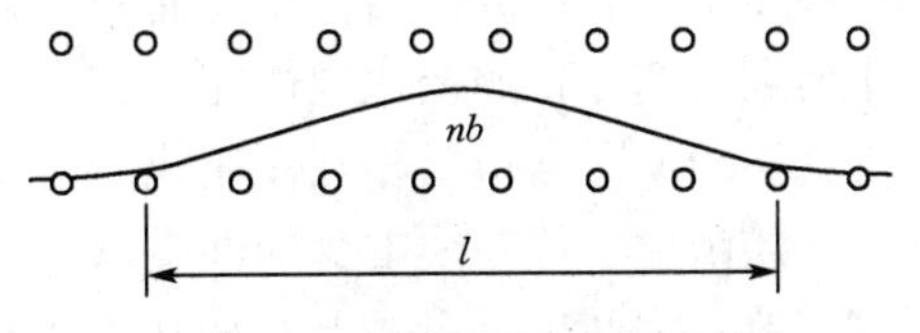

图 4.6 溶质原子分布示意图

$$W = n^2b^2G\frac{b}{l} + Uc^{\frac{1}{2}}\frac{l}{b} - \frac{1}{2}n\tau_c b^3\frac{l}{b} \tag{4-26}$$

式 (4-26) 中最后一项为外加应力所作的功，位错平均位移为 $\dfrac{1}{2}nb$。再将凸出过程的频率 H 按 Boltzmann 关系写成

$$H = H_0\exp(-W/RT) \tag{4-27}$$

式中，H_0 为原子频率 $H_0 = 10^{12}\ \mathrm{s}^{-1}$，如取 $H=1$，则

$$m = \frac{W}{RT} = \ln\frac{\dot{\gamma}_0}{\dot{\gamma}}, \quad m \approx 25 \tag{4-28}$$

式中 $\dot{\gamma}$——切变速率；

$\dot{\gamma}_0$——常数。

将式(4-28)代入式(4-26)后便得一个 $\dfrac{l}{b}$ 的二次方程式，再利用式(4-25)求得

$$\frac{\tau_c}{\tau_0} = \frac{\theta}{[1 + (1 + \theta)^{\frac{1}{2}}]^2}, \quad \tau_0 = \frac{4Uc^{\frac{1}{2}}}{nb^3} \tag{4-29}$$

其中

$$\theta = \frac{4n^2Gb^3Uc^{\frac{1}{2}}}{\left(kT\ln\dfrac{\dot{\gamma}_0}{\dot{\gamma}}\right)^2} \tag{4-30}$$

如将激活体积写为

$$V = kT\left(\frac{\partial \ln \dot{\gamma}}{\partial \tau_c}\right)_T \tag{4-31}$$

利用式(4-28)~式(4-31)不难求出

$$V = V_0\{1 + 2\delta[\delta + (1 + \delta^2)^{\frac{1}{2}}]\}(1 + \delta^2)^{\frac{1}{2}}, \delta = \theta^{-\frac{1}{2}} \tag{4-32a}$$

其中

$$V_0 = \frac{1}{4}b^3 n^2 \left(\frac{Gb^3}{Uc^{\frac{1}{2}}}\right)^{\frac{1}{2}} \tag{4-32b}$$

这一理论如式(4-29)所示，它既给出了τ_c与浓度c的关系，又给出与形变温度T的关系，不但如此，而且激活体积是θ的函数，而θ[式(4-30)]同时依赖于合金元素位错的相互作用能(U)、浓度(c)和温度(T)。Basinski 等人测试了 20 多种不同浓度二元固溶合金，发现在同一温度下，它们的激活体积与屈服应力都落于同一曲线上。分析证明，Basinski 等人在实验中所测激活体积的变化规律完全符合式(4-32)。Feltham 理论的最大特点是其不仅仅简单地考虑溶质原子与位错相互作用能的强弱来决定位错的弯曲（如图 4. 4 所示)，而是更客观地由溶质浓度、位错线本身的性质以及温度等条件来决定。另外，图 4. 6 所示位错自溶质原子气团钉扎中凸出，形式上有如从 P-N 能谷中凸出，故一般所谓 P-N 力实际上可能还是位错与溶质原子的相互作用力。

4. 1. 2 非均匀强化

由于合金元素与位错的强交互作用，在晶体生长过程中位错的密度大大提高，造成与纯金属截然不同的基本结构。这往往成为某些合金非均匀强化的原因之一，如铜中加进少量的镍、银中加进少量的金等。目前所知，非均匀强化的类型大致可分为浓度梯度强化、Cottrell 气团强化、Snoek 气团强化、静电相互作用强化、Suzuki 气团强化和有序强化等几种。本小节着重介绍其特点及存在的问题。

非均匀强化-浓度梯度强化

(1)浓度梯度强化

这种强化机制实质上源于三个方面：一为晶格常数相互作用，即由于合金元素的分布存在浓度梯度(concentration gradient)，所以晶格常数也就有相应的变化梯度。当刃型位错的运动方向与浓度梯度方向一致时，或螺型位错的运动方向与浓度梯度方向垂直时，就会在滑移面两边产生类似位错的对不齐现象，从而提高了位错运动的阻力。二为弹性模量相互作用，即由于合金元素的分布存在浓度梯度，弹性模量亦不再可能是常数，结果对位错的运动相当于额外地施加阻力。不过，一般讲这两种力都可以忽略不计。三为具有浓度分布梯度的合金元素与位错间的弹性相互作用，即存在合金元素分布梯度时的 Cottrell 气团强化作用。

对上述第三部分的作用，Fleischer 仅用二维应力场中存在一维浓度梯度的模型来近似，并设温度较低时的扩散现象可忽略不计，便得到由此产生的附加阻力

$$\tau = 4G\varepsilon_b\left(\frac{dc}{dx}\right)r_\infty \sin 2\phi \tag{4-33}$$

式中 r_∞——位错应力场的作用半径；

ϕ——纯刃型位错的滑移方向与浓度梯度方向间的夹角；

其他符号的意义同前。

式(4-33)看起来显然很合理，当 $\phi=0°$时，表示滑移面的取向和浓度梯度方向一致。以刃型位错为例，此时同时进入滑移面上下两部分的合金元素一样多，故 τ 等于零。而当 $\phi=90°$时，表示滑移面的取向和浓度梯度方向垂直，也就是沿滑移方向无浓度梯度，故 τ 亦为零。此外，根据式(4-24)，当 $\phi=45°$时，应出现极大值，关于此点在 Fleischer 和 Chalmers 的研究中已得到了证实，即当滑移系统与浓度梯度方向成 45°角时，总是此滑移系统先开始滑移并且硬化率较大。

科垂耳气团强化

(2)科垂尔气团(Cottrell atmosphere)强化

合金元素与位错之间会产生弹性交互作用，其交互作用能可表示为

$$U = 4GbR^3 \in \frac{\sin\theta}{r} \tag{4-34}$$

式中 G——切变模量；

R——原子半径；

$\in$——错配度；

r，θ——某点距位错中心的极坐标参量。

若位错与合金元素发生交互作用，则仅当合金元素靠近位错时系统交互作用能 $U<0$，因为 $4GbR^3>0$。当 $\in>0$ 时，即合金元素原子半径比基体金属原子半径大时，只有 $\pi<\theta<2\pi$ 时，U 才为负值，即作为合金元素的溶质原子半径大于基体金属时，溶质原子位于正刃型位错下方是稳定的，或者说处于低能状态。反之，小的置换式原子位于正刃型位错上方是稳定的，间隙原子位于正刃型位错下方是稳定的。这使得位错周围合金元素的浓度与其他地方有所不同。由于这是一种低能的稳定状态，若想破坏这种状态即位错运动，只有增加外力才可能，由此提高了金属强度。这种稳定状态由 Cottrell 提出，故称为 Cottrell 气团。

Cottrell 气团的实质是位错与其周围合金元素交互作用，组成一种低自由能组态(合金元素不均匀分布)。每当位错运动时，其必须打乱与周围合金元素的这种组态，换言之，这种合金元素的不均匀分布限制或阻碍位错运动。简而言之，合金元素对位错运动具有钉扎作用。图 4.7 是正刃型位错形成 Cottrell 气团示意图。应该指出，形成 Cottrell 气团并不需要很多溶质原子。例如经过冷塑性变形的金属，位错密度约为 $10^{12}/cm^2$ 数量级时，若沿位错线上每个原子间隙有一个溶质原子，则需要溶质原子浓度约为 0.1%就够了(此时为所谓浓气团)。对于退火金属，位错密度要小几个数量级，即使纯度为 99.999%的金属，含有 10^{-3}%量级的杂质(如 C 或 N)，便足以形成 Cottrell 气团。这种在位错线张应力区(如正刃型位错，垂直于纸面的一条位错)下方形成一条间隙原子线，称为 Cottrell 气团的浓气团，即 Cottrell 气团变成饱和状态。这种浓气团强化效果很强，并且受温度影响较小。若间隙原子(如 C、N)在位错张应力区(如正刃型位错下边)呈 Maxwell-Boltzmann 分布，换言之，位错线张应力区间隙原子浓度比较小，但比平均浓度高，这种状态称为稀气团。这种状态强化效果比浓气团强化效果差，并且受温度影响比较大。

图 4.7 由正刃型位错形成的 Cottrell 气团示意图

由于形成 Cottrell 气团并不需要很多间隙原子，如室温下退火 α-Fe 中形成 Cottrell 气团仅需要 10^{-3}%的 C 或 N，因此微量的间隙原子对 α-Fe 的金属力学行为有很强的影响。前面曾提及了应变时效与动态应变时效的现象(参见图4.8)，这两种现象的本质可用Cottrell气团解释，应变时效中如立即加载[见图4.8(a)中*PDB*]，由于在最初的*OAD*阶段位错已经从C、N原子的Cottrell气团中挣脱出来，故不再出现屈服点。而在放置或经时效后再加载(*PQB*曲线)，之所以再次出现屈服点，是由于在放置或人工时效过程中C、N原子向位错扩散，形成了新的Cottrell气团，重新发生钉扎与脱钉过程，宏观上表现出再次屈服。另外，图4.8(b)所示的动态应变时效则为应变时效的一种特殊情况，此时可以认为受塑性降低和低的应变速率敏感的双重作用，这种锯齿形曲线是试样在试验中重复地屈服和时效引起的。换言之，此种条件下形成Cottrell气团的C、N原子的扩散速度与位错线的运动速度相近，从而使得Cottrell气团在变形中位错线不断被C、N原子钉扎和（挣）脱钉（扎），故在应力-应变曲线上表现出如图4.8(b)所示的锯齿形。

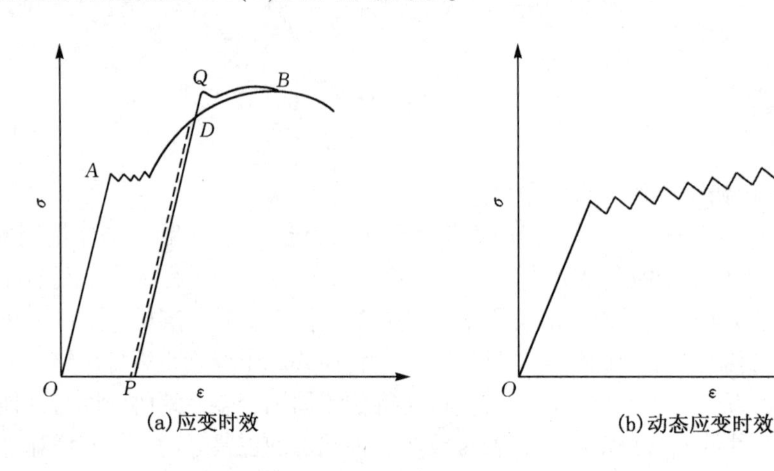

图4.8 应变时效对应力-应变曲线的影响

斯诺克气团强化

(3)斯诺克气团(Snoek atmosphere)强化

bcc金属中，间隙原子(如C、N)绝大部分进入八面体的间隙位置，造成晶格四方畸变，如钢中C原子进入α-Fe的$\left(\frac{1}{2}, 0, 0\right)$、$\left(0, \frac{1}{2}, 0\right)$、$\left(0, 0, \frac{1}{2}\right)$三个八面体间隙位置的机会是相等的。当在某个方向有外力作用时，则三个不同方向八面体间隙位置中C原子所产生的应变能则不相同，应变能较大的C原子就要到应变能较小的间隙位置上去，以降低系统的能量，这种现象称为Snoek效应。

假如上述外力来自晶体中位错应力场，则C原子将发生换位以松弛位错应力场产生的应变能。表现为C原子与位错发生互相作用，由于C原子换位只需扩散$\frac{1}{2}$点阵参数，故可在极短时间内完成。因此，亦可将Snoek气团视为C原子的局部有序。位错如果要运动必须克服这种Snoek气团的束缚，其运动阻力增加，金属被强化。

Snoek气团的主要特点是其强化作用与温度无关，而主要与溶质浓度成正比。常温下对位错的钉扎虽然不亚于Cottrell气团，但溶质原子是短程的动态有序，当形变温度较高时，由于有序化太快，其作用效果将大为削弱。另外，当合金的形变速率过高时，Snoek气团的作用亦会被淹没。

(4)静电相互作用(electrostatic interactions)强化

静电相互作用强化

实验研究发现，刃型位错的静电作用如同一串电偶极子，受到部分屏蔽的溶质原子显然与此刃型位错间存在着静电相互作用。如考虑非线性的弹性效应，螺型位错中心将带有负电荷，所以螺型位错与溶质原子之间也应有静电相互作用。当位错运动时，必须克服由于上述静电交互作用产生的束缚，由此引起合金的强化。事实上，合金中溶质原子的电荷将完全被导电电子的重新分布所屏蔽。因此，位错和溶质原子间的静电相互作用源于作用于溶质原子离子壳的力和作用于屏蔽电子间的力的一个复杂效应。更精确的计算还需要考虑屏蔽电子被位错附近电场所引起的极化效应等，这些问题请读者参阅有关的文献。

铃木气团强化

(5)铃木气团(Suzuki atmosphere)强化

在 fcc 金属中，一个滑移的全位错可能分解为一对不全位错中间夹带一个密排六方结构的层错区，即形成扩展位错(见图 4.9)。一对不全位错分开的距离 d(扩展位错的宽度)与层错能成反比，并服从式(4-35a)

$$d = \frac{Gb_2 b_3}{2\pi f} \tag{4-35a}$$

式中 f——层错能；

其他符号意义同前。

由式(4-35a)可以看出，层错能低的金属容易形成扩展位错，并且层错能愈低，扩展位错宽度愈宽。为保持热平衡，在层错区溶质原子和基体两部分浓度需不同，这种溶质原子非均匀分布，起着阻碍位错运动的作用。H. Suzuki 称此种作用为化学交互作用，人们称这种组态为 Suzuki 气团。当扩展位错运动时，必须连同层错一起运动。此时由于点阵结构不同，溶质原子的浓度差表现出对位错有钉扎作用。为使位错运动，则必须增大外力。即由于 Suzuki 气团存在，合金强化了。

以图 4.10 所示运动为例，在 fcc 的某滑移面上有一对扩展位错 AB，A 与 B 之间为层错区，AB 之间的距离为 d。由于层错区内溶质原子浓度和基体中浓度不同，因而有浓度差，令 Δm 代表这个浓度差。在外加切应力(τ)作用下，扩展位错 AB 由 x_1x_2 移至 $x'_1x'_2$。由于这种移动是瞬时完成的，溶质原子来不及做相应的调整。新的层错区 $x'_1x'_2$ 溶质原子浓度仍为原基体中溶质原子的浓度。而 $x_2x'_2$ 已不是层错区，且仍保持原层错区内溶质原子的浓度。由于扩展位错向前移动 $x_2x'_2=\delta$，层错区溶质原子浓度没有达到平衡的要求(如 $x_2x'_2$)，外力必须为此付出代价，即需要外力作功使层错区 $x_2x'_2$ 的溶质原子浓度达到热力学平衡的浓度。

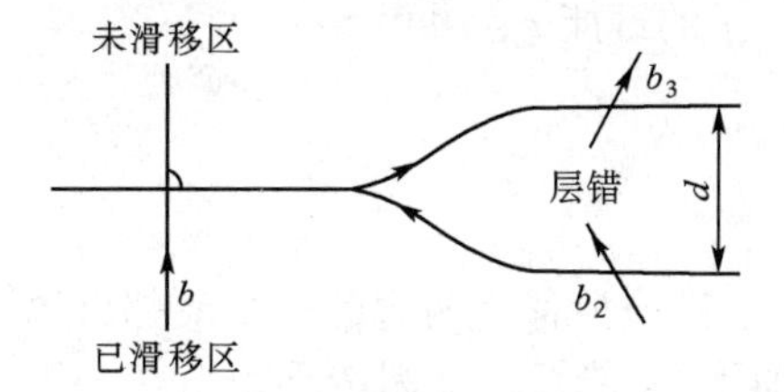

图 4.9 扩展位错示意图

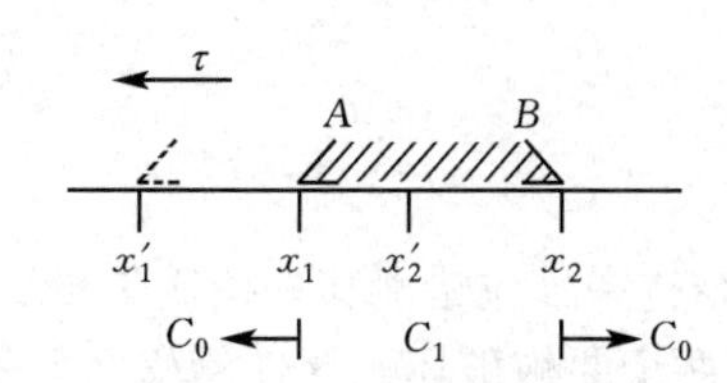

图 4.10 扩展位错 *AB* 在 Suzuki 气团中的运动

首先使扩展位错移动 δ 外力作的功 $\omega=\tau b\delta$。其次，使 $x_2x'_2=\delta$ 的成分达到热力学平衡浓度需要作的功 $\omega'=\delta\frac{\partial\gamma}{\partial m_B}\Delta m$。此时 $\omega=\omega'$，所以

$$\tau=\frac{1}{b}\times\frac{\partial\gamma}{\partial m_{B}}\Delta m \tag{4-35b}$$

另外，螺型位错可以交滑移，但分解成扩展位错后，其交滑移就困难了。因为交滑移必须使扩展位错先束集后才可能实现，所以只有提高外力才有可能。换言之，Suzuki 气团的存在使金属得到了强化。此外，层错能愈低，扩展位错宽度 d 愈大，束集愈困难，故愈不易发生交滑移。而对于层错能较高的金属，扩展位错宽度小，位错容易束集，即位错容易交滑移。因此，层错能小，则相当于位错运动阻力大，则强化效果强。

化学交互作用对位错的钉扎力比弹性交互作用(Cottrell 气团)小。但化学交互作用受温度影响比较小。一般地，室温条件下很难使 Suzuki 气团和扩展位错分解。即使在高温条件下，Suzuki 气团强化作用也是比较稳定的，而且对刃型位错和螺型位错都有阻碍作用。如 GH4586 镍基高温合金中通过添加钴提高了高温强度，就是因为钴能降低镍的层错能，使位错容易扩展，并形成 Suzuki 气团而达到强化的目的。扩展位错要脱离 Suzuki 气团，需要走的距离比全位错脱离 Cottrell 气团强钉扎所走的距离要远得多。虽然 Suzuki 气团受温度影响比较小，但温度也不能太高，因为高温时原子扩散速度加快，Suzuki 气团强化效果也要降低，甚至消失。

有序强化

(6) 有序强化(ordered strengthening)

有序强化一般可分短程和长程两种。短程有序强化的作用大小和 Suzuki 气团的强化在同一量级。Flinn 曾对此强化作用进行过仔细分析，在忽略了熵的变化作用的前提下，当有序度不高时，可将二元固溶体中内能 E 表示为

$$E=\alpha m_{A} m_{B} NZW \tag{4-36}$$

其中

$$W=\frac{1}{2}(V_{AA}+V_{BB}-2V_{AB}) \tag{4-37}$$

式中 m_A、m_B——A、B 两组元的克分子数；

α——短程序数；

N——阿伏伽德罗常数；

Z——配位数；

W——将 A—A 和 B—B 键换成两 A—B 键所需能量的一半，它的值可由 X 射线衍射测 α 求得，其关系可近似地表示成

$$W=\frac{\alpha}{a m_{A} m_{B}}kT \tag{4-38}$$

若用第一近邻原子交互作用能的平均值计算每一原子的键能 ε，可得

$$\varepsilon=\frac{E}{\frac{NZ}{2}}=2\alpha m_{A} m_{B} W \tag{4-39}$$

在 fcc 结构中，位错滑移一柏氏矢量后，每一个原子横跨滑移面两边的三个最邻近原子的键合中有两个要被破坏，这样滑移面上每个原子增加了 2ε 能量。又因滑移面上每个原子的投影面积为 $\frac{\sqrt{3}}{4}a^2$，其中 a 为晶格参数，故单位滑移面积能量的增加为

$$\gamma=\frac{8\varepsilon}{a^{2}\sqrt{3}}=\frac{16}{\sqrt{3}}\times\frac{\alpha m_{A} m_{B} W}{a^{2}} \tag{4-40}$$

其中，α 可由式(4-38)中之值代入，便可求得

$$\gamma = \frac{16}{\sqrt{3}} \times \frac{(m_A m_B)^2 W^2}{a^3 kT} \tag{4-41}$$

公式中虽含 T，但由于热激活不能使位错同时破坏许多原子键，所以这种强化对温度并不敏感。

长程有序强化的问题比较复杂，以 A_3B 型有序合金为例，LI_2(fcc)结构的 Cu_3Au、DO_3(bcc)结构的 Fe_3Al 和 DO_{19}(hcp)结构的 Mg_3Cd 的有序强化的特点区别较大。一般长程有序后，合金总是变得较硬，有时产生明显的屈服现象，随有序度的增加，其屈服应力在某一中等有序度时出现一极大值，硬化系数随形变温度的增加也出现一极大值等。但上述三种合金，除了 Cu_3Au 能基本上接近这些特点外，Fe_3Al 就表现得不典型了，而 Mg_3Cd 有序后范性反而有所增加。

4.1.3 细晶(grain refinening)强化与细晶韧化

细晶强化与细晶韧化

由多晶体的屈服理论可知，晶界是位错运动的障碍，晶界越多，则位错运动阻力越大，屈服应力就越高。材料的屈服强度与晶粒直径服从 Hall-Petch 关系。本小节将详细讨论细化晶粒对材料强化的机理，同时介绍细晶韧化以及细化晶粒的方法。

(1)细晶强化机理

前面分析了多晶体与单晶体屈服应力的关系，由此可见晶粒越细，屈服应力越高。研究还发现在不同的试验温度下，有如图 4.11 所示的结果。可见随晶粒直径 d 值的减小，屈服应力在不断增大，并且各曲线的(不同温度下)斜率几乎相等。这说明屈服应力增加的趋势与温度无关，而仅与晶粒尺寸有关。

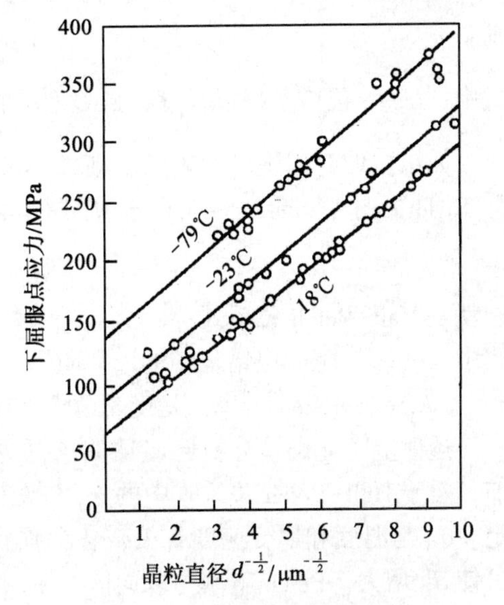

图 4.11 低碳钢晶粒直径与屈服强度的关系

进一步研究发现，晶界对屈服强度的影响不仅仅来自晶界的本身，同时与晶界连接两个晶粒的过渡区有关，由于在此过渡区的两侧有两个排列不同位向的晶粒，一个晶粒内的滑移带难以直接穿过晶界直接传播到相邻晶粒，故构成位错运动的障碍。

在此首先介绍用位错塞积(dislocation pileup)模型推导 Hall-Petch 关系式的方法。如图 4.12 所示，在多晶体内取两个相邻晶粒，在外力作用下，如果晶粒Ⅰ内位错源 S_1 处于软取向，则首先开动放出位错，位错沿滑移面运动至晶界，受到晶界阻碍而停留在晶粒Ⅰ内的一侧，形成位错塞积群。运动位错的有效应力是外力作用到滑移方向的分切应力(τ)减去位错运动时克服的摩擦阻力(τ_i)，即 $\tau-\tau_i$。根据位错塞积群理论，塞积的位错数 n 为

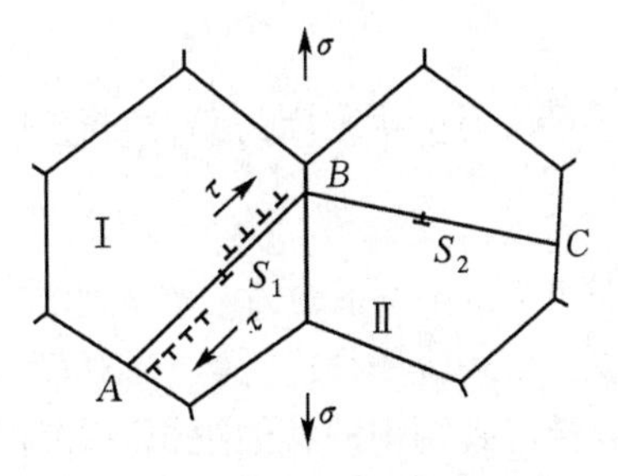

图 4.12 多晶体中相邻晶粒滑移传播过程的位错模型

$$n = \frac{KL(\tau - \tau_i)}{Gb} \tag{4-42}$$

式中 K——与位错类型有关的常数，对于刃型位错 $K=2\pi(1-\nu)$，对于螺型位错 $K=2\pi$；

L——位错塞积群长度。

在塞积群头部将产生一个应力集中，其值为

$$\tau_1 = n(\tau - \tau_i) \tag{4-43}$$

可见由于位错塞积，这相当于将有效应力放大了 n 倍，n 为位错塞积数目。将式(4-42)代入式(4-43)，即得

$$\tau_1 = \frac{KL(\tau - \tau_i)^2}{Gb} \tag{4-44}$$

如果晶粒Ⅱ内位错源 S_2 在晶界附近，开动这个位错源的临界切应力为 τ_ρ，由位错塞积群的应力集中 τ_1 提供。若使位错源 S_2 可开动并放出位错，则必须满足 $\tau_1 \geqslant \tau_\rho$，即

$$\tau_1 = \frac{KL(\tau_s - \tau_i)^2}{Gb} \geqslant \tau_\rho \tag{4-45}$$

则

$$\tau_s = \tau_i + K_y d^{-\frac{1}{2}} \tag{4-46}$$

式中 L——位错塞积群长度，此处取晶粒平均直径的一半，即 $L=\frac{1}{2}d$。

如用拉伸时屈服应力表示，则式(4-46)两边同乘取向因子 m(多晶体中取向因子 m 有时称 Taylor 因子，$m \approx 2.5 \sim 3.0$)。则式(4-46)可写成

$$\sigma_s = \sigma_0 + K_y d^{-\frac{1}{2}} \tag{4-47}$$

这就是 Hall-Petch 关系式。

式中 σ_0——阻碍位错运动的摩擦阻力，相当于单晶体时的屈服强度；

K_y——Petch 斜率，是度量位错在障碍处塞积程度的脱钉系数。

透射电子显微镜分析已经证明了晶界位错源的存在，因此这个模型具有实验证据。目前，对于 Hall-Petch 关系式中的 σ_0 与 K_y 这两个常数尚难以进行理论计算，仅能靠试验来确定。σ_0 与温度和形变速度有关，各种强化因素如固溶强化、第二相强化、加工硬化等，均可使 σ_0 增大。Petch 斜率与取向因子 m、弹性模量、晶体结构及位错分布等因素有关。一般地，bcc 金属的 K_y 较 fcc 金属的 K_y 为大，故细晶强化对 bcc 金属效果显著。

另一种推导 Hall-Petch 公式的方法是利用流变应力与位错密度关系的 Hirsch-Bailoy 公式，即

$$\sigma_s = \sigma_0 + \alpha G b \rho^{\frac{1}{2}} \tag{4-48}$$

如果认为位错密度与晶粒直径成反比，则式(4-48)可写成

$$\sigma_s = \sigma_0 + \alpha G b d^{-\frac{1}{2}} \tag{4-49}$$

这是 Hall-Petch 关系的另一种表达式。

该关系式应用很广泛，它不仅反映了铁素体、奥氏体晶粒大小与屈服强度的定量关系，也可以推广到钢中的其他组织。如珠光体钢的屈服强度与珠光体片间距(S)间有如下关系

$$\sigma_{0.2} = \sigma_0 + kS^{-1} \tag{4-50}$$

片状珠光体断裂强度与片间距(S)间有如下关系

$$\sigma_c = \sigma_i + kS^{-1} \tag{4-51}$$

式中 σ_i——常数，相当于单晶体的断裂强度；

k——Petch 斜率。

一个晶粒内有时会形成亚晶，亚晶界的能量较低，两边取向差很小，往往只差几度，最简单的亚晶界由一排刃型位错按垂直方向排列而成，这些小角度的亚晶界对合金性能也有很大影响，研究发现，随着亚晶尺寸变小，屈服强度升高。

(2)细晶韧化

细晶强化方法不同于加工硬化(形变强化)及固溶强化等，其最大的特点是细化晶粒在使材料强化的同时不会使材料的塑性降低，相反会使材料的塑性与韧性同时提高。

众所周知，金属中的夹杂物多出现在晶界处，特别是低熔点金属形成的夹杂物，更易在晶界析出，从而显著降低材料的塑性。合金经细化晶粒后，单位体积内的晶界面积增加，在相同夹杂物含量的情况下，经细化晶粒合金在单位晶界上偏析的夹杂物相对减少，从而使晶界结合力提高，故材料的塑性提高了。另外，由于晶界既是位错运动的阻力，又是裂纹扩展的障碍，因此细化晶粒在提高强度的同时，也提高了合金的韧性。

Cottrell 认为晶粒直径 d 与裂纹扩展的临界应力 σ_c 之间有如式(4-52)所示的关系

$$\sigma_c = \frac{2G\gamma_p}{K_y} d^{-\frac{1}{2}} \tag{4-52}$$

式中 G——切变模量；

K_y——Petch 斜率；

γ_p——裂纹有效表面能。

由式(4-52)可见，γ_p 与 σ_c 成正比，实验研究证明，γ_p 主要取决于塑性变形功，故可推知塑性变形量随 γ_p 的增加而增大。由位错理论

$$\dot{\varepsilon}_p = \rho b v \tag{4-53}$$

又因为

$$\dot{\varepsilon}_p = \frac{\Delta\varepsilon_p}{\Delta t}$$

所以

$$\Delta\varepsilon_p = \dot{\varepsilon}_p \Delta t = \rho b v \Delta t \tag{4-54}$$

式中 ρ——可动位错密度；

b——柏氏矢量的模；

v——位错运动平均速率；

$\Delta\varepsilon_p$——塑性变形增量；

$\dot{\varepsilon}_p$——塑性变形速率；

Δt——位错运动时间。

由于晶界是位错运动的障碍，因此晶界使位错运动限制在一定范围内进行，由此使金属变形均匀。由式(4-52)可知，细化晶粒后裂纹扩展应力提高，在其他条件相同时，与粗晶相比变形时间增加，同时 ρ、v 亦增大时，则 $\Delta\varepsilon_p$ 增大。这样塑性变形功提高，裂纹扩展应力增大，这意味裂纹不易扩展，换言之，细化晶粒提高了合金的韧性。T. Yasunaka 等曾对 Fe-Ni-Al 合金的奥氏体晶粒度对 K_{Ic} 值的影响进行了系统的研究，结果表明，当奥氏体晶粒尺寸由 200μm 细化至 30μm 时，断裂韧性值由 44 $MPa \cdot mm^{\frac{1}{2}}$ 提高至 59 $MPa \cdot mm^{\frac{1}{2}}$。当然，K. Hosomi 等报告过例外的结果，那就是奥氏体晶粒尺寸在某个范围内，K_{Ic} 值出现峰

值，而在此值之外 K_{Ic} 值都将会降低。实际上，单独控制晶粒尺寸是件很难的事，往往在变化晶粒尺寸的同时，其他的组织因素也会随之变化(如第二相的溶解与析出等)，而且一旦后者的变化对合金断裂韧性的影响强于前者，那么晶粒尺寸的影响就被湮没。还有一个值得注意的问题，实验研究还发现，细化晶粒可使材料的韧-脆转变温度降低，关于这一点请见本书 5.7.2 节相关内容。

在此强调另外一个相关的问题，就是晶粒尺寸与亚晶粒尺寸对材料韧性的影响。研究表明，对于双相钛合金进行热处理时，若使原 β 晶粒[实质上是团束（colony)]尺寸在某种程度上粗化，经淬火获得的双相组织中的次团束(subcolony)会发生细化，并且随着次团束组织的细化，合金的冲击吸收功升高。可见，原 β 晶粒尺寸、团束尺寸增大的同时，带来的则是次团束尺寸的减小。这一结果与在钢铁材料里发现的变形奥氏体向马氏体转变时，随变形量的增加马氏体团的尺寸增大，但单元马氏体尺寸却减小的现象相对应。

(3)细化晶粒的常见方法

由前述可知，细化晶粒对改善金属材料的强韧性来说可谓一种行之有效的方法，因此人们总是尽可能地去细化晶粒以提高材料的综合机械性能(对在高温下服役的材料的要求参见本书第 8 章)。下面介绍几种常用的细化晶粒的方法。

① 改善结晶及凝固条件。具体地，通过增大过冷度与提高形核率来获得细小的铸态组织，如采用铁模及加入孕育剂(变质剂)即此类，对于铸造合金此方法是常用的。在现代连铸、连轧方式的生产过程中，通过采用轻压下技术、电磁搅拌与制动技术控制结晶条件，均可实现细晶化。

② 调整合金成分。添加一些细化晶粒的元素以获得细晶组织，钢中常添加 Mg、B、Zr 及其他稀土金属；镁合金中添加稀土金属等。

③ 严格控制热处理工艺。尤其是对冷变形后的金属，通过控制其回复和再结晶的进程，达到细化晶粒的目的。

④ 采用形变热处理方法。细化晶粒及亚晶粒，可获得细小晶粒组织。其原理见 4.1.5.3。

⑤ 往复相变细化方法。即在固态相变点附近某温度范围内，反复加热冷却，通过相变反复形核，以获得细小晶粒。该方法已有成功应用的实例。如 10Ni5CrMoV 钢常规淬火所获得晶粒度为 9 级，将其以 9℃/s 的速度加热到 774℃ 后再淬火，可使其晶粒度提高到 14～15 级，对应的屈服强度由 1071 MPa 提高到 1407 MPa，抗拉强度由 1274 MPa 提高到 1463 MPa。应指出，该方法虽然有效，但一般效率低、耗能高。

4.1.4　第二相(secondary phase)强化

第二相的类型

4.1.4.1　第二相的类型

工业合金绝大多数由两种以上元素组成，各元素之间可能发生相互作用而形成不同于基体的新相，即第二相。第二相可能在冶炼过程中产生，如钢中的氧化物、硫化物、碳化物等；亦可能在热处理过程中产生，如时效硬化型合金，在时效处理时从基体固溶体中析出第二相；还可以利用粉末冶金的方法，在合金基体中形成强化相，构成弥散强化，如 TD-Ni 等。在冶炼过程中形成的第二相，一般来说对合金是有害的，它使合金的强度和塑性下降幅度增加。随着第二相数量的增加，合金的塑性下降得愈来愈多。主要因为这些第二相(或夹杂物)与基体结合强度比较低，在外力作用下很容易沿第二相与基体界面产生裂纹，而使合金的塑性和强度降低。另一个原因是这些第二相往往呈尖角状，如奥氏合金中氧化物和氰化物均如此。在外力作用下，在尖角处形成应力集中，使裂纹易于在此形核和长大，从而造成合金的强度和塑性的降低。如果改变合金中第二相的几何形状，使其变为球型，则合金的塑性和强度会提高一些。钢中加稀土可以改善合金塑性，就是稀土元素使一些第二相如 MnS 发生球化而致。夹杂物对合金性能的影响，请参阅有关专著，在此不再详述。本小节重点讨论沉淀强化的形成过程、弥散强化的特点及第二相强化的有关理论。

4.1.4.2 沉淀强化过程

沉淀强化(precipitation strengthening)型合金，最基本的要求是溶质原子(形成第二相的原子)在基体中的溶解度随温度而变化。即高温时第二相溶于基体中，而低温时则析出第二相。第二相析出按形核、长大规律进行，一般是分多步进行的。以 Al-Cu 合金为例，经固溶处理后，第二相溶于基体中，经淬火使第二相形成元素在基体中形成过饱和状态。在时效处理时，第二相由过饱和固溶体中析出。首先在基体中形成第二相的溶质原子发生偏聚，称 GP(Ⅰ)区，(由 Guiner-Preston 首先用 X 光发现而得名)。GP(Ⅰ)区的出现使局部产生畸变，使 GP(Ⅰ)区硬度高于固溶体基体的硬度，随着时效的进行，GP(Ⅰ)区扩大并且铜原子进一步有序化，形成 GP(Ⅱ)区或 θ″相，硬度进一步提高。紧接着是 GP(Ⅱ)区向与基体共格的(Cu_2Al_2)θ′相过渡，随时效进行，由过渡点阵 θ′相形成平衡相 θ 相($CuAl_2$)。θ 相不再与基体共格，此阶段合金硬度比共格的 θ′存在的阶段低。超过这个阶段进一步时效，第二相粒子不断长大，硬度不断降低，这种现象称为过时效。图 4.13 表示硬度随时效时间(或第二相粒子尺寸)变化的过程。

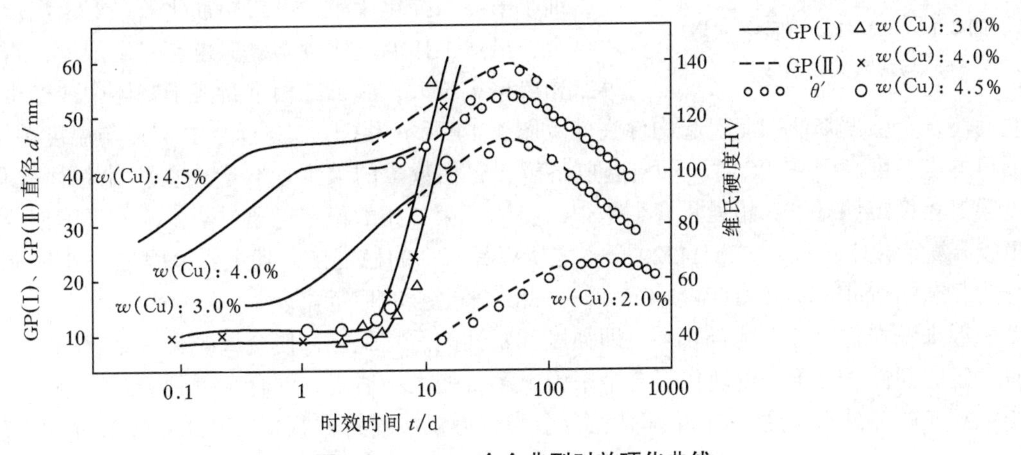

图 4.13 Al-Cu 合金典型时效硬化曲线

图 4.13 为 Al-Cu 合金沉淀硬化规律，具有代表性。其他时效硬化型合金第二相析出也基本符合这个规律，只是析出的第二相类型不尽相同而已。如一些时效硬化型 Ni 基高温合金，主要靠析出第二相 γ′强化。γ′[Ni_3(Al, Ti)]为 fcc 结构，与奥氏体基体 γ 错配度很小，且 γ/γ′界面能很低，因此 γ′不易长大。γ′从过饱和固溶体开始析出时与基体保持共格，随时效的进行，γ′与基体由共格过渡到非共格，第二相不断长大。随着 γ′析出，合金强度提高，但达到某一临界值之后，随着第二相 γ′尺寸增大，合金强度降低，即所谓过时效状态。

第二相强化效果与其类型、数量、大小、形状以及分布均有关，而且这些因素多互相关联，因此难以只改变一个因素而不改变其他因素。在 Al-Cu 合金中，随着第二相形成元素 Cu 含量的增加，其强化效果愈加显著，如图 4.13 所示，Al-Cu 合金中随铜含量增加，第二相数量增加，因此强化效果增加。由合金的综合性能考虑，第二相形成元素含量也不能说愈多愈好，含量多强化效果显著，但合金塑性会降低。因此，第二相形成元素添加量应控制在某一个范围之内，综合效果才能最佳。

对于成分一定的合金(如 Al-3%Cu)，析出第二相的数量是一定的，第二相粒子大小对合金强度也有较大影响。如图 4.13 所示，在时效初始阶段，析出的第二相呈高度弥散分布，粒子尺寸小，粒子间距也小，第二相强化效果小。随着时效进行，第二相粒子聚集长大，第二相粒子间距也增大，强化效果增加。析出粒子间达到某一距离或第二相粒子达到临界尺寸时，强化效果最佳，之后随时效的进行，第二相粒子进一步长大，粒子数逐渐减少，则合金强化效果降低了。

第二相的形状对合金强度影响亦较大，对于共析钢，合金元素含量相同的片状珠光体和粒状珠光体的强化效果大不一样。粒状珠光体塑性比片状珠光体高，对强度影响比较复杂。第二相与基体结合强弱对强化效果影响很大，起强化作用的第二相必须与基体结合牢固，否则易在界面形成裂纹而导致断裂。一般来说，在冶炼过程中形成的第二相与基体结合力较弱，而由固溶体中析出的第二相与基体结合比较牢，因此同样都是渗碳体，沉淀析出的渗碳体强化效果较好。沉淀强化一般是在固溶强化基础上，通过热处理方法析出第二相，达到强化基体的目的。由于第二相存在保证了最大限度的固溶强化，故第二相强化的合金强度多较固溶强化合金强度高，细小第二相强化比粗大第二相强化效果好。沉淀强化合金，虽然工作温度比较高，但也有一定限度，否则第二相要聚集长大，或第二相重新溶于基体中或产生过时效而使合金强度降低，而引起构件失效。图 4.14 所示为 GH4220 合金中 γ'量与温度关系，由图可见当温度高于 950℃时，γ'相迅速溶解，γ'相数量的减少使合金失去强化相而软化。可见第二相稳定性对第二相强化合金是很重要的。第二相的稳定可通过降低 γ-γ'界面能或使 γ'相成分复杂化来实现。如 GH4220 合金之所以具有高的稳定性，其主要原因之一就是 γ'相成分为复杂的$(NiCoCr)_3(AlTiWMoCrV)$，由此带来合金的稳定化。

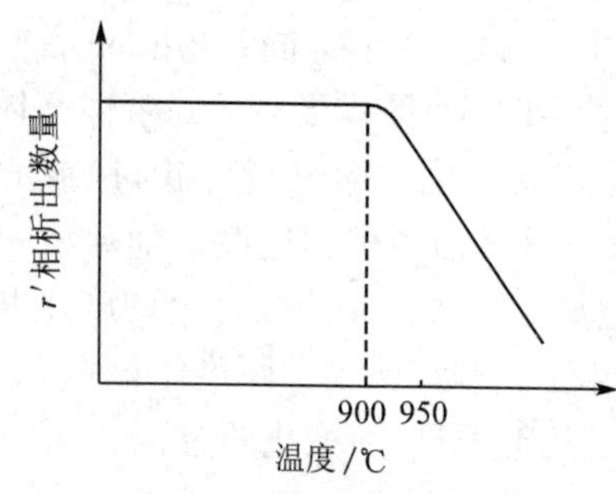

图 4.14 GH4220 合金中 γ'量与温度关系曲线

一般来说强化要考虑综合效果，即强度和塑性的适宜配比，使金属既具有足够的强度又具有一定的韧性。对于沉淀硬化型合金来说，第二相大小适当的配合会得到满意结果，为此要采取相应的热处理制度，如 Ni 基高温合金为获得双尺度的 γ'相，常常采用多段处理工艺。

4.1.4.3 弥散强化特点

弥散强化特点

沉淀强化的合金在温度高时第二相不稳定，易长大或回溶基体之中，使合金失去强化相而导致构件失效。为形成更稳定的第二相，可采用粉末冶金法，向基体金属中加入惰性氧化物之类的粒子，并使这类粒子在基体中高度弥散分布，以此来强化合金，称为弥散强化(dispersion strengthening)。这类合金强化效果较好，工作温度可达$(0.8 \sim 0.85)T_m$(T_m 为金属的熔点)。这类合金高温强度很高，但低温时强度并不很高，因此又发展了如以 γ'相强化合金为基体，以 Y_2O_3 进行弥散强化的合金，这类合金低温和高温性能都比较好。

弥散强化合金的强化除了与第二相的数量、大小分布有关外，还与基体和强化相本身的性质有关，基体强度愈高，则热稳定性愈好。弥散相本身熔点高、硬度高，化学稳定性也高，在基体中不易扩散，与基体界面能低，这样才有良好的稳定性。如 Al_2O_3、ThO_2 和 Y_2O_3 具有这些性质，因此 TD-Ni 合金工作温度比一般时效硬化型合金工作温度高，图 4.15 所示为温度对 TD-Ni 和两种高温合金断裂应力的影响曲线。由图 4.15 可见，高温时 TD-Ni 强度仍可维持很高，这种合金中含有 ThO_2 及其固有的稳定性，使变形后的显微组织在较宽的温度范围内不发生回复和再结晶。因为高温变形是由晶界发生滑动而引起的(确切地说是高温塑性变形的原因之一)，再结晶过程是通过亚晶界迁移来实现的，ThO_2 粒子限制了晶界或亚晶界移动，从而保证了组织稳定性，而使之表现出较高的高温强度。同时，由于限制了再结晶，从而维持了较高的位错密度。因此，弥散强化合金高温强度除了位错与强化相之间交互作用外，很大一部分可能由变形机构的改变所致。有时为了使弥散强化合金具有最佳的综合性能，往往采取一些变形和回复处理，这也是实践中常用的一种改善合金综合性能的方法。

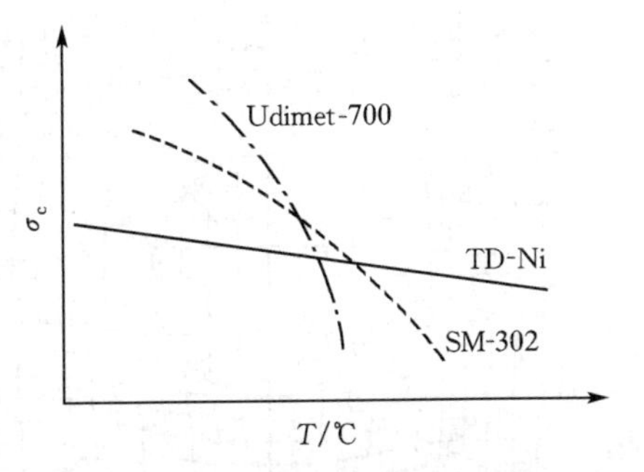

图 4.15　温度对 TD-Ni 及两种高温合金断裂应力的影响曲线

4.1.4.4　第二相强化理论

第二相强化理论

由于第二相成分、性质及大小不同，因此强化机制各异，但合金的强度主要是由第二相质点与位错之间交互作用所决定的。阻碍位错运动的因素主要有：第二相粒子周围应变区、偏聚区，或第二相本身。因此，强化机制主要分四种：① 共格应变强化理论；② 化学强化(切过机制)理论；③ Orowan 绕过机制；④ 间接强化机制。前三种强化机制都是由于第二相存在，使位错受阻，因此归为直接强化理论。第四种中第二相并非直接产生强化，而是第二相的存在对合金的显微结构产生影响，如钢中 TiC、钒的氧化物可细化晶粒而使合金强度提高，因此称为间接强化。对于时效硬化型合金，这四种都可能存在。对于弥散强化型合金，由于第二相很硬，位错难以切过，因此不会有切过机制，其他三种理论上都可能存在。对具体合金，其强化机制可能只有一种或几种。不是所有时效强化合金都一样，其原理叙述如下。

(1) 共格应变(coherency strain)强化理论

这个理论的基本思想是将合金的屈服应力增量看成由于第二相在基体中使晶格错配而产生的弹性应力场对位错运动所施加的阻力。为计算方便，把合金按弹性介质考虑，在合金基体中挖去一个半径为 r_0 的球形部分，然后在此空间再放进一个半径为 $r(r_0 \neq r)$ 的球。半径 r 处与基体共格。如图 4.16(a)所示，由于 $r=r_0(1+\in)$（$\in$ 为错配度），因此产生弹性应力场[图 4.16(b)所示为实际观察到的第二相周围发生晶格畸变的 TEM 照片]。对于具体的时效硬化型合金，由于第二相与基体的比容不可能完全一样，由此比容差而引起弹性应力场，使基体中在某一区域内每个质点都可能发生位移，愈靠近析出粒子，位移量愈大。由弹性力学可知，一个半径为 r 而错配度为 $\in$ 的球型粒子在半径为 R 处产生的切应变为

$$\gamma=\frac{\in r_0^3}{R^3} \quad (R>r_0) \tag{4-55}$$

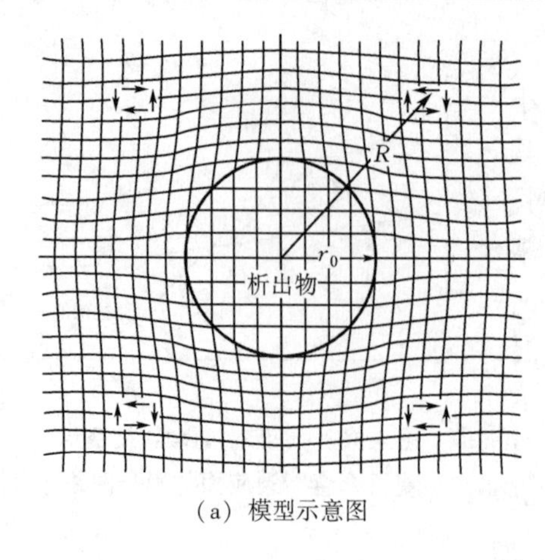

(a) 模型示意图

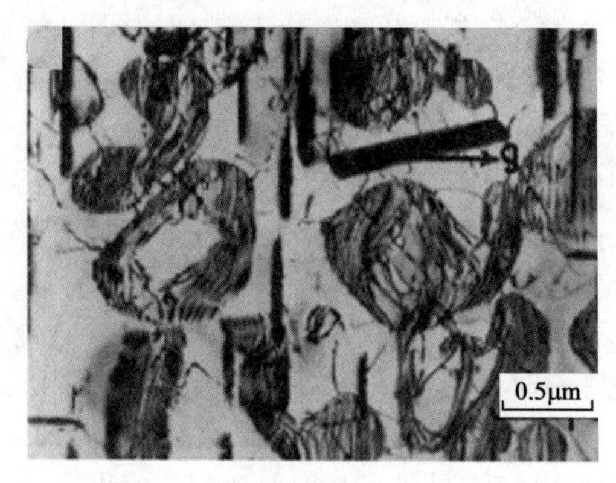

(b) TEM 照片

图 4.16 共格应变

运动位错在基体中遇到内应力场抵抗，要通过这些区域必须克服内应力。因此最小的屈服应力为

$$\tau = G \frac{\in r_0^3}{R^3} \tag{4-56}$$

设 N 为单位体积内粒子数，f 为第二相的体积分数，则有下列关系

$$f = \frac{4}{3}\pi r_0^3 N \tag{4-57}$$

再假设基体中从某一点到最近析出粒子的平均距离

$$\overline{R} = \frac{1}{2}N^{-\frac{1}{3}} \tag{4-58}$$

将式(4-57)、式(4-58)代入式(4-56)，则得

$$\tau = 8 \in G r_0^3 N \tag{4-59}$$

或

$$\tau = 2G \in f \tag{4-60}$$

由式(4-59)、式(4-60)可见，增加错配度 $\in$，即与析出相晶格常数差增大，则屈服应力提高。同时，增加析出相粒子数，亦可有效地提高屈服强度。

(2) 切过(cutting)机制

位错切过第二相需要一定的条件：①基体与第二相有公共的滑移面。只有第二相与基体保持共格或半共格时，才能满足此条件。②基体与析出相中柏氏矢量相差很小，或基体中的全位错为析出相的半位错。③第二相强度不能太高，即第二相可与基体一起变形。图 4.17 所示为位错切过第二相粒子的示意图及实际观察到的被位错切割的第二相 TEM 照片。

由于不同时效硬化型合金析出的第二相结构、性质不尽相同，因此位错切过第二相理论比较复杂，下面讨论简单的情况。概括起来可分为：

第一，当一个柏氏矢量为 b 的位错切过第二相之后，两边各形成一个宽度为 b 的新表面，显然要增加表面能，因此需要增加外力位错才能切过第二相；

第二，如果第二相是有序的(如 γ' 相)，位错切过第二相粒子时，则增加反相畴界和反相畴界能，因此需要提高外力才能切过第二相；

第三，若第二相质点弹性模量与基体的弹性模量不同，这种模量差会使位错进入第二相质点前后线张力发生变化，因而需要增加能量；

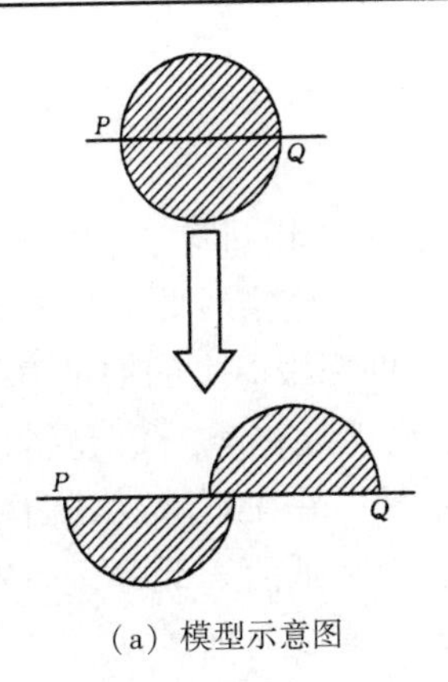

（a）模型示意图

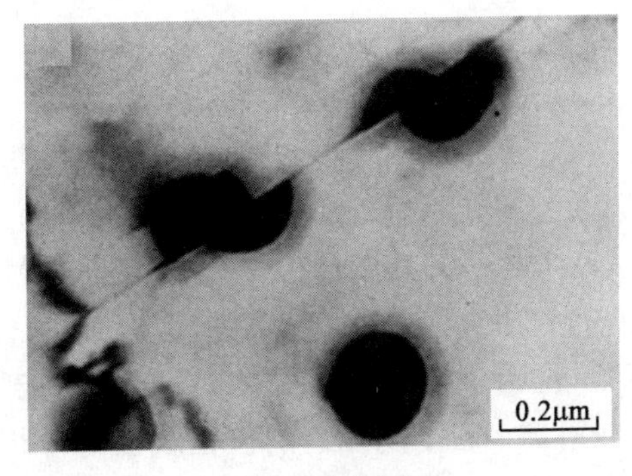

（b）TEM 照片

图 4.17　位错切过第二相质点

第四，若第二相与基体之间比容不同，则在第二相界面附近形成弹性应力场，这也是位错运动的阻力。

所有上述各点都是位错通过第二相的阻力，为克服这些阻力，则必须提高外力。这就是第二相质点强化的原因。总之，由于第二相不同，产生强化原因不同。如 Al-Mg 合金，沉淀相与基体的点阵常数相差很小，切过第二相的阻力主要来自表面能的增加，由于表面能的增加造成屈服应力的增加可用下式表示

$$\Delta\tau = \frac{\gamma^{\frac{3}{2}}}{\sqrt{a}\,Gb^{2}}f^{\frac{1}{2}}r^{\frac{1}{2}} \tag{4-61}$$

式中　a——与第二相有关常数；

γ——表面能；

G——切变模量；

f——析出相体积分数；

r——析出相平均半径。

对于镍基高温合金，析出的 γ'强化相是有序相，有相当高的畴界能，相对来讲表面能的增加是次要的。畴界能的增加是引起强化的主要原因。其强化效果为

$$\Delta\tau = 0.28\frac{\gamma_{A}^{\frac{2}{3}}}{\sqrt{G}\,b^{2}}f^{\frac{1}{3}}r^{\frac{1}{2}} \tag{4-62}$$

式中　γ_A——畴界能。

对于 Al-Cu 合金，析出相使其周围产生强烈的共格畸变，其点阵常数相差 12%，则析出相产生弹性应力场是位错运动的主要障碍，其强化效果为

$$\Delta\tau = \left[\frac{27.4E^{3}\in^{3}b}{\pi T(1-\nu)^{3}}\right]^{\frac{1}{2}}f^{\frac{5}{2}}r^{\frac{1}{2}} \tag{4-63}$$

式中　E——弹性模量；

$\in$——错配度；

T——线张力；

ν——泊松比。

可见位错切过第二相质点是比较复杂的，但其强化效果都与 f、r 有关系

$$\Delta\tau \propto f^{-\frac{1}{3}}r^{\frac{1}{2}}\text{。}$$

(3) Orowan 绕过(bypass)强化机制

当第二相粒子间距比较大，或者第二相粒子本身很硬时，位错切过第二相粒子很困难，只能绕过第二相质点而运动。Orowan 提出如图 4.18 所示的机制：位错线要通过第二相粒子时，只能从两个粒子间弯曲过去，这显然需要增加外力才行。即屈服应力的增量由两粒子间位错弯曲所需的切应力来决定。各阶段分别为：① 平直线错线靠近粒子；② 位错运动受到第二相阻碍，位错线开始弯曲；③ 位错线弯曲到临界曲率半径，并在不减少其曲率半径下运动；④ 在第二相粒子间相遇的位错线段符号相反，因此会相互抵消一部分，结果在第二相粒子周围留下一个位错环；⑤ 位错线在线张力作用下变直，继续向前运动。每个位错滑过滑移面后，都在第二相粒子周围留下一个位错环。这些位错环对位错源施加反向作用力，阻止位错源放出位错。如要放出位错，则必须克服这个阻力，即增加应力，假如接下来又有位错以同样的方式绕过时，则一方面要克服位错环的作用力，另一方面位错环的存在缩短了第二相粒子的间距，由此均会进一步增大位错运动的阻力，结果弥散的非共格的第二相使基体强化了。

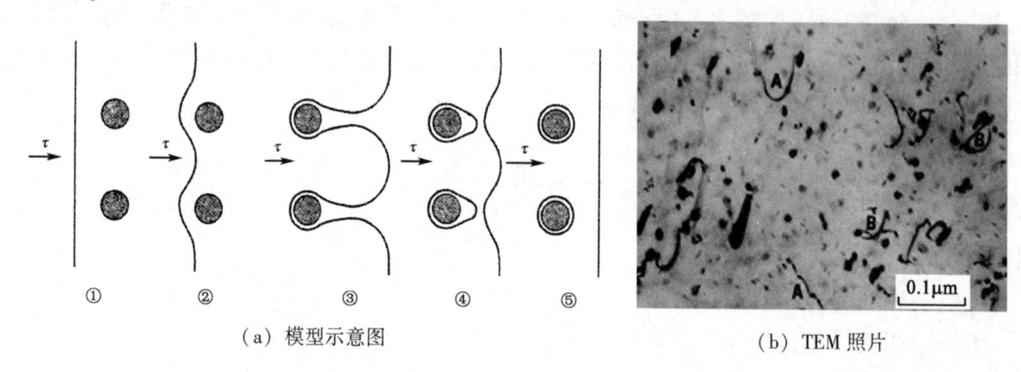

(a) 模型示意图 (b) TEM 照片

图 4.18 Orowan 绕过机制

设第二相粒子半径为 r，第二相的体积分数为 f，滑移面上第二相粒子间距为 l。在滑移面上边长为 l，厚为 $2r$ 的小体积内，有一个粒子，假定这个粒子为球形，则粒子的体积为 $\frac{4}{3}\pi r^3$，这个小体积为 $l^2\times 2r$，则 f 为(参照图 4.19)

$$f=\frac{\frac{4}{3}\pi r^3}{l^2\times 2r}=\frac{2\pi r^2}{3l^2} \tag{4-64a}$$

$$l=\left(\frac{2\pi r^2}{3f}\right)^{\frac{1}{2}}=\left(\frac{2\pi}{3}\right)^{\frac{1}{2}}f^{-\frac{1}{2}}r \tag{4-64b}$$

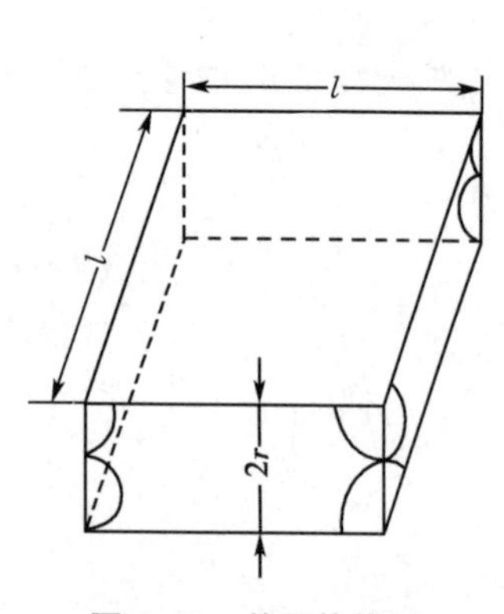

图 4.19 单元体模型

当外力使位错线弯曲时，可以认为位错弯曲的曲率半径是粒子间距的一半，此时屈服应力增量 $\Delta\tau$ 为

$$\Delta\tau b=\frac{T}{\frac{l}{2}} \tag{4-65}$$

把式(4-64b)代入式(4-65)则得

$$\Delta\tau b = \frac{2T}{\left(\frac{2\pi}{3}\right)^{\frac{1}{2}} f^{-\frac{1}{2}} r} = 2T\left(\frac{3}{2\pi}\right)^{\frac{1}{2}} f^{\frac{1}{2}} r^{-1} = 2\alpha T f^{\frac{1}{2}} r^{-1} \tag{4-66}$$

令线张力 $T = \frac{1}{2}Gb^2$，则

$$\Delta\tau = \alpha G b f^{\frac{1}{2}} r^{-1} \tag{4-67}$$

式(4-67)为 Orowan 公式。可见 f 愈大，r 愈小，则强化效果愈显著。当 f 一定时，r 愈小强化效果愈好。r 大时，强化效果不好，这相当于过时效阶段。对于沉淀强化型合金，r 很小时，则相当于时效刚开始，第二相与基体保持共格，此时位错呈刚性凸出，尽量保持直线状态，以一段较长位错线作整体运动。因为这些又小又密的第二相粒子在位错线上产生的应力场有相互抵消的现象，若位错要绕过这些小粒子，位错线必须弯曲到很小的曲率半径才可能，这需要很大外力。但此时第二相粒子强度并不太高，位错弯曲还远远小于质点间距的一半，第二相粒子已经屈服了。即位错切过第二相的阻力比绕过第二相阻力小，因此发生切过第二相，所以沉淀强化合金在时效初期，位错只能切过第二相而运动；在过时效时，位错线只能绕过第二相质点而运动。

但对弥散硬化型合金，因第二相质点很硬，根本不允许位错切过。因此第二相粒子愈小，粒子间距愈小，则强化效果愈大，且服从 Orowan 机制。此外，运动位错遇到第二相硬质点时，因切不动这些硬粒子，在外力作用下，位错可能通过攀移方式越过弥散相粒子。图 4.20 所示位错攀移显然要比在滑移面上运动困难，因此弥散相是位错运动的障碍，强化了合金。

对于某个具体合金来说，合金内含有的形成第二相的合金元素是一定的。即 f 一定，合金屈服强度的增量可用图 4.21 表示，A 曲线是由 Orowan 机制推测出的屈服强度，B 曲线是作为析出相的第二相质点刚刚析出时($r \simeq 0$)和不断长大时屈服强度的增量，或者说由位错切过第二相质点推测的屈服强度增量。

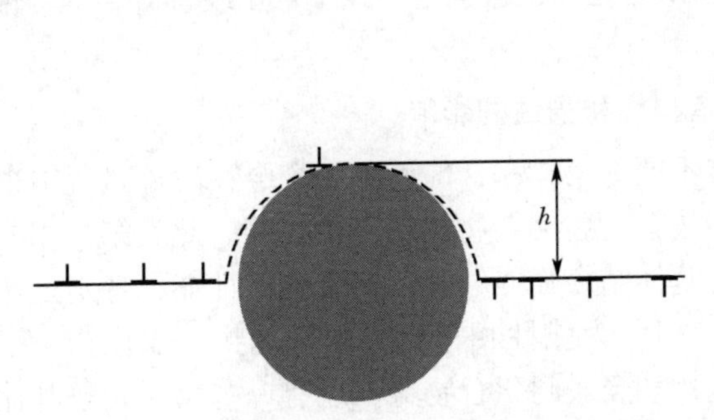

图 4.20 位错攀移越过第二相质点模型示意图

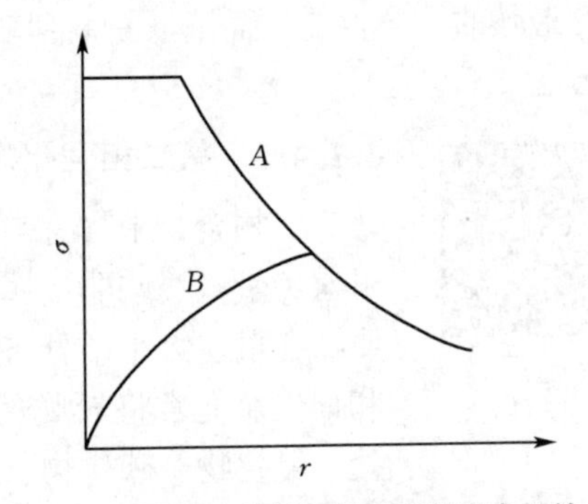

图 4.21 屈服强度增量与析出相粒子半径的关系

第二相由基体中析出初期，粒子半径 r 和第二相体积分数 f 都在增加，屈服强度增量按 B 曲线变化。随着时效时间的增加，第二相长大即 r 增大，同时第二相数量增多即体积分数 f 增大，同时屈服强度继续增加，经过一定时间后，第二相数量达到平衡值，即 f 达到最大值。时效时间继续增加，f 变化不大，但第二相尺寸会继续长大，即小的第二相被大的第二相吞并或两个以上小的第二相合并为一个大的第二相。在第二相长大的同时，第二相粒子间

距也增大。第二相粒子长大到某一尺寸之后，其粒子间距也会增大到某一个尺寸，位错能绕过第二相粒子而运动。此时，屈服强度随第二相粒子长大而降低，即服从 Orowan 机制。由此看来，当第二相尺寸在某一临界值或粒子间距达到一定值时，强化效果最佳。可见，两条曲线的交点所对应的半径应为临界半径。当第二相粒子超过临界半径之后，随粒子的长大，则强度降低，即所谓过时效。虽然强度降低了，但合金的塑性会得到改善和提高。

由此可见，提高时效硬化型合金强度主要有两个办法：① 增加第二相体积分数，即增加第二相形成元素。但 f 不能无限大，因此增大 f 亦是有限的。② 控制第二相尺寸，即控制热处理工艺可以得到合适的第二相粒子。有时为了得到最佳的强化效果，往往经多段热处理工艺，使第二相尺寸有适当配合，如在镍基高温合金中常常采用多段式时效处理来调整 γ' 的粒子尺寸，即为此目的。由此，热处理工艺对时效硬化型合金来说是非常重要的，一定要严格按工艺进行处理，否则难以获得所期望的强化效果。

(4) 间接(indirect)强化机制

所谓间接强化是指有些第二相本身对强度贡献不大，但可以改变组织结构，而使合金强度提高，如钢铁材料中钛的碳化物或钒的碳化物均能使晶粒细化而提高合金强度。又如用于灯泡发光的钨丝，钨丝的工作温度极高，极易发生晶粒长大，大晶粒的钨丝在加热和冷却过程中受热应力影响而断裂。通过向钨丝中添加 ThO_2，由于 ThO_2 自身的超高稳定性，可以限制钨丝晶粒长大，大大提高了钨丝的寿命。

TD-Ni 合金的高温强度高，主要是 ThO_2 使变形的显微组织在很高的温度下不产生回复和再结晶。因高温时再结晶是通过晶界移动而长大，ThO_2 限制了晶界移动，即阻止了晶粒长大，从而保证了组织的相对稳定性，使合金高温强度比较高。由于限制了再结晶，从而保持了高的位错密度，也会提高强度。因为弥散强化合金高温强度除了位错与 ThO_2 之间交互作用，还可能由变形机构引起，因此保持高的位错密度对提高材料的强度是有利的。由图 4.15 所示三种合金的断裂应力值与温度之间关系曲线，可以看出在高温条件下 TD-Ni 性能比镍基变形合金 Udimet-700 和钴基铸造合金 SM-302 好得多。主要就是 ThO_2 在高温条件下使合金不发生再结晶或晶粒长大，从而维持了较高的高温强度。有时为了使弥散硬化型合金具有最佳的综合性能，而采取一系列变形和回复处理，这也是实践中常用改善合金综合性能的方法。

第二相强化对合金塑性和韧性的影响

4.1.4.5 第二相强化对合金塑性和韧性的影响

多相合金中含有与基体不同的第二相，即使单相合金在冶炼过程中也不可避免带入一些非金属夹杂物，这些夹杂物也属于第二相。此类第二相的性质、含量、大小、分布及与基体结合强弱等都影响合金的性能，特别是塑性和韧性。通常将较脆的第二相称为脆性相，如钢中氧化物、硫化物、铝酸盐、氰化物、碳化物、氮化物和金属间化合物等。还有一些第二相较基体韧性好，称为韧性相。如合金结构钢中残余奥氏体或 β-TiAl 合金中少量 α 相都属于韧性相。这些韧性相与基体结合比较强，能使合金的塑性和韧性提高。这主要因为基体中裂纹遇到韧性相时，韧性相容易发生塑性变形而不产生脆断，同时塑性变形消耗大量的形变能。换言之，韧性相有阻止裂纹扩展的能力，因此对基体的塑性和韧性是有利的。另外，考虑第二相为脆性相的情况：研究发现，随脆性相含量增加，材料的塑性和韧性均降低，如图 4.22 所示，但降低趋势并不尽相同，下面分别讨论。

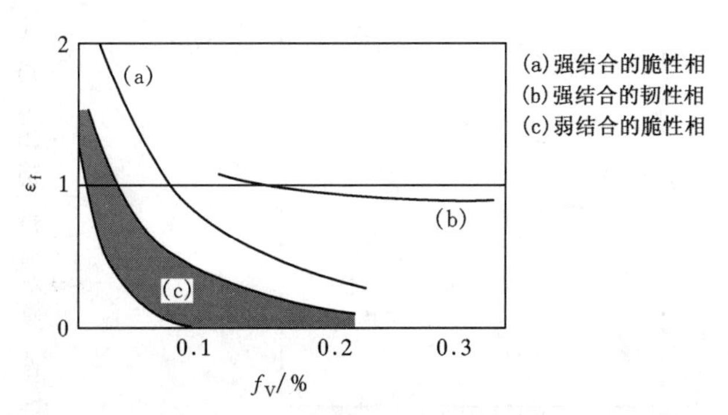

图 4.22　第二相类型及含量 f_V 对光滑试样断裂应变 ε_f 的影响

(1) 第二相与基体结合强弱对性能的影响

由图 4.22 可见，虽然与基体都属于强结合，如（a）、（b），但脆性相（a）随其含量增加，塑性降低迅速，而韧性相（b）的塑性则基本上不降低或略有降低。与基体结合强的脆性相，多是在热处理过程中沉淀出来的，如钢中 Fe_3C，马氏体时效钢中的 Ni_3Mo，Ni_3Ti，高温合金中的 $\gamma'[Ni_3(Al, Ti)]$。虽然这些相均由过饱和的基体中析出，但因析出相又可能与基体共格或非共格，其对性能影响也是不同的。共格的第二相质点产生的内应力场可以改变裂纹尖端应力分布状态，通常这种应力场的作用方向与外力作用方向相反，客观上起到阻止裂纹形核和扩展的作用，可提高塑性和韧性。在外应力场与内应力场大小相等的地方，位错可以自由活动而不受阻力，因此有利于该处塑性变形。同时共格的第二相存在缩短了位错滑移的距离，使滑移带变短，限制具有不同柏氏矢量的位错群交割时的塞积数目，可防止出现过高的应力集中。在这种情况下，第二相是强化的主要原因，而对塑性和韧性影响又不大。若共格的第二相质点很小，而本身强度又不太高，位错可以切断质点，基体中位错比较容易在第二相断面上集中，形成裂纹使塑性和韧性下降。若共格第二相质点长大到一定尺寸位错就不能切过，此时塑性和韧性又会回升。

当第二相进一步长大并与基体脱离共格关系时，位错可在非共格的第二相质点间绕过去，表现出较好的塑性。由于非共格第二相与基体之间界面是大角度界面，它起普通晶界的作用，因此也能起阻止裂纹扩展的作用。第二相在晶界析出，因排斥出的杂质原子在晶界附近偏聚而降低有效表面能，使裂纹容易扩展，对韧性产生不良影响。若脆性相与基体间结合较弱[图 4.22 中的（c）]，则在外力作用下，少量塑性变形就会在界面形成裂纹并容易长大，因此对塑性和韧性都是不利的，同时对基体的强度也是有害的。因此，提高金属材料的纯洁度对提高材料韧性是十分重要的。

(2) 第二相形状的影响

由图 4.23、图 4.24 可见球型第二相比片状第二相塑性高。夹杂物对奥氏体钢塑性危害较大，通过金相观察，发现奥氏体中碳/氮化物呈尖角状，当钢件受力时，在尖角处应力集中和应变集中较大，则容易形成空洞并长大而降低奥氏体钢的塑性和韧性。

4.1.5　其他强化方法

纤维强化

4.1.5.1　纤维(fiber)强化

纤维强化是将高强度的材料如 SiC、Al_2O_3、C、W、Mo 等制成纤维，通过一定方法使高强度的纤维束合理地分布在低强度的基体材料中，而达到强化基

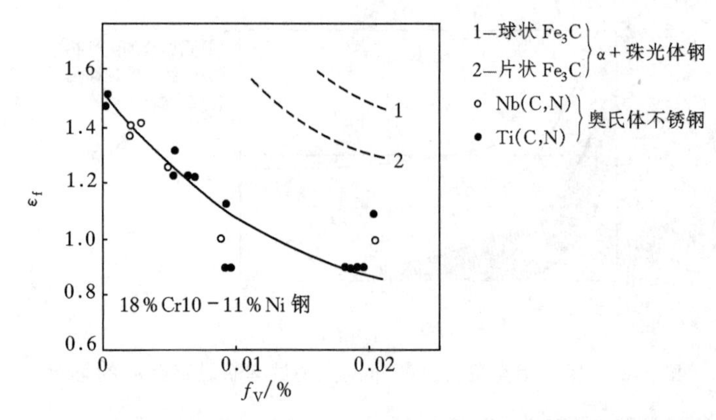

图 4.23 碳/氮化物体积分数对奥氏体不锈钢断裂时总应变的影响

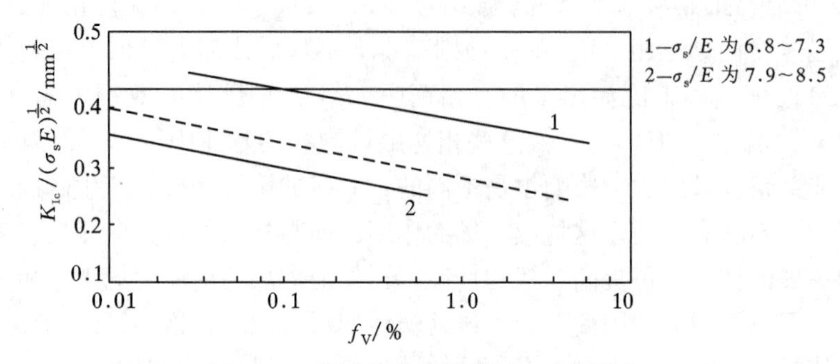

图 4.24 脆性相体积分数对 K_{Ic} 的影响

体材料的目的，这种材料又称为复合材料。如钢筋混凝土构件，由于加入钢筋而克服了混凝土抗压不抗拉的弱点，利用基体抗压和钢筋抗拉使这种材料用途扩大了。

复合材料强化机理不像第二相强化那样靠坚硬第二相阻碍位错运动，而是用纤维束来承受较大载荷而达到强化目的。即受力时，外力同时作用在基体和纤维上，由于基体较软，可能发生塑性流变，这时作用在基体上的力将转嫁到纤维上，结果相当于外力直接作用到纤维上（负荷转移），故纤维的添加提高了材料的强度。为完成这种负荷转嫁，基体与纤维之间必须有一定结合强度，否则可能发生两者之间相互滑动而导致材料破坏。这时可以看到软的基体保护硬的纤维而不受损伤；同时防止纤维与工作环境接触引起化学反应，避免纤维之间互相接触和稳定纤维的几何形状，传递应力，而硬纤维主要提供强度。

纤维强化的复合材料的变形过程一般来说分四个阶段：① 纤维和基体同时发生弹性变形直到超过基体的弹性极限为止；② 只有基体进行塑性变形而纤维仍处在弹性变形范围；③ 纤维随基体一起塑性变形；④ 断裂。

第一阶段：其弹性模量 $E_c = E_f V_f + E_m V_m$，其中 E_c、E_f 和 E_m 分别为复合材料、纤维和基体的弹性模量，V_f 和 V_m 分别为纤维和基体的体积分数。

第二阶段：纤维呈弹性伸长，基体呈塑性伸长。一般来说 $E_f \gg E_m$，此时复合材料弹性模量 $E_c = E_f V_f + \left(\frac{d\sigma_m}{d\varepsilon_m}\right) V_m$，式中 $\frac{d\sigma_m}{d\varepsilon_m}$ 称为基体有效硬化系数。此时如去掉外力，纤维仍保留弹性伸长，但基体受到压应力。

第三阶段：基体和纤维都呈塑性变形，因此该阶段两相均呈正常伸长。

第四阶段：断裂，就是高强度纤维发生断裂，这时基体将载荷从断裂的纤维断头上转移到未断裂纤维上，同时基体在断开的孔隙或裂纹附近发生控性流动，一旦断裂发生，第四阶段则结束。对脆性纤维材料未发现第三阶段。

纤维强化复合材料，其断裂强度由下式给出

$$\sigma_c = \sigma_f V_f + \sigma_m(1 - V_f) \tag{4-68}$$

式中 σ_f、V_f——纤维的拉伸强度和体积分数；

σ_m——复合材料不发生纤维断裂时基体所承受平均应力。

式(4-68)是一般纤维强化复合材料共同遵守的一条规律，所以是一个基本公式，又称为复合法则。

由式(4-68)可见，应选用高强度、高弹性模量的纤维，并要有足够数量，以承受较大负荷的转移。一般来说 σ_m 应稍大于基体流变应力，但小于纤维的强度。可以看出，复合材料力学性质主要取决于纤维的体积分数，即随 V_f 增大其强度呈直线增加。纤维强化复合材料的强度高于常规结构材料，并且能保持到高温使用。如 W，Mo 纤维和一些非金属纤维(如 B 纤维)具有特殊性能，如密度低，比强度大，这对航空航天工业非常重要。所以纤维强化复合材料是很有前途的材料。

4.1.5.2 相变强化(phase transformation strengthening)

相变强化

某些金属材料经热处理后，强度大大提高了，如马氏体相变和贝氏相变都能使金属材料强度提高，这种通过相变而使合金强度和硬度提高的方法称为相变强化。20 世纪后期开发的诸多超高强度钢，大多数充分发挥了相变强化的作用，如超高强双相钢（dual phase steel，DP 钢）、淬火配分钢（quenching and partitioning，Q&P 钢）。

(1) 马氏体(Martensite)强化

① 晶体缺陷密度对强度的影响。马氏体是合金从高温奥氏体区经淬火而得到的组织，决定马氏体强化的因素是多方面的。由金属学理论知道马氏体含有较多的位错，如每个条状马氏体内位错密度可达 10^{13}/cm 数量级，根据 Hirsch-Bailoy 关系式 $\tau_s = \tau_i + \alpha G b \rho^{\frac{1}{2}}$ 可知位错对强度有贡献。另外，马氏体中存在孪晶，滑移位错通过孪晶时能使滑移路线发生变化(如 Z 字形)，引起变形应力增加，如图 4.25 所示，孪晶和基体的交界面是$(\bar{1}\bar{1}2)_M$，马氏体中 $\frac{a}{2}[\bar{1}\bar{1}1]_M$ 位错在孪晶中的方向变成$\frac{a}{6}[11\bar{5}]_T$，它和两个孪晶位错$\frac{a}{6}[111]_T$ 发生反应，形成$\frac{a}{2}[11\bar{1}]_T$，即$\frac{a}{6}[11\bar{5}]_T+2\frac{a}{6}[111]_T \rightarrow \frac{a}{2}[11\bar{1}]_T$，同时在孪晶的另一边上有反应：$\frac{a}{2}[11\bar{1}]_T+2\frac{a}{6}[\bar{1}\bar{1}\bar{1}]_T \rightarrow \frac{a}{6}[11\bar{5}]_T$，恢复了原马氏体中的$\frac{a}{2}[\bar{1}\bar{1}1]_M$ 位错。由此可见，位错通过孪晶时留下一个曲折，变形阻力增

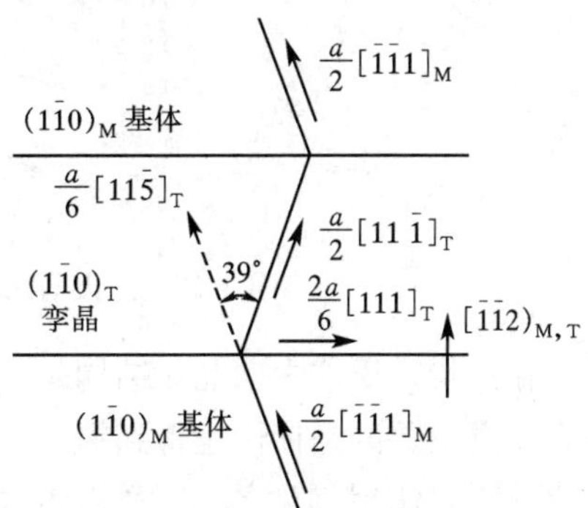

图 4.25 马氏体中位错通过孪晶时产生的位错反应

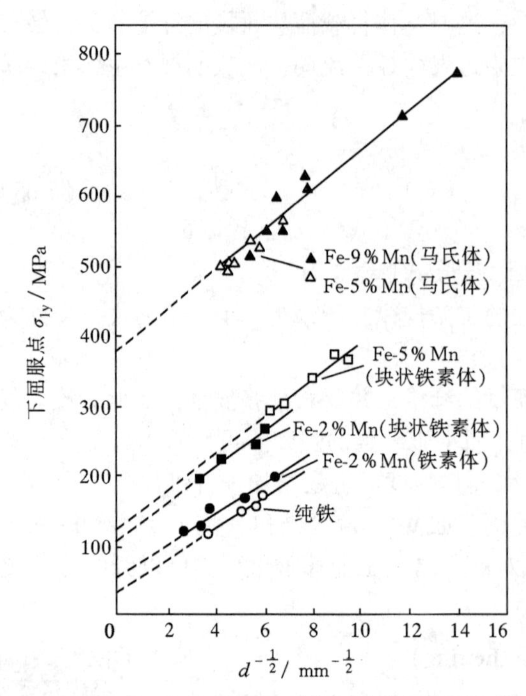

图 4.26 Fe-Mn 合金下屈服点与晶粒大小的关系

加。孪晶中进行位错反应，有两个$\frac{a}{6}$［111］$_T$参与，反应结束后在孪晶界上留下一个台阶（$\frac{a}{6}$［112］）。Chilton 计算了高镍钢中有孪晶亚结构时位错运动所需的应力是无孪晶时的 1.05~1.20 倍，实测为 1.08~1.30 倍，可见十分接近。未经回火的纯马氏体中孪晶对强度贡献不大，但在回火过程中出现碳化物时，孪晶对强度影响增大。有关近年利用孪晶及纳米技术相结合大幅提高材料强度的研究请参见 4.5.3 节。

② 马氏体晶粒大小对强度的影响。由金属学理论可知，原奥氏体晶粒愈细，马氏体板条越小，相邻板条束之间界面大都属于大角度晶界，它对塑性变形与裂纹扩展所起作用与奥氏体晶界是相同的。如果把马氏体板条宽度看成和晶粒直径相当的组织参数，则板条马氏体屈服强度与板条宽度服从 Hall-Petch 关系。图 4.26 是 Fe-Mn 合金的下屈服点 σ_{ly} 与 $d^{-\frac{1}{2}}$之间的关系，比较这两条曲线截距大小可看出马氏体的 σ_{ly} 比铁素体的高。

由图 4.27 可见，随钢中含碳量增加，曲线斜率增大，这源于碳原子在板条上偏聚所引起的流变应力增大。板条束界的作用与晶界作用相同，在每个晶粒内有几组平行的板条相互交叉，形成的板条束界很不规则，同时原奥氏体晶粒愈细，形成马氏体板条束界的不规则程度愈大，位错不易增殖，马氏体的屈服强度相应提高。

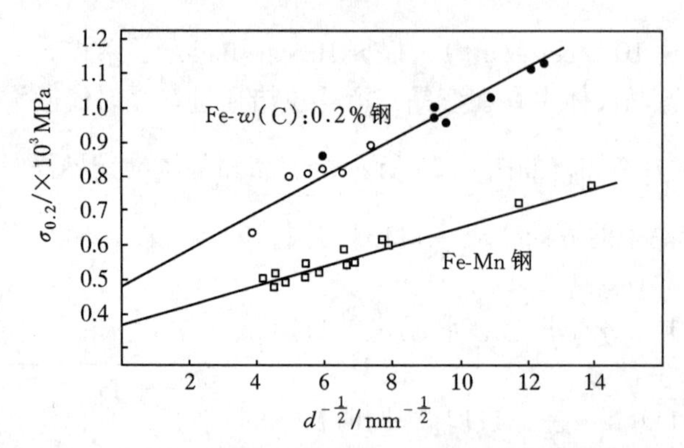

图 4.27 淬火马氏体钢的屈服强度与马氏体晶区直径之关系

在片状马氏体中孪晶亚结构是使马氏体强度增高的重要原因。细化片状马氏体不但强度提高，更主要的是韧性也得到提高。除此之外还有固溶强化，因此马氏体的强化因素是几种强化共同起作用。总之，这类钢由位错强化、固溶强化、晶界强化和第二相强化四种强化机构来保证。由于含碳量不同，各钢种强化机制也不完全相同(见表 4.2)。

表 4.2　马氏体钢强度的影响因素

钢　种	影响因素
低碳马氏体	位错马氏体板条束大小，马氏体板条大小，ε-碳化物，固溶强化程度
中碳马氏体	位错、孪晶马氏体板条束大小，马氏体板条或片状大小，ε-碳化物，Fe_3C 形状、大小、数量与分布，固溶强化程度
高碳马氏体	位错、孪晶马氏体板条束大小，马氏体板条大小，ε-碳化物及未溶碳化物的形状、大小、数量和分布，残余奥氏体的数量和分布，固溶强化程度和显微裂纹大小与走向

(2) 贝氏体(Bainite)强化

贝氏体相变亦可使合金强化，其强化机构由下列几方面决定。

① 贝氏体板条越小，强度越高，其强化规律服从 Hall-Petch 关系，且转变温度愈低，板条宽度愈小，平行板条组成一个贝氏体区，板条间用小角度晶界分开。而各区之间是大角度晶界，这两种情况都是位错运动的障碍，从对断裂影响角度看，大角度晶界裂纹扩展阻力大。

② 位错密度随相变温度降低而增加，这主要是由转变时应变量增大造成的。如钢中弥散碳化物多、位错密度增加，则屈服强度升高。贝氏体板条宽度、碳化物质点数与屈服强度之间关系可用下式表示

$$\sigma_{0.2} = 15.4(-12.6 + 113d^{-\frac{1}{2}} + 0.98n^{\frac{1}{4}}) \tag{4-69}$$

式中　d——贝氏体板条平均宽度；

n——单位面积上碳化物数。

4.1.5.3　形变热处理(thermo mechanical treatment，TMT)强化

形变热处理强化

(1) 形变热处理强化的特点和类型

形变热处理原系指与热加工成形过程结合的热处理工艺。换言之，形变热处理是将塑性变形同热处理有机结合在一起，获得形变强化和相变强化综合效果的工艺方法。形变热处理的主要优点：①将金属材料的成型与获得材料的最终性能结合在一起，简化了生产过程，节约能源消耗及设备投资。②与普通热处理比较，形变热处理后金属材料能达到更好的强度与韧性相配合的机械性能。有些钢特别是微合金化钢，唯有采用形变热处理才能充分发挥钢中合金元素的作用，得到强度高、塑性好的性能。20 世纪 80 年代以后，由于形变热处理多采用将钢材的轧制控制与轧后控制冷却相结合，现代多简称为 TMCP(thermo mechanical control process，热机械控制工艺)，即在热轧过程中，在控制加热温度、轧制温度和压下量的控制轧制(control rolling)基础上，再实施空冷或控制冷却及加速冷却(accelerated cooling)的技术总称。

形变热处理可以改变金属组织状态，显著提高金属强度，尤其能改善金属的塑性和韧性，可谓一种综合强化方法，亦是把塑性变形与相变强化结合在一起的强化手段。通过对过冷奥氏体进行塑性变形，使其转变成马氏体，经回火可使其抗拉强度达到 3000MPa。

由于形变热处理源于变形与相变热处理相结合的强化方法，根据变形温度可分为以下两种。

① 中温形变热处理。其工艺过程如图 4.28 所示，相变前进行塑性变形。即把钢加热到奥氏体化的温度保温一定时间，冷却到 A_1 以下某个温度进行塑性变形，然后冷却得到马氏体类型组织，此时材料的强度可达到很高。经适当回火，其强度可达 2500~3000MPa，而塑性和韧性基本上不降低，甚至略有提高，比直接淬火加回火金属性能高很多。这时，形变量

愈大、形变温度愈低，其强化效果愈好，而延伸率几乎不变(参见图 4.29)。这种变形属于冷加工范围，未发生再结晶，因此形变强化起主要作用。由图 4.30 可见，随变形温度升高，钢的屈服强度略降低。这是由于变形温度高，易发生回复和再结晶，同时高温下溶入奥氏体中的溶质原子多，很难向位错周围聚集而钉扎位错。

② 高温形变热处理。指在 A_1 以上温度变形，然后冷却下来得到马氏体组织，之后再经适当温度回火，其强化效果也很明显。

图 4.31 所示为高温形变处理对 2Cr13 钢性能的影响，可见形变量为 33%时，断裂时间几乎延长了 2 倍，塑性未降低。而在较高温度试验时，塑性还略有提高。

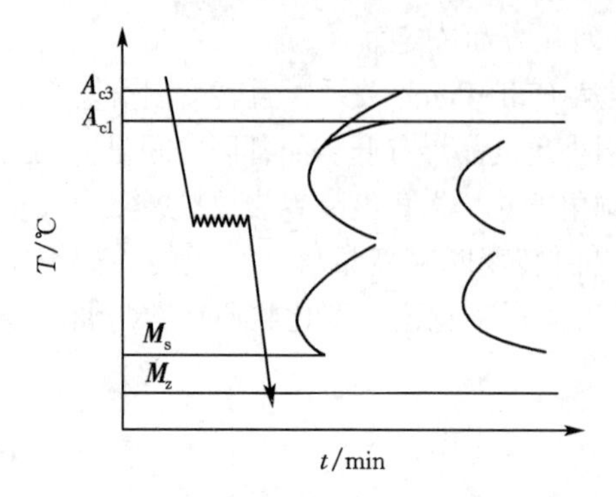

图 4.28 典型形变热处理工艺示意图

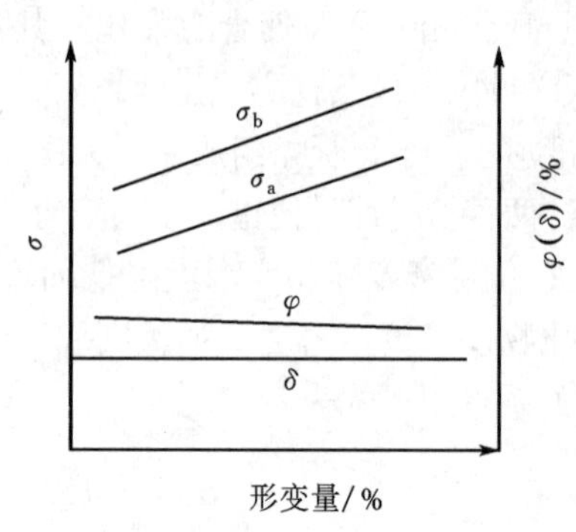

图 4.29 形变量对变形热处理钢力学性能的影响

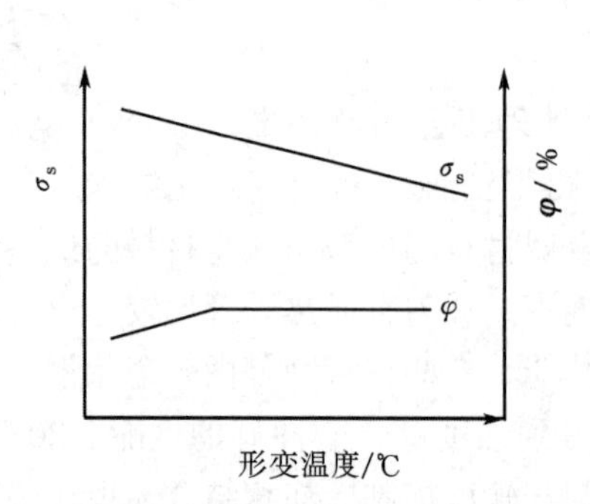

图 4.30 形变温度对 0.44%C-3.0%Cr-1.5%Ni 钢的力学性能的影响

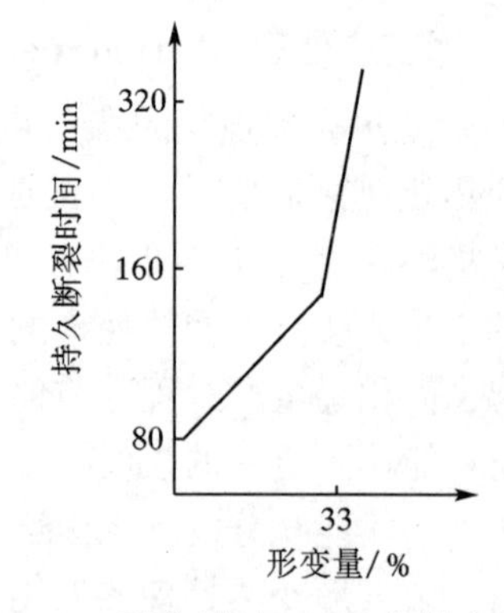

图 4.31 形变量对 2Cr13 钢持久断裂时间的影响(500℃，300MPa)

(2) 钢的形变热处理强化机制

形变热处理强化其实为一种综合强化，至少有如下几种强化机制在起作用。

① 固溶强化。对于中碳[ω(C)= 0.3%~0.6%]钢，不论含碳量如何，形变热处理对屈服强度的增量(形变热处理屈服强度与淬火加回火处理屈服强度差)是相同的。因过冷奥氏体在变形过程中引入新的位错，而位错数量与变形量有关，屈服强度的增量取决于钉扎这些新位错而耗去的碳原子量。虽然屈服强度随碳含量增加而增高，但其增量与钢总含碳量无关。估计钉扎新位错的饱和含碳量为 0.10%左右。因此，碳起两个作用：构成相变后形成马氏体的强度；钉扎新位错使其屈服强度提高。含碳量大于 0.6%时在形变过程中引入位错少，因而强化效果差；而低于 0.3%时，虽然引入新位错多，但缺乏钉扎的碳，因此强化效果也不明显。

② 细晶强化。马氏体晶粒尺寸随形变量增加而减小，实测不同含碳量的 2%Cr-1.0%Ni-0.3%Mo 钢数据如表 4.3 所列。

表 4.3 马氏体晶粒与形变量关系

形变量/%	马氏体单元长度/μm		
	ω(C)=0.31%	ω(C)=0.41%	ω(C)=0.47%
0	3.2	3.2	2.9
50	2.7	2.6	2.4
75	2.0	2.4	2.3
87	1.9	1.5	2.0
93	1.5	1.4	1.7

由表 4.3 可见，形变量增加，马氏体单元长度减小，即马氏体晶粒细化了，因此强化效果提高。马氏体晶粒细化可能由下述原因：形变量增加，使过冷奥氏体晶界和晶内局部应力集中的地方增多，马氏体核心增多；奥氏体晶格畸变增加，造成对马氏体切变的限制；变形形成的滑移带等成为马氏体长大的障碍；奥氏体晶粒外形发生变化，马氏体长大受到限制。

③ 位错强化。由于塑性变形，钢的位错密度增大。与直接淬火马氏体相比，因继承了过冷奥氏体变形中引入的位错，形变热处理的马氏体中位错密度高。如 15%Cr-6%Ni-0.38%C 钢在直接淬火状态下，马氏体组织中有一个方向的柏氏矢量，进行形变热处理后，这种钢中柏氏矢量具有多种方向，说明过冷奥氏体在塑性变形过程中引入的位错被马氏体继承了，使钢的强度和韧性增加。

④ 第二相强化。钢中含有 V、Mo 等强化元素时，有一部分 Mo_2C 和 V_4C_3 的碳化物在过冷奥氏体加工变形中从奥氏体中直接沉淀，具有下列特点：从过冷奥氏体中直接沉淀出的碳化物可以传给马氏体；碳化物尺寸较小，直径 7nm，碳化物之间间隔约为 0.1μm；这类碳化物和马氏体没有共格关系。

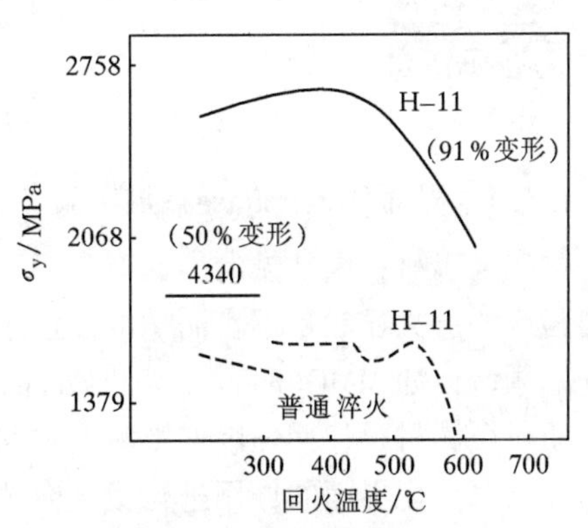

图 4.32 普通淬火和形变热处理后 H-11 钢和 4340 钢回火时屈服强度变化

另一部分碳化物是在马氏体回火过程中产生的，经形变热处理的马氏体中有大量位错，回火时碳化物在位错上形核沉淀，位错密度高，形核地点多。碳化物尺寸小，分布均匀。回火马氏体有下列特点：碳化物外形成片状(通常淬火加回火钢的碳化物呈针状)且高度弥散；属 M_3C 型(渗碳体型)；在比较高的回火温度下，M_3C 型碳化物仍与马氏体保持共格关系，这些碳化物不易长大。因此，形变热处理在回火过程中比普通淬火回火钢硬度高很多，如图 4.32 所示。

(3) 形变热处理强化机构的选择

前述四种强化机构是互相关联和影响的，不同成分钢进行形变热处理，实际上是上述各种强化机构的不同组合。如 Fe-25%Ni-0.005%C 钢进行形变热处理时，钢的强度主要通过马氏体组织细化和位错密度提高来实现。如在此钢中增加含碳量，使之成为 Fe-24%Ni-0.38%C，则形变热处理后，钢的强度来自马氏体组织细化、位错密度增加、碳原子固溶强化和碳原子钉扎位错三部分强化增量。在这种情况下，加工变形量每增加 1%，可提高约 5MPa 的强度。

钢中含有 Mo、V 等二次硬化元素时，例如 H-11 钢经形变热处理后，钢的强度包括马氏体组织细化、位错密度增大、碳原子固溶强化和碳原子钉扎位错作用、第二相强化四部分增量的总和，此时加工变形每增加 1%，钢的强度可提高 10MPa。可见，形变热处理是很有前途强化方法。但形变热处对钢的化学成分要求严格，变化范围小，给冶炼带来困难。同时，要求有足够大的变形量，而且变形过程中温度尽量恒定，这在实际操作中是很难掌握的。近年，随轧机主体及自动控制系统的进步，加之轧后冷却设备能力跃升，新一代 TMCP(如图 4.33 所示)不仅继承了传统形变热处理的优势，而且为低成本(利用超快冷可节省大量的微合金化元素，如 Nb，V，Ti 等)开发超高强钢提供了强有力的技术支撑。

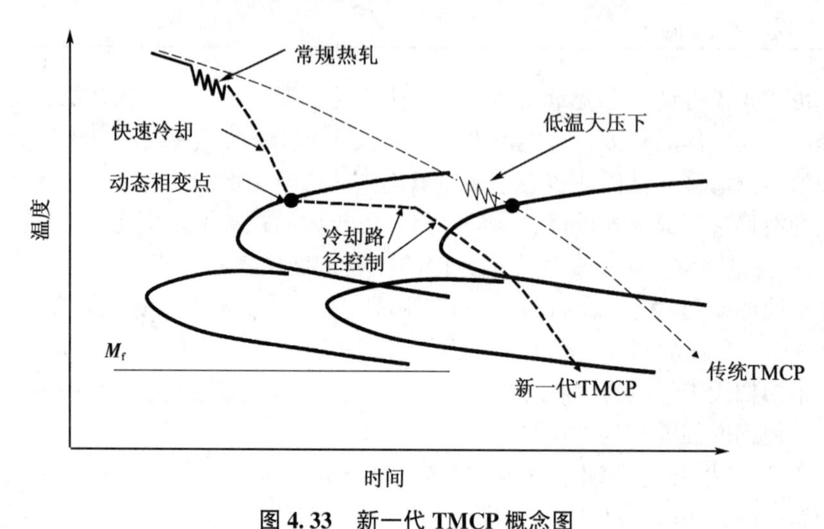

图 4.33 新一代 TMCP 概念图

界面强化

4.1.5.4 界面(interphase)强化

在金属材料中常见的界面有晶界、亚晶界、相界和外表面等，强化这些界面对于提高材料强度的意义显然是不言而喻的。由于这些问题涉及的内容很多，目前已逐渐形成了一个独立的领域，如 MMC(metal matrix composite materials，金属基复合材料)中的界面强化，各种介质对金属材料长期强度的影响及材料保护问题等，这些已超过本书的范围，故在此仅就合金元素对强化界面的作用进行概括介绍。

多相合金中的相分布和相界强度都是可以通过添加合金元素来加以改进的，如 Al-Zn-Mg-Cu 时效合金为了消除晶界上的贫化区所加的微量 Ag，Al-Cu 合金中为了减小 θ 相的接触角所加的微量 Cd 即典型例证。

合金元素与晶界的作用，原则上可分成气团作用和表面吸附作用两种。关于气团作用，最早由 Webb 从弹性相互作用出发进行了严格的处理。他得到的结论是在小角度晶界范围内，溶质原子与晶界的相互作用存在一个饱和浓度，其值与晶界角度大小无关，约为 1014 原子/cm^2，但却是温度的敏感函数。此外，还存在一个与晶界角度大小无关的晶界移动临界速度，大于此值时，气团将拖在晶界的后面运动。但 Thomas 和 Chalmbers 的同位素实验却指出，在晶界的位错模型适用范围以内溶质原子的集聚和位错数目成正比，其浓度与温度的关系近似线性，而不是指数一类的敏感函数。所以，由此看来，合金元素与晶界的相互作用应不仅限于弹性的一种。关于表面吸附作用，一般认为，由于析出的新相表面能较小，所以表面活性金属与基体互溶性很小。新相析出后导致应力松弛，增加晶界的流动性，从而使合金强度有所削弱，如 Ga 对 Cd 和 Sn 即如此，尤其是 Ga 在 Sn 中甚至可将嵌镶块完全分开。但众所周知，Pb 与 Zn 是互不溶的，彼此都没有表面活性，故表面吸附作用的内在机制亦是很复杂的。近年，卢柯等提出了运用纳米技术实现材料界面强化的新思路——纳米尺度共格界面强化，相关内容请参阅 4.5.3。

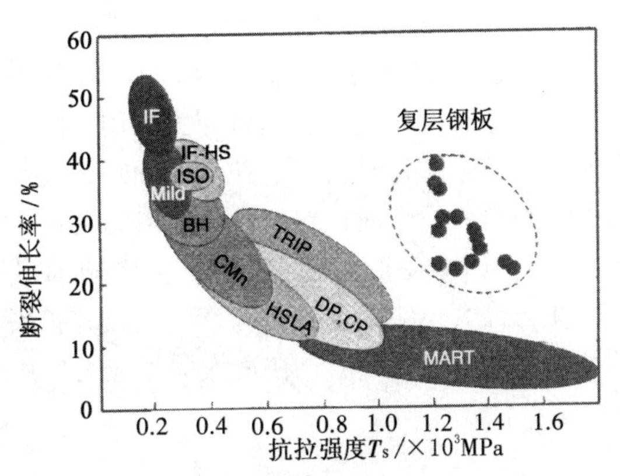

图 4.34 新型复层钢板的强塑性与其他类型钢板的比较

除此之外，还有空位强化，如一些金属经高能粒子辐照(原子反应堆所用材料)后屈服强度提高，就是金属受辐照产生大量空位和间隙原子。这些都构成位错运动的障碍，由此使金属强化。同时发现，经辐照的金属，塑性、韧性降低，脆性增加，即造成金属损伤，亦称为辐照脆性。至今，对于辐照对金属性能(强化和脆化)的影响尚未有统一认识。

近年，采用复层工艺制造高强/高韧钢板的研究取得了突破。如图 4.34 所示，通过复层效应，充分发挥了组成钢板的强度与塑性优势，大幅提高了钢板的韧性。

4.2 陶瓷材料的强化与韧化(Strengthening and Toughening of Ceramics)

陶瓷是以离子键或共价键组成的材料，与金属材料相比具有更高的强度、硬度、弹性模量、耐磨性、耐蚀性和耐热性，但是与此同时呈现低韧性、塑性变形差、耐热冲击性和可靠性低。为此，对于陶瓷材料而言，与其说强化问题不如说韧化问题更加重要。在此仅就陶瓷材料的强化与韧化的基本问题进行概述。

4.2.1 陶瓷材料的强度特点

陶瓷材料的强度特点

首先要说明的是陶瓷为何脆。如前所述，即使金属材料出现高度应力集中或微小颗粒周围出现过负荷，一旦发生屈服，那么应力集中即可缓解。可是对于陶瓷材料，在常温下即使不发生屈服亦可发生断裂。其原因有如下几方面：其一，陶瓷材料主要结晶结合方式为离子键和共价键。其二，具有方向性强的特点，同时其大多晶体结构复杂，平均原子间距较大，从而使得表面能很小。故此，与金属材料相比位错的运动与增殖难以发生，当表面或内部有缺陷出现时则极容易在其周围引起应力集中，导致陶瓷材料的脆性断裂。

由上述理由可知陶瓷材料与金属材料在本质上的不同，因而损伤及断裂方式上的区别明显。最本质上的区别在于，金属材料基本上是以剪切应力为主要形式的断裂或损伤，而陶瓷材料则多以正应力为主要断裂。如图 4.35 所示，陶瓷材料在拉伸应力的作用下直至断裂应力与应变基本上成线性关系[见图 4.35(a)]；而金属材料[见图 4.35(b)]则在屈服之后，进入非线性变形(加工硬化领域)，经最大应力后在试样的局部产生颈缩(此后的工程应力降低)后断裂。在断裂后的试样特征上，陶瓷材料与金属材料也大不相同。图 4.36 和图 4.37 分别给出了在拉伸应力和扭转应力作用下陶瓷材料和金属材料断裂特征的示意图。在拉伸应力的作用下，陶瓷材料多是在其表面缺陷处，在与外力轴垂直的方向上首先产生裂纹，经扩张构成断裂。而金属材料[见图 4.36(b)(c)]则是在最大剪切应力(拉伸轴的 45°方向的滑移面)的滑移面上变形，最终断裂。在扭转应力的作用下，陶瓷材料如同铸铁等脆性材料一样，在与最大拉应力垂直方向产生裂纹并扩展，呈螺旋状断裂[见图 4.37(a)]；金属材料的断裂如图 4.37(b)所示，在最大剪切应力作用下产生滑移沿横断面断裂。

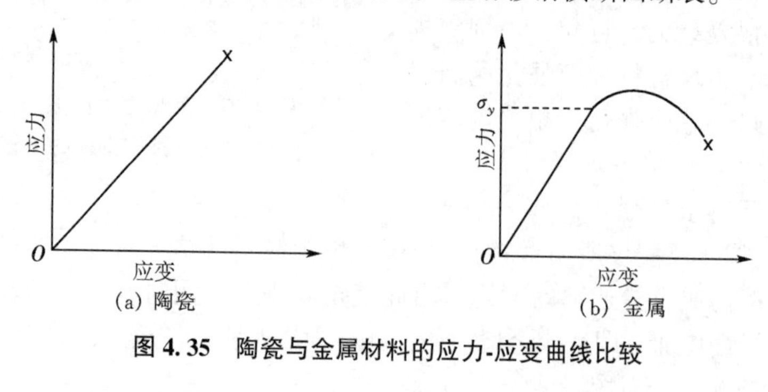

图 4.35 陶瓷与金属材料的应力-应变曲线比较

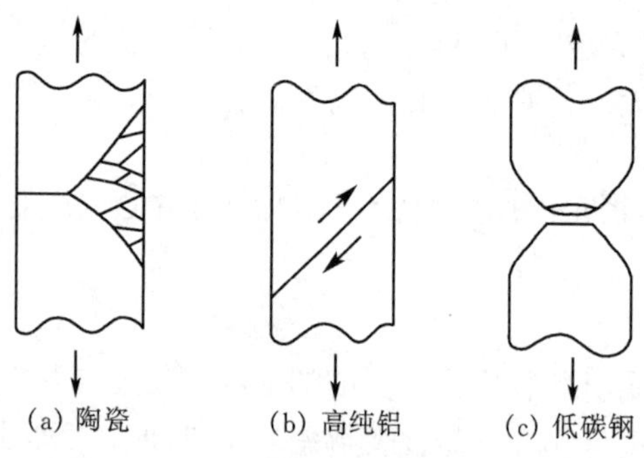

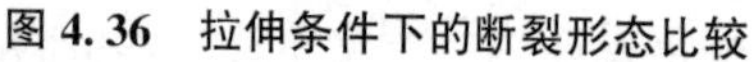

图 4.36 拉伸条件下的断裂形态比较

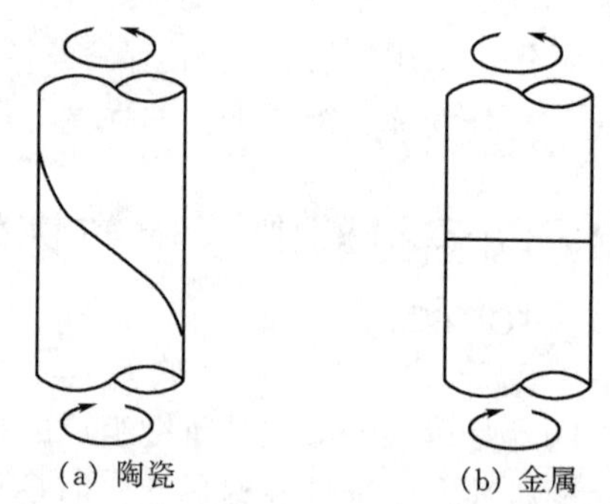

图 4.37 扭转条件下的断裂形态比较

陶瓷材料的强化

4.2.2 陶瓷材料的强化

如前所述，陶瓷材料具有较金属材料高的强度。因此，有关陶瓷材料的强化研究不如金属材料那样深入。然而，考虑到陶瓷材料的断裂特点，即陶瓷材料断裂强度的组织敏感性，尤其是对缺陷的敏感问题，同时考虑到大多数陶瓷材料是经过烧结而成形的，因此烧结体的致密度等成为左右陶瓷材料强度的要因。业已证明，控制陶瓷材料室温断裂强度的因素主要有：气孔率、气孔的形状、最大缺陷的尺寸、晶粒直径、晶界玻璃相。

简而言之，减少烧结体的气孔率、增加气孔的曲率半径(尽可能使气孔近于球形)、减小最大缺陷的尺寸、减小烧结体的晶粒直径、减少晶界的玻璃相均有利于提高陶瓷材料的强度。有关细节可参考 4.2.3 节“陶瓷材料的韧化”或有关的专著。实际上，对于陶瓷材料，可采用化学处理、热处理、表面研磨等机械处理以及实施表面包覆使其得到强化。这些方法的实质与应用于金属材料的强化方法是相同的，故免去就此方面的介绍，而把重点放在基于材料强化理论的新方法。众所周知，对于脆性材料的陶瓷，其断裂强度基本上可利用 Griffith 的断裂理论 $\sigma_c = \left(\frac{2E\gamma_0}{\pi C}\right)^{\frac{1}{2}}$ 来估计（详见 5.2.2 节）。可见，所谓提高陶瓷材料的断裂强度，就是如何提高陶瓷材料的弹性模量 E 和表面能 γ_0，或者降低裂纹尺寸 C。有关降低裂纹尺寸 C 的方法上面已经论述，在此着重介绍如何提高弹性模量 E 和表面能 γ_0。换言之，如何通过材料组织的复合化改变 E 和 γ_0 以及通过改变断裂的形式达到改变 γ_0 的效果，从而实现陶瓷材料的强化。第一，借用金属材料的弥散强化思想，采用弥散粒子增强方法。即在基体陶瓷材料中添加其他的微细陶瓷粒子达到增强的目的。如在 $MgAl_2O_4$ 中添加 Al_2O_3 粒子。应注意的是，添加粒子的粒径应适宜。研究结果表明，粒径以 0.01～0.1μm 为宜。第二，粒子增强复合材料。与第一种方法的不同之处在于，所添加的增强粒子的尺寸与基体晶粒尺寸相当。这样，当裂纹由一个相到达另一个相时，必然发生扩展方向的转变，由此可提高断裂的表面能 γ_0。此外，如将 ZrO_2 粒子添加到 Si_3N_4 或 Al_2O_3 中，可利用 ZrO_2 粒子的应力诱发相变和相变的体积膨胀效果，提高陶瓷材料的强度。第三，纤维增强法。利用纤维具有的高弹性、高强度的优势，使陶瓷基体的部分载荷由纤维承担，进而达到强化陶瓷材料的目的。

4.2.3 陶瓷材料的韧化

陶瓷材料的韧化

作为结构材料的陶瓷，由设计的立场出发单单满足断裂应力的安全标准还远远不够。换言之，必须保证所服役陶瓷材料的高度安全性。众所周知，陶瓷材料具有时间依赖的特点，即使在低于断裂应力的条件下使用，如果长时间负载亦可发生断裂；另外，陶瓷材料的强度受使用环境的影响十分严重。为此，结构陶瓷材料的韧化问题较其强化问题更具有实际意义。一般地，可供实际应用的韧化陶瓷材料的方法如图 4.38 所示，包括：①相转变(phase transition)；②微裂纹(microcracking)；③裂纹偏转(crack deflection)或弯曲(bowing)；④架桥(bridging)；⑤拔出(pull out)；⑥由残余压应力导致的屏蔽效应(shielding)。

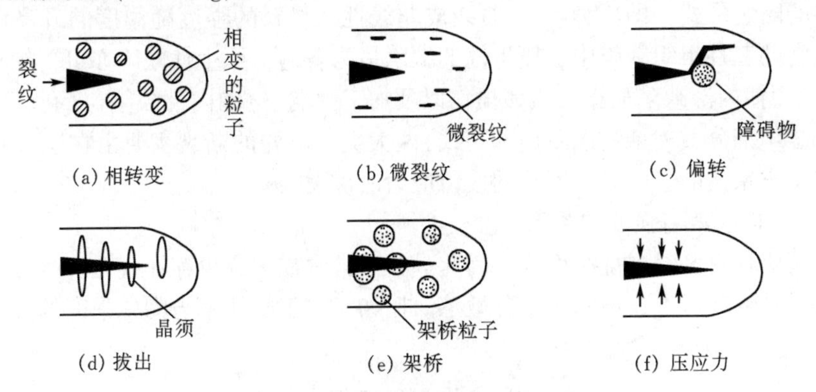

(a) 相转变　(b) 微裂纹　(c) 偏转

(d) 拔出　(e) 架桥　(f) 压应力

图 4.38 提高陶瓷材料韧性的机制

上述方法中的第 1 种方法是作为 ZrO_2 陶瓷材料的有效韧化方法而被发现的，其原理是利用了在裂纹尖端的张应力将 t-ZrO_2 相转移成为 m-ZrO_2 相，从而使材料实现强韧化。这种机制又称为相变诱发韧性(transformation toughening)，成为开发高韧性陶瓷材料的开端。之后，各国的研究者们尝试了多种增韧陶瓷材料的方法，到目前为止，人们普遍认为第二相粒子，尤其是纤维增韧的方法最为有效。该种方法制备的陶瓷复合材料，通过架桥、拔出等可获得高韧性值。

表4.4给出了各个强韧化机制所能增韧量的预测值，应该指出，表中的值都很高，这仅仅是个目标，可作为今后研发的导向。

表 4.4 各种强韧化机制引起的断裂韧性值的预测值

机　　制	断裂韧性的最高值 $/(\mathrm{MPa}\cdot\mathrm{mm}^{\frac{1}{2}})$	典型材料	限制条件
相转变	约 20	$ZrO_2(MgO)$, HfO_2	$T\leqslant 900K$
微裂纹	约 10	Al_2O_3/ZrO_2, $Si_3/N_4/SiC$, SiC/TiB_2	$T\leqslant 1300K$
金属/陶瓷复合材料	约 25	Al_2O_3/Al, ZrB_2/Zr, Al_2O_3/Ni, WC/Co	$T\leqslant 1300K$
晶须或板条分散相	约 15	Al_2O_3/SiC, $Si_3/N_4/SiC$, $Si_3/N_4/$ Si_3/N_4	$T<1500K$
纤维	≥30	CAS/SiC, LAS/SiC, Al_2O_3/SiC, SiC/SiC, SiC/C, $Al_2O_3/$ Al_2O_3	带有涂层的纤维

4.2.4 影响陶瓷材料强度的主要因素

如前所述，陶瓷材料不同于金属材料，其强韧性与材料的组织缺陷有密切的关系。换言之，具有高的组织敏感性。影响陶瓷材料强度的主要因素可概括如下。

(1)各种组织缺陷

缺陷包括原生性的缺陷、显微裂纹合并构成的裂纹、空洞的形成或空洞引发的裂纹。中低温使用的陶瓷材料的断裂中，前两种缺陷处于支配地位，断裂以纯弹性为主，换言之，材料的强度与温度没有太大的关系。在高温($T>0.5T_m$)领域内，空洞的形成或空洞引发的裂纹成为主要的断裂形式，即应力-应变曲线成非线性，材料的强度随温度的升高而降低。在影响陶瓷强度的三种组织缺陷中，原生性的缺陷最为普遍。原生性缺陷亦可再细划分为表面缺陷(因加工而使内部缺陷显露，机械损伤以及加工影响层)和内部缺陷(气孔、气孔团、粗大晶粒、未烧结部分、夹杂物以及内部裂纹)两大类。陶瓷的断裂主要由在这些缺陷周围因应力集中和膨胀系数的各向异性所致的残留应力所诱发。

(2)微观结构因素与强度的关系

通常，陶瓷材料多经过烧结而成，因此晶界上常常或多或少存在气孔、微裂纹以及玻璃相。陶瓷材料的强度对上述微结构十分敏感。比如，关于气孔率与陶瓷强度的关系有如下的经验关系式

$$\sigma_b=\sigma_0\exp(-\alpha\rho) \tag{4-70}$$

式中　σ_0——$\rho=0$ 时的强度；

α——常数；

ρ——材料的气孔率。

与气孔率相近，对于晶粒直径与陶瓷材料的强度的关系亦有大量的研究，业已证明在其平均直径较小的范围内，陶瓷材料服从 Hall-Petch 关系式。如对 TiO_2 陶瓷的弯曲强度和晶粒直径的研究发现，当晶粒直径小于 20μm 时，其强度和晶粒直径完全符合 Hall-Petch 关

系。当晶粒直径大于20μm时，陶瓷的强度急剧降低。其原因在于TiO_2的膨胀系数具有各向异性，当晶粒直径超过20μm时，会在数个乃至十几个晶粒范围产生微裂纹。

(3)高温强度

结构陶瓷材料最大的特点就是与金属材料相比具有明显的高温强度优势。需要注意的是，陶瓷材料的高温强度可能因制造工艺、组成等的不同而出现较大的差异。尤其当陶瓷的晶界上存在玻璃相时，其高温强度将大打折扣。

4.2.5 影响陶瓷材料韧性的主要因素

(1)单晶陶瓷的断裂

陶瓷这样的脆性单晶体材料，由于多呈解理断裂形式，原则上可用原子间势能对表面能进行计算。并且已经证明，对相当一部分陶瓷材料来说，这种计算结果与实验结果是一致的。不过，亦有些材料[如对Al_2O_3单晶的(0001)面]的计算与实测结果相差较大。因此，将在弹性范围内的断裂韧性完全视为是形成两个物理表面所需要的能量的预测方法尚有一定的局限性。实际上，表面能是断裂前后晶面平衡状态的度量；而断裂能的意义在于使系统转向新的平衡状态所需的临界能(critical energy)，将两者作为同一个能量来考虑是有问题的。计算断裂能(γ)的理论值通常采用Gilman公式

$$\gamma = \frac{E}{d}\left(\frac{a}{\pi}\right)^2 \tag{4-71}$$

式中 E——杨氏模量；

d——晶面间距；

a——发生断裂的临界距离。

在式(4-71)中，γ与E成线性关系。由于断裂韧性(K_c)与γ有$2\gamma = \frac{K_c^2}{E}$的关系，因此$K_c$与$E$亦呈线性关系。但是，因为$E$取决于$d$和$a$，因此不难想象$K_c$与$E$的关系实际上比较复杂。图4.39给出了单晶陶瓷材料的K_c与E关系的实验研究结果。可见，对于陶瓷单晶材料，K_c与E的关系与材料的类型无关，总体上呈非线性关系。由此，对于以主裂纹扩展为代表的单晶陶瓷材料的破坏，如图4.39所示，K_c与E关系的实验结果可以作为预测新材料断裂韧性的估算依据。但需强调的是，这种估算仅仅适用于脆性断裂的材料，对于发生塑性变形的金属材料以及高分子材料是不适用的。

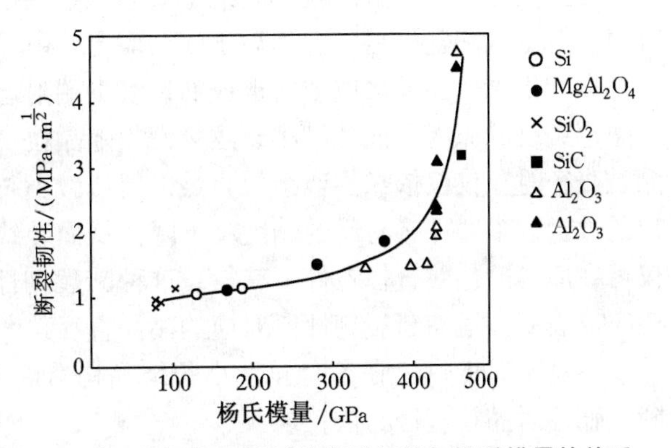

图4.39 单晶陶瓷材料的断裂韧性与杨氏模量的关系

(2)显微组织与断裂韧性

对多晶乃至多相组成的复合材料而言，其断裂与单晶材料有着本质的不同，尤其是在裂纹尖端附近，多发生复杂的微观断裂过程。伴随主裂纹的扩展产生的诸如显微裂纹、架桥、止裂、应力诱发相变、裂纹的偏转等，这些在局部发生的情况均会对断裂机制和断裂抗力产生影响，对此已经有很多解析模型发表，由此构筑了陶瓷材料的高韧化理论。但是，由于其

组织和断裂机制的复杂性，并非所有的机制均可提供材料的韧性，甚至有时会出现相反的结果。为最大限度地发挥各种断裂机制的作用，有必要正确地构筑和解析与显微组织相关的断裂模型。结合陶瓷多晶材料以及复合材料的微观组织，将迄今为止的研究成果概述如下。

① 晶粒直径与断裂韧性。关于断裂韧性对晶粒直径的依赖性的研究相对较多，基本上认为随晶粒直径的增加断裂韧性升高，但当达到某临近尺寸以上反而开始降低。呈现该种行为的典型材料有 Al_2O_3、$MgTi_2O_5$、TiO_2 等，其原因可用显微裂纹的形成机制来解析。显微裂纹的形成如图 4.40(a)所示。在主裂纹尖端附近生成的微小裂纹对主裂纹尖端的应力集中起缓和作用，由此带来(表观)断裂韧性的升高。此种条件下，虽然材料固有的断裂韧性不会发生变化，但表观断裂韧性会升高，通常称这种表观断裂韧性为材料的断裂韧性。

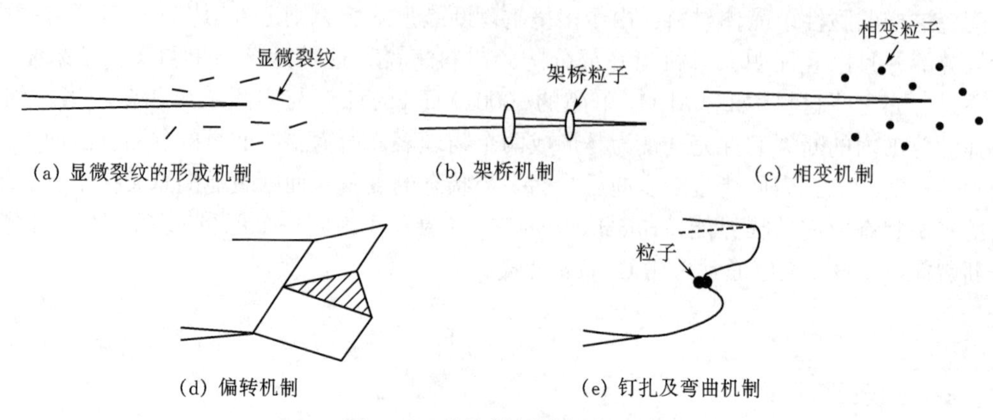

(a) 显微裂纹的形成机制　(b) 架桥机制　(c) 相变机制

(d) 偏转机制　(e) 钉扎及弯曲机制

图 4.40　陶瓷材料的断裂机制

在金属材料中，上述微小裂纹主要起源于位错塞积与合并，换言之，主要与位错的运动有关。但是，陶瓷材料则多起源于残余应力。由于晶粒热膨胀的各向异性导致的热残余应力在晶界处集中，在外加应力所形成的裂纹尖端附近高应力场的相互作用下，成为在晶界处发生微小裂纹的原因。该类微小裂纹的发生随晶粒直径的增加而越加容易发生，当超过某临界晶粒直径时，仅仅依靠热残余应力足以促使微小裂纹发生。应该注意的是，如果微小裂纹出现的数量过多，那么材料的刚度将下降，从而导致断裂韧性降低。换言之，最高的断裂韧性仅可在适宜的晶粒直径条件下获得。这种断裂韧性对晶粒直径的依赖性如图 4.41 所示。实验研究表明，最高断裂韧性所对应的晶粒直径，大约对应于自然冷却造成微小裂纹的晶粒尺寸。不过，对于热膨胀各向异性小的结晶构造陶瓷材料，如 MgO、SiC、$MgAl_2O_4$，未发现断裂韧性对晶粒直径的依赖现象。

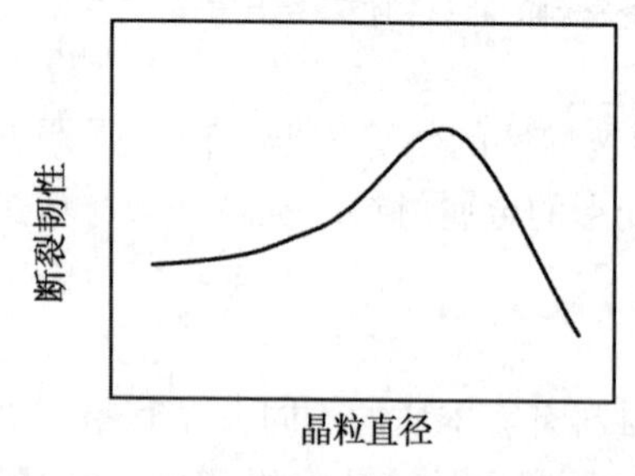

图 4.41　强热膨胀各向异性陶瓷材料的断裂韧性与其晶粒直径的关系

对于断裂韧性随晶粒直径的增加而升高的现象，亦可用桥接(架桥)机制进行某种程度的解析。如图 4.40(b)所示，即在主裂纹尖端的后方由架桥粒子导致的裂纹面的张开受到限制，从而引起断裂韧性的升高。该种机制下，随架桥粒子的增加、粒子尺寸的增加，其对高韧化的贡献增大。应强调的是桥接机制仅仅对部分尺寸范围的晶粒适用，即按照此机制材料的断裂韧性将随晶粒尺寸的增大无限地升高。其原因是，桥接机制仅仅考虑了裂纹扩展的一面，而未考虑其他因素同时在起作用。

此外，如同金属材料中的TRIP钢，断裂过程中在裂纹尖端附近发生马氏体相变引起体积膨胀的ZrO_2中亦存在如图4.41所示的晶粒尺寸依赖性。ZrO_2陶瓷在约1173K发生由单斜向正方晶体转变的相变，并且该相变可以通过降低晶粒尺寸或添加Y_2O_3，CeO_2等稳定剂的办法，将相变温度降低到室温以下。这样，在外力的作用下，裂纹尖端附近应力诱发相变，引起如图4.40(c)所示裂纹闭合，从而使材料的断裂韧性升高。与其他的韧化机制相比，由于应力诱发相变引起的韧性增殖效果非常显著，如用CeO_2稳定的ZrO_2陶瓷，其断裂韧性值可达到$15MPa \cdot m^{\frac{1}{2}}$。

另外，对于如图4.41所示的断裂韧性与晶粒直径关系的材料，如果调整所采用的制造工艺，那么有可能出现随晶粒尺寸的增大断裂韧性降低或不变的结果。实际上，导致上述结果的原因主要是晶粒直径以外的因素，如：材料的气孔率、晶界特性等。伴随晶粒直径的变化，气孔率、晶界结构以及晶界杂质浓度等均要发生变化，这些因素很有可能成为影响材料断裂韧性的主要原因。

② 晶粒形状与断裂韧性。如果将结晶制成柱状或板状等长短比大的材料，那么裂纹扩展的路径变得复杂化，一般材料的断裂韧性升高。众所周知，多晶体SiC、Si_3N_4等采用颗粒、晶须、短纤维增强的复合材料，其断裂韧性大大增高。该种情况下的韧化机制认为，如果界面的结合强度较弱则以裂纹的偏转或架桥机制为主；若界面的结合强度较强则以裂纹的止裂或弯曲机制为主。

裂纹的偏转机制如图4.40(d)所示，即伴随界面的破坏，通过裂纹开始偏离主裂纹面以及裂纹在板厚方向上相连，使得应力强度因子减小，从而材料的断裂韧性升高。随着粒子长短轴比的增加，裂纹由主裂纹面偏离的程度以及扩展时扭转的角度增大，导致材料的断裂韧性增高。从粒子的形状来看，柱状粒子要较板状粒子在提高断裂韧性方面更为有效。理论上，当柱状粒子的轴比为12、体积分数为30%时，断裂韧性可增加到4倍。关于随粒子的轴比增加材料的断裂韧性升高，可以用架桥机制予以说明。如图4.40(b)所示，在裂纹后方的架桥粒子的截面积和架桥应力均对材料的韧性有贡献。当然，架桥粒子的截面积与粒子的直径有直接的关系；架桥应力则与粒子的轴比关系密切。较长的架桥粒子多出现在与裂纹面呈某一角度面上(斜在裂纹面上)，通过与裂纹面的摩擦产生高的闭合作用力。此外，轴比长的粒子使得裂纹的影响领域扩大，且使得轴比大的粒子对材料的韧化贡献大。因此说长纤维增强复合材料的纤维的拉出(pull out)是将裂纹闭合效应最有效运用的实例。

另外，相对裂纹偏转和架桥机制这种以粒子周围界面优先破坏为前提的机制，裂纹的止裂和弯曲则是以界面不破坏(强结合界面)为前提的。如图4.40(e)所示，裂纹的止裂机制与位错的钉扎机制相似，均为在裂纹以平面形式扩展时，遇到粒子等使其局部的扩展受阻。与之相对应，裂纹的弯曲则是裂纹在被止裂粒子间以弓出的形式向前扩展所形成的弯曲现象。这两种机制多是连续发生的，因此可以说两者是同一机制的两个不同的侧面。其结果是，粒子未破坏，裂纹弯曲扩展，后方的粒子对裂纹起闭合作用，从而材料的韧性升高。一般地，裂纹的止裂与弯曲机制更依赖于粒子的间隔(体积分数)，而不是粒子的轴比。但是，当粒子轴比提高时，由于粒子界面的彻底破坏很难发生，对发挥裂纹的止裂和弯曲机制更有利。此外，裂纹的止裂为三维的破坏机制，与二维的架桥机制是同样的韧化概念。

③ 晶界与断裂韧性。可将多晶材料视为由结晶晶粒与晶界组成的复合材料，裂纹的扩展同时受两者力学性质的影响。有关晶粒的影响已经在前面叙述过，在此仅就晶界对断裂韧

性的作用予以说明。前述的粒子增强复合材料中的裂纹偏转机制完全可以适用于多晶体的断裂，不过该机制是以完全的沿晶破坏为前提的，不能用于有大量晶内破坏同时发生的情况。由于添加烧结助剂，多晶陶瓷材料的晶界往往存在第二相或杂质，即使晶界上没有其他相，亦会因晶界处的原子排列的混乱，一般较晶内对断裂的抵抗能力低。此外，由气孔的残留及热膨胀系数的各向异性所引起的残余应力等，使得断裂抗力降低。如果用特殊烧结方法除去晶界相或使其晶化，那么可获得高强晶界，从而使陶瓷材料的高温特性提高。不过，至今对晶界的断裂韧性直接测量的方法尚未确立，人们一直沿用取晶内断裂韧性一半的估算方法。

多晶体陶瓷测量中的裂纹在晶界与晶内扩展的比，大体上可用晶内与晶界断裂韧性的比来描述。遵循这一原理，Krell 等通过测定晶界破坏比来预测晶界断裂韧性。结果表明，Al_2O_3 的晶界断裂韧性虽然依赖于烧结助剂和烧结条件，但总的来看大约为 0.1~0.4 倍晶内韧性。基于同样的原理，金炳男等对多晶烧结体的裂纹扩展进行了模拟，考察了晶界断裂韧性与裂纹扩展路径的关系。图 4.42 所示为其中的典型结果。借用模拟获得了与 Krell 等不同的晶界断裂韧性与晶内破坏概率的关系数据，并判明二维多晶体的断裂韧性随晶界断裂韧性的升高而增加，其最大值为晶内断裂韧性值。

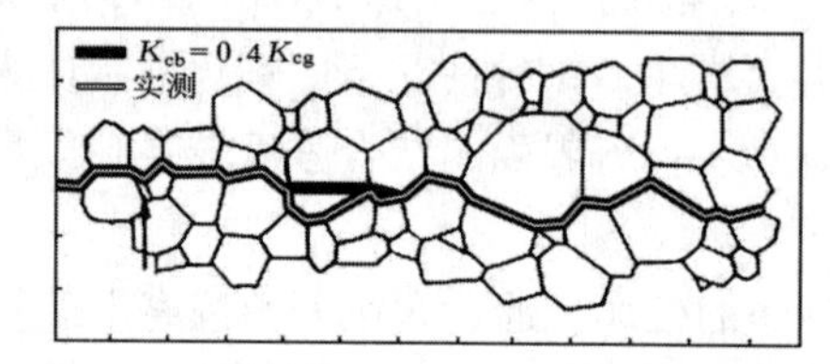

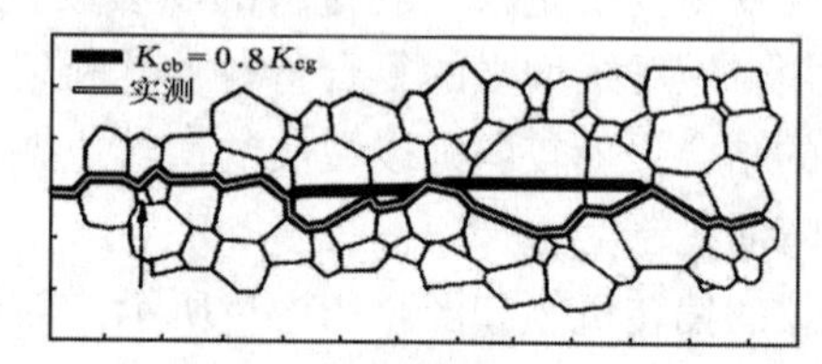

图 4.42　Al_2O_3 多晶陶瓷中裂纹扩展路径的计算机模拟结果

（注：K_{cb} 为晶界断裂韧性；K_{cg} 为晶内断裂韧性；裂纹由左向右扩展。实测与模拟的重合部分以实测表示。）

另外，根据陶瓷多晶体晶界三维空间结构的解析，晶内破坏概率对晶界断裂韧性的依赖性与二维的情况没有多大差异，但获得了晶内韧性值的约 3.5 倍的断裂韧性值。这些三维模型与二维模型的不同之处在于，在板厚方向有裂纹的连体出现[如图 4.40(d)所示]。这样，三叉或四叉晶界对裂纹扩展路径产生约束，从而使断裂韧性得以提高。实际上，多晶体陶瓷的裂纹的扩展路径总会有某种程度的偏转发生，这成为多晶陶瓷的基本断裂机制。裂纹偏转扩展主要起源于断裂韧性低的晶界，不过裂纹尖端附近出现的微裂纹亦可对主裂纹的扩展产生偏转和约束路径的效果。通过对断裂过程中的声发射 AE(acoustic emission)解析，所提出的 Shear-Lag 模型是个典型的例子，即强制性的混合破坏形式对裂纹的扩展路径产生约束效果。但是，显微裂纹的形成机制是以主裂纹沿直线扩展为前提的，忽略了与微裂纹的合并，因此，为了全面地评价断裂韧性等力学性能，有必要考虑上述断裂过程。

在复合材料中亦存在与界面破坏相关联的裂纹偏转机制，当单一机制难以解释时采用了并用的方法。例如，除粒子增强复合材料外，长纤维增强复合材料以及短纤维增强复合材料均显示纤维使裂纹闭合的效果，这亦以能够使裂纹在纤维界面处发生偏转的界面断裂韧性为前提。只有这样，才能将界面偏转的条件纳入，从而计算出可对桥接贡献的粒子的比率。

④ 气孔与断裂韧性。在烧结过程中形成的晶内及晶界的气孔，将使单位面积上的断裂吸收功和弹性模量降低，进而使材料的断裂韧性下降。例如对 Si_3N_4 的研究表明，随气孔率的增加其断裂韧性呈指数关系降低。但是，如果气孔的存在可导致裂纹呈复杂的偏转形式扩展的话，那么有时断裂韧性有可能反而升高。此外，也有报道称如果气孔呈球状，那么对局部形成的裂纹尖端会起钝化作用，从而抑制裂纹的扩展，这如同复合材料中的增强粒子的功

效。总之，依据气孔的形状及分类，有可能在局部引起断裂韧性的升高，但总体上伴随气孔率的增加，由于破坏吸收功以及弹性模量的降低，材料的断裂韧性会降低。

(3)温度和载荷速率对断裂韧性的影响

以脆性破坏为主的陶瓷材料，其断裂韧性随温度的升高呈降低的趋势，其主要原因是温度升高带来的材料的弹性模量的下降。如图 4.39 所示，断裂韧性与弹性模量有直接的关系，因此，温度升高弹性模量降低是陶瓷材料断裂韧性下降的直接原因。研究发现，$MgAl_2O_4$ 单晶陶瓷的断裂韧性随温度的升高几乎直线下降，不过，Al_2O_3 单晶陶瓷断裂韧性的温度依赖性则因结晶晶面的不同而异。Al_2O_3 单晶的(0001)面在室温下显示高的断裂韧性值，当温度升至 1023K 时断裂韧性则降至室温值的$\frac{1}{3}$，远远低于其他晶面的断裂韧性值。由此，根据弹性模量与温度的关系，可解析出断裂韧性对温度具有线性依赖性。然而，Al_2O_3 单晶(0001)晶面的断裂韧性的理论值与实验值不一致的事实，意味着仅仅由温度和弹性模量的关系说明温度对断裂韧性的影响是不全面的。多晶陶瓷的断裂韧性也随温度的升高而降低，这是因为在晶界上存在玻璃相等软化相，造成材料的强度以及断裂韧性显著降低。但是，有些情况下玻璃相的软化能使裂纹尖端钝化，反而会引起断裂韧性的升高。

当温度升高到能够在裂纹尖端释放出位错时，位错在裂纹尖端的释放使得应力集中得以缓和，反而会使断裂韧性升高。这种断裂韧性的逆温度变化，Al_2O_3 单晶和 $MgAl_2O_4$ 单晶基本在 1273K 附近出现。如果温度进一步升高，则与形成显微裂纹机制一样，整体弹性模量的降低会带来断裂韧性的再度降低。

另外，对于金属材料而言，由于位错的运动对断裂韧性有着相对大的贡献，温度降低将与载荷速率的增加起相同的作用。绝大多数金属材料在高温呈韧性断裂，当温度降低时则转变成脆性断裂。增加载荷速率使得位错未来得及运动就发生断裂了，因此与在低温时同样发生脆性断裂。按此道理，对于断裂和位错运动没有关系的陶瓷材料，不难想象其断裂韧性与载荷速率没关系，Sialon，Si_3N_4、SiC 等确实如此，但 Al_2O_3、ZrO_2 等的断裂韧性则随载荷速率的增加而升高。由于随载荷速率的增加，ZrO_2 陶瓷可以由正方结构转变成单斜结构，因此出现断裂韧性对载荷速率的依赖性是很容易理解的。然而，Al_2O_3 的变化却没法解释。尽管有诸如潜伏时间(incubation time)说、过程区(process zone)说、裂纹偏转说等，但均未能彻底澄清。由此看来，为查明断裂韧性的载荷速率依赖性的原因，有必要进行变化晶粒直径等显微组织系统的研究。

4.3　高分子材料的强化与韧化(Strengthening and Toughening of Polymers)

4.3.1　高分子材料的强度特点

高分子材料的强度特点

高分子材料给人们的印象往往是其具有质轻、易加工成型、耐锈蚀以及易老化等特点。就其强度而言，虽然目前已经研制成功了如超级工程塑料(super-engineering plastic)等高强度塑料，但总体上大多高分子材料的强度还是较低的，尤其是在高温下的强度问题一直困扰高分子材料在高温条件下的应用。这是因为高分子材料的强度具有十分敏感的温度特性。如图 4.43 所示，不难看出温度对高分子材料的力学行为起着决定性的作用。高分子材料的另一个强度特点就是晶化指数敏感性。众所周知，高分子材料主要由碳原子的结构链所组成，若碳原子以 sp3 轨道电子形成金刚石结构，那么将显示三维高强度-高弹性的特点；然而若碳原子以 sp2 轨道电子形成石墨结构，那么将成为二维高强度-高弹性的材料，由此带来了高分子材料的强度依结合键而变化。另外，因为分子链间以范德华力相结合，与链内相比链与链之间的结合力非常小。由此，概括地讲，高分子材料的实际断裂强度不足其理论值的十分之一，主要原因是：① 实际高分子材料中的分子链未能充分地伸展，并且其取向也各异，由此使得仅仅有一部分分子链承受了载荷；② 实际高分子材料未能达到充分的晶化，换言之，未晶化部分中单位断面积中共价键的数目很少，并且断裂发生在球晶中非晶的层或球晶的间隔处等，即结构最薄弱的环节；③ 由于高分子材料的链较短(一个链长充其量数百 nm)，分子链的端部数量甚多，同时分子链间的物理相交点很少。

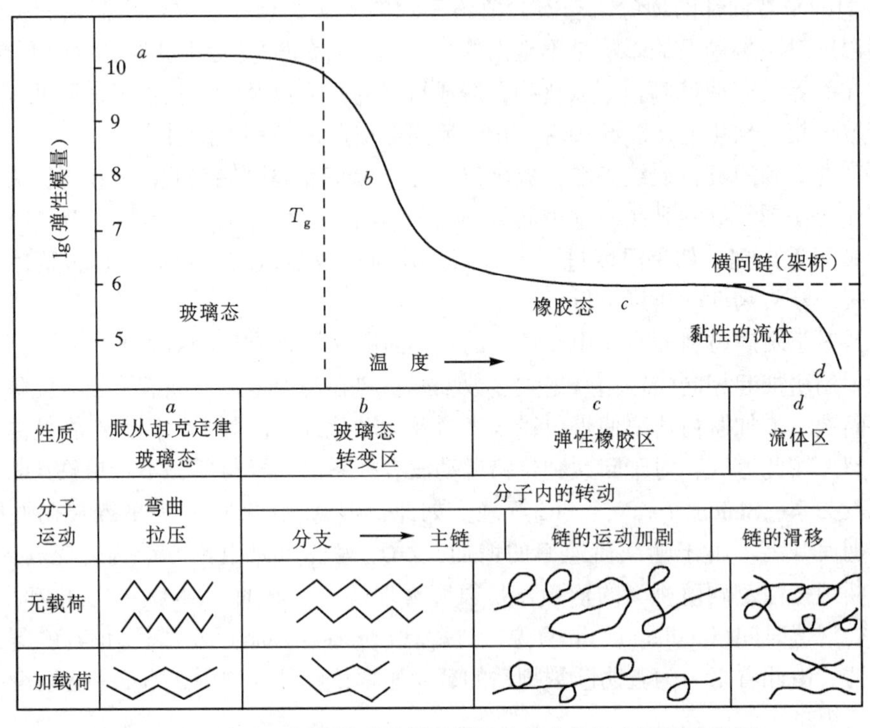

图 4.43 高分子材料的弹性模量随温度的变化及分子运动特征

高分子材料的强化

4.3.2 高分子材料的强化

如 4.3.1 节所述，针对高分子材料强度低的问题，科技工作者们进行了深入的研究，开发出了多种强化方法，现简介如下。

(1)充分伸展(extension)法

大多数的线状弯曲链高分子材料的分子链呈非晶的无取向卷与结晶的折叠层状结构。研究证明，通过如图 4.44 所示的方法，可使分子链充分地伸展。如对百万级的超高分子量的聚乙烯纤维，采用本方法将纤维作数十倍的伸展后，分子链基本上得到了充分的伸展，从而该高分子材料的抗拉强度达到 4.4GPa，弹性模量达 144GPa。另外，对单晶编织高分子材料的超伸展，获得了抗拉强度达 6.0GPa，弹性模量达 232GPa 的可观成效。当然，亦可采用感

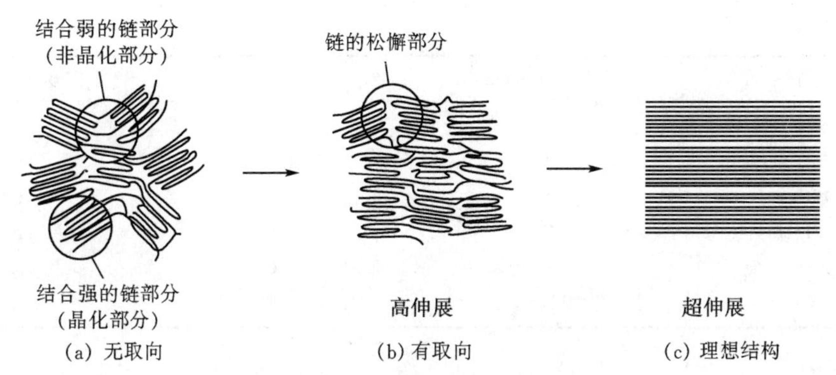

图 4.44 拉伸对聚乙烯纤维结构的影响

应加热超级伸展的方法实现高分子材料的高强度与高弹性模量。

(2)合金化(alloying)法

类似强化金属材料的方法，对高分子材料同样可以采用合金化。其基本原理是通过增加高分子材料的分子链的长度或三维结构的复杂性，增加抵抗变形的能力，达到提高材料强度和弹性模量的目的。这种方法因为多是将多种高分子进行有控制的混合，故又称为混杂技术(blend technology)。

(3)复合方法

复合方法又称高分子复合材料(molecular composite，MC)技术。基本原理与前述的金属基复合材料的原理相近，即使用较韧性的高分子材料为基体，使其承担对裂纹扩展的阻力，而利用高强度-高弹性模量的纤维承担载荷。该技术可视为纤维增强高分子基复合材料(fiber reinforced plastic-matrix composite，FRP)技术的延伸。

应该指出，近年来，伴随制造技术的进步，基本上可以获得近于理论值的高弹性模量的高分子纤维。表 4.5 给出了实验室条件下获得的高弹性模量纤维的特性指标。由表可见，仅就弹性模量而言，已经开发出了远远高于钢纤维(200GPa)、Ti 合金(106GPa)的高分子纤维。然而，考虑到分子量的限度以及加工成形等问题，高分子材料的高强度化充其量也就在其理论值的十分之一的程度。与此同时，应注意的是，纤维化的高弹性模量和高强度，仅仅是一维的，而真正有意义的应是三维的。并且，通过超延伸等方法获得的超高强纤维，在垂直伸展方向上的强度一般很低。另外，采用合金化或混杂的方法使高分子材料强化的同时，由于分子量的增大，玻璃化温度会显著升高，从而使材料的成形性能劣化，由此也会带来高分子材料的耐冲击性能大幅降低。

表 4.5 各种高强度、高弹性模量纤维的特性

材料		弹性模量/GPa	强度/GPa	密度/(g·cm^{-3})
金属纤维	钢纤维	200	2.8	7.8
	Al 合金纤维	71	0.6	2.7
	Ti 合金纤维	106	1.2	4.5
	B 纤维	400	3.5	2.6
无机纤维	Al_2O_3 纤维	250	2.5	4.0
	SiC 纤维	196	2.9	2.6
	玻璃纤维	73	2.1	2.5

续表

材　料		弹性模量/GPa	强度/GPa	密度/(g·cm^{-3})
有机纤维	碳素纤维	392	2.4	1.8
	PBT 纤维	330	4.2	1.6
	PBO 纤维	480	4.1	1.6
	PE 纤维	232	6.2	1.0
	POM 纤维	58	2.0	1.4
	PVA 纤维	121	5.1	1.3

高分子材料的韧化

4.3.3 高分子材料的韧化

如前所述，材料的韧性(这里以断裂韧性为衡量标准)代表着对裂纹的萌生和扩展的抵抗能力。与金属材料相对比，高分子材料的断裂韧性要低得多，其原因在于大多数高分子材料的强度弱势。图 4.45 给出了典型高分子材料的断裂韧性与其断裂强度的关系。可见，在高分子材料中强度与其断裂韧性的关系很微妙。一般将弹性体中应变能释放率定义为裂纹扩展单位面积所需的能量。因此，理论上认为其取决于固体的表面能(表面张力)的大小。然而，对于高分子材料利用接触角测定方法测得的表面能充其量不过 0.1J/m^2，而实际的断裂韧性要较此值大 1000 倍到 10000 倍。出现此种差异的原因有三个：首先，固体-液体间的表面能是根据高分子材料的二次结合力(范德华力)求得的，实际上高分子材料有大量一次结合力的破坏，即有大量分子主链的断裂发生。其次，在裂纹尖端出现的跳跃裂纹(craze crack)以及塑性变形均消耗不可逆的能量。再次，变形过程中有相当数量的滞弹性能消耗。有关此方面的问题，请读者参阅有关的文献。与其他的材料相近，高分子材料的韧性同样可采取提高材料的强度的类似方法达到提高断裂韧性的目的，就此请参阅 4.4.2 节以及有关文献。在此，仅就高分子材料独特的韧化问题简介如下。首先，高分子材料的显微结构问题。与金属材料和无机非金属材料不同，高分子材料的显微结构非常复杂，种类繁多。虽然没有如钢铁材料的明确的固态相变，但依据所处的温度、合成的方法以及添加物的不同，其性能各异。仅就传统的结晶(晶化部分)结构而言，就有简单的环形结构、球晶结构、片层结晶结构、玫瑰结晶结构等，通过高分子合金化形成如 PP-EPDM 系热可塑性合成橡胶的非常复杂的结构。因此，高分子材料在很大程度上可以通过控制其微观结构达到增韧的目的。其次，高分子材料亦可通过材料设计(高分子设计)的方法达到韧化。仅仅靠聚合反应可实现设计并控制的高分子结构就有：① 单体；②聚合度(分子量)以及分布；③ 末端官能团；④ 立体结构(立体异构、对称性)；⑤ 共聚体(杂乱无章、交叉、板块、层状、周期、完全取向控制)；⑥ 微粒子；⑦ 分支和架桥。由此可见，高分子材料仅仅依靠初始结构设计就能实现一系列的变化，再通过将这些结构各异的单体聚合、成形、加工，来实现对其韧性的控制。当然，高分子材料的二维乃至三维的分子设计正成为当今高分子材料强韧化及各项性能控制的研究热点，可以预言，不久的将来，考虑高性能、多功能化的同时，兼顾资源与环境问题，乃至再生利用的综

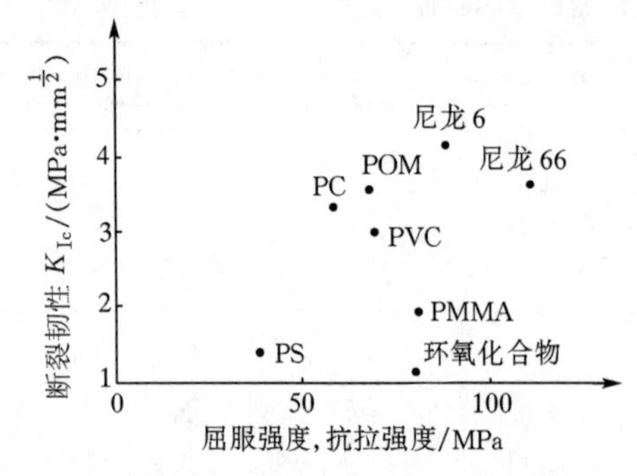

图 4.45 各种高分子材料的断裂韧性值

合材料设计将在高分子材料领域率先实现。

4.4 复合材料的强化与韧化(Strengthening and Toughening of Composite Materials)

4.4.1 复合强化原理

复合材料的强化与韧化

静态载荷下复合材料的力学行为前面已介绍过，在此不再重复。复合材料经过复合后为何显示与其组成材料不同的性能，尤其是对于金属基复合材料，通过将一定量的陶瓷材料(包括陶瓷纤维、晶须以及粒子)加入金属基体，使材料的弹性模量与强度大为升高。其基本原理可用式(4-72)表示

$$E_c = V_f E_f + E_m(1 - V_f) \tag{4-72}$$

式中，E 代表材料的弹性模量；V 表示材料的体积分数；角标的 c、f、m 分别代表复合材料、增强纤维以及基体。当然，应用最广的颗粒增强复合材料的强化原理应该是第二相强化以及弥散强化的延续，所不同的是此时的增强材料是人为添加的。另外，值得注意的是复合材料中的界面问题。换言之，复合材料由于是由两类完全不同的物质所构成的(第二相强化合金中的第二相仅仅是由母相析出的新相)，如通过在铝合金中添加 SiC 晶须所制造的复合材料，因为铝合金的膨胀系数远远大于 SiC 晶须，其在界面处形成较大的残余应力。这亦构成复合材料强化的一个重要因素。有关复合材料的强化问题，已有大量资料介绍，在此从略。

4.4.2 复合韧化原理与工艺

通过复合手段提高材料的强度，这一点是令人欣慰的。然而，不要忽视在材料得到强化的同时，复合材料与其未强化的基体相比，韧性大为降低。正是因为如此，改善复合材料的韧性问题成为研究复合材料的另一个重要的课题。在此，笔者依据自身在此方面的研究工作和近年发表的有关报道，做如下的探讨。

(1) 复合材料韧性的定义

众所周知，复合材料与传统材料不同，是由两种或两种以上不同材料复合而成。然而，考查材料韧性的指标——断裂韧性、断裂吸收功——均有严格的定义和规定的测定方法。换言之，至今对复合材料的韧性仍未有确切的定义。在大多条件下，沿用了组成复合材料的基体材料的评价方法及相应的概念。如 1997 年日本通产省委托独立法人 Petroleum Energy Center 对陶瓷基复合材料的评价方法进行了规范化标准的制定。这项历经八年完成的工作制定了 14 项评价技术标准，其中对长纤维增强陶瓷基复合材料的断裂韧性的评价标准中有这样的记述："由于这样的长纤维增强复合材料的裂纹扩展的临界开始点无法测得，故只能用应力-应变曲线上的弹性极限所对应的载荷作为裂纹扩展的临界开始点的载荷。"可见，对于复合材料韧性的评价方法，还有待于进一步的规范化。

(2) 复合材料韧性的测量方法

对于颗粒增强复合材料，尤其是较脆的复合材料而言，采用传统的 K_{Ic} 的方法对其韧性进行评价似乎已被大多数研究者所接受。不过，对于韧性稍高些的复合材料则应引起足够的注意。因为这样的复合材料当发生断裂时裂纹的尖端实际上已经进入了塑性区，对于此种条件下的复合材料的韧性的评价，普遍认为应采用类似传统的 J 积分评价方法。当然，亦可应用能量区分技术，将 J 积分中的弹性应变能及其在裂纹扩展中的释放量和塑性应变能在裂纹

扩展中的消耗量区分开来。不过，应该强调的是，这种能量区分方法毕竟有一定的应用范围，对于如高分子基的高塑性复合材料来说，显得过于简单。换言之，能量区分法仅适用于裂纹扩展以失稳断裂为主的情况。对于大多高分子基复合材料，其裂纹的扩展往往被附加的如钝化、分叉、纤维/基体的剥离等过程取代。这种情况下，传统测量方法所测得的断裂韧性值只能描述一个极为短暂期间的行为，即“失稳”扩展的瞬间，并未能反映出整个断裂过程的韧性。鉴于此，人们更倾向于使用断裂能来评价复合材料的韧性。因为断裂能的测量上(无论是静态的还是动态的断裂能)比较容易实现对试样的裂纹生成能和裂纹扩展能的总体测定，并可使用适当的方法将裂纹的生成能和扩展能区分开来。使用断裂韧性还是使用断裂能来评价复合材料的韧性，曾经有过争论。不过，近年基本上达成的共识就是不可一概而论。大多纤维增强的复合材料似乎采用断裂能的方法评价更为合理，因为如果采用断裂韧性的评价标准则过低估算了纤维在断裂过程中的作用(尤其是在裂纹扩展过程中的作用)。另外，由于纤维增强的复合材料具有较强的方向性(各向异性)，初始裂纹与纤维长度方向的相对取向对材料的韧性值将有较大的影响，这一点应该充分注意。而对于如颗粒增强的陶瓷/陶瓷复合材料等韧性极低的复合材料而言，似乎采用何种方法都无妨，并且，大多数可采用压痕法间接地测定其断裂韧性。

(3) 复合材料的韧化方法

若依据断裂能来判断复合材料的韧性，那么改善复合材料的韧性的途径可参考图 4.46 说明。图 4.46(a)所示为未强化的铝合金基体，图 4.46(b)所示为 Al_2O_3 强化 Al-Zn-Mg 合金复合材料。可见，与未强化的基体合金相比，复合材料可：① 提高裂纹的生成能；② 提高裂纹的扩展能。对于如图 4.46 所示这样的，经强化后材料的弹性模量升高，从而导致复合材料的裂纹生成能很低。由此可知，这类复合材料低失效应变主要是由强化相的低失效应变所致。因此，使用尽可能具有高应变的强化相即可达到提高复合材料的裂纹生成能，进而实现提高复合材料的整体韧性的目的。可供选择的另一方法是通过提高材料的裂纹扩展能。这种方法在高分子基复合材料的研究中得到了成功的应用。当然，对于那些基体与强化相均为脆性相的复合材料亦可采用此方法来实现复合材料的韧化。如通过创造强化纤维的脱节、基体/纤维的剥离等方式提高复合材料的裂纹扩展过程中的能量吸收。上述两种不同提高复合材料韧性的基本思想可用图 4.47 示意地说明。不过，有一点应该强调，就是复合材料并非两种不同材料的简单组合，换言之，一定不要忽视两种不同材料组合过程中形成的界面，并且，此界面对复合材料的力学行为起着举足轻重的作用。有关此方面的问题，请有兴趣的读者参阅有关文献。

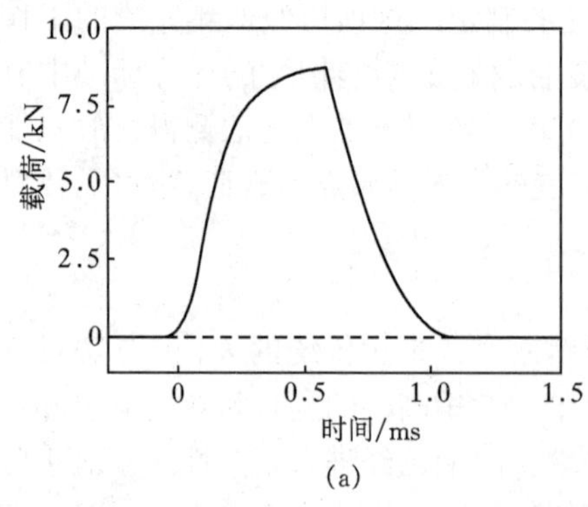

(a)

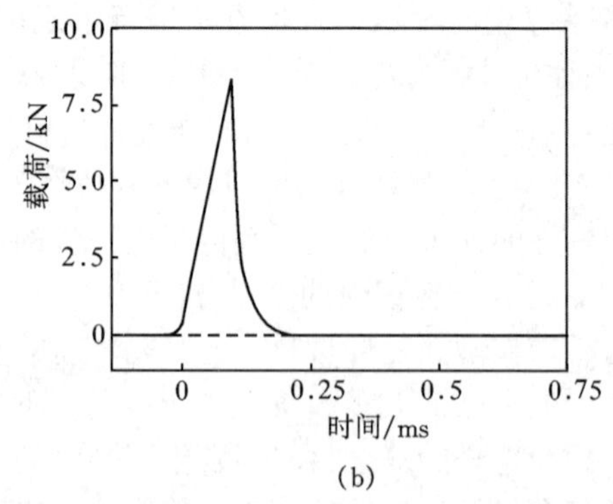

(b)

图 4.46 不同材料的冲击载荷-时间曲线

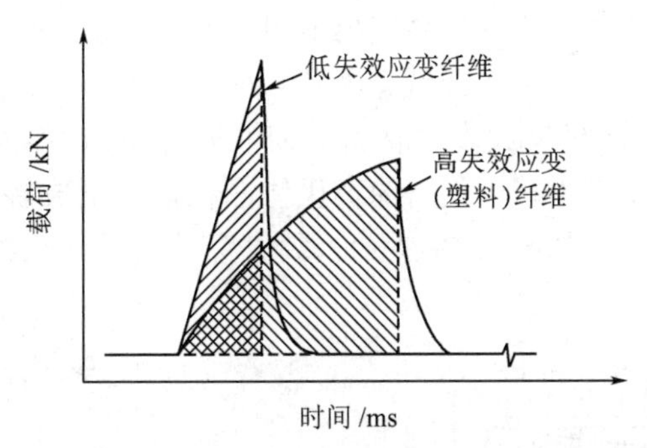

图 4.47 增强材料的失效应变对复合材料韧性的影响

三大材料的强韧化比较

4.4.3 三大材料的强韧化比较

至此，本章已经分别介绍了三大传统材料各自的强化与韧化，并就复合材料的强化及韧化在本节做了概述。在此就三大材料的强化与韧化进行比较。首先要声明的是该课题是很困难的，其原因很多。一方面，三大材料各自的原子结合方式有着本质的区别(参照图 1.4，金属材料以金属键相结合；陶瓷材料则以共价键或离子键相结合；高分子材料链内以共价键相结合，而链间则以范德华力相结合)；另一方面，实际材料的断裂韧性受外部环境的影响十分强烈，而三大材料的应用环境又有很大的不同。为此，这里仅从三大材料均为连续介质这一最基本立场出发，比较各自的特点。

图 1.11 给出了使用相同形状试样，对各种材料进行仪表化夏比冲击试验所获得的载荷-位移曲线。如果将载荷视为材料的强度，而将位移视为材料的延性，由此图可推断材料的韧性。例如，TZP 及金属陶瓷等典型脆性断裂；环氧树脂及 PMMA 等高分子材料的韧性均处于很低的水平；金属材料，尤其是钢材呈现优越的强韧性，一目了然。另外，Ashby 曾经提出如图 1.12 所示的材料群分类。众所周知，裂纹尖端形成的塑性区或过程区的大小可用 $\frac{1}{\pi}\left(\frac{K_{\mathrm{Ic}}}{\sigma_{\mathrm{f}}}\right)^{2}$ 来估算，即此值大的材料韧性高。图 1.12 中 $\frac{K_{\mathrm{Ic}}}{\sigma_{\mathrm{f}}}=C$ 的点线代表其值的大小，可见陶瓷及玻璃为 10^{-4}mm 量级；金属材料则大多在 1mm 以上量级。那么，当尺寸相同时，σ_{f} 升高则 K_{Ic} 值增大。如图 1.12 中等高线所划分的领域一样，按照 ASTM 的测 K_{Ic} 的充要标准，大体可预测所需试样的板厚 B：$B \geqslant 2.5\left(\frac{K_{\mathrm{Ic}}}{\sigma_{\mathrm{f}}}\right)^{2}$。又如，对于压力容器类的设计等，人们希望在发生破坏之前结构整体发生屈服，这样可以避免导致灾难性的事故。因此，图 1.12 提供的信息对于材料的选择是非常重要的。

为对三大材料的强韧化进行综合比较，在此先由支配破坏的因素和强韧化的关系出发，简介如下。

首先，考察金属材料，图 4.48 给出的是典型黑色金属材料的强度水平。可见，为达到各种各样的要求，人们采用了与之相应的强化方法，如固溶强化、细晶强化、加工强化、弥散碳化物强化以及热处理等。然而，只有晶须这样的几乎不含缺陷的近理想晶体结构状态，才可达到近于理论强度值的高强度。简而言之，金属材料可以获得强度和韧性兼备的最行之有效的手段是细晶强化，其原理已在 4.1.3 节中详述过。实际上，除通过细化晶粒尺寸，按照 Hall-Petch 公式使材料的强度提高，细化晶粒使碳化物在晶界上的分布得以改善所带来的强度增幅亦十分可观，故有时实验结果会偏离 Hall-Petch 公式。不过，金属材料的结晶晶粒中的位错数量随着晶粒尺寸的减小而降低，因此，细晶强化并未引起位错在晶界上造成的应力集中而使材料的延性降低(相反大多数材料的韧性值升高)。淬火钢材的马氏体组织在剪切应力的作用下瞬间完成相变过程，使得原奥氏体晶粒被分割成多个方向各异的马氏体团，由此相变后的组织十分细小。如图 4.49 所示，裂纹穿越马氏体板条时发生分叉，成为一种非常有效的强化方法。

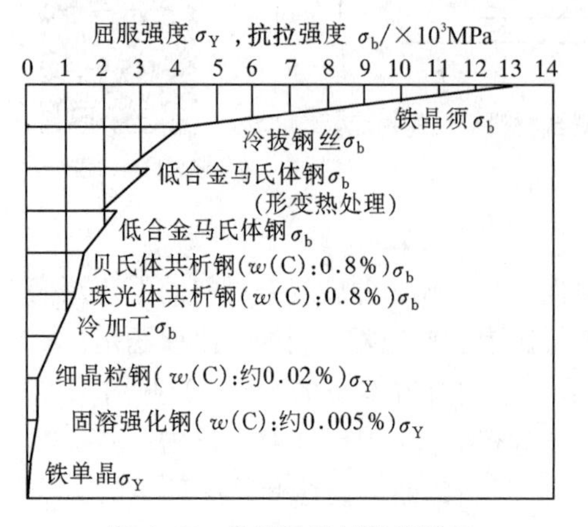

图 4.48 各种铁基材料的强度

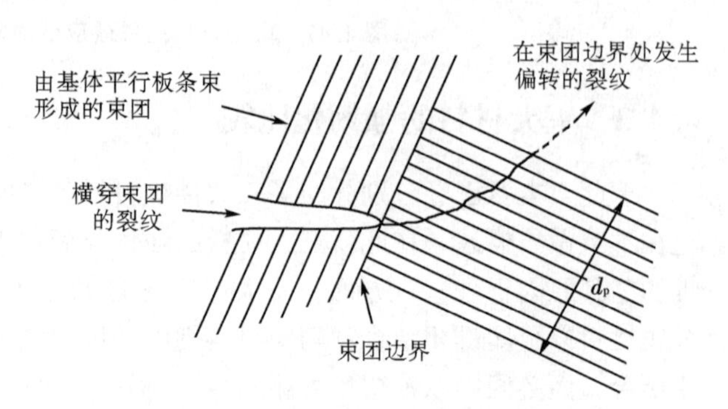

图 4.49 由分割原奥氏体晶粒束团引起的裂纹扩展方向的改变

其次，考察陶瓷材料。陶瓷材料同样可考虑使用细晶强化方法。不过如图 4.50 所示，当晶粒尺寸较大时发生晶内破坏，此时的断裂强度遵循 Orowan 原则($\sigma_f = K_1 d^{-\frac{1}{2}}$ ，此处 K_1 为与材料有关的常数)；当晶粒尺寸较小时则发生 Petch 型破坏。后者原则上断裂容易在晶界处发生，可实际上多是由表面缺陷所支配。不过，如果考虑到诸如利用应力诱发相变增韧(ZrO_2 陶瓷的正方晶系转变成单斜晶系)以及显微裂纹增韧陶瓷，那么考虑到最有效的裂纹闭合效应与其周围弹性应力场的交互作用，如图 4.51 所示的晶粒尺寸 d_C 应该是最适宜的。图 4.52 给出了以陶瓷材料为代表的脆性材料的强韧化机理总括图。除塑性诱发闭合及相变

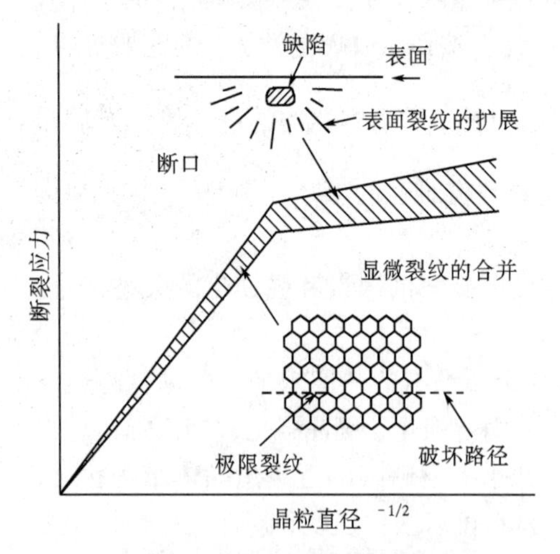

图 4.50 陶瓷材料的断裂应力对晶粒直径的依赖性

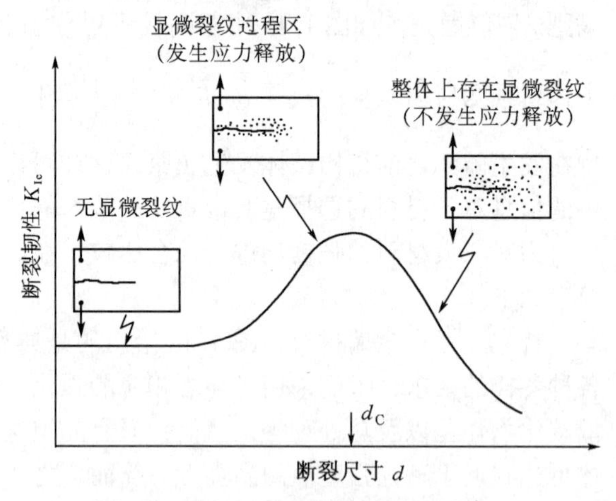

图 4.51 晶粒直径对含有显微裂纹的陶瓷材料韧性的影响

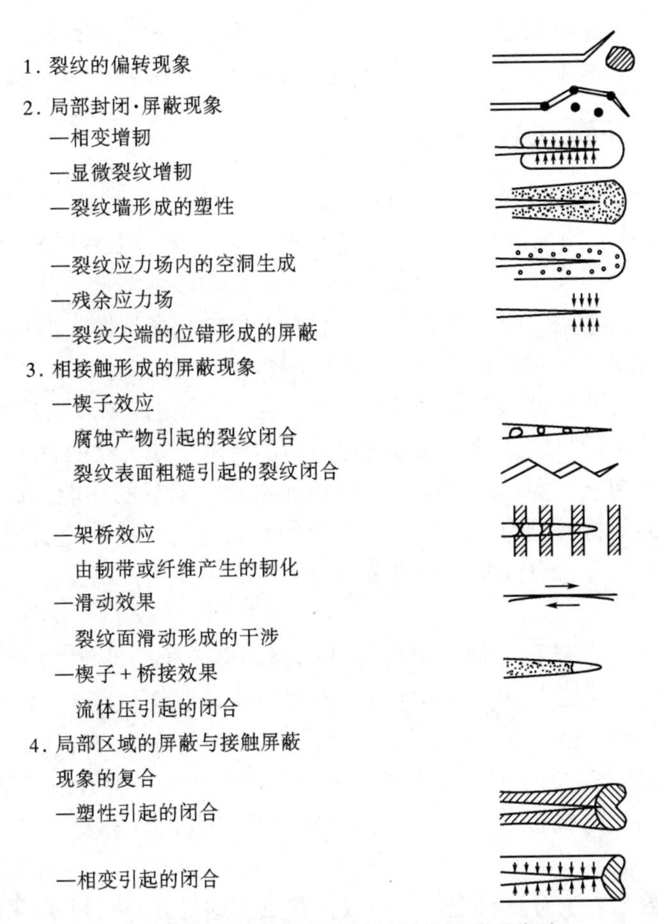

图 4.52 可用于强韧脆性材料的思路及方法

诱发韧性之外，对于脆性材料主要应由外生因素来考虑其强韧化问题。

再者，考察高分子材料。高分子材料的强韧化到目前为止尚未有如金属材料程度的成熟理论。众所周知，完全结晶的高分子材料是难以实现的，总是或多或少有非晶部分存在，为此如何提高其晶化程度、细化结晶的尺度成为提高强度的首要途径。此外，随分子量的增大，强度增加，并且分子量的分布亦对材料的力学性能产生影响。另外，兼顾分子链结构的方向性对材料的力学性能的作用，可以考虑制造如冷轧金属材料的各向异性高分子材料。同时，为提高高分子材料的韧性，亦可考虑用牺牲一些强度而增大延性的原则，适当添加增塑物质使高分子材料的 T_g 降低、分子链间的滑移来得更加容易。与合金固溶体相对应，高分子材料亦可划分为非溶性、半相溶性高分子。聚合物合金化(polymer alloying)是实现高分子材料高强、高韧的一种重要的手段。当然，借用铝合金时效强化的思想，使硬质相分子中分散如橡胶类的软性材料来提高高分子材料的韧性也许会成为行之有效的方法。

4.5 材料强韧化新理论与实践(New Theory and Approach for Strengthening-toughening of Materials)

至此，就三大材料的强度及韧性的特点进行了系统的比较，由此对各种材料的特性有了认知。那么如何实现材料的强化与韧化，这是需要材料工作者解决的最根本的问题。为此，本节将从材料的设计与材料的显微组织控制两方面出发，介绍实现材料强韧化的最基本强韧学基础理论，同时简介纳米技术与晶界控制相结合实现材料强韧化的最新成果。

4.5.1 材料设计(materials design)

材料设计

现代材料的开发不再是传统上简单的成分设计，而是要综合考虑材料的制备/加工技术以及材料与环境的相容性等一系列的问题。例如近年钢铁材料、镍基高温合金、钛合金、镁合金、铝合金的循环利用成为热点话题，从节省资源和能源的立场出发，这是一个可喜之举。由材料开发的立场出发，循环利用过程中会混入杂质，有必要考虑这些杂质对材料的性能所产生的影响，为此应该添加一些必要的物质，以消除杂质的负作用。另外，进入21世纪后，人们对材料的性能要求由传统的单一性逐步向多功能化转变，因此，材料的开发亦应考虑这方面的要求。如天然的竹子中，称为显微管的纤维具有增强材料的功能，实际上其同时具有传递水分、养分的功能。如何向自然界学习，开发各种功能兼备的新材料成为今后材料工作者的努力方向。换言之，现代材料开发/设计不能仅仅考虑材料的成分，应该兼顾材料多种使用性能。为此，现代材料设计至少应该考虑如下的问题。

① 不能一味地强调传统的金属、半导体、陶瓷、高分子的类型，应由其共性的观点进行设计。这一点可以由传统上只有金属才可能出现的超导现象，当今氧化物中也发现同样现象的事实来说明。可以说已经到了应该打破传统各种材料的界限的时代了。

② 在当今的超级计算机时代，除传统的实验与理论两大材料开发方法外，应该更加重视作为第三方法的计算机模拟计算方法，即材料设计开发的计算材料学研究工作(请参照4.6节的相关内容)。

近年通过用大数据方法对材料进行研究成为热点，这是计算材料学的范畴，即将材料科学与量子物理、力学、数学等学科相结合研发材料。众所周知，材料的微观组织以及原子的排列顺序、晶格结构决定了材料的性能，通过了解材料从原子的排列到相的形成过程、微观组织的变化过程以及材料宏观性能与有效服役时间的相互关系，就可以更好地发现和制造新型材料。2011年首先由美国启动的材料基因组计划（又名 Materials Genome Initiative, MGI)，主要通过将高效的材料理论计算与模拟工具、高通量快速的试验方法、材料性能数据库和信息学等相结合，建立高效的材料数据库。基于大数据方法的材料计算的方法主要包括第一性原理、分子动力学计算、CALPHAD 方法、蒙特卡罗法、元胞自动机法和有限元分析法等。通过基于大数据分析、人工智能计算材料科学的计算模拟，可以获得材料的热力学性能、力学性能、物理化学性能，材料的结构、点缺陷和位错迁移率，晶界能和晶界移动性、析出相尺寸等性质，从而更好地了解材料。

③ 众所周知，诸多材料的功能与其电子、原子尺度至纳米尺度以及介观尺度（或原始的显微结构）密切相关。为了发现各种功能有必要在澄清必要的最小结构单元的基础上进行材料的设计开发(详见4.6节的相关内容)。

为了获得符合实际的最佳结构，设计及制造/制备工艺十分重要，故希望能将材料设计与工艺设计有机结合。此外，应尽量对单元结构进行定量的评价。如陶瓷材料设计中，最困难的是晶界结构的评价问题。令人欣慰的是近年在此方面的研究有了突破性的进展。尽管如此，真正能够满足上述3条的材料设计方法至今尚未能确立。不过对于第①条中的共性问题，定义在电子尺度应该没有问题。换言之，只要把问题上升至电子尺度，可能无论何种材料都可以做相同的处理。故此，希望广泛开展以电子论为基础的材料设计研究，可以预见今后数年内物质电子状态的计算方法会有长足的发展。实际上，如果均进行电子状态的计算机模拟计算，那么满足条件②就不成问题了。至于第③条，有关电子状态与各种功能的关系尚有诸多未清楚的问题。但相信，只要努力由电子尺度开始探索，那么就能获得更多反映功能与单元结构关系的信息。比如在高分子领域，近年电子尺度的设计的重要性越来越为人们所认知。田中一義曾出版了《高分子电子论》的专著，感兴趣者可参阅该书。在此，就金属与陶瓷材料的电子尺度的材料设计，以及其可能性做如下的简介。

首先是电子结构的计算，传统上可以使用能带计算和分子轨道计算，在此简介 DV-X_α 分子轨道法。DV-X_α 分子轨道法克服了传统电子结构计算中计算精度完全取决于对电子间的相关性近似的程度这一缺点，以 X_α 法为基础，选择三维实空间取样点，使各点被积分函数值在其点累积，之后取所有点的和进行积分。由于是以 X_α 势能为基础的计算，计算时间可大大缩短，对于复杂体系也可以在有限的时间内完成计算；同时由于以数值原子轨道为基本函数，可以对所有元素采用同样的方法进行相同精度的计算；又因为计算对象是全电子，那么无论是核内电子还是价电子均可同时予以评价。另外，因进行的是 DV 数值积分，由此可以简便地实现各种多中心积分、迁移概率以及各种物性值的第一原理计算。在这方面具体实例很多，如运用 DV-X_α 分子轨道法开发的 d 电子合金设计方法在实用镍基高温合金高温强度及合金设计指南中的应用。图 4.53 所示为实际开发的镍基高温合金的屈服强度与 $\overline{Bo}$-$\overline{Md}$ 图。图中同量级屈服强度用虚线表示，可见凭借经验研发的合金，虽然经改良合金成为高强合金，但有趣的是这些合金的 $\overline{Md}$ 值均集中在 0.98eV，$\overline{Bo}$ 值集中在 0.67 附近。由此可以看出，合金设计目标锁定在 $\overline{Bo}$-$\overline{Md}$ 图中的有限区域，不能不说 d 电子合金设计确实有其道理。顺便强调一下，实际上，这个目标区域的合金 γ' 相的体积分数的最佳值在 65%左右，并且不会出现 TCP 等脆性相。

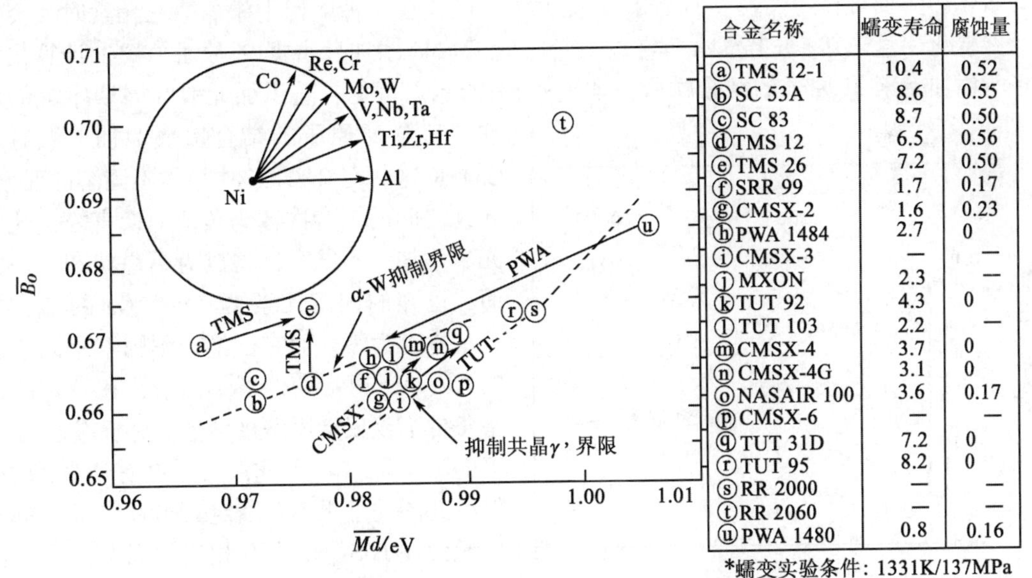

合金名称	蠕变寿命	腐蚀量
ⓐTMS 12-1	10.4	0.52
ⓑSC 53A	8.6	0.55
ⓒSC 83	8.7	0.50
ⓓTMS 12	6.5	0.56
ⓔTMS 26	7.2	0.50
ⓕSRR 99	1.7	0.17
ⓖCMSX-2	1.6	0.23
ⓗPWA 1484	2.7	0
ⓘCMSX-3	—	—
ⓙMXON	2.3	—
ⓚTUT 92	4.3	0
ⓛTUT 103	2.2	—
ⓜCMSX-4	3.7	0
ⓝCMSX-4G	3.1	0
ⓞNASAIR 100	3.6	0.17
ⓟCMSX-6	—	—
ⓠTUT 31D	7.2	0
ⓡTUT 95	8.2	0
ⓢRR 2000	—	—
ⓣRR 2060	—	—
ⓤPWA 1480	0.8	0.16

*蠕变实验条件：1331K/137MPa

图 4.53　铸造镍基高温合金 $\overline{Bo}$-$\overline{Md}$ 图上的位置与屈服强度线

（图中的箭头代表 Ni-10%M 二元合金的位置）

其次，基于第一原理的合金相图计算。如果直接用第一原理进行合金设计，那么需要考虑诸多的因素，如原子尺寸差引起的局部应变、晶格振动自由能、电子状态引起的熵等，这种计算十分复杂、费时。尤其对于一些没有热力学数据的合金系，这种计算几乎不可能。而采用将第一原理计算结果变换成 CALPHAD 法的数据库，就可以实现对合金相图的预测。众所周知，Ir-Nb 系合金熔点很高，并且与镍基高温合金一样可以获得 fcc+$L1_2$ 相的组成，被认为是下一代耐热材料有力候选。遗憾的是用于该合金设计、开发的相图数据缺乏，尤其是热力学计算必需的化合物形成熵等基本实验数据根本没有。为此，T. Abe 等将金属化合物相 $Ir_3Nb(L1_2)$、$IrNb(L1_0)$、$IrNb_3(L1_2)$的形成熵用第一原理计算的方法求得。这样通过将各化合物相的自由能用 CALPHAD 方法进行描述，几乎再现了实验获得的相组成(参照图 4. 54)。

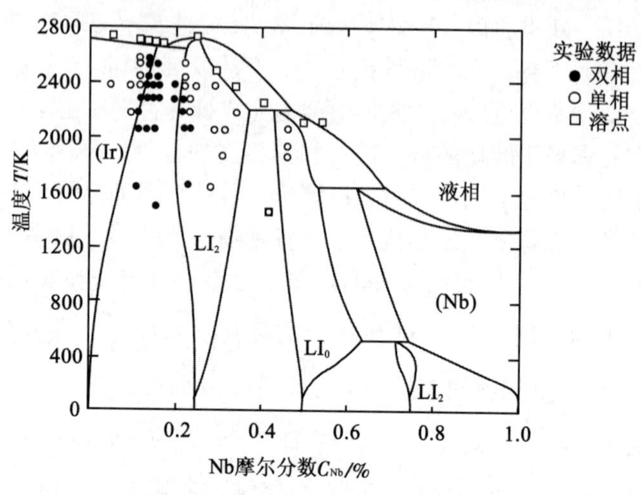

图 4. 54 Ir-Nb 二元合金计算相图

相对金属材料，陶瓷材料的设计研究数量较少，但是近年这方面的报告逐渐增加。如作为非氧化物陶瓷材料的代表，β-Si_3N_4 备受关注，可是在这种陶瓷中添加第三元素时，会发生什么变化一直未知。I. Tanaka 等考虑到第三元素(M)添加后占据 Si 原子位置，计算出 N 原子与添加元素 M 原子的结合次数，如图 4. 55 所示。可见，随添加元素的周期序数的增加，其与 N 原子的结合次数增加，而对于 Ca、K 这些在 β-Si_3N_4 中根本不固溶的元素，M-N 之间的结合次数为负值。换言之，这些元素添加后不结合，将成为不稳状态。一方面，已知的固溶元素 Li、Be、Ga 的结合次数基本上为零。而在固溶与不固溶中间位置的 Na、Mg 通常条件下不固溶，在特殊的制备条件下仅仅能固溶极少量。对于靠近 Si 元素的 C、B、Ge 元素，虽然没有实验数据，但由此图的结果不难断定其作为 Si 元素的置换元素在 β-Si_3N_4 中有相当的固溶能力。图 4. 55 所示的结果虽是定性的，至少通过计算告知人们置换元素周围局部化学结合的变化直接影响其固溶度的事实。

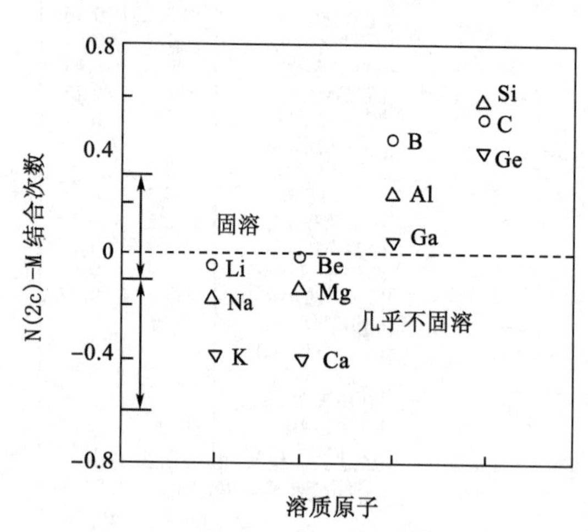

图 4. 55 第三元素(M)在 β-Si_3N_4 中的固溶度与 N-M 结合次数的关系

4.5.2 显微组织控制

显微组织控制

金属、高分子、陶瓷作为传统的三大材料，虽然有明确的领域划分，但在很多方面有着千丝万缕的联系。为了统一认识其强韧学的基础，在此小节由分析三大材料的显微组织的特点出发，探寻其共性，以期对通过材料的显微组织控制实现强韧化提高认识。以晶界为例，金属与陶瓷就有着相同的特点，而高分子材料的分子链以及玻璃转变温度的概念对于某些陶瓷材料亦适用。那么材料的显微组织与其强韧性究竟是何种关系？在此仅就控制材料显微组织的一些新动向，以实例介绍的方式提出，供读者参考。

首先是根据分子动力学对原子尺度的组织演变解析与预测。分子动力学作为预测原子尺度组织演变过程的方法，以牛顿运动方程($F=ma$)为基础，研究原子、分子团的运动，由分子体系的不同状态构成的系统中抽取样本，计算体系的构型积分，并以构型积分的结果为基础进一步计算体系的热力学参量和其他宏观性质。众所周知，马氏体相变是常见的显微组织转变，由于其发生十分迅速，难以用直接观察的方法获得其组织演变过程的细节。为此，M. Shimono 等运用分子动力学方法模拟了不考虑周期边界条件的原子团簇的马氏体相变。以 8-4 型 Lennard-Lones 两体势能研究了 A-B 二元合金的 B_2(bcc 有序相)/$L1_0$(fcc 有序相)的相变过程(如图 4.56 所示)。可见，随团簇尺寸(原子个数)的减少，马氏体相变开始温度(M_s，A_s)以及熔点(T_m)均下降。分析表明，这是由于表面的形成使得各个相的焓及振动熵均发生变化，由此两相自由能差减小所致，获得了有关相变机理的新认知。而当采用 Embedded-Atom method 势能对铁团簇的 fcc→bcc 的马氏体相变过程进行模拟时，发现相变总是先由表面发生而后推进到内部(见图 4.57)，并且表面出现旋涡状原子团运动，这种运动被认为有助于相变形核。

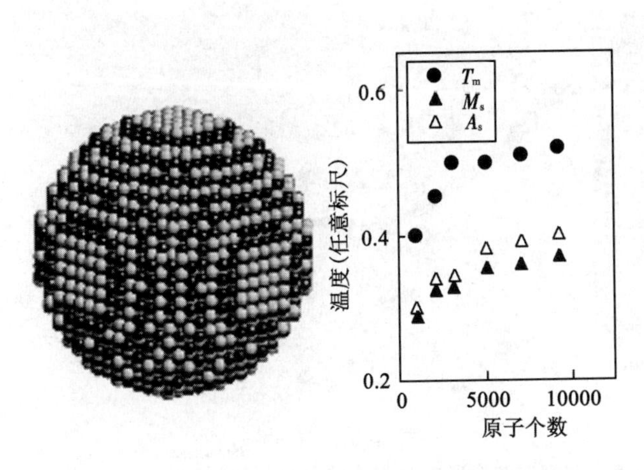

图 4.56 B_2 团簇的外观与团簇原子数变化引起熔点及马氏体相变温度的变化

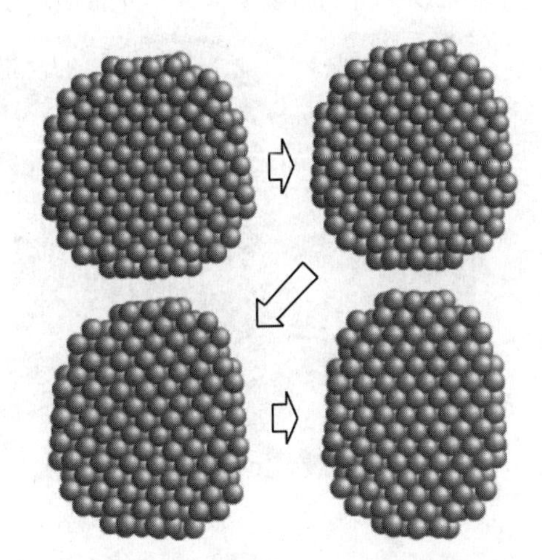

图 4.57 铁团簇由 fcc(100)面转变成 bcc(110)面过程的截面示意图

显微组织控制的另一个研究热点就是各种外场(包括强电场、强磁场、超声波、微波等)在材料制备、加工过程中的应用。这与分子动力学等在原子尺度相比，应该属于微纳米尺度的控制。通过在金属凝固过程中施加电磁搅拌等可以有效地细化晶粒，从而达到材料强

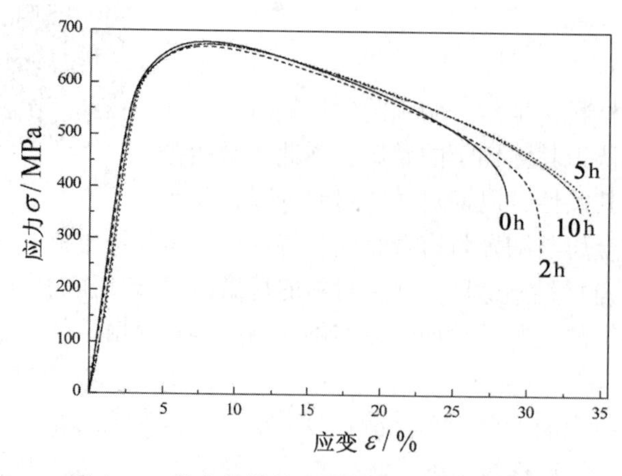

图 4.58　静电场热处理后 GH4199 合金 800℃拉伸应力-应变曲线

韧化的目的。这方面的研究报告很多，有兴趣可参阅相关的文献。在此，简单介绍利用静电场处理改善镍基高温合金韧性的实例。王磊等对 GH4199 合金进行了研究，图 4.58 所示为合金经不同时间静电场热处理后 800℃拉伸试验的典型应力-应变曲线。可见，在弹性变形后至最大载荷点的塑性变形阶段，静电场热处理对合金性能无明显影响。而在最大载荷点之后的塑性变形阶段，静电场热处理时间对合金应力应变曲线影响明显。在相同载荷条件下，经静电场热处理的试样应变量增加，而且随处理时间的延长，应变量的增加幅度呈上升趋势。当处理时间超过 5h 后，应变量的增加幅度减小。

电场处理使 GH4199 合金的高温塑性改善，分析发现这源于电场处理使合金中的孪晶数量增加。拉伸变形过程中，孪晶阻碍位错运动，使位错在孪晶界处发生塞积，产生应力集中，随着变形程度的增大，位错塞积程度增加，当应力集中达到一定程度后，塞积的位错就会越过孪晶界继续向前运动。断口观察发现裂纹扩展穿过孪晶界时，由于孪晶界两侧晶体取向的差异，滑移位错越过孪晶界时将发生滑移面及滑移方向的改变[见图 4.59(a)]，裂纹穿过孪晶界时发生了偏转而改变了扩展方向。合金中孪晶数量越多，裂纹扩展过程中遇到存在取向差异的界面就越多，转向概率就越高[示意图如图 4.59(b)所示]。裂纹扩展方向的改变使得合金变形过程中塑性变形功增加，推迟断裂时间，进而提高合金塑性。由此可见，采用外场处理可以获得常规处理难以获得的新现象，近年此领域的研究非常活跃，有兴趣的读者可以查阅相关最新论文。

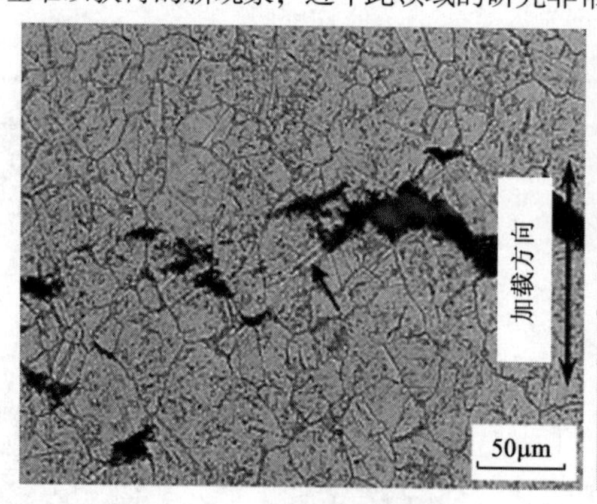

(a)SEM 照片

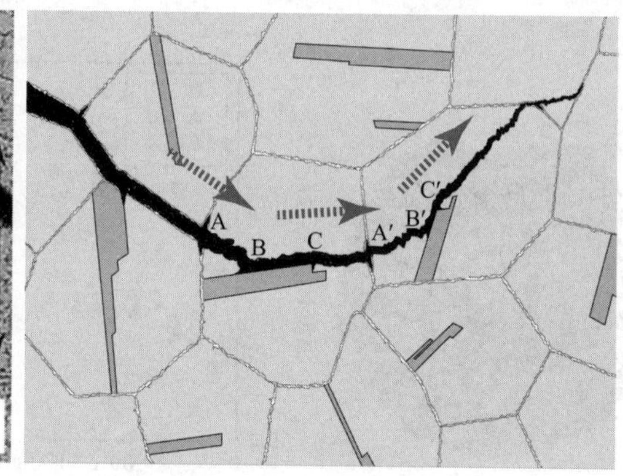

(b)示意图

图 4.59　孪晶在 GH4199 合金 800℃拉伸变形中对裂纹扩展的影响

纳米技术与晶界控制

4.5.3　纳米技术与晶界控制

卢柯等提出，为了使材料强化后获得良好的综合强韧性能，强化界面应具备三个关键结构特征：① 界面与基体之间具有晶体学共格关系；② 界面具有良好的热稳定性和机械稳定性；③ 界面特征尺寸在纳米量级(<100nm)。进而，他们提出了一种新的材料强化原理及途径——利用纳米尺度共格界面强化材料。

卢柯等研究发现，纳米尺度孪晶界面具备上述强化界面的三个基本结构特征。他们利用脉冲电解沉积技术成功地在纯铜样品中制备出具有高密度纳米尺度的孪晶结构(孪晶层片厚度<100nm)。发现随孪晶层片厚度减小，样品的强度和拉伸塑性同步显著提高。当层片厚度为15nm时，拉伸屈服强度接近1.0GPa(是普通粗晶Cu的十倍以上)，拉伸均匀延伸率可达13%。显然，这种使强度和塑性同步提高的纳米孪晶强化与其他传统强化技术截然不同。理论分析和分子动力学模拟表明，高密度孪晶材料表现出的超高强度和高塑性源于纳米尺度孪晶界与位错的独特相互作用。例如当一个刃型位错与一Σ3孪晶界相遇时，位错与孪晶界反应可生成一个新刃型位错在孪晶层片内滑移，同时可在孪晶界上产生一个新的不全位错，该位错可在孪晶界上滑移。当孪晶层片在纳米尺度时，位错与大量孪晶相互作用，使强度不断提高。同时，在孪晶界上产生大量可动不全位错，它们的滑移和贮存为样品带来高塑性和高加工强化。由此可见，利用纳米尺度孪晶可使金属材料强化，同时可提高韧塑性。

由此可见，利用纳米尺度共格界面强化材料已成为一种提高材料综合性能的新途径。尽管在纳米尺度共格界面的制备技术、控制生长，及各种理化性能、力学性能和使役行为探索等方面仍然存在诸多挑战，但这种新的强化途径在提高工程材料综合性能方面表现出巨大的发展潜力和广阔的应用前景。这种新思路与传统材料强韧化理念的比较可用图4.60表示。

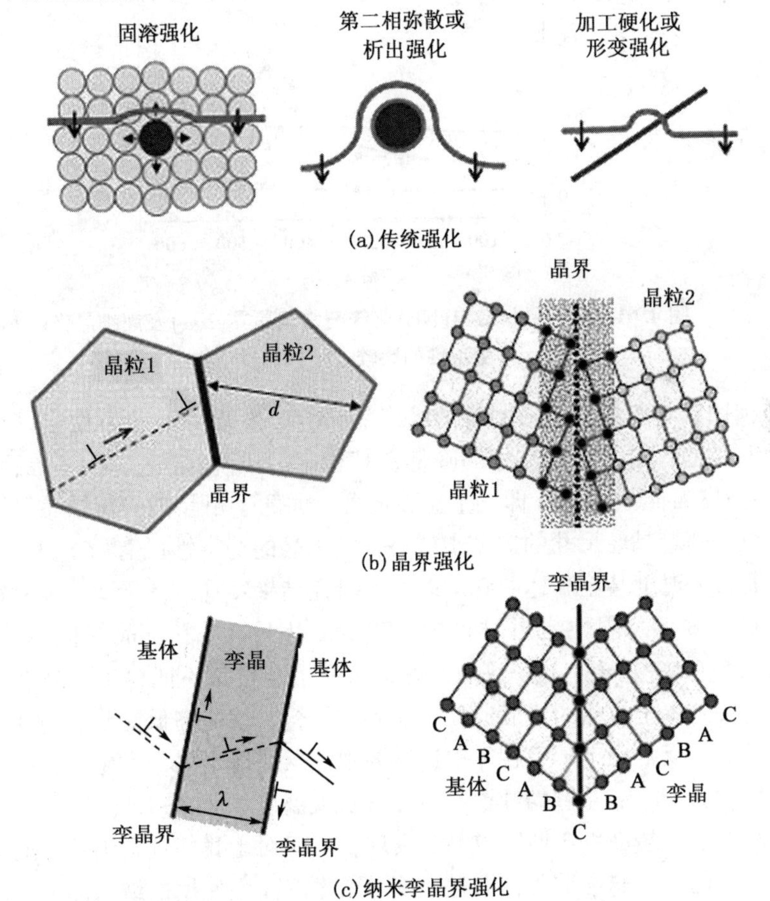

图4.60 纳米共格界面强化与传统强化的比较

2013年，卢柯研究组利用表面机械碾磨处理在金属纯镍棒表层实现了高速剪切塑性变形，这种塑性变形可在材料最表层同时获得大应变量、高应变速率和高应变梯度。研究表明，塑性变形过程中提高变形速率和变形梯度可有效提高位错增殖及储存位错密度，从而促进晶粒细化进程。为此，随着距表面深度增加，应变量、应变速率和应变梯度呈梯度降低，形成呈梯度分布的微观结构。在距离表面10~50μm深度形成了具有小角晶界的纳米层片结构，层片平均厚度约为20nm，比纯镍中的变形晶粒尺寸极限小一个数量级，其硬度高达6.4GPa，远远超过其他变形方式细化的纯镍硬度。测量表明，纳米层片结构的结构粗化温度高达506℃，比同成分材料超细晶结构晶粒粗化温度高40℃。换言之，通过上述变形不但使材料具有高的强度，同时其热稳定性较常规晶界、超细晶化的同成分试样要高得多(见图4.61)。纳米尺度的层片厚度是超高硬度的本质原因，而高热稳定性源于其中的平直小角晶界和强变形织构。这种新型超硬超高稳定性金属纳米结构有望在工程材料中得到应用，以提高其耐磨性和疲劳性能。

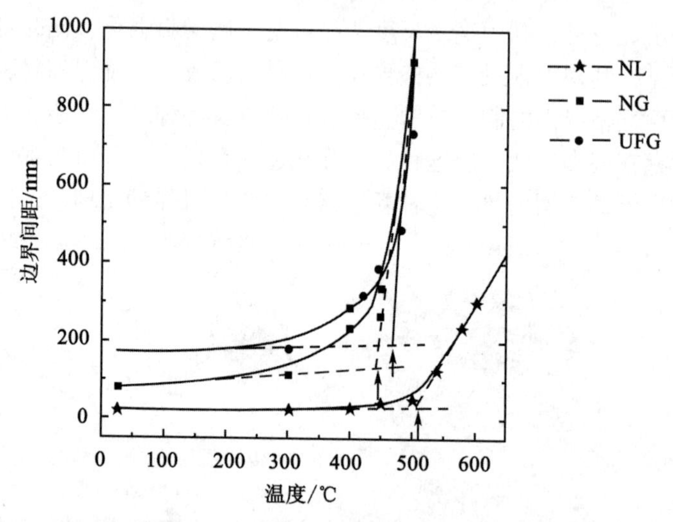

图4.61 纳米层状结构(NL)化镍与常规晶界(NG)及超细晶化(UFG)镍热稳定性的比较（不同温度下保温1h）

2018年卢柯团队对于塑性变形制备的纳米晶研究，发现其显著不稳定只在一定的晶粒尺寸范围内发生，之后随着晶粒尺寸的降低，其稳定性不降反升。对于纯铜而言，尺寸为70 nm的晶粒在413 K退火30min即发生显著长大，远低于粗晶铜的再结晶温度。而低于尺寸70 nm的晶粒，随着晶粒尺寸的进一步减小，纳米晶的稳定性反有所上升，尺寸为30 nm的晶粒，其显著长大温度甚至高达600 K以上。研究结果发现，低于70 nm晶粒稳定性升高来自晶界能的自发降低。塑性变形过程中，70 nm以下的晶粒，晶界能自发由原来0.52 J/m^2 降低至0.23~0.27 J/m^2，这一现象与在该尺寸下全位错不能弓出，晶界通过释放不全位错容纳变形有关。不全位错的释放改变了晶界的结构，使之向低能状态转变。该研究结果还发现，纳米晶这一反常稳定不只在纯铜这样的中低层错能金属中发生，在高层错能纯镍中也同样存在。尺寸为15 nm左右的纯镍晶粒显著长大温度为1173 K（约0.68 T_m），远高于粗晶镍的再结晶温度。超高稳定性纳米晶的发现，不仅对于我们理解纳米晶的变形机制以及晶界在纳米尺寸下的行为非常重要，而且也展示了发展高温使用的纳米晶的可能性。

2020年3月25日，*Materials Science* 上发表了来自清华大学的题为“Chemical boundary engineering: A new route toward lean, ultrastrong yet ductile steels”的研究工作。研究发现如果能够有效地控制金属材料在凝固或轧制过程中形成的不均匀化学区域的分布和尺寸，最为重要的是区域间化学成分差异的锐利程度，将能够得到与传统材料不同的新型微观组织，提升材料性能。他们将这种锐利的化学差异命名为化学界面（chemical boundary）。研究人员采用典型的第三代汽车用钢——中锰钢，作为化学界面工程的示范材料。利用闪速加热技术，在高温下形成了大量尖锐的化学界面。在随后的冷却过程中，这些化学界面有效地阻碍了马氏体相变的扩展，把马氏体相变限制在百纳米的范畴，同时产生的相变体积膨胀向周围未转变的奥氏体引入了大量的纳米孪晶，形成了纳米板条马氏体+纳米孪晶奥氏体的双相组织（图 4. 62），证实了化学界面对马氏体相变的强烈影响。

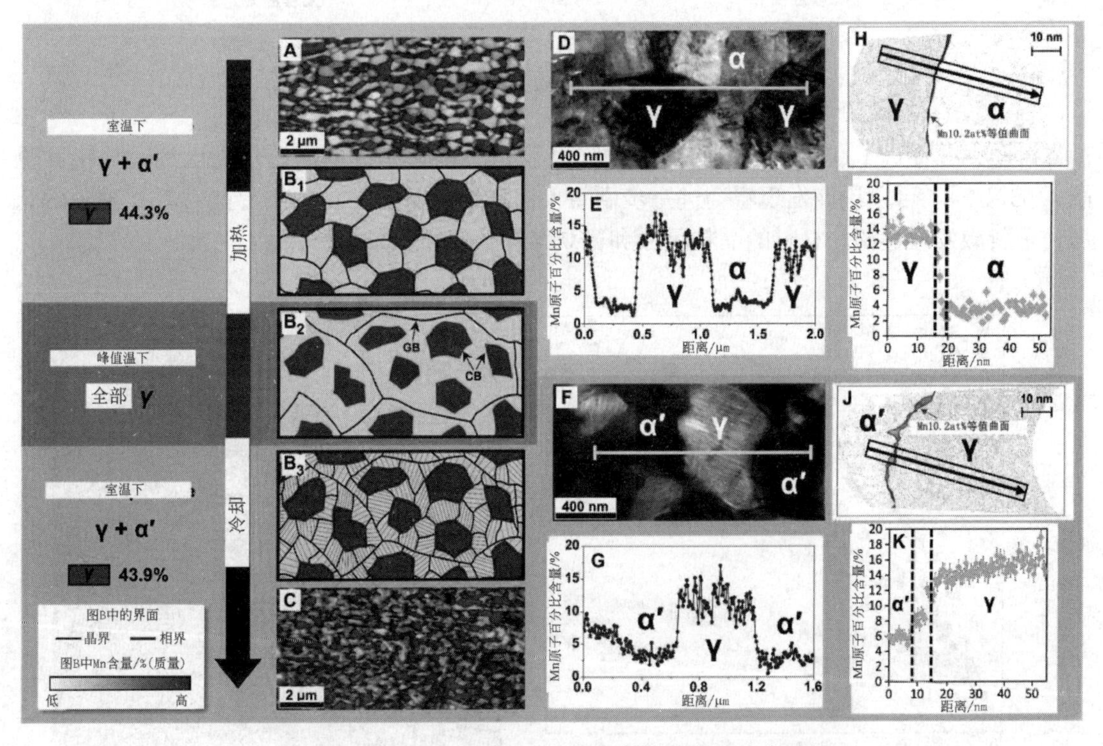

图 4. 62 采用 CBE 方法处理的钢的微观组织演变过程

这种新型组织具有非常优秀的力学性能，在保证延伸率不变的情况下，可使中锰钢的强度从约 1060MPa 提升至约 1458MPa，在结合其他强化机理以后，可使中锰钢强度达到 2000MPa 以上时，依然保持着约 20%的延伸率（图 4. 63）。化学界面工程得到的低碳中锰钢性能区分于现有的低碳高强钢的范畴，显示了其广阔的应用前景。

2020 年 2 月 24 日重庆大学黄晓旭团队与北京高压科学研究中心陈斌团队等合作，在 *Nature* 上发表题为“High pressure strengthening in ultrafine-grained metals（超细晶金属的高压强化）”的研究成果。该研究首次将地球科学研究领域的高压实验方法引入纳米材料研究中，创造性地解决了纳米材料强度表征的技术难题，首次报道了晶粒尺寸在 10nm 以下的纳米纯金属的强化现象。通过对纳米纯金属镍进行高压变形研究，发现其强度随着晶粒尺寸减小持续提高，而且更令人吃惊的是，晶粒尺寸越小其强化效果越显著。在所研究的最小晶粒尺寸（3nm）样品中，获得了 4. 2 GPa 的超高屈服强度，比常规商业纯镍强度提高了 10 倍［见图 4. 64(a)］。塑性计算模拟和透射电子显微镜分析表明，高压变形抑制了纳米材料中的

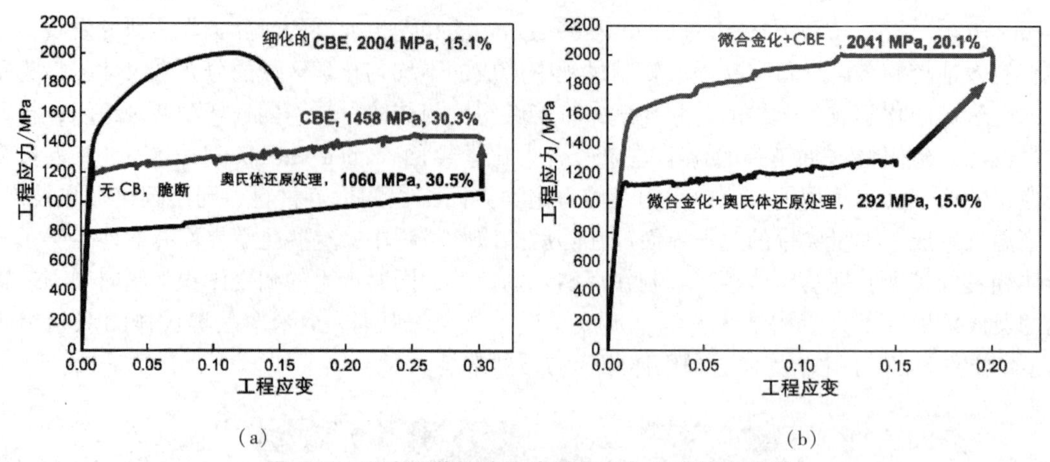

(a) (b)

图 4.63 研究所获钢的拉伸工程应力-工程应变曲线

晶界滑动，并促进了起强化作用的晶体缺陷（位错）的储存，从而诱发高压细晶强化［见图 4.63(b)］。可以说该发现将会进一步刷新人们对纳米材料强化中临界晶粒尺寸现象的认识，重新激发通过调控材料的晶粒尺寸和微观结构获得超强金属的探索。

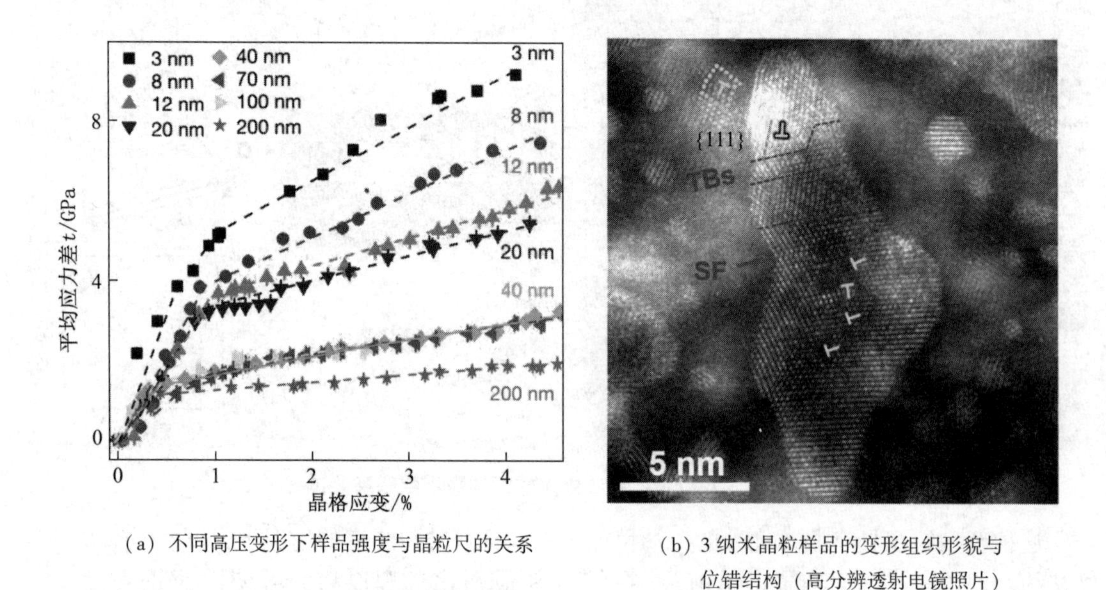

(a) 不同高压变形下样品强度与晶粒尺的关系

(b) 3 纳米晶粒样品的变形组织形貌与位错结构（高分辨透射电镜照片）

图 4.64 超细晶纯镍的高压强化研究的最新结果

2020 年 5 月 6 日，*Nature Materials* 发表了题为 “Mechanism of collective interstitial ordering in Fe-C alloys” 的论文，张燮和王红才等发现，通过对经典的铁碳合金体系进行细致的研究，在实际的材料中，近邻基体原子由于受合金原子周围应力场影响而产生的位移非常大，势能曲面却并非是简谐的，这一直觉上非常微小的高阶非简谐效应对合金相变的临界温度或含量有着超乎想象的显著影响。这一发现极大地丰富了传统的相变理论，并对高强度合金的设计提供了全新的思路。

2020 年 5 月 8 日，*Science* 发表了香港大学黄明欣等的 “Making ultrastrong steel tough by grain-boundary delamination” 论文，报道了成功突破超高强钢的屈服强度-韧性组合极限，获

得同时具备极高屈服强度（约 2 GPa）、极佳韧性（102 $MPa \cdot m^{\frac{1}{2}}$）、良好延展性（19%的均匀延伸率）的低成本变形分配钢（D&P 钢）。

4.5.4 材料强韧性评价与标准问题

材料力学性能的评价方法，有各种标准可以参照。如我国的国家标准(GB 系列)、国际标准(international organization for standardization，ISO 系列)以及由国际试验材料协会(international association for testing materials，IATM)演变而成的美国试验与材料协会(American society for testing and materials，ASTM)ASTM 系列。当然，大多数国家都有自己的评价标准，如日本有自己的 JIS(Japanese industrial standards)标准系列，又如欧洲标准 ENISO6892. 1—2009 则与 ISO6892. 1—2009 完全相同，只是在 ISO6892. 1—2009 前面冠以 EN 符号。在此，推荐读者尽量按照所需(一般按照用户的要求)选择适宜的标准。若评价的结果仅在国内使用，那么使用 GB 可能是上策；若数据在国际学术界交流，那么使用 ASTM 或 ISO 标准可能交流更方便。当然，前提是应该充分了解各个标准之间的异同点。下面以材料拉伸试验为例试说明各个标准的差异。涉及材料强度、塑性、韧性的其他标准也有类似的问题，敬请读者注意。

众所周知，材料拉伸试验是材料力学性能测试中最常见、最基本的试验方法。试验中的弹性变形、塑性变形、断裂等各阶段真实反映了材料抵抗外力作用的全过程。它具有简单易行、试样制备方便等特点。拉伸试验所得到的材料强度和塑性性能数据，对于设计和选材、新材料的研制、材料的采购和验收、产品的质量控制以及设备的安全和评估都有很重要的应用价值和参考价值。不同国家的拉伸试验标准对试验机、试样、试验程序和试验结果的处理与修约的规定不尽相同。比较日本的 JIS Z2241—2011、美国的 ASTM E8/E8 M-16a 等标准与中国的 GB/T 228. 1—2010，可以发现它们之间存在诸多不同。由于均源自 ISO 6982. 1—2009，日本和中国的标准对试验机及其附件、试验程序和试验结果处理与修约方面的规定基本一致，只是 JIS 标准使用非比例试样，因此要求较大的样品尺寸和试验机能力。ASTM 标准在试验机及其附件、试验程序、试样和试验结果处理与修约方面与日本和中国的规定存在较大差异。对引伸计的精度要求，ASTM 标准较高。对屈服阶段试验速率，ASTM 标准较低，试验速率降低导致的强度性能指标降低是否足以影响被测产品屈服性能指标合格与否值得关注。不同 ASTM 标准中对取样位置、试样选择的规定不尽相同，产品测试时应注意不同参考标准的适用范围。在拉伸试验结果处理与修约方面，ASTM 标准采用的断面收缩率计算公式与日本和中国的标准不同；对强度性能指标和延性性能指标的修约间隔也不尽相同。

近年有些学者提出以应变速率控制方式进行材料拉伸试验。其原因在于试验速率确实影响性能测定（或许正因为如此，在现行的拉伸试验标准中对包括试验速率等试验条件有明确的规定，这一点需要引起读者足够的注意。），对试验速率控制规定要求是必须的。试验速率控制目的是要控制试样变形的快慢，应变速率控制应是试样变形快慢最直接的控制方式，其他控制方式都是间接或近似控制方式。ISO 标准 20 年前就开始推荐了应变速率控制方式。然而，由于应变速率控制技术还没有达到令人满意的成熟完善的程度，所以在 ISO 标准中保留原有的方法 B。中国也在 GB 标准中保留方法 B。

另一个值得注意的问题是评价标准的定义问题。如在 4. 4. 2 中已经强调的那样，诸如复合材料的韧性问题，至今为止尚无统一的定义。正是因为如此，有必要在对材料的某个力学性能进行评价时，认真领会其性能指标的物理本质与真正意义，只有这样才能在选择标准与评价中不偏离指标的内涵。姑且不论复合材料这样的由两种或两种以上材料组成的复杂材料，即使对单纯的金属材料也有很多必须注意的问题。如材料的各向异性问题，如 Al-Li 合金的低温层状断裂行为、钛合金中的层状组织、定向凝固高温合金等。即使不是如此明显的各向异性材料，轧制、锻造、挤压等加工形成的加工流线也是必须考虑的问题。这些必须在评价之前慎之又慎地逐一列入评价细则，以保证评价的客观与准确。有关各种力学性能评价试验要求，请读者参阅相应的标准要求。

在结束本节之前，笔者想再强调两点。第一，材料的强韧性评价应尽量考虑其服役条件。结构材料是用于制造结构件的，那么在对构成结构件的材料进行力学性能评价时，应该而且十分必要考虑该结构件的服役状态。如载荷状态(是拉压、弯曲，还是扭转等；是循环还是单一载荷)、载荷速率(是静态载荷还是动态载荷)、温度(常温、低温、高温)、介质/环境(大气、腐蚀介质)等。只有充分考虑到这些，那么评价才真正赋有实用价值。如载荷速率与环境对材料的断裂韧性影响很大(参见 6.5.5)，不考虑这些因素，那么即使作了安全系数设计的结构恐怕也难确保可靠。第二，材料的强韧性评价应与材料设计、制造/加工相结合。材料的强韧化不是仅仅做做评价就能实现的，当然也不是材料设计或者材料制备/加工的单个环节所能实现的。所以材料的力学性能评价结果，必须反馈给材料使用和开发部门。作为材料研发的科技工作者，除积极参与评价材料的强韧性的工作，更重要的是将考虑了服役环境的评价信息与材料研发紧密结合，为材料的挖潜、研发新材料提供支撑。只有这样，材料强韧学的理论才能不断完善，材料强韧化水准才能步步提高。

4.6 材料强韧化过程的力学计算(Mechanical Calculation of the Strengthening-toughening of Materials)

随着计算机技术及计算方法的进步，计算机在材料强韧化方面的应用有了长足的进步。本节简要介绍材料强韧化过程的力学计算，细节请读者参照有关的专著。目前在定量表征材料强韧化过程中所发展的力学计算方法包括：宏细观平均化计算方法、层状结构的 Hamilton 型计算方法、材料强度的统计计算方法、宏细微观三层嵌套模型等。

4.6.1 宏细观平均化计算

宏细观平均化计算

宏细观平均化计算包括单一层次的梯度塑性计算方法和宏细观跨尺度计算方法。Y. Huang 等发展了在外加 K 场下，考虑宏细观连接的梯度塑性计算方案。在梯度塑性理论下的详细有限元计算表明，梯度塑性裂纹尖端场大多位于 HRR 场内，但也有一些情况在裂纹尖端并不出现 HRR 场，只出现梯度塑性裂纹尖端场。针对颗粒复合材料和纤维复合材料的横向性能探讨了宏细观跨尺度计算方法。算法包括利用材料细观周期性的胞元模型和强调宏细观连接的广义自洽方法。

(1)胞元模型(cell model)

胞元定义为材料的一个基本构元，它嵌含材料细观几何和相结构的要素。以颗粒增强复合材料的细观力学计算为例，胞元应嵌含颗粒形状、颗粒百分比、颗粒分布几何、基体本构、界面状况等要素。D. Fang 等建立了以胞元模型为基础的三维弹塑性宏细观平均化算法和软件。该算法可以考察含有不同百分比的球形、立方形、菱形、柱形、椭球形颗粒的复合材料的应力-应变曲线。颗粒分布可以是各种确定性分布，也可以是计算机按一定体积分数随机生成的。界面状况包括理想黏接与完全脱黏两种情况。

(2)自洽方法(self-consistent method)

该方法是一种直接考虑宏细观交互作用的研究方法，广义自洽方法则将平均化的胞元与宏观等效介质进行自洽连接。大连理工大学唐立民课题组将广义自洽方法与有限元法相结合得到了广义自洽有限元法。该方法可处理具有复杂细观结构的复合材料、非线性的基体本构关系、不同的界面几何和物理特征。并运用这一计算方案成功地对 Si/Al 和 B/Al 等金属基复合材料进行了分析，预报了该两类材料的弹性模量、比例极限、屈服极限、后继强化和黏弹性性能。

通过界面损伤和金属塑性损伤的 Gurson 本构方程的结合，可分析界面强度对金属基复合材料细观损伤运动(基体内孔洞的成核与发展，界面脱黏和增强相断裂)及其宏观性能的影响。定量地描述金属基复合材料细观损伤的三种模式发生和发展的全貌，以及界面在复合材料从脆性损伤模式向韧性损伤模式转换中的关键作用。另外，杨卫等针对纤维增强复合材料和复合材料层板断裂过程的特点，研制了复合材料的断裂模拟软件，该软件能识别复合材料中的断裂路径与强度，有限元网格能够随着裂纹的移动对裂纹尖端聚焦。

4.6.2 层状结构的细观模拟计算

层状结构的细观模拟计算

唐立民等以 Hellinger-Reissner 变分原理为基础，并引入混合边界项使之成为真正意义的混合变量变分原理。改进了 Hamilton 元的生成原理，在不改变系统方程为 Hamilton 正则方程的前提下，用本构关系把非独立的应力分量表示成独立分量函数。最后在一般曲线坐标系下建立了 Hamilton 元，并克服了一般半解析法不能处理组合边界的困难，因此可在复杂区域应用 Hamilton 元。提出并逐步完善了可对层合结构进行精细应力分析的混合状态半离散半解析方法(Hamilton 层状元)，克服了传统有限元方法求解这类问题时遇到的层间应力不连续、单元网格奇异、计算效率低等困难。提出了一种以位移和层间连续应力分量为变量，沿膜面方向离散，沿膜厚方向解析展开的计算方案，来解决单元网格奇异和不同介质间应力张量既有连续分量(层间应力)又有间断分量所造成的计算困难。

4.6.3 材料强度的统计计算

材料强度的统计计算

如4.2节所述，陶瓷等脆性材料(包括岩石、混凝土、环氧树脂、铸铁等)的强度对微缺陷分布非常敏感，强度不仅与微裂纹的平均密度和平均长度有关，还与微裂纹的长度和密度的涨落有关。其原因在于微裂纹的串接过程取决于微裂纹间的强相互作用。为揭示强度对微裂纹分布的敏感性，需要采用统计计算，考察简单的共线裂纹情况。杨卫等提出：假设共线裂纹的平均长度和平均中心距均为已知，但裂纹长度和中心距的涨落可取不同的方差，按断裂力学和最弱链理论来统计模拟微裂纹的串接过程。结果表明：① 脆性材料的统计强度遵循 Weibull 分布；② 裂纹长度和中心距的方差越大，材料的统计强度越差；③ 材料的尺度越大，由于缺陷的涨落效应，材料的统计强度越差；④ Weibull 模量仅与裂纹长度和中心距的方差有关，与其平均值无关。含不同分布方差特征的共线裂纹串的混凝土实验定量地验证了上述预测。

运用上述研究成果，杨卫等还讨论了脆性材料中宏观裂纹串接微裂纹的过程。在给定的远场应力强度因子下，可以用统计计算得到宏观裂纹串接微裂纹的期望长度。对非共线微裂纹的串接过程，可以根据主裂纹和微裂纹的断裂力学计算来得到裂纹串接的统计规律。然后，在该统计规律下，由行走模型得到宏观裂纹垂直偏斜的期望值。这一垂直偏斜期望值在非平行宏观裂纹的交汇过程中非常重要。

4.6.4 宏细微观三层嵌套模型

宏细微观三层嵌套模型

宏观(macro)、细观(meso)、微观(micro)3个层次的结合需要发展多层次交叠的空间离散技术和时间加速计算技术。多层次的空间离散技术包括空间分域技术(即分为具有宏观、细观、微观特征的区域)及不同层次区域的嵌合技术。其技术内涵包括：以嵌盖层与吸收层为特征的缺陷结构透越技术、原子/连续介质的嵌套算法、细微观统计数值计算技术、破坏过程区移动时不同层次区域的跟随-转换技术，等等。多层次计算的一个更艰巨的任务是在不同时间尺度下的时间加速技术。原子运动的特征时间在飞秒（10^{-15}s）量级，它与宏观运动的时间相差十几个量级。需要发展在神经网络算法支持下具有跨层次逐步学习功能的计算技术。

清华大学黄克智院士等发展了宏细微观三层嵌套模型。其主要构成方案如下：① 用原子镶嵌模型和分子动力学理论模拟裂尖附近的纳观区行为；② 用弹性基体加离散位错来描述细观区行为，位错的运动由位错分解剪应力和位错动力学曲线来支配；③ 在纳观区与细观区的交界上采用原子/连续介质交叠环和缺陷结构的透越技术，实现了裂尖发射位错的跨层次传递；④ 在宏观区采用超弹性/黏塑性大变形本构关系和有限元计算方案；⑤ 在纳观区与细观区的交界上采用位错吸收的界面条件。这一原子点阵/连续介质的嵌套算法还可以模拟界面结构与形貌，并在外载上考虑裂尖混合度的影响。在原子点阵/连续介质交叠带方案下，首次模拟出从裂尖发射的原子点阵位错运行，并转变为连续介质位错群的动态过程（见图4.65），还探讨了在不同界面断裂混合度下波折界面对位错发射的抑制作用。实现了从纳观计算力学到细观计算力学，再到宏观计算力学的贯穿。

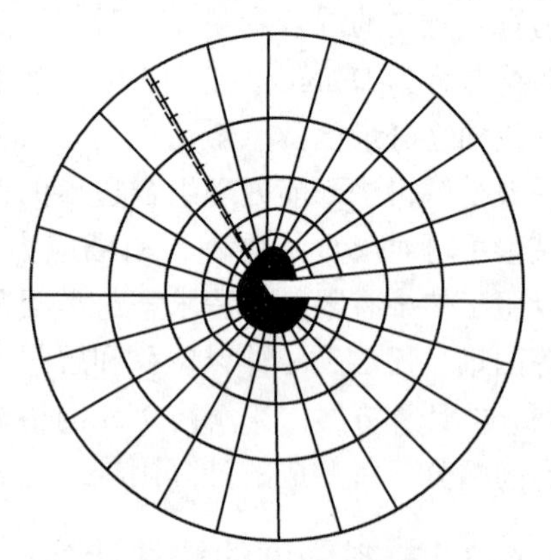

图4.65 裂尖位错发射的细微观过程

2011年6月24日，美国奥巴马政府发布了“材料基因组计划”，作为启动价值超过5亿美元的“先进制造业伙伴关系(advanced manufacturing partnership，AMP)”计划的重要支撑，总投资超过了1亿美元。计划强调面对竞争激励的制造业和快速的经济发展，材料科学家和工程师必须缩短新材料从发现到应用的研发周期，以期解决21世纪的巨大挑战。然而，当前的新材料研发主要依据研究者的科学直觉和大量重复的“尝试法”实验。其实，有些实验可以借助现有高效、准确的计算工具，然而，这种计算模拟的准确性依然很弱。制约材料研发周期的另一因素是发现、发展、性能优化、系统设计与集成、产品论证及推广过程中涉及的研究团队间彼此独立，缺少合作和数据的共享，以及材料设计的技术有待大幅度提升。

最近，在工程领域出现的集成材料计算学与计算机技术相结合的范例表明，可以把现有的材料20~30年研发周期缩短到2~3年。“材料基因组计划”拟通过新材料研制周期内各个阶段的团队相互协作，加强“官产学研用”的结合，注重实验技术、计算技术和数据库之间的协作和共享(通过学习标志以解决知识产权问题)，目标是把新材料研发周期减半，成本降低到现有的几分之一，以期加速美国在清洁能源、国家安全、人类健康与福祉以及下一代劳动力培养等方面的进步，加强美国的国际竞争力。当然，这里包含了大量的先进结构材料的研发。因此，可以预见计算材料学与计算机技术等的结合将为新一代结构材料的强化与韧化研究提供新的思路、方法。

参考文献

[1] 辛島誠一. 金属・合金の強度［M］. 東京：日本金属学会，1972.

[2] 哈宽富. 金属力学性质的微观理论［M］. 北京：科学出版社，1983.

[3] 杨道明. 金属力学性能与失效分析［M］. 北京：冶金工业出版社，1991.

[4] 王磊. MM 的浪潮：金属基复合材料的特性、制法、行情［M］. 沈阳：东北大学出版社，1991.

[5] G. E. 迪特尔. 力学冶金［M］. 北京：机械工业出版社，1986.

[6] 日本金属学会強度委員会. 金属材料の強度と破壊［M］. 東京：丸善株式会社，1964.

[7] 肖纪美. 金属的韧性与韧化［M］. 上海：上海科学技术出版社，1980.

[8] 日本学術振興会先端材料技術第 156 委員会. 材料システム学：三大材料の力学的性質の統一的理解のために［M］. 東京：共立出版株式会社，1997.

[9] KOBAYASHI T. Strength and toughness of materials［M］. Tokyo：Springer，2004.

[10] ZHANG L，GUO T F，HWANG K C，et al. Mixed mode near-tip fields for cracks in materials with strain gradient effects［J］. J. Mech. Phys. Solids，1997，45(3)：790-795.

[11] 陈浩然，苏晓风，郑子良. 广义自洽有限元迭代平均方法［J］大连理工大学学报，1995(35)：790-795.

[12] ZHANG S L，YANG W. Macrocrack extension by connecting statistically distributed microcracks［J］. Int. J. Fracture，1998(90)：241-253.

[13] WANG L，LIU Y，CUI T，et al. Effects of electric-field treatment on a Ni-base superalloy［J］. Rare Metals，2007，26(8)：210-215.

[14] 刘杨，王磊，乔雪璎，等. 应变速率对电场处理 GH4199 合金拉伸变形行为的影响［J］. 稀有金属材料与工程，2008，37（1）：66-71.

[15] LU K，LU L，SURESH S. Strengthening materials by engineering coherent internal boundaries at the nanoscale［J］. Science，2009（324）：349.

[16] LIU X C，ZHANG H W，LU K. Strain-induced ultrahard and ultrastable nanolaminated structure in nickel［J］. Science，2013(342)：337.

[17] YANG T，ZHAO Y L，TONG Y，et al. Multicomponent intermetallic nanoparticles and superb mechanical behaviors of complex alloys［J］. Science，2018，372（6417）：933-937.

[18] DING R，YAO Y J，SUN B H，et al. Chemical boundary engineering：A new route toward lean，ultrastrong yet ductile steel［J］. Science advances，2020，6（13）：1430.

[19] ZHOU X L，FENG Z Q，ZHU L L，et al. High pressure strengthening in ultrafine-grained metals［J］. Nature，2020，579（7797）：67-72.

[20] ZHANG X，WANG H C，HICKEL T，et al. Mechanism of collective interstitial ordering in Fe-C alloys［J/OL］. Nature materials.（2020）：https：//doi. org/10. 1038/s41563-020-0677-9.

[21] LIU L，YU Q，WANG Z，et al. Making ultrastrong steel tough by grain-boundary delamination［J/OL］. Science，(2020)：https：//science. sciencemag. org/content/early/2020/05/06/science. aba9413. ful.

[22] 徐庭栋. 非平衡晶界偏聚动力学和晶间脆性断裂（含拉伸力学性能测试不确定性机理）［M］. 北京：科学出版社，2017.

1. 名词解释

强化；韧化；均匀强化；Cottrell 气团；Snoek 气团；Suzuki 气团；有序强化；细晶强化；沉淀强化；弥散强化；第二相强化；共格应变；纤维强化；Orowan 机制；固溶强化；相变强化；界面强化；相变增韧；微裂纹增韧

2. 简述金属材料细化晶粒的常用方法，并简述细晶强化的原理。

3. 假设 α-Fe（点阵常数为 $a=0.286$nm）中所有位错周围的每个位置都由溶质原子占据着，如果 1mm^3 的铁中含有大约 10^6mm 长的位错线，估算溶质原子的数目(原子百分数)。

4. 某些镍基合金中加入了合金元素 Co，提高了合金的高温强度，试用位错理论加以解释。

5. 为什么置换固溶体比间隙固溶体更常见？

6. 一种时效的沉淀强化合金的屈服强度是 500MPa。计算合金中颗粒的间距。（$G=30$GPa，$b=0.25$nm）

7. 平均晶粒直径为 0.1mm 的某金属材料，其屈服强度由于晶粒降至 0.05mm 时，增量为 $\Delta\sigma$，问当晶粒尺寸降到多少时，可使屈服强度的增量提高一倍？

8. 为什么 AISI1040 钢的抗拉强度随热处理冷却速度的增加而降低？(下图所示为 AISI1040 钢不同热处理工艺下的应力-应变曲线)

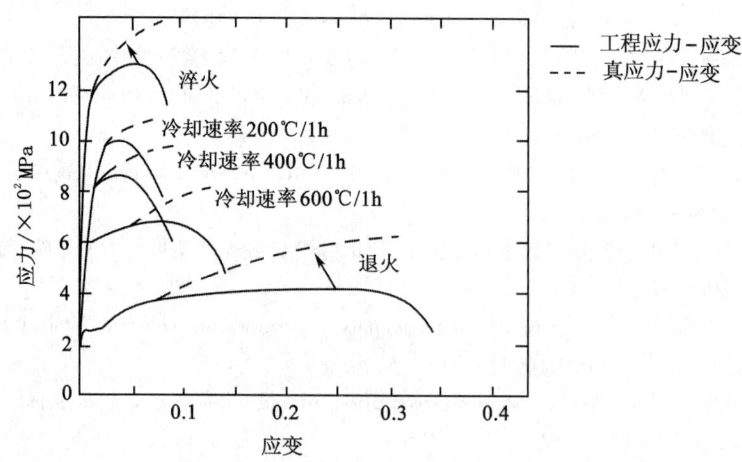

9. 半径为 r 的均匀球形粒子，弥散分布在单位立方体内，每个单位体积的粒子数为 N，粒子体积分数为 f，并且 $N=\dfrac{f}{\frac{4}{3}\pi r^3}$，粒子的平均距离为 $\lambda=\dfrac{1}{N^{\frac{1}{3}}}-2r$，试：① 证明 $\lambda=2r\left[\left(\dfrac{1}{1.91}f\right)^{-\frac{1}{3}}-1\right]$；② 计算 $f=0.1$，$r=10^{-3}$mm 时 λ 值。

10. 某沉淀强化铝合金经过适当热处理后，析出的沉淀相平均间距为 0.2μm。计算强化机制为 Orowan 所需的剪切应力。(已知 $G=30$ GPa，晶格常数 $a_0=0.4$nm)

11. 在基体中分散着相同尺寸的第二相球状颗粒(半径为 r)的一个立方单元。给定颗粒体积分数 f 为 0.001，球型半径 $r=10^{-6}$cm 的试样，计算颗粒间的平均距离。

12. 在含 10%Mg 的 Al-Mg 合金中，估算使强化机制由颗粒剪切转变成 Orowan 绕过时的沉淀相的临界半径。(已知以下参数：$\gamma_{Al_2Mg}=1.4J/m^2$，$G_{Al}=26.1GPa$，$r_{Al}=0.143nm$)

13. 一种以氧化铝颗粒弥散强化的铝合金，氧化铝颗粒为球型，直径为15μm，质量分数为3%。估算此弥散强化作用的大小。(已知：$G_{Al}=28GPa$，$\rho_{Al}=2.70g/cm^3$，$\rho_{Al_2O_3}=3.96g/cm^3$，晶格常数 $a_0=0.4$ nm)
14. 钢淬火加高温回火工艺通常称为调质处理。简述该工艺过程的强韧化机理。
15. 简述 ZrO_2 陶瓷的相变增韧原理，并指出该种韧化措施的利弊。
16. 简述晶须增韧陶瓷基复合材料的强韧化机理。
17. 高速钢(W18Cr4V)的热处理工艺为：1280℃加热，油中淬火，然后在560℃回火3次，简述该工艺的强韧化机理。
18. 位错在何种情况下绕过颗粒，又在何种情况下切过颗粒？切过颗粒时的障碍力是多少？它来自哪个方面的贡献？
19. 试述影响复合材料强韧化的主要因素。
20. 简述高分子基复合材料的强韧化特点。
21. 一种以FeAl为基体，以Ti为强化层的金属薄片，如果温度由300K升到325K，估计这种层压复合材料的膨胀情况。你认为会引起什么样的问题？并加以解释。

5　材料的断裂 Fracture of Materials

断裂是材料和机件主要的失效形式之一，其危害性极大，特别是脆性断裂，由于断裂前没有明显的预兆，往往会带来灾难性的后果。工程断裂事故的出现及其危害性使得人们对断裂问题非常重视。研究材料断裂发生的力学条件、影响材料断裂的因素以及断裂机理，对于新材料的研究开发、机械工程设计、断裂失效分析等均具有重要意义。

断裂是一个物理过程，在不同的力学、物理和化学环境下会有不同的断裂形式，如疲劳断裂、蠕变断裂、腐蚀断裂等。断裂之后断口的宏观和微观特征与断裂的机理紧密相关。本章将从断裂的分类及断口特征入手，介绍材料断裂的基础知识、与断裂过程相关的缺口效应、冲击韧性等。特殊条件下的断裂过程如疲劳断裂、蠕变断裂等请参见第 7 章与第 8 章。

5.1　断裂分类与宏观断口特征(Fracture Classification and Characteristics of Fracture Surface)

5.1.1　断裂的分类

(1)韧性断裂(ductile fracture)与脆性断裂(brittle fracture)

根据材料断裂前塑性变形的程度可以将断裂分为韧性断裂和脆性断裂。韧性断裂是指材料断裂前产生明显宏观塑性变形的断裂。这种断裂有一个缓慢的撕裂过程，在裂纹扩展过程中需要不断地消耗能量。由于韧性断裂前已经发生了明显的塑性变形，有一定的预警，所以其危害性不大。然而，研究强韧性断裂的机理，对于探索材料新的强韧化机制，开发具有高强度和高韧性的新材料具有重要意义。

断裂的分类－韧性断裂

脆性断裂是突然发生的断裂，断裂前基本上不发生塑性变形，没有明显征兆，因而危害性很大。脆性断裂的断裂面一般与正应力垂直，断口平齐而光亮，常呈放射状或结晶状。通常，脆性断裂前也会产生微量的塑性变形。一般规定光滑拉伸试样的断面收缩率小于 5%者为脆性断裂，该类材料称为脆性材料；反之，断面收缩率大于 5%者为韧性断裂，该类材料称为韧性材料。由此可见，材料的韧性与脆性是根据一定条件下的塑性变形量来规定的。条件改变，材料的韧性与脆性行为也随之改变。

(2)穿晶断裂(transgranular fracture)和沿晶断裂(intergranular fracture)

多晶体材料断裂时，根据裂纹扩展的路径可以分为穿晶断裂和沿晶断裂。穿晶断裂的裂纹穿过晶内，沿晶断裂的裂纹沿晶界扩展，如图 5.1 所示。从宏观上看，穿晶断裂可以是韧性断裂(如室温下的穿晶断裂)，也可以是脆性断裂(低温下的穿晶断裂)，而沿晶断裂则多数是脆性断裂。材料产生沿晶断裂的原因一般是晶界被弱化，在外力作用下裂纹在晶界形成并沿晶界扩展，最终造成材料的断裂。相变时产生的领先相如脆性的碳化物、很软的铁素体等沿晶界

断裂的分类－穿晶断裂

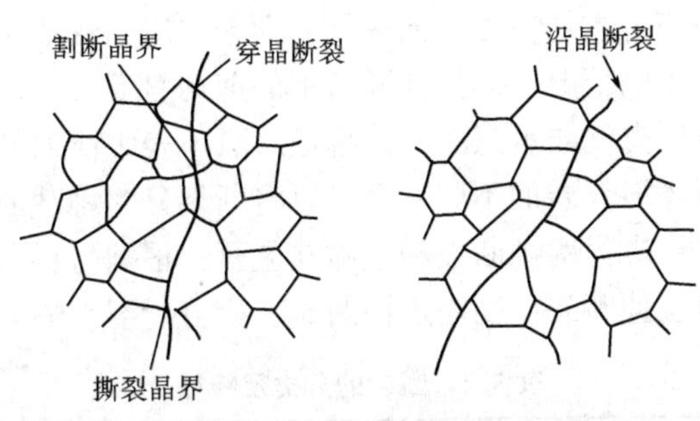

图 5.1　多晶体金属的穿晶断裂和沿晶断裂

分布可以使晶界弱化，杂质元素磷、硫等向晶界偏聚也可以引起晶界弱化。大部分的应力腐蚀开裂、氢脆、回火脆性、淬火裂纹、磨削裂纹等都是沿晶断裂。

断裂的分类－解理断裂

(3)解理断裂(cleavage fracture)、纯剪切断裂(shear fracture) 和微孔聚集型断裂(microvoid coalescence fracture)

按照断裂过程的晶体学特征可以将断裂分为解理断裂、纯剪切断裂和微孔聚集型断裂。解理断裂是材料(晶体)在一定条件下(如低温)，当外加正应力达到一定数值后，以极快的速率沿一定晶体学平面产生的穿晶断裂。因与大理石断裂类似，所以将这种断裂形式称为解理断裂，产生断裂的晶体学平面称为解理面。解理面一般是低指数晶面或表面能最低的晶面，典型金属单晶体的解理面如表 5.1 所示。

表 5.1　典型金属单晶体的解理面

晶体结构	材料	主要解理面	次要解理面
bcc	Fe,W,Mo	$\{001\}$	$\{112\}$
hcp	Zn,Cd,Mg	$(0001),(\bar{1}100)$	$(11\bar{2}4)$

由表 5.1 可见，只有 bcc 和 hcp 晶体才产生解理断裂，fcc 晶体不发生解理断裂。这是因为只有当滑移带很窄时，位错塞积才能在其端部造成很大应力集中而使裂纹形成，而 fcc 晶体易产生多系滑移使滑移带破碎，致其尖端钝化，应力集中下降。所以，从理论上讲，fcc 晶体不存在解理断裂。但实际上，在非常苛刻的环境条件下，fcc 晶体也可能产生解理破坏。

通常，解理断裂总是脆性断裂，但有时在解理断裂前也显示一定的塑性变形，所以解理断裂与脆性断裂不是同义词，前者指断裂机理而言，后者则指断裂的宏观形态。

剪切断裂是材料在切应力作用下，沿滑移面分离而造成的滑移面分离断裂，其中又分滑断(纯剪切断裂)和微孔聚集型断裂。纯金属尤其是单晶体金属常产生纯剪切断裂，其断口呈锋利的楔形(单晶体金属)或锥尖形(多晶体金属的完全韧性断裂)。这是纯粹由滑移流变所造成的断裂。

微孔聚集型断裂是通过微孔形核长大聚合而导致材料分离的。实际中，一些材料变形过程中经常在不同的位置形成许多微孔，随着变形过程的进行，这些微孔发生长大并互相连接，最终导致断裂。常用的金属材料大部分会产生这类性质的断裂，如低碳钢室温下的拉伸断裂。

断裂的分类－正断与切断

(4)正断(normal fracture)和切断(shear fracture)

按照断口断裂面的取向可以将断裂分为正断和切断。正断型断裂的断口与最大正应力相垂直，常见于解理断裂或约束较大的塑性变形的场合。切断型断裂的宏观断口的取向与最大切应力方向平行，而与主应力约成45°角。切断常发生于塑性变形不受约束或约束较小的情况，如拉伸断口上的剪切唇等。

表5.2列出了不同断裂类型的示意图及其特征。除了表中所列的断裂分类方法之外，根据部件的受力状态和周围环境介质的不同，又可以将断裂分为静载断裂、冲击断裂、疲劳断裂、冷脆断裂、蠕变断裂、应力腐蚀断裂和氢脆断裂等；根据材料所受的温度、应力状态及环境可以将断裂分为低温拉伸断裂、高温拉伸断裂、疲劳断裂、静态疲劳断裂等。

表5.2 断裂的分类及特征

分类方法	名称	断裂示意图	特征
根据断裂前塑性变形大小分类	脆性断裂		断裂前没有明显的塑性变形，断口形貌是光亮的结晶状
	韧性断裂		断裂前产生明显塑性变形，断口形貌是暗灰色纤维状
根据断裂面的取向分类	正断		断裂的宏观表面垂直于σ_{max}方向
	切断		断裂的宏观表面平行于τ_{max}方向
根据裂纹扩展的途径分类	穿晶断裂		裂纹穿过晶粒内部
	沿晶断裂		裂纹沿晶界扩展
根据断裂机理分类	解理断裂		无明显塑性变形 沿解理面分离，穿晶断裂
	微孔聚集型断裂		沿晶界微孔聚合，沿晶断裂 在晶内微孔聚合，穿晶断裂
	纯剪切断裂		沿滑移面分离剪切断裂（单晶体） 通过颈缩导致最终断裂（多晶体、高纯金属）

5.1.2 断口的宏观特征

材料或构件受力断裂后的自然表面称为断口(fracture appearance)。断口可以分为宏观断口和微观断口，宏观断口指用肉眼或20倍以下的放大镜观察的断口，它反映了断口的全貌；微观断口是指用光学显微镜或扫描电镜观察的断口，通过对断口微观特征的分析可以揭示材料断裂的本质。在进行断口分析时，常常采用宏观和微观相结合的方法。

断口的宏观特征

宏观断口分析是一种既简便又实用的分析方法，在断裂事故的分析中首先要进行宏观断口分析。所以，掌握断口宏观形貌特征是进行机件断裂失效分析的重要基础。

金属光滑圆柱拉伸试样的宏观韧性断口呈杯锥形，由纤维区、放射区和剪切唇三个区域组成(见图5.2)，这就是宏观断口特征的三要素。这种典型断口的形成过程如图5.3所示。当光滑圆柱拉伸试样受拉伸载荷作用、在载荷达到拉伸曲线最高点时，便在试样局部区产生颈缩，同时试样的应力状态也由单向变为三向，且中心轴向应力最大。在中心三向拉应力作用下，塑性变形难于进行，致使中心部分的夹杂物或第二相质点本身碎裂，或使夹杂物质点与基体界面脱离而形成微孔。微孔不断长大和聚合就形成显微裂纹。早期形成的显微裂纹端部产生较大塑性变形，且集中于极窄的高变形带内。这些剪切变形带从宏观上看大致与横向呈 50°～60°角。新的微孔就在变形带内形核、长大和聚合，当其与裂纹连接时，裂纹便向前扩展了一段距离。这样的过程重复进行就形成锯齿形的纤维区。纤维区所在平面(即裂纹扩展的宏观平面)垂直于拉伸应力方向。

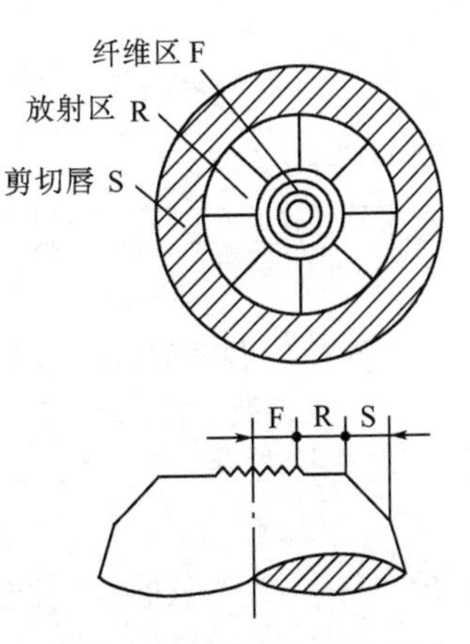

图 5.2 拉伸断口的三个区域

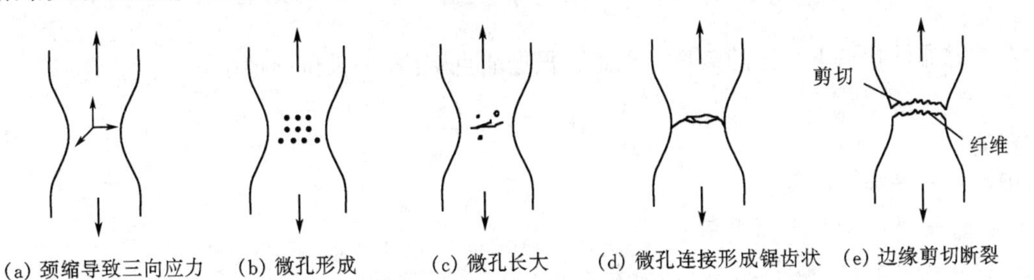

图 5.3 杯锥状断口的形成

纤维区中裂纹扩展速率很小，当其达到临界尺寸后就快速扩展而形成放射区。放射区是裂纹作快速低能量撕裂而形成的。放射区有放射线花样特征，放射线平行于裂纹扩展方向而垂直于裂纹尖端(每一瞬间)的轮廓线，并逆指向裂纹源。撕裂时塑性变形量越大则放射线越粗。对于几乎不产生塑性变形的极脆材料，放射线消失。所以，随着温度的降低或材料强度的增加，材料塑性降低，断口放射区的放射线由粗变细乃至消失。

试样拉伸断裂的最后阶段形成杯状或锥状的剪切唇。剪切唇表面光滑，与拉伸轴呈 45°角，是典型的切断型断裂。

韧性断裂的宏观断口同时存在上述三个区域，而脆性断裂的宏观断口上纤维区很小，剪切唇几乎没有。断口三区域的形态、大小和相对位置会因试样形状、尺寸和材料的性能以及试验温度、加载速率和受力状态的不同而变化。一般来说，材料强度增加，塑性降低，则放射区比例增大；试样尺寸加大，放射区增大明显，而纤维区变化不大；试样表面存在缺口不仅会改变各区域所占的比例，而且裂纹形核位置将在表面产生。

5.2 断裂强度(Fracture Strength)

晶体的理论断裂强度

5.2.1 晶体的理论断裂强度

晶体的理论断裂强度是指将晶体原子分离开所需的最大应力，它与晶体

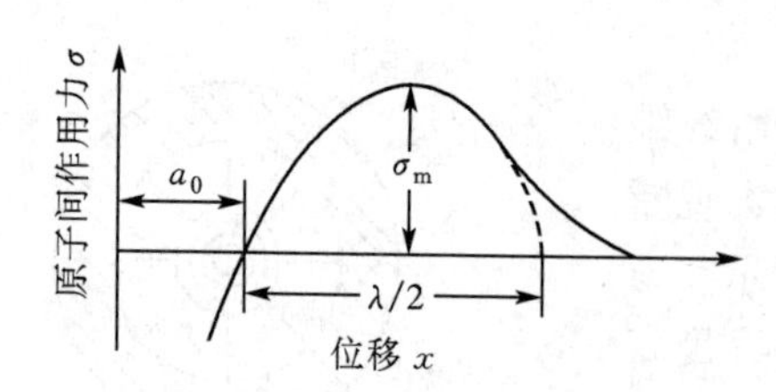

图 5.4 原子间结合力随原子间距的变化示意图

的弹性模量有一定关系。弹性模量表示原子间结合力的大小，其物理意义是晶体产生一定量的变形时所需要的应力的大小。

假设一完整晶体受拉应力作用后，原子间结合力与原子间位移的关系曲线如图 5.4 所示。曲线上的最大值 σ_m 即晶体在弹性状态下的最大结合力——理论断裂强度。作为一级近似，该曲线可用正弦曲线表示

$$\sigma = \sigma_m \sin \frac{2\pi x}{\lambda} \tag{5-1}$$

式中 λ ——正弦曲线的波长；

x ——原子间位移。

如果原子位移很小，则 $\sin \frac{2\pi x}{\lambda} \approx \frac{2\pi x}{\lambda}$，于是

$$\sigma = \sigma_m \frac{2\pi x}{\lambda} \tag{5-2}$$

考虑弹性状态下晶体的破坏，于是，根据胡克定律(如果位移很小)

$$\sigma = E\varepsilon = \frac{Ex}{a_0} \tag{5-3}$$

式中 ε ——弹性应变；

a_0 ——原子间平衡距离。

合并式（5-2）和式（5-3），消去 x 得

$$\sigma_m = \frac{\lambda}{2\pi} \times \frac{E}{a_0} \tag{5-4}$$

另外，晶体脆性断裂时所消耗的功用来供给形成两个新表面所需之表面能。若裂纹面上单位面积的表面能为 γ_s，则形成单位裂纹表面外力所作的功应为 σ-x 曲线下所包围的面积，即

$$U_0 = \int_0^{\frac{\lambda}{2}} \sigma_m \sin \frac{2\pi x}{\lambda} dx = \frac{\lambda \sigma_m}{\pi} \tag{5-5}$$

这个功应等于表面能 γ_s 的两倍(断裂时形成两个新表面)，即

$$\frac{\lambda \sigma_m}{\pi} = 2\gamma_s$$

或

$$\lambda = \frac{2\pi \gamma_s}{\sigma_m} \tag{5-6}$$

将式(5-6)代入式(5-4)，消去 λ 得

$$\sigma_m = \left(\frac{E\gamma_s}{a_0}\right)^{\frac{1}{2}} \tag{5-7}$$

这就是理想晶体脆性(解理)断裂的理论断裂强度。可见，在 E、a_0 一定时，σ_m 与 γ_s 有关，解理面的 γ_s 低，所以 σ_m 小而易解理。

如果将 E、a_0 和 γ_s 的典型值代入式(5-7)，则可以获得 σ_m 的实际值。如铁的 $E = 2\times 10^5$

MPa，$a_0=2.5\times10^{-10}$ m，$\gamma_s=2\mathrm{J/m^2}$，则 $\sigma_m=4.0\times10^4$ MPa。若用 E 的分数表示，则 $\sigma_m=\frac{E}{5.5}$。通常，$\sigma_m=\frac{E}{10}$。金属材料实际的断裂应力为理论 σ_m 值的 1/1000～1/10。

5.2.2　材料的实际断裂强度

材料的实际断裂强度

为了解释玻璃、陶瓷等脆性材料理论断裂强度和实际断裂强度的巨大差别，格雷菲斯(A. A. Griffith)在 1921 年提出了断裂强度的裂纹理论。这一理论的基本出发点是认为实际材料中已经存在裂纹，当平均应力还很低时，局部应力集中已达到很高数值(达到 σ_m)，从而使裂纹快速扩展并导致脆性断裂。根据能量平衡原理，由于存在裂纹，系统弹性能降低应该与因存在裂纹而增加的表面能相平衡。如果弹性能降低足以提供表面能增加所需要的能量，裂纹就会失稳扩展引起脆性破坏。

设想有一单位厚度的无限宽薄板，对它施加一拉应力，而后使其固定，并隔绝外界能源(见图 5.5)。用无限宽板是为了消除板的自由边界的约束。这样，在垂直板表面的方向上可以自由位移，$\sigma_z=0$，薄板处于平面应力状态。

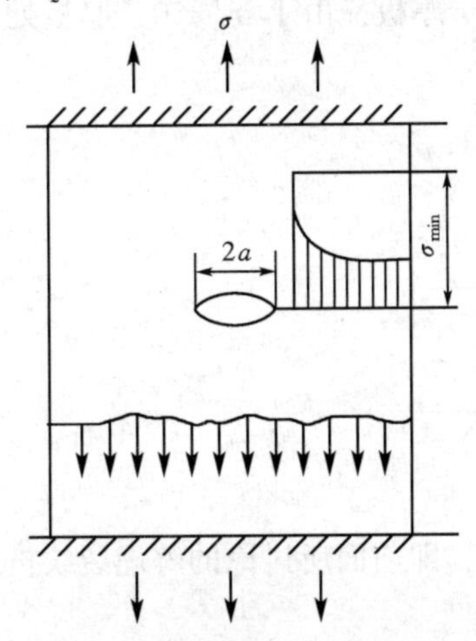

图 5.5　无限宽板中的中心穿透裂纹及裂纹尖端应力集中

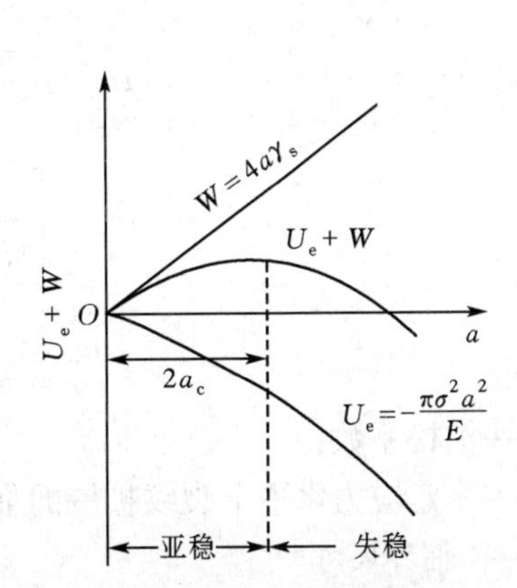

图 5.6　裂纹扩展尺寸与能量变化关系

板内单位体积储存的弹性能为 $\frac{\sigma^2}{2E}$。因为是单位厚度，所以 $\frac{\sigma^2}{2E}$ 实际上亦代表单位面积的弹性能。如果在这个板的中心割开一个垂直于应力 σ、长度为 $2a$ 的裂纹，则原来弹性拉紧的平板就要释放弹性能。根据弹性理论计算，释放的弹性能为

$$U_e=-\frac{\pi\sigma^2a^2}{E} \tag{5-8}$$

裂纹形成时产生新表面需作表面功，设裂纹面的表面能为 γ_s，则表面功为

$$W=4a\gamma_s \tag{5-9}$$

于是，整个系统的能量相互消长关系为

$$U_e+W=-\frac{\pi\sigma^2a^2}{E}+4a\gamma_s \tag{5-10}$$

由于 γ_s 及 σ 是一定的，则系统总能量变化及每一项能量均与裂纹半长有关(见图 5.6)。可

见，在平衡点处，系统总能量对裂纹半长 a 的一级偏导数应等于0，即

$$\frac{\partial\left(-\frac{\pi\sigma^2 a^2}{E}+4a\gamma_s\right)}{\partial a}=0 \tag{5-11}$$

于是，裂纹失稳扩展的临界应力为

$$\sigma_c=\left(\frac{2E\gamma_s}{\pi a_c}\right)^{\frac{1}{2}} \tag{5-12}$$

σ_c 即有裂纹物体的实际断裂强度，它表明，在脆性材料中，裂纹扩展所需的应力为裂纹尺寸的函数，并且 σ_c 反比于裂纹半长 a_c 的平方根。如物体所受的外加应力 σ 达到 σ_c，则裂纹产生失稳扩展。如外加应力不变，裂纹在物体服役时不断地长大，则当裂纹长大到下列尺寸时也达到失稳扩展的临界状态

$$a_c=\frac{2E\lambda_s}{\pi\sigma^2} \tag{5-13}$$

式（5-12）和式（5-13）适用于薄板情况。对于厚板，由于 $\sigma_z \neq 0$，厚板处于平面应变状态。此时

$$U_e=-\frac{\pi\sigma^2 a^2}{E}(1-\nu^2)$$

故

$$\sigma_c=\left[\frac{2E\gamma_s}{\pi(1-\nu^2)a_c}\right]^{\frac{1}{2}} \tag{5-14}$$

$$a_c=\frac{2E\gamma_s}{\pi(1-\nu^2)\sigma^2} \tag{5-15}$$

式中 ν——泊松系数；

a_c——一定应力水平下裂纹扩展的临界尺寸，即前面所讨论的解理裂纹扩展条件中的“临界尺寸”。

当裂纹长度超过临界尺寸时，就自动扩展。裂纹的临界尺寸与所加应力的平方成反比。当应力较高时，即使裂纹很小也会自动扩展而导致断裂。

具有临界尺寸的裂纹亦称格雷菲斯裂纹。格雷菲斯裂纹是根据热力学原理得出的断裂发生的必要条件，但这并不是意味着物体内部存在格雷菲斯裂纹就必然要产生断裂。裂纹自动扩展的充分条件是其尖端应力要等于或大于理论断裂强度 σ_m。设图5.5中裂纹尖端曲率半径为 ρ，根据弹性应力集中系数计算式，在此条件下裂纹尖端的最大应力为

$$\sigma_{max}=\sigma\left[1+2\left(\frac{a}{\rho}\right)^{\frac{1}{2}}\right]\approx 2\sigma\left(\frac{a}{\rho}\right)^{\frac{1}{2}} \tag{5-16}$$

式中 σ——名义拉应力。

由式（5-16）可见，σ_{max} 随外加名义应力增大而增大，当 σ_{max} 达到 σ_m 时，断裂开始（裂纹扩展）。此时 $\sigma_{max}=\sigma_m$

$$2\sigma\left(\frac{a}{\rho}\right)^{\frac{1}{2}}=\left(\frac{E\gamma_s}{a_0}\right)^{\frac{1}{2}} \tag{5-17}$$

由此，断裂时的名义断裂应力或实际断裂强度为

$$\sigma_c = \left(\frac{E\gamma_s\rho}{4aa_0}\right)^{\frac{1}{2}} \tag{5-18}$$

如果裂纹很尖，其尖端曲率半径小到原子面间距离 a_0 那样的尺寸，则式（5-18）成为

$$\sigma_c = \left(\frac{E\gamma_s}{4a}\right)^{\frac{1}{2}} \tag{5-19}$$

式(5-19)和格雷菲斯公式(5-12)基本相似，只是系数不同而已：前者的系数为0.5；后者的系数为0.8。由此可见，满足了格雷菲斯能量条件，同时也满足了应力判据规定的充分条件。但如果裂纹尖端曲率半径远比原子面间距大，则两个条件不一定能同时得到满足。

格雷菲斯缺口强度理论有效地解决了实际强度和理论强度之间的巨大差异。但是，格雷菲斯公式只适用于脆性固体，如玻璃、金刚石、超高强度钢等。换言之，只适用于那些裂纹尖端塑性变形可以忽略的情况。

5.3　脆性断裂(Brittle Fracture)

脆性断裂机理—位错塞积理论

5.3.1　脆性断裂机理

解理断裂和沿晶断裂是脆性断裂的两种主要机理。沿晶断裂是晶界弱化造成的，而解理断裂则与塑性变形有关。金属材料的塑性变形是位错运动的反映，所以解理裂纹的形成与位错运动有关。这就是裂纹形成的位错理论考虑问题的出发点，本小节将简要介绍几种裂纹形成理论。

(1)甄纳-斯特罗位错塞积理论

该理论是甄纳(G. Zener)1948年首先提出的，其模型如图5.7所示。在滑移面上切应力的作用下，刃型位错互相靠近。当切应力达到某一临界值时，塞积头处的位错互相聚合而成为一高为 nb 长为 r 的楔形裂纹（或孔洞位错）。斯特罗(A. N. Stroh)指出，如果塞积头处的应力集中不能为塑性变形所松弛，则塞积头处的最大拉应力能够等于理论断裂强度而形成裂纹。

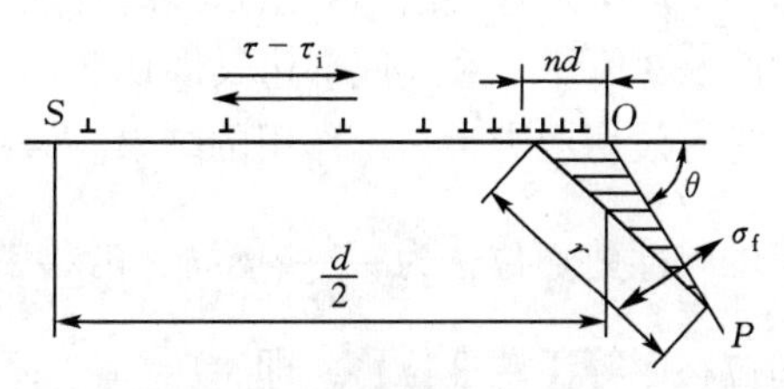

图5.7　位错塞积形成裂纹

塞积前端处的拉应力在与滑移面方向呈 70.5° 时达到最大值，且近似为

$$\sigma_{max} = (\tau - \tau_i)\left(\frac{\frac{d}{2}}{r}\right)^{\frac{1}{2}} \tag{5-20}$$

式中　$\tau - \tau_i$ ——滑移面上的有效切应力；

$\frac{d}{2}$ ——位错源到塞积头处的距离，亦即滑移面的距离；

r ——位错塞积头到裂纹形成点的距离。

由于理论断裂强度为 $\left(\frac{E\gamma_s}{a_0}\right)^{\frac{1}{2}}$，其中 γ_s 为表面能，a_0 为原子晶面间距，E 为弹性模数，所以，形成裂纹的力学条件为

$$(\tau_f - \tau_i)\left(\frac{d}{2r}\right)^{\frac{1}{2}} \geqslant \left(\frac{E\gamma_s}{a_0}\right)^{\frac{1}{2}}$$

$$\tau_f = \tau_i + \sqrt{\frac{2Er\gamma_s}{da_0}} \tag{5-21}$$

式中 τ_f——形成裂纹所需的切应力。

如 r 与晶面间距 a_0 相当，且 $E = 2G(1+\nu)$，ν 为泊松比，则式（5-21）可写为

$$\tau_f = \tau_i + [4G\gamma_s(1+\nu)]^{\frac{1}{2}} d^{-\frac{1}{2}} \tag{5-22}$$

对于组织中存在第二相质点的合金，d 实际上代表质点间距，d 越小，则材料的断裂应力越高。以上所述主要涉及解理裂纹的形成，并不意味着由此形成的裂纹将迅速扩展而导致金属材料完全断裂。解理断裂过程包括通过塑性变形形成裂纹，裂纹在同一晶粒内初期长大，以及越过晶界向相邻晶粒扩展三个阶段(见图 5.8)，它和多晶体金属的塑性变形过程十分相似。

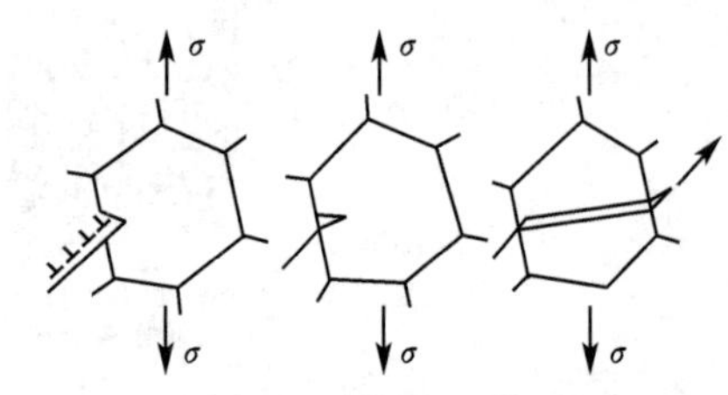

图 5.8 解理裂纹扩展过程示意图

解理裂纹扩展需要具备如下三个条件：第一，存在拉应力。第二，表面能较低，其值接近原子面开始分离时的数值。应该估计到，在裂纹扩展期内，因诱发位错运动产生塑性变形会使有效表面能增加。第三，为使裂纹能够通过基体扩展，其长度应大于“临界尺寸”。利用柯垂尔能量分析法推导出解理裂纹扩展的条件为

$$\sigma nb = 2\gamma_s \tag{5-23}$$

即为了产生解理裂纹，裂纹扩展时外加正应力所作的功必须等于产生裂纹新表面的表面能。如图 5.9 所示，裂纹底部边长即切变位移 nb（n 为塞积的位错数，b 为位错柏氏矢量的模），它是有效切应力 $\tau - \tau_i$ 作用的结果。假定滑移带穿过直径为 d 的晶粒，则原来分布在滑移带上的弹性剪切位移为 $\frac{\tau - \tau_i}{G} \times d$，滑移带上的切应力因出现塑性位移 nb 而被松弛，故弹性剪切位移应等于塑性位移，即

$$\frac{\tau - \tau_i}{G} \times d = nb \tag{5-24}$$

将式(5-24)代入式(5-23)，得

$$\sigma(\tau - \tau_i)d = 2\gamma_s G \tag{5-25}$$

由于屈服时($\tau = \tau_s$)裂纹已经形成，而 τ_s 又和晶粒直径之间存在霍尔-派奇关系（Hall-Petch relationship），即 $\tau_s - \tau_i = k_y d^{-\frac{1}{2}}$，代入式(5-25)，得

$$\sigma_c = \frac{2G\gamma_s}{k_y\sqrt{d}} \tag{5-26}$$

σ_c 表示长度相当于晶粒直径 d 的裂纹扩展所需的应力，式(5-26)也就是屈服时产生解理断裂的判据。可见，晶粒直径 d 减小，σ_c 提高。

晶粒大小对断裂应力的影响已为许多金属材料的试验结果所证实：细化晶粒，断裂应力提高，材料的脆性减小。

解理裂纹可以通过两种基本方式扩展从而导致宏观脆性断裂。第一种是解理方式，裂纹

扩展速度较快，如脆性材料在低温下的断裂就是这种状况，其模型如图 5.9 所示。第二种方式是在裂纹前沿先形成一些微裂纹或微孔，而后通过塑性撕裂方式互相联结(见图 5.10)，开始时裂纹扩展速度比较缓慢，但到达临界状态时迅速扩展而产生脆性断裂。显然，在这种断裂情况下，微观上是韧性的，宏观上则是脆性的。大型中、低强度钢机件的断裂往往就是这种情况。裂纹在达到临界状态前的缓慢扩展阶段称为亚临界扩展阶段。金属中的裂纹亚临界扩展阶段和裂纹尖端附近产生塑性变形有关，塑性变形不仅控制裂纹扩展过程，而且也是裂纹扩展的主要驱动力。

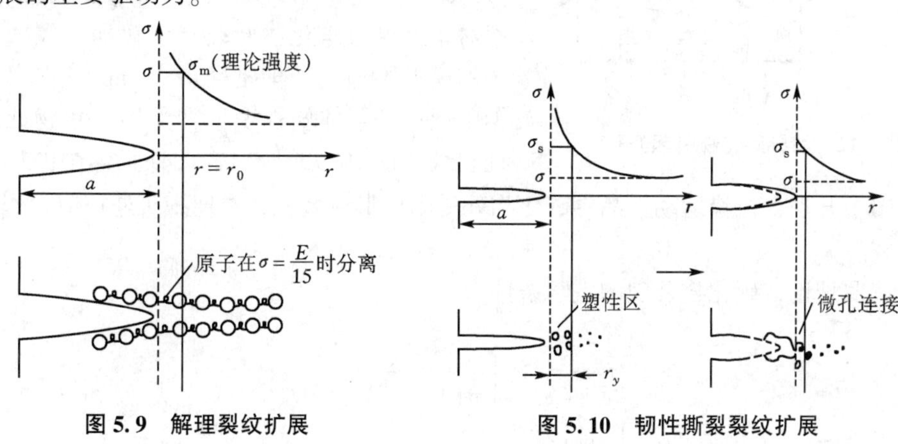

图 5.9　解理裂纹扩展　　图 5.10　韧性撕裂裂纹扩展

甄纳-斯特罗理论存在的问题是，在那样大的位错塞积下，将同时产生很大的切应力集中，完全可以使相邻晶粒内的位错源开动，产生塑性变形而将应力松弛，使裂纹难以形成。此模型的计算结果表明，裂纹扩展所要求的条件比形核条件低，而形核又主要取决于切应力，与静水压力无关。这与实际现象有出入，事实表明，静水张力促进材料变脆，而静水压力则有助于塑性变形发展。

(2)柯垂尔位错反应理论

该理论是柯垂尔(A. H. Cottrell)为了解释晶内解理与 bcc 晶体中的解理而提出的。如图 5.11 所示，在 bcc 晶体中，有两个相交滑移面($10\bar{1}$)和(101)，与解理面(001)相交，三面之交线为［010］。现沿(101)面有一柏氏矢量为 $\dfrac{a}{2}$［$\bar{1}\bar{1}1$］的刃型位错，而沿($10\bar{1}$)面有一柏氏矢量为 $\dfrac{a}{2}$［111］的刃型位错，两者于［010］轴相遇，并产生下列反应

脆性断裂机理－位错反应理论

$$\frac{a}{2}[\bar{1}\bar{1}1] + \frac{a}{2}[111] \rightarrow a[001]$$

新形成的位错线在解理面(001)内，其柏氏矢量 a［001］与(001)垂直。因为(001)面不是 bcc 晶体的固有滑移面，故 a［001］为不动位错。结果两相交滑移面上的位错群就在该不动位错附近产生塞积。当塞积位错较多时，其多余半原子面如同楔子一样插入解理面中间形成高度为 nb 的裂纹。

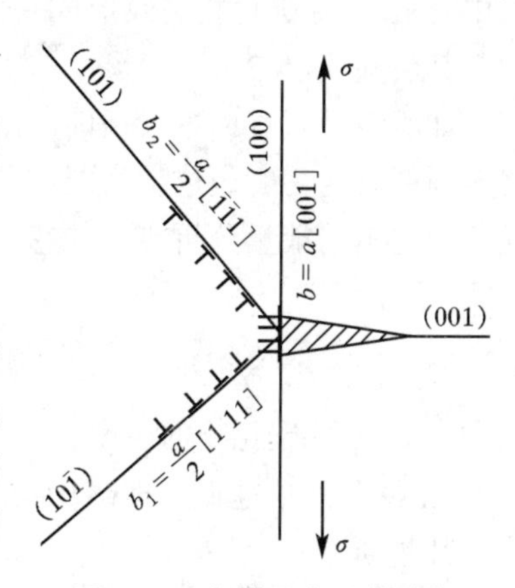

图 5.11　位错反应形成裂纹

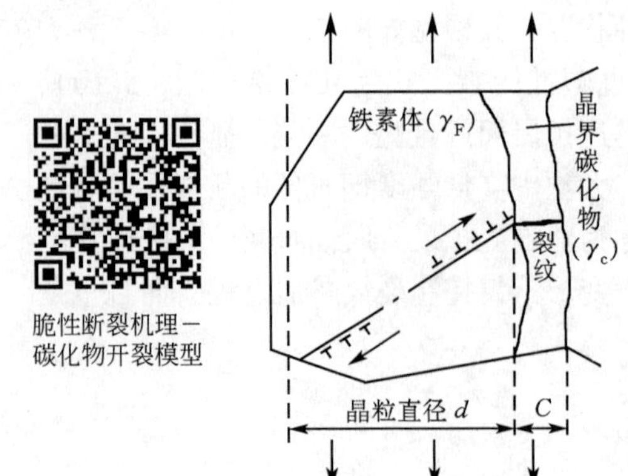

图 5.12 晶界碳化物引起开裂

柯垂尔提出的位错反应是降低能量的过程，因而裂纹成核是自动进行的。fcc 金属虽有类似的位错反应，但不是降低能量的过程，故 fcc 金属不可能具有这样的裂纹成核机理。

(3) 史密斯碳化物开裂模型

柯垂尔模型强调拉应力的作用，但未考虑显微组织不均匀对解理裂纹形成和扩展的影响，因而对于晶界上碳化物开裂产生解理裂纹的情况柯垂尔模型不适用。史密斯(E. Smith)提出了低碳钢中通过铁素体塑性变形在晶界碳化物处形成解理裂纹的模型(见图 5.12)。铁素体中的位错源在切应力作用下开动，位错运动至晶界碳化物处受阻而形成塞积，在塞积头处拉应力作用下使碳化物开裂。

按斯特罗理论，碳化物开裂的力学条件为

$$\tau_f - \tau_i \geqslant \left[\frac{4E\gamma_c}{\pi(1-\nu^2)d}\right]^{\frac{1}{2}} \tag{5-27}$$

式中 $\tau_f - \tau_i$——碳化物开裂时的临界有效切应力；

γ_c——碳化物的表面能；

E——弹性模数；

ν——泊松系数；

d——铁素体晶粒直径。

碳化物裂纹能否通过解理方式向相邻铁素体晶粒内扩展取决于裂纹扩展时的能量变化。由于铁素体的表面能 γ_F 远大于碳化物的表面能 γ_c，所以裂纹能否扩展必须考虑铁素体的表面能，也就是说，只有系统所提供的能量超过 $\gamma_F + \gamma_c$，碳化物裂纹才能向相邻铁素体中扩展。如此，碳化物裂纹扩展的力学条件为

$$\tau_c - \tau_i \geqslant \left[\frac{4E(\gamma_F + \gamma_c)}{\pi(1-\nu^2)d}\right]^{\frac{1}{2}} \tag{5-28}$$

式中 τ_c——碳化物裂纹形成并得以扩展的切应力；

其余同式(5-27)。

如能满足式 (5-28) 条件，则当材料一旦屈服时，碳化物裂纹就会形成并立即扩展，最终至断裂。这是断裂过程为裂纹形成控制的判据。如果断裂过程为裂纹扩展所控制，则采用类似柯垂尔的能量分析方法并忽略位错的贡献，可以获得扩展相应的力学条件为

$$\sigma_c \geqslant \left[\frac{4E(\gamma_F + \gamma_c)}{\pi(1-\nu^2)C_0}\right]^{\frac{1}{2}} \tag{5-29}$$

式中 C_0——碳化物的厚度。

C_0 越大，σ_c 越低，即碳化物厚度是控制断裂的主要组织参数。通常，晶粒愈细，碳化物层片越薄。

对于经热处理获得球状碳化物的中、低碳钢，裂纹核是在球状碳化物上形成的，故呈圆

片状。此时，有人算出裂纹扩展的力学条件为

$$\sigma_c = \left[\frac{\pi E(\gamma_F + \gamma_c)}{2C_0}\right]^{\frac{1}{2}} \tag{5-30}$$

式中　C_0——碳化物直径。

比较式(5-30)和式(5-29)可见，平板状裂纹核变为圆片状裂纹核时，σ_c 几乎增加了1.6倍。

上述几种裂纹形成模型的共同之处在于，裂纹形核前均需有塑性变形；位错运动遇界面受阻，在一定条件下便会形成裂纹。实验证实，裂纹往往在晶界、亚晶界、孪晶交叉处出现，如bcc金属在低温和高应变速率下，常因孪晶与晶界或其他孪晶相交导致较大位错塞积而形成解理裂纹。通过孪晶形成解理裂纹只有在晶粒较大时才产生。

5.3.2　脆性断裂的微观特征

脆性断裂的微观特征

(1)解理断裂

解理断裂是沿特定晶面发生的脆性穿晶断裂，其微观特征应该是极平坦的镜面。但是，实际的解理断裂断口是由许多大致相当于晶粒大小的解理面集合而成的。这种大致以晶粒大小为单位的解理面称为解理刻面。在解理刻面内部只从一个解理面发生解理破坏实际上是很少的。在多数情况下，裂纹要跨越若干相互平行而且位于不同高度的解理面，从而在同一刻面内部出现了解理台阶和河流花样，后者实际上是解理台阶的一种标志。图5.13所示为解理台阶和河流花样的扫描电镜照片。解理台阶、河流花样，还有舌状花样是解理断裂的基本微观特征。

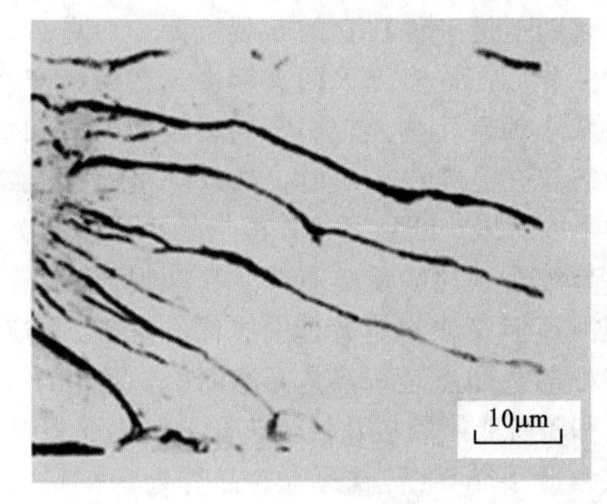

(a)解理台阶

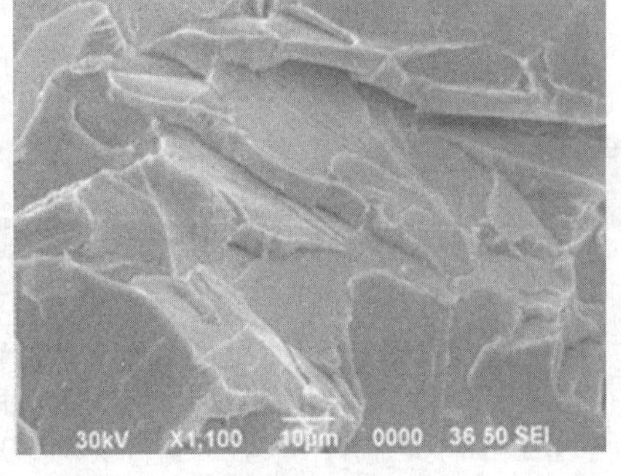

(b)河流花样

图5.13　扫描电镜下的解理台阶和河流花样

解理台阶是沿两个高度不同的平行解理面上扩展的解理裂纹相交时形成的。设晶体内有一螺型位错，并设想解理裂纹为一刃型位错。当解理裂纹与螺型位错相遇时，便形成一个高度为 b 的台阶(见图5.14)。裂纹继续向前扩展，与许多螺型位错相交截便形成为数众多的台阶。它们沿裂纹尖端滑动而相互汇合，同号台阶相互汇合长大，异号台阶汇合则相互销毁，当汇合台阶高度足够大时便成为在电镜下可以观察到的河流花样。河流花样是判断是否为解理裂纹的重要微观依据。图5.15为河流花样形成的示意图及“河流”流向与裂纹扩展方向的关系。“河流”的流向与裂纹扩展方向一致，所以可以根据“河流”流向确定在微观

范围内解理裂纹的扩展方向，而按“河流”反方向去寻找断裂源。

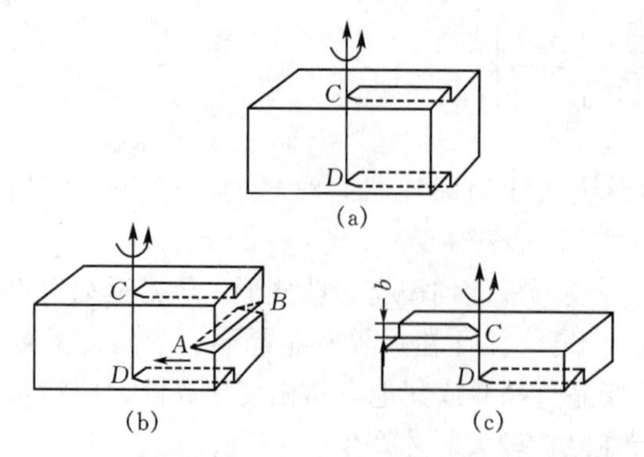

图 5.14 解理裂纹与螺型位错相交形成解理台阶

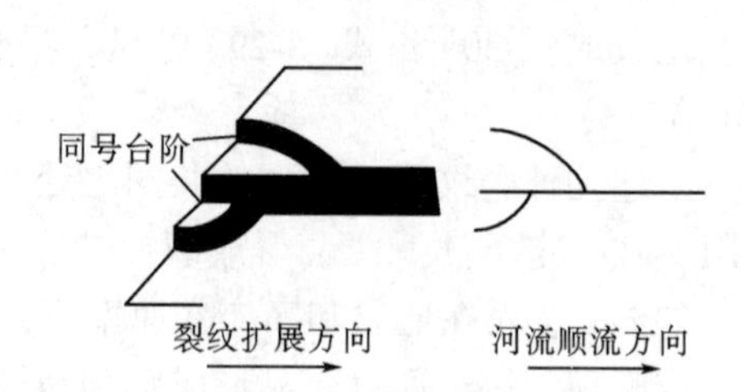

图 5.15 河流花样形成示意图及“河流”流向与裂纹扩展方向的关系

解理台阶也可以通过二次解理或撕裂方式形成。二次解理是在解理裂纹扩展的两个相互平行解理面间距较少时产生的，但若解理裂纹的上下间距远大于一个原子间距时，两解理裂纹之间的金属会产生较大塑性变形，结果借塑性撕裂而形成台阶。如此形成的台阶称为撕裂棱。

解理断裂的另一种微观特征是存在舌状花样，因其在电子显微镜下类似于人舌而得名。图 5.16 为典型的舌状花样照片，它是由于解理裂纹沿孪晶界扩展留下的舌头状凹坑或凸台，故在匹配断口上“舌头”为黑白对应的。

图 5.16 舌状花样

(2)准解理

准解理不是一种独立的断裂机制，而是解理断裂的变异。在许多淬火回火钢中，在回火产物中弥散细小的碳化物，它们影响裂纹的形成和扩展。当裂纹在晶粒内扩展时，难以严格地沿一定晶体学平面扩展。断裂路径不再与晶粒位向有关，而主要与细小碳化物质点有关。其微观形态特征似解理河流但又非真正解理，故称准解理。准解理与解理的共同点是：都是穿晶断裂，也有小解理刻面和台阶或撕裂棱及河流花样。其不同点是：准解理小刻面不是晶体学解理面。真正解理裂纹常源于晶界(位错运动在晶界处塞积)，而准解理则常源于晶内硬质点，形成从晶内某点发源的放射状河流花样。图 5.17 为准解理断裂的扫描电镜照片。

(3)沿晶断裂

晶界上有脆性第二相薄膜或杂质元素偏聚均可产生沿晶脆性断裂，它的最基本微观特征是具有晶界刻面的冰糖状形貌，如图 5.18 所示。在脆性第二相引起沿晶断裂的情况下，断裂可以从第二相与基体界面上开始，也可能通过第二相解理来进行。此时，在晶界上可以见到网状脆性第二相或第二相质点。在杂质元素偏聚引起晶界破坏的情况下，晶界是光滑的，看不到特殊的花样。

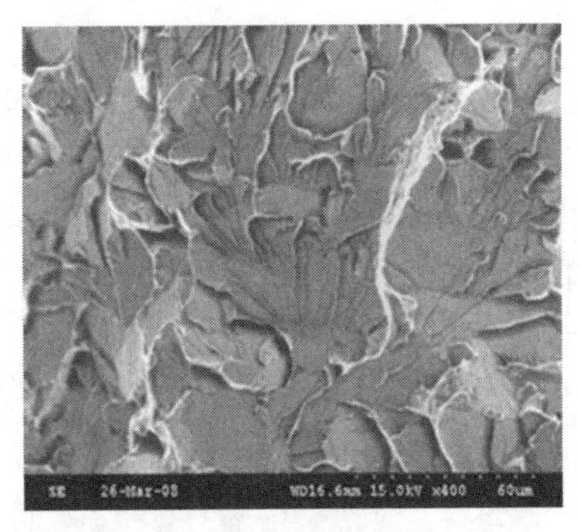

图 5.17　准解理断口

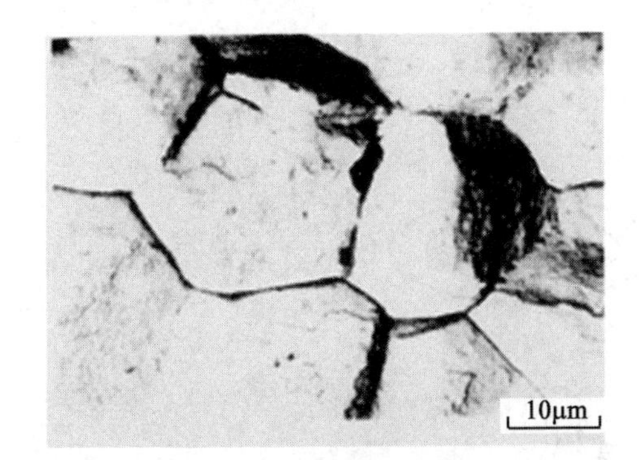

图 5.18　冰糖状断口

5.4　韧性断裂(Ductile Fracture)

韧性断裂机理

5.4.1　韧性断裂机理

(1)纯剪切断裂

剪切断裂是材料在切应力作用下，沿滑移面分离而造成的滑移面分离断裂。高纯金属在韧性断裂过程中，试样内部不产生孔洞，无新界面产生，位错无法从金属内部放出，只能从试样表面放出，断裂过程直到试样横截面积减到零为止，所以产生的断口都呈尖锥状。

在这种滑移过程或延伸过程中，将产生极大的塑性变形。断面收缩率几乎达到 100%。工业用钢高温拉伸时，由于基体屈服强度极低，不易产生孔洞，产生接近高纯金属的高延性效果，断面收缩率可达 90%以上，断口形状接近于锥尖。

(2)微孔聚集型韧性断裂

微孔聚集型韧性断裂包括微孔形成、长大、聚合、断裂等过程。

微孔是通过第二相(或夹杂物)质点本身碎裂，或第二相(或夹杂物)与基体界面脱离而形核的，它们是金属材料在断裂前塑性变形进行到一定程度时产生的。在第二相质点处微孔形核的原因有：位错引起的应力集中，或在高应变条件下因第二相与基体塑性变形不协调而产生分离。

微孔形核的位错模型如图 5.19 所示。当运动着的位错线遇到第二相质点时往往按绕过机制在其周围形成位错环[见图 5.19(a)]，这些位错环在外加应力作用下于第二相质点处堆积起来[见图 5.19(b)]。当位错环移向质点与基体界面时，界面立即沿滑移面分离而形成微孔[见图 5.19(c)]。由于微孔形核，后面的位错所受排斥力大大下降而被迅速推向微孔，并使位错源重新被激活起来，不断放出新位错。新的位错继续进入微孔，遂使微孔长大[见图 5.19(d)、(e)]。如果考虑到位错可以在不同滑移面上运动和堆积，则微孔可因一个或几个滑移面上位错运动而形成，并借其他滑移面上的位错向该微孔运动而使其长大[见图 5.19(f)、(g)]。

微孔长大的同时，几个相邻微孔之间的基体的横截面积不断缩小。基体被微孔分割成无数个小单元，每个小单元可看成一个小拉伸试样。它们在外力作用下可能借塑性流变方式产生颈缩(内颈缩)而断裂，使微孔连接(聚合)形成微裂纹。随后，因在裂纹尖端附近存在三向拉应力区和集中塑性变形区，在该区域又形成新的微孔。新的微孔借内颈缩与裂纹连通，

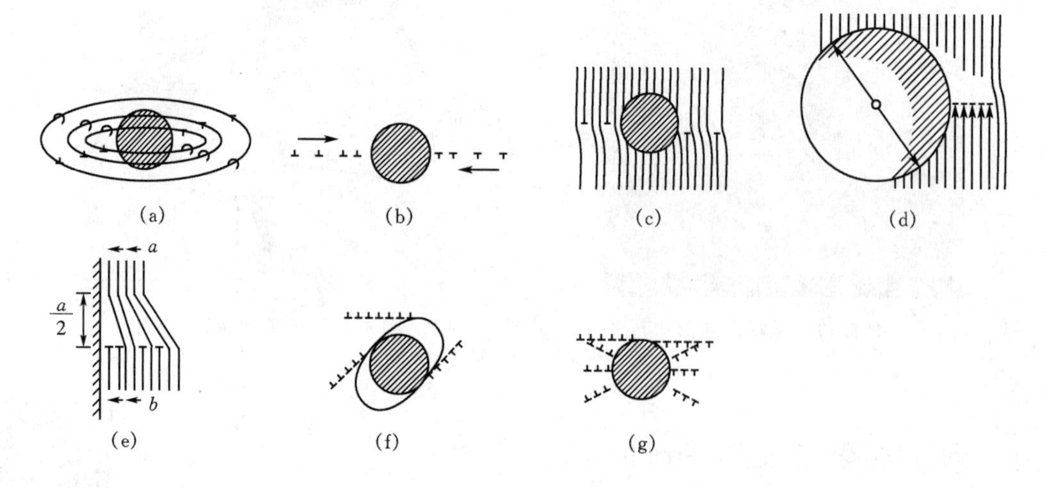

图 5.19 微孔形核长大示意图

(a) 形成位错环；(b) 位错塞积；(c) 界面处形成微孔；(d)、(e) 大量位错推向微孔并形成新位错；(f)、(g) 多个滑移面上的位错运动产生微孔并使其长大

使裂纹向前推进一定长度，如此不断进行下去直至最终断裂。

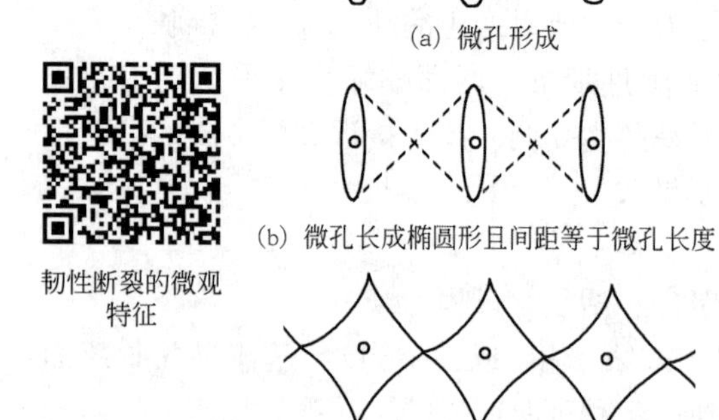

图 5.20 微孔长大和聚合示意图

布朗(L. M. Brown)和埃布雷(J. F. Embury)认为，微孔形成后即借塑性延伸而长大[见图 5.20(a)]。当其长成椭圆状且相邻微孔之间的距离等于微孔长度时[见图 5.20(b)]，两微孔之间的基体将产生显著局部塑性变形，韧性裂纹便形成[见图 5.20(c)]。

5.4.2 韧性断裂的微观特征

微孔形核长大和聚合是韧性断裂的主要过程。微孔形核长大和聚合在断口上留下的痕迹就是在扫描电子显微镜下观察到的大小不等的圆形或椭圆形韧窝。韧窝(dimple)是韧性断裂的基本微观特征。

韧窝形状因应力状态不同而呈现不同的形貌，有下列三类：等轴韧窝、拉长韧窝和撕裂韧窝(见图 5.21)。如果正应力垂直于微孔的平面，使微孔在垂直于正应力的平面上各个方向长大倾向相同，便形成等轴韧窝。拉伸试样中心纤维区内就是等轴韧窝[见图 5.21(a)]。在扭转载荷或受双向不等拉伸条件下，因切应力作用形成拉长韧窝。在拉长韧窝配对的断口上，韧窝方向正好相反[见图 5.21(b)]。拉伸试验剪切唇部分是抛物线的拉长韧窝，如在微孔周围的应力状态为拉、弯联合作用，微孔在拉长、长大的同时还要被弯曲，形成在两个相配断口上方向相同的撕裂韧窝[见图 5.21(c)]。三点弯曲断裂韧性试样中，裂纹在平面应变条件下扩展时出现的韧窝为撕裂韧窝。

图 5.22 为扫描电镜下观察到的拉伸试样中心的等轴韧窝形貌。

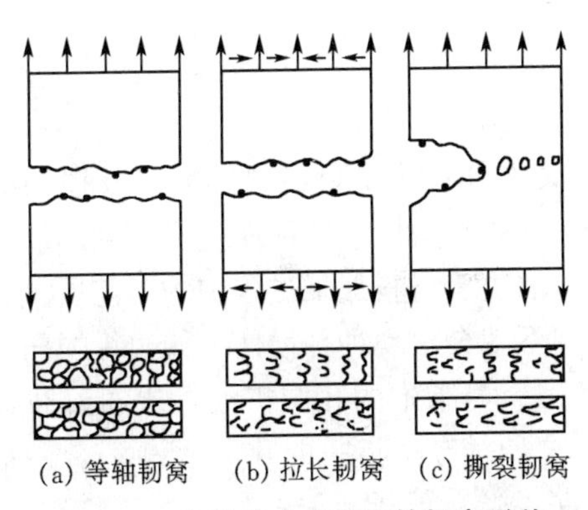

图 5.21 三种应力状态下的韧窝形貌

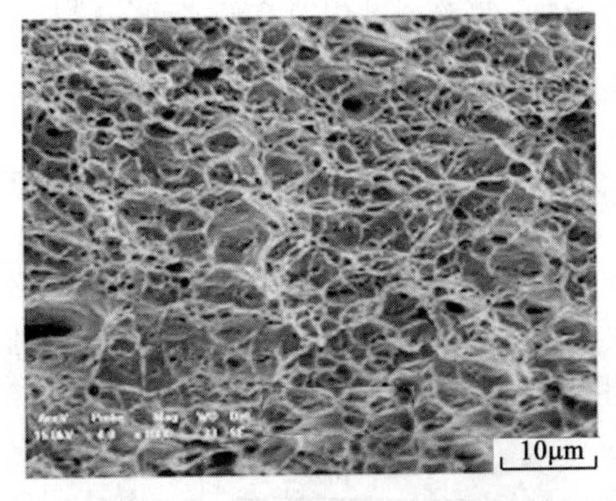

图 5.22 扫描电镜下的等轴韧窝形貌

韧窝的大小(直径和深度)取决于第二相质点的大小和深度、基体材料的塑性变形能力和形变强化指数，以及外加应力的大小和状态等。第二相质点密度增大或其间距减少，则微孔尺寸减少。金属材料的塑性变形能力及其形变强化指数大小直接影响着已长成一定尺寸的微孔的连接和聚合方式。形变强化指数数值越大的材料，越难于发生内颈缩，故微孔尺寸变小。应力大小和状态的改变实际上是通过影响材料塑性变形能力而间接影响韧窝深度的。在高的静水压力之下，内颈缩易于产生，故韧窝深度增加；相反，在多向拉伸应力下或在缺口根部，韧窝则较浅。

微孔聚集型断裂一定有韧窝存在，但在微观形态上出现韧窝，其宏观上不一定就是韧性断裂。因为如前所述，宏观上为脆性断裂，但在局部区域内也可能有塑性变形，从而显示出韧窝形态。

5.5 复合材料的断裂(Fracture of Composite Materials)

复合材料的断裂

由于复合材料的组分与结构各异，影响断裂行为的因素也很多，因此，各类复合材料的断裂性能差别很大，在断裂过程中所表现出来的特点与金属材料有极大的差别。本节将从宏观与微观两方面介绍复合材料断裂力学研究的基本内容。

5.5.1 复合材料的断裂模式

复合材料的断裂常因其内在缺陷尺寸不同而表现出不同的断裂模式，并且这些断裂模式大致可以分为两种：一种叫作“总体损伤模式”，这种断裂模式的特点是材料固有缺陷尺寸较小，随着外加应力的增大，缺陷尺寸有一定程度的增大，但更为重要的是引发了更多的缺陷，使得在较大范围内产生较为密集的缺陷分布，这些缺陷导致了材料的总体破坏；另一种叫作“裂纹扩展模式”，这种断裂模式的特点是材料固有缺陷尺寸较大，应力集中的存在造成缺陷(往往是裂纹)的扩大，进而导致材料的破坏。

在材料的整个断裂过程中，有可能一种模式起绝对的主导作用，也有可能两种模式同时出现。对于后一种情况，往往是以总体损伤模式作为第一阶段，当其中最大缺陷(裂纹)尺寸达到某一临界值时，断裂模式发生了转变，断裂将以裂纹扩展模式进行。图 5.23 所示为短切原丝毡增强复合

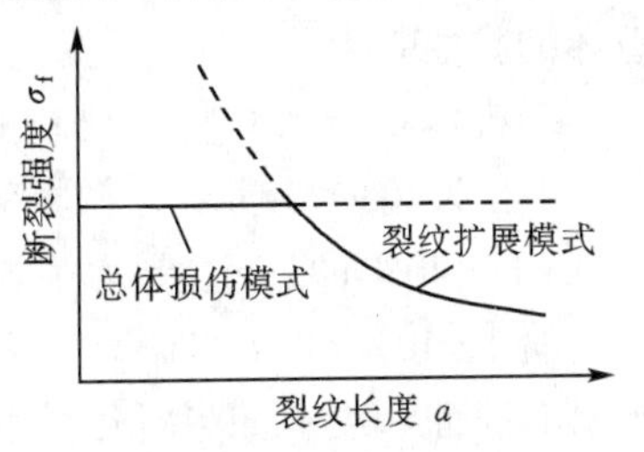

图 5.23 短切原丝毡增强复合材料的断裂模式

材料的两种断裂模式以及它们之间的转变。

5.5.2 复合材料断裂的微观形式

复合材料的破坏模式除与纤维和基体的种类有关之外，还受材料内部缺陷及损伤的影响，这些缺陷可能是气泡、夹杂物、树脂中的孔洞、树脂富集区、杂乱而过密排列的纤维以及纤维与基体的脱胶区域等。这些缺陷的多少，往往取决于材料加工过程中的工艺质量和原材料的质量。一般来说，复合材料在很低的载荷作用下就会出现种种损伤，如边缘损伤，冲击引起的分层、脱胶等使用损伤，此外还有纤维断裂、树脂中的孔洞扩大等。随着载荷增加，纤维断头越来越多，与树脂中的孔洞逐渐汇合，最后导致大尺度的界面深入，直至断裂。

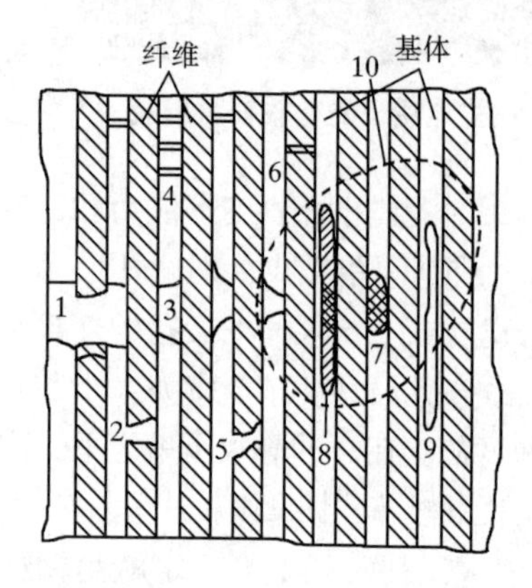

图 5.24 复合材料微观断裂模式

1—脆性断裂；2—抽丝；3—裂纹桥；4—微裂纹；5—纤维韧性断裂；6—纤维在缺陷处开裂；7—主裂纹顶端基体塑性变形区；8—引起界面破坏的剪应变分布；9—在 σ_x 作用下的纵向裂纹；10—层间剪切破坏区

图 5.24 给出了发生于复合材料断裂过程中的各种断裂形式。其中 1 是以脆性纤维与脆性基体作为整体的断裂，称为脆性断裂；2 是纤维被拉断以后，由于界面结合较弱，纤维断头从基体内拔出，这种形式称为抽丝；3 是主裂纹跨过纤维传播而纤维不受损伤，形成“裂纹桥”的断裂形式，这种情况多发生于纤维的断裂应变大于基体应变的断裂情形；4 是基体内部的微裂纹跨过纤维，构成微小“裂纹桥”，形成微裂纹；5 是纤维的韧性断裂，纤维的断口毛糙；6 是纤维在某缺陷处断开使基体产生微小的银纹(或称塑性应变分布)的断裂方式；7 给出了主裂纹顶端基体由 σ_y 引起的塑性变形区，这种塑性变形区将导致材料的破坏；8 给出了裂纹顶端剪应力引起的基体塑性变形分布；9 是由于主裂纹顶端在 σ_x 作用下基体内或界面内形成纵向裂纹的情况；10 是层间破坏区，由虚线表示，这一区域位于主裂纹顶端，由应力集中导致的损伤最为严重，变形也最大，这样与邻层之间将产生一个层间剪切破坏区。

上述断裂形式并非在所有的断裂过程中都存在。对于某一特定的复合材料，其占主导地位的断裂形式仅是其中的一种或几种。下面介绍在拉伸条件下单相复合材料的断裂模式。

(1)纵向拉伸破坏

单向复合材料的破坏起源于材料固有的缺陷。这些缺陷包括破坏的纤维、基体中的裂纹以及界面脱胶等。如图 5.25 所示，单向复合材料在纤维方向受到拉伸载荷作用时，至少有三种破坏模式：脆性断裂，伴有纤维拔出的脆性断裂，伴有纤维拔出、界面基体剪切或脱胶破坏的脆性断裂。

纤维体积分数对复合材料的断裂模式也有很大影响。以单向玻璃复合材料为例，当纤维体积较低($V_f<40\%$)时，主要为脆性破坏；纤维体积分数适中($40\%<V_f<65\%$)时，常表现为伴有纤维拔出的脆性断裂；如果纤维体积较高，则多出现伴有纤维拔出和脱胶或基体剪切破坏的脆性断裂，碳纤维复合材料常出现脆性断裂和伴有纤维拔出

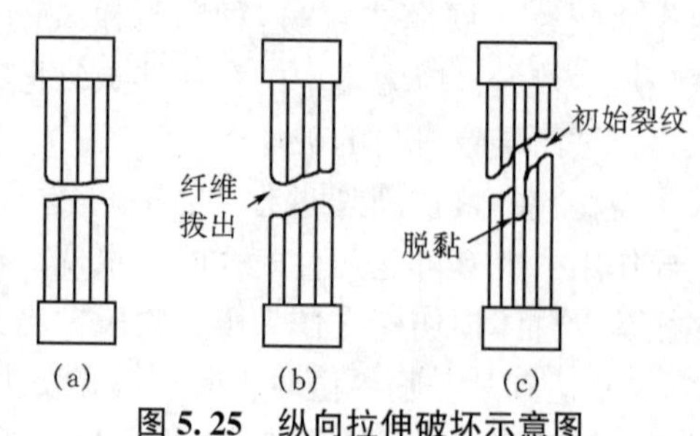

图 5.25 纵向拉伸破坏示意图

的脆性断裂。

(2)横向拉伸破坏

单向复合材料在横向即垂直于纤维方向受拉时，在基体和界面上会产生应力集中。所以受横向拉伸载荷作用时单向复合材料的破坏起源于基体或界面拉伸的破坏。在某些场合，也有可能出现因纤维横向拉伸性能差而导致复合材料的破坏。发生横向拉伸破坏的模式通常有两种：一是基体拉伸破坏，二是脱胶或纤维横向断裂。

5.5.3 复合材料开裂方向的预测

由于纤维的强度远高于基体材料和界面的强度，当裂纹遇到纤维与基体的界面时，往往是界面先破坏而使得裂纹改变了扩展方向，转向沿界面方向的扩展。因此，对于长纤维增强的复合材料，除了极少数是平行纤维裂纹和层间纤维裂纹等特殊情况外，裂纹的扩展过程绝大多数是非共线扩展，是复合型的扩展过程。

对于0°/90°正交铺的层合板，裂纹首先在90°层内出现，随着载荷增大，90°层内的裂纹数由少到多，由稀到密，接着出现0°层内顺着纤维方向的开裂，最后以纤维断裂而破坏。对于角铺设层合板，其从开裂到破坏的过程更复杂。

由此可见，对大多数复合材料而言，裂纹大多是非共线扩展，这就需要建立一定的裂纹开裂之间的预测准则，关于这方面已经有一些成功的例子。

5.6 缺口效应(Notch Effect)

缺口对应力分布的影响

5.6.1 缺口对应力分布的影响

(1)弹性状态下的应力分布

设一薄板上开有缺口。当板所受拉应力低于材料的弹性极限时，其缺口截面上的应力分布如图5.26所示。缺口截面上应力分布是不均匀的，轴向应力 σ_y 在缺口根部最大。随着离开根部距离的增大，σ_y 不断下降，即在根部产生应力集中。应力集中的大小取决于缺口的几何参数(形状、深度、角度及根部曲率半径)，其中以根部曲率半径影响最大，缺口越尖，应力集中越大。缺口引起的应力集中程度通常用理论应力集中系数 K_t 表示，K_t 定义为缺口净截面上的最大应力 σ_{max} 与平均应力 σ 之比，即

$$K_t = \sigma_{max} / \sigma \tag{5-31}$$

K_t 不是材料的性质，其值只与缺口几何形状有关。

在缺口根部附近，集中应力有可能超过材料的屈服强度而产生塑性变形。塑性变形集中在缺口根部附近区域内，且缺口愈尖，塑性变形区愈小。缺口造成应力应变集中，这是缺口的第一个效应。

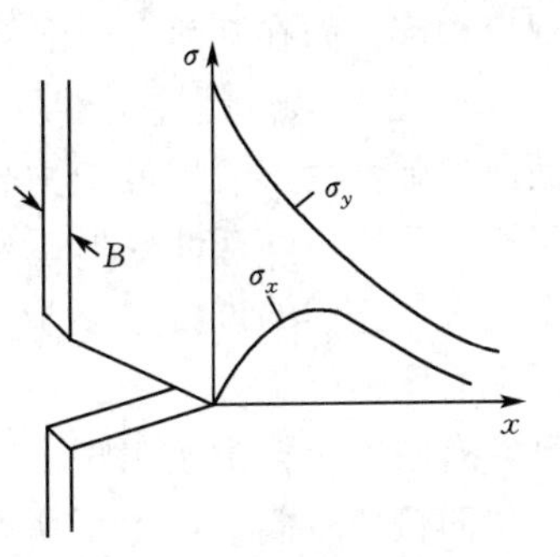

图5.26 薄板缺口前方的弹性应力分布

由图5.26可见，开有缺口的薄板受载后，缺口根部内侧还出现了横向拉应力 σ_x，它是由于材料横向收缩所引起的。设想沿 x 方向将薄板等分成一些很小的拉伸试样，每一个试样都能自由变形。根据小试样所处位置不同，它们所受的 σ_y 大小也不一样。愈近缺口根部 σ_y 越大，相应的纵向应变 ε_y

也越大。对应于每一ε_y，每一试样要产生相应的横向应变ε_x，且$\varepsilon_x = -\nu\varepsilon_y$，$\nu$为泊松比。如果这样自由收缩，则每个小试样彼此就要分离开来。但是研究的薄板是连续的，不允许横向收缩分离。由于此种约束，于是在垂直于相邻试样界面方向上必然要产生拉应力σ_x，以阻止横向收缩分离。因此，σ_x的出现是变形连续性要求的结果。在缺口平面上，σ_x分布是先增后减的，这是由于x较大时，σ_y逐渐减小，相邻小试样间的纵向应力差减小，于是σ_x下降。薄板在垂直于板面方向可以自由变形，于是$\sigma_z=0$。这样，薄板中心是两向拉伸的平面应力状态。但在缺口根部($x=0$处)，拉伸小试样能自由横向收缩，$\sigma_x=0$，故仍为单向拉伸应力状态。

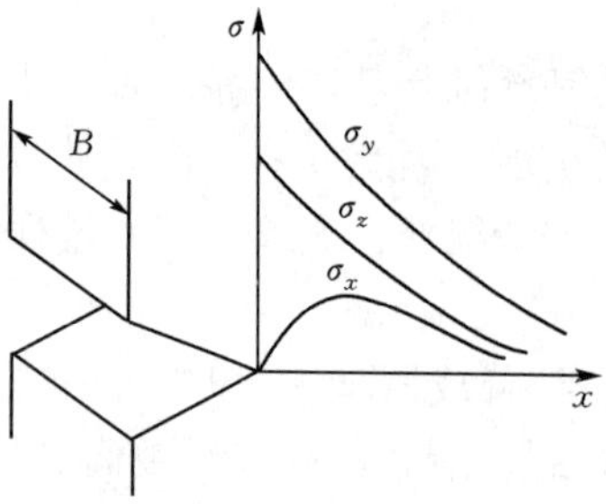

如果是厚板，垂直于板厚方向的变形受到约束，$\varepsilon_z=0$，故$\sigma_z \neq 0$，$\sigma_z = \nu(\sigma_x+\sigma_y)$。厚板的弹性应力分布见图5.27。可见，在缺口根部为两向应力状态，缺口内侧为三向应力状态，且$\sigma_y > \sigma_z > \sigma_x$。这种三向应力状态是缺口试样或有缺口的机件、构件早期脆断的主要原因。

图5.27　厚板弹性应力分布

因此，缺口的第二个效应是改变了缺口前方的应力状态，使平板中材料所受的应力由原来的单向拉伸变为两向或三向拉伸，也就是出现了σ_x(平面应力状态)或σ_x与σ_z(平面应变状态)，视板厚而定。

(2)塑性状态下的应力分布

对于塑性金属材料，若缺口前方产生塑性变形，应力将重新分布，并且随着载荷增加，塑性区逐渐扩大，直至整个截面上都产生塑性变形。

现以板厚为例来讨论缺口截面上的应力重新分布。根据屈雷斯加判据

$$\sigma_{\mathrm{II}} = \sigma_y - \sigma_x = \sigma_s$$

σ_s为材料的屈服极限。在缺口根部，$\sigma_x=0$，故$\sigma_{\mathrm{II}} = \sigma_y - \sigma_x = \sigma_y = \sigma_s$。因此，当外加载荷增加时，$\sigma_y$也随之增加，缺口根部应最先满足$\sigma_{\mathrm{II}} = \sigma_y = \sigma_s$要求而开始屈服。一旦根部屈服，则$\sigma_y$即松弛而降低到材料的$\sigma_s$值。但在缺口内侧，因$\sigma_x \neq 0$，故要满足屈雷斯加判据要求必须增加纵向应力$\sigma_y$，即心部屈服要在$\sigma_y$不断增加的情况下才能产生。如果满足这一条件，则塑性变形将自表面向心部扩展。与此同时，σ_y和σ_z随σ_x快速增加而增加[因$\sigma_y = \sigma_x + \sigma_s$，$\sigma_z = \nu(\sigma_x+\sigma_y)$]，且塑性变形时，$\sigma_y$引起的横向收缩约比弹性变形时大一倍，需要较高的$\sigma_x$值才能维持连续变形，一直增加到塑性区与弹性区交界处为止(见图5.28)。因此，当缺口前方产生了塑性变形后，最大应力已不在缺口根部，而在其前方一定距离处，该处σ_x最大，所以σ_y、σ_s也最大。越过交界后，弹性区内的应力分布与上面所述弹性变形阶段的应力分布稍有区别，σ_x是连续下降的。显然，随塑性变形逐步向内转移，各应力峰值越来越高，它们的位置也逐步移向中心。可以预料，在试样中心区，σ_y最大。

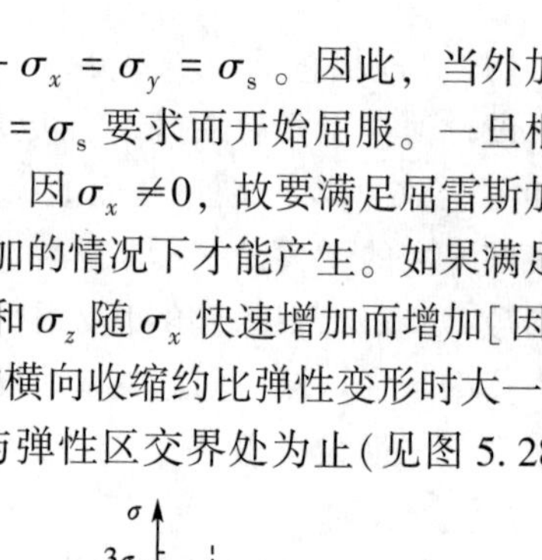

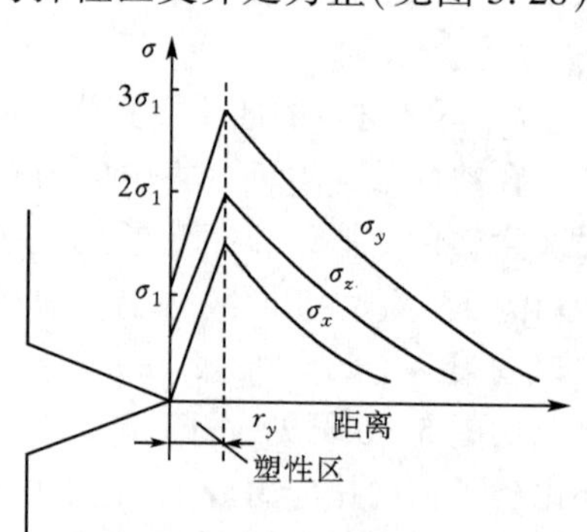

图5.28　缺口前方局部屈服后的应力分布

有缺口时，由于出现了三向应力，试样的屈服应力比单向拉伸时高，产生了所谓缺口强化现象。由于此时材料本身的σ_s值(注意：σ_s是用光滑试样测得的拉伸屈服极限)未变，故“缺口强化”纯粹是由于三向应力约

束了塑性变形所致，如同颈缩造成的几何强化一样。因而不能把“缺口强化”看作强化金属材料的手段。缺口强化只有对相同净截面的光滑试样才能观察到。在有缺口时，塑性材料的强度极限也因塑性变形受约束而增加了。

虽然缺口能提高塑性材料的屈服强度，但因缺口约束塑性变形，故缺口使塑性降低。脆性材料或低塑性材料缺口试样拉伸常常是直接由弹性状态过渡到断裂，很难通过缺口前方极有限的塑性变形使应力重新分布，所以脆性材料缺口试样的强度比光滑试样低。缺口使塑性材料得到强化，这是缺口的第三个效应。

5.6.2　缺口敏感性及其表示方法

缺口敏感性及其表示方法

对于金属材料来说，缺口总是降低塑性，增大脆性。金属材料存在缺口而造成三向应力状态和应力应变集中，由此而使材料产生变脆的倾向，这种效果称为缺口敏感性。一般采用缺口试样力学性能试验来评价材料的缺口敏感性。常用的缺口试样力学性能试验方法有缺口静拉伸和缺口偏斜拉伸、缺口静弯曲等。

缺口试样静拉伸试验用于测定拉伸条件下金属材料对缺口的敏感性。试验时常用缺口试样的抗拉强度 σ_{bN} 与等截面尺寸光滑试样的抗拉强度 σ_b 的比值作为材料的缺口敏感性指标，并称为缺口敏感度，用 q_e 或 NSR(notch sensitivity ratio)表示

$$q_e = \frac{\sigma_{bN}}{\sigma_b} \tag{5-32}$$

比值 q_e 越大，缺口敏感性越小。脆性材料的 q_e 永远小于 1，表明缺口处尚未发生明显塑性变形时就已经脆性断裂。高强度材料 q_e 一般也小于 1。对于塑性材料，若缺口不太尖，有可能产生塑性变形时，q_e 总大于 1。

缺口弯曲试验也可以显示材料的缺口敏感性。由于缺口和弯曲引起的不均匀性叠加，所以缺口弯曲较缺口拉伸应力应变分布不均匀性要大。这种方法一般根据断裂时的残余挠度或弯曲破断点(裂纹出现)的位置评定材料的缺口敏感性。

金属材料的缺口敏感性除和材料本身性能、应力状态(加载方式)有关外，尚与缺口形状和尺寸、试验温度有关。缺口尖端曲率半径越小，缺口越深，材料对缺口的敏感性也越大。缺口类型相同，增加试样截面尺寸，缺口敏感性也增加，这是由于尺寸较大试样弹性能储存较高所致。降低温度，尤其对 bcc 金属，缺口敏感性急剧增大。因此，不同材料的缺口敏感性应在相同条件下对比。

5.6.3　缺口试样冲击弯曲及冲击韧性

缺口试样冲击弯曲及冲击韧性

在冲击载荷下，由于加载速率大，变形条件更为苛刻，塑性变形得不到充分发展，所以冲击试验更能灵敏地反映材料的变脆倾向。常用的缺口试样冲击试验是冲击弯曲。

摆捶冲击弯曲试验方法与原理见图 5.29 和图 5.30。

试验多在摆锤式冲击试验机上进行的。将试样水平放在试验机支座上，缺口位于冲击相背方向，并用样板使缺口位于支座中间。然后将具有一定质量的摆锤举至一定高度 H_1，使其获得一定位能 G_{H_1}。释放摆锤冲断试样，摆锤的剩余能量为 G_{H_2}，则摆锤冲断试样失去的

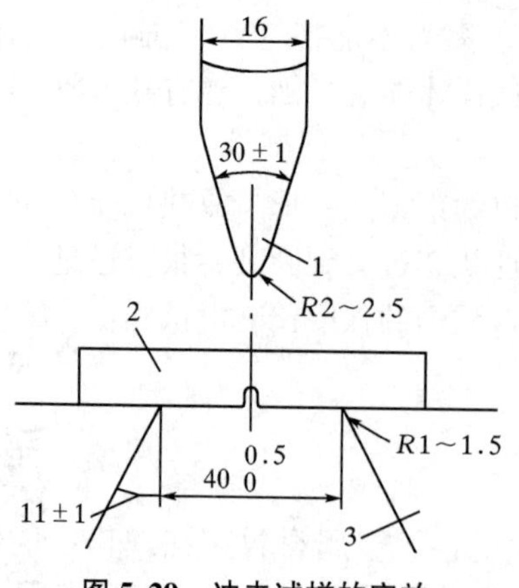

图 5.29 冲击试样的安放

1—摆捶；2—试样；3—机座

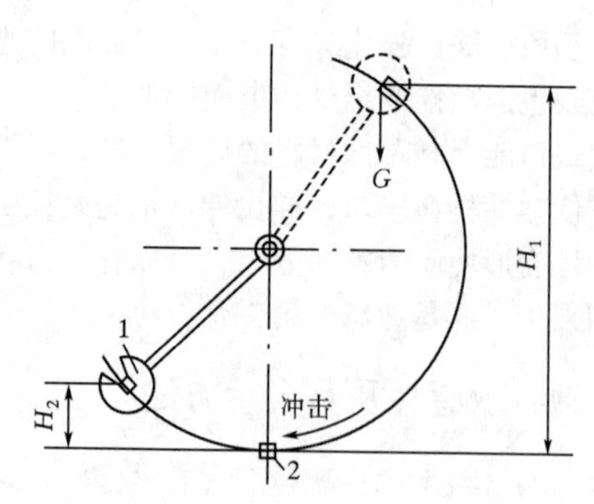

图 5.30 摆捶冲击试验原理

1—摆捶；2—试样

位能为 $G_{H_1}-G_{H_2}$，此即试样变形和断裂所消耗的功，称为冲击吸收功。根据试样缺口形状不同，冲击吸收功分别为 A_{KV}(V 型缺口)和 A_{KU}（U 型缺口)。A_{KV}（A_{KU}）= $G(H_1-H_2)$，单位为 J。A_{KV} 亦有用 CVN 或 C_V 表示的。

用试样缺口处截面积 F_N（cm^2)去除 A_{KV}（A_{KU}），即得到冲击韧性或冲击值 a_{KV}（a_{KU}）

$$a_{KV}(a_{KU})=A_{KV}(A_{KU})/F_N$$

通常，a_{KV}（a_{KU})的单位为 J/ cm^2。国家标准规定冲击试验标准试样采用 U 型缺口或 V 型缺口，分别称为夏比(Charpy)U 型缺口试样和夏比 V 型缺口试样，习惯上前者又简称为梅氏试样，后者为夏氏试样。

a_{KV}（a_{KU})是一个综合性的材料力学性能指标，与材料的强度和塑性有关。

A_{KV}（A_{KU})也可以表示材料的变脆倾向，但 A_{KV}（A_{KU})并非完全用于试样变形和破坏，其中有一部分消耗于试样掷出、机身振动、空气阻力以及轴承与测量机构中的摩擦消耗等。材料在一般摆锤冲击试验机上试验时，这些功是忽略不计的。但当摆锤轴线与缺口中心线不一致时，上述功耗比较大。所以，在不同试验机上测定的 A_{KV}（A_{KU})值彼此可能相差较大。此外，根据断裂理论，断裂类型取决于断裂扩展过程中所消耗的功。消耗功大，则断裂表现为韧性的，反之则为脆性的。

在摆锤冲击试验机上附加一套示波装置，利用粘贴在测力刀口两侧的电阻应变片作为载荷感受元件，可以记录材料在冲击载荷下的载荷-挠度(或载荷-时间)曲线。图 5.31 所示为载荷-挠度曲线的示意图，曲线与横轴所包围的面积代表了冲击过程消耗的功。冲击断裂过程一般分为裂纹形核、裂纹的稳定扩展和裂纹的非稳定扩展三个阶段。测得的总吸收能可以分为三部分：初始区域形成时的吸收能量 E_1(由弹性变形能 E_e 和塑性变形能 E_p 两部分组成)、纤维状断裂期吸收的能量 E_2 和不稳定裂纹终止后吸收的能量 E_3。此外，还可以测定最大载荷 P_m、脆断载荷 P_f 和脆断终止载荷 P_a 等。其中，E_1 与塑性切变区域的产生和扩展相关，即所谓裂纹

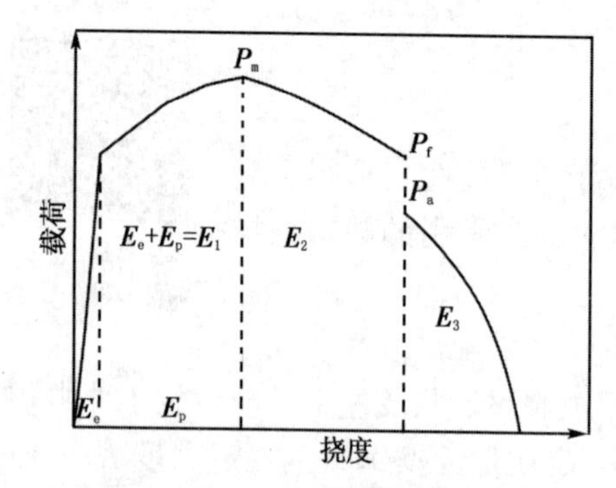

图 5.31 冲击弯曲试验的载荷-挠度曲线示意图

形成功，代表了裂纹形成和开启的难易程度。E_2 与裂纹的稳定扩展相关，为稳定裂纹扩展能，表征了材料阻止裂纹扩展的能力。一旦不稳定裂纹开始长大，稳态裂纹的扩展就停止了。因此，稳定裂纹能 E_2 也暗示了不稳定裂纹的产生趋势。E_3 为非稳定裂纹扩展能，表征了材料阻止脆性断裂扩展能力，通常取决于在试验条件下不稳定裂纹抑制的难易程度。由此可见，A_{KV}（A_{KU}）相同的材料，断裂区的面积也不一定相同，也就是说 A_{KV}（A_{KU}）的大小也不能真正反映材料的变脆倾向。

除了摆锤试验法之外，落锤撕裂试验法（DWTT，drop weight tear test）也是目前应用较多的测试材料动态性能的试验方法。在测试一些厚钢板构件的冲击性能时，有时需要采用比标准冲击试样尺寸大一些的试样，如对管线用钢进行 DWTT 时，就采用全厚度尺寸的冲击试样。对于一些在特殊环境下使用的材料，有时还采用撕裂试验法进行低温韧性的评定。关于冲击弯曲试验的测试方法，可参见有关国家标准。

5.7 材料的低温脆性（Brittleness of Materials at Low Temperature）

5.7.1 材料的低温脆性现象

材料的低温脆性现象

体心立方晶体金属及合金或某些密排六方晶体金属及合金，尤其是工程上常用的中、低强度结构钢经常会碰到低温变脆现象。当试验温度低于某一温度 T_K 时，材料由韧性状态变为脆性状态，冲击值明显下降，断口特征由纤维状变为结晶状，断裂机理由微孔聚集型变为穿晶解理，这就是材料的低温脆性，转变温度 T_K 称为韧脆转变温度（DBTT，ductile-brittle transition temperature）或脆性转变临界温度，也称为冷脆转变温度。面心立方金属及其合金一般没有低温脆性现象，但有实验证明，在 2.0 ~ 4.2 K 的极低温度下，奥氏体钢及铝合金等仍有脆性。高强度的体心立方合金（如高强度钢及超高强度钢）在很宽温度范围内冲击值均较低，故韧脆转变不明显。

低温脆性对压力容器、桥梁和船舶结构以及在低温下服役的机件安全是非常重要的。

任何金属材料都有两个强度指标：屈服强度和断裂强度。断裂强度 σ_c 随温度变化很小，因为热激活对裂纹扩展的力学条件没有显著作用。但屈服强度 σ_s 却对温度变化十分敏感，如图 5.32 所示。温度降低，屈服强度急剧升高，故两曲线相交于一点，交点对应的温度即 T_K。高于 T_K 时，$\sigma_c > \sigma_s$，材料受载后先屈服再断裂，为韧性断裂；低于 T_K 时，外加应力先达到 σ_c，材料表现为脆性断裂。这里把 σ_c 解释为裂纹扩展的临界应力，显然是以材料中有预存裂纹为前提的。倘若材料中没有预存裂纹，则外加应力达到 σ_c 还不致引起脆性断裂。只有当外力继续增加直到材料中局部产生滑移，通过滑移形成裂纹才会引起脆性断裂。但若局部滑移形成的裂纹尺寸没有达到一定应力下裂纹扩展的临界尺寸，可能还要继续提高应力，直到外加应力达到 σ_s，材料在屈服应力下才立即脆断。韧脆转变温度实际上不是一个温度点，而是一个温度区间。金属材料的低温变脆倾向通常是根据测量韧脆转变温度 T_K 来评定的，常用低温系列冲击试验来测定材料的韧脆转变温度。

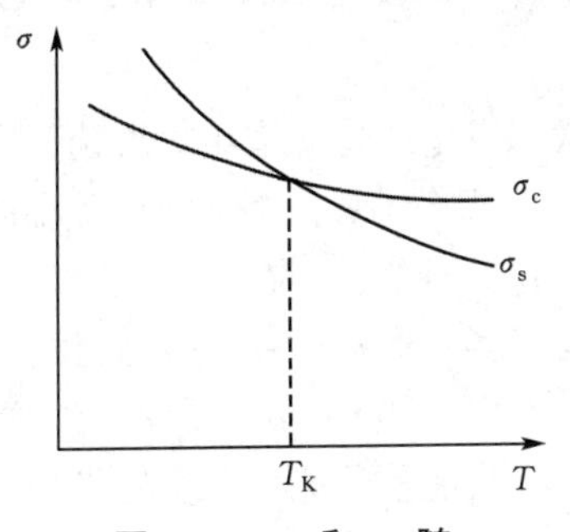

图 5.32 σ_s 和 σ_c 随温度变化示意图

材料的韧脆转变温度

5.7.2 材料的韧脆转变温度

韧性是金属材料塑性变形和断裂全过程吸收能量的能力，它是强度和塑性的综合表现。根据试样断裂过程消耗的功及断裂后塑性变形的大小均可以确定 T_K。断口形貌反映材料的断裂本质，也可用来表示韧性，观察分析不同温度下的断口形貌也可以求得 T_K。目前，尚无简单的判据求韧脆转变温度 T_K。通常根据能量、塑性变形和断口形貌随温度的变化定义 T_K。为此，需要在不同温度下进行冲击弯曲试验，根据试验结果作出冲击功-温度曲线、断口形貌中各区所占面积和温度的关系曲线、试样断裂后塑性变形量和温度的关系曲线，根据这些曲线求 T_K。

按能量法定义 T_K 的方法有如下几种。

① 以 A_{KV}(CVN)= 20.3 J(15 英尺 · 磅)对应的温度作为 T_K，并记为 $V_{15}TT$。这个规定是根据大量实践经验总结出来的。实践发现，低碳钢船用钢板服役时若韧性大于 20.3J 或在 $V_{15}TT$ 以上工作就不致发生脆性破坏。

② 当低于某一温度，金属材料吸收的能量基本不随温度而变化，形成一个下平台，该能量称为“低阶能”。将低阶能开始上升的温度定义为 T_K，并记为 NDT(nil ductility temperature)，称为无塑性或零塑性转变温度。在 NDT 以下，断口由 100%结晶区(解理区)组成。

③ 当高于某一温度，材料吸收能量也基本不变，出现一个上平台，称为“高阶能”。以高阶能对应的温度为 T_K，记为 FTP(fracture transition plastic)。高于 FTP 的断裂，将得到 100%纤维状断口(零解理断口)。

除此之外，还有以低阶能和高阶能平均值对应的温度 FTE(fracture transition elastic)定义 T_K 的。

各种韧脆转变温度判据见图 5.33。

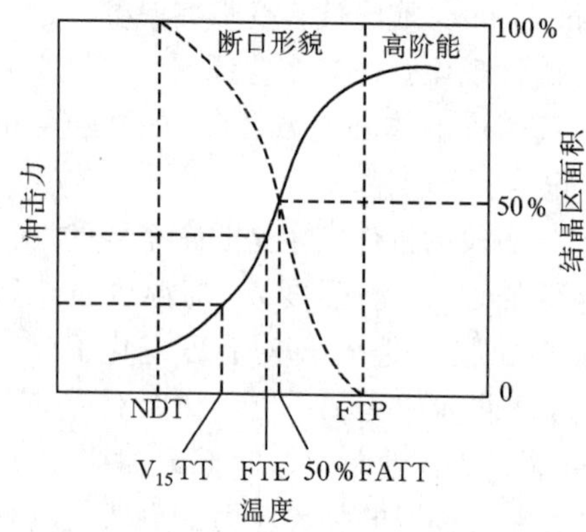

图 5.33 各种韧脆转变温度判据

如同拉伸试样一样，冲击试样断口也有纤维区、放射区(结晶区)与剪切唇。有时在断口上还看到有两个纤维区，放射区位于纤维区之间。出现两个纤维区的原因是试样冲击时，缺口一侧受拉伸作用，裂纹首先在缺口处形成，而后向厚度两侧及深度方向扩展。由于缺口处是平面应力状态，若试验材料具有一定韧性，则在裂纹扩展过程中便形成纤维区。当裂纹扩展到一定深度，出现平面应变状态，且裂纹达到格雷菲斯临界裂纹尺寸时，裂纹快速扩展而形成结晶区。到了压缩区之后，由于应力状态发生变化，裂纹扩展速率再次减少，于是又出现了纤维区。

试验证明，在不同试验温度下，纤维区、放射区与剪切唇三者之间的相对面积(或线尺寸)是不同的。温度下降，纤维区面积突然减少，放射区面积突然增大(见图 5.33)，材料由韧变脆。通常取结晶区面积占整个断口面积 50%时的温度为 T_K，并记为 50% FATT 或 $FATT_{50}$。50%FATT 反映了裂纹扩展机制变化的特征，可以定性地评定材料在裂纹扩展过程中吸收能量的能力。实验发现，50%FATT 与冲击韧性开始急速增加的温度有较好的对应关系，故得到广泛应用。但此种方法评定各区所占面积受人为因素影响，要求测试人员有较丰富的经验。

5.7.3 影响韧脆转变温度的因素

(1)化学成分

间隙溶质元素含量增加，高阶能下降，韧脆转变温度提高。间隙溶质元素溶入铁素体基体中，因与位错有交互作用而偏聚于位错线附近形成柯氏气团，既增加 σ_i ，又使 k_y 增加，致 σ_s 升高(见 Hall-Petch 关系式)，所以钢的脆性增大。

置换型溶质元素对韧性影响不明显。钢中加入置换型溶质元素一般也会降低高阶能，提高韧脆转变温度，但 Ni 和一定量 Mn 例外。置换型溶质元素对韧脆转变温度的影响和 σ_i ，k_y 及 γ_s 的变化有关。Ni 减少低温时的 σ_i 和 k_y ，故韧性提高。另外，Ni 还增加层错能，促进低温时螺位错交滑移，使裂纹扩展消耗功增加，也使韧性增加。但如置换型溶质元素降低层错能促进位错扩展或形成孪晶，使螺位错交滑移困难，则钢的韧性下降。

杂质元素 S、P、As、Sn、Sb 等使钢的韧性下降。这是由于它们偏聚于晶界，降低晶界表面能，产生沿晶脆性断裂，同时降低脆断应力所致。

(2)显微组织

细化晶粒使材料韧性增加。铁素体晶粒直径和韧脆转变温度之间存在一定的关系，这一关系可用下述 Petch 方程描述

$$\beta T_K = \ln B - \ln C - \ln d^{-\frac{1}{2}} \tag{5-33}$$

式中 β——常数，与 σ_i 有关；

C——裂纹扩展阻力的度量；

B——常数；

d——铁素体晶粒直径。

式(5-33)也适用于低碳铁素体-珠光体钢、低合金高强度钢。研究发现，不仅铁素体晶粒大小和韧脆转变温度之间呈线性关系，而且马氏体板条束宽度、上贝氏体铁素体板条束、原始奥氏体晶粒尺寸和韧脆转变温度之间也成线性关系。

细化晶粒提高韧性的原因有：晶界是裂纹扩展的阻力；晶界前塞积的位错数减少，有利于降低应力集中；晶界总面积增加，使晶界上杂质浓度降低，避免产生沿晶脆性断裂。

在较低强度水平(如经高温回火)时，强度相等而组织不同的钢，其冲击值和韧脆转变温度以马氏体高温回火组织(回火屈氏体)最佳，贝氏体回火组织次之，片状珠光体组织最差(尤其有自由铁素体存在时，因为自由铁素体是珠光体钢中解理裂纹易于扩展的通道)。球化处理能改善钢的韧性。

在较高强度水平时，如中、高碳钢在较低等温温度下获得下贝氏体组织，则其冲击值和韧脆转变温度优于同强度的淬火并回火组织。

在相同强度水平下，典型上贝氏体的韧脆转变温度高于下贝氏体。例如 在 Cr-Mo-B 贝氏体钢中，上贝氏体的 σ_b = 924MPa，韧脆转变温度为 75℃；下贝氏体的 σ_b = 1000MPa，韧脆转变温度为 20℃。但低碳钢低温上贝氏体(B_{II})的韧脆转变温度却高于回火马氏体，这是由于在低温上贝氏体中渗碳体沿奥氏体晶界的析出受到抑制，减少了晶界裂纹的形成。

在低碳合金钢中，经不完全等温处理获得贝氏体(低温上贝氏体或下贝氏体)和马氏体混合组织，其韧性高于单一马氏体或单一贝氏体组织。这是由于贝氏体先于马氏体形成，事先将奥氏体分割成几个部分，使随后形成的马氏体限制在较小范围内，获得了组织单元极为

细小的混合组织。裂纹在此种组织内扩展要多次改变方向，消耗能量大，故钢的韧性较高。关于中碳合金钢马氏体-贝氏体混合组织的韧性，有人认为，需视钢在奥氏体化后的冷却过程中贝氏体和马氏体的形成顺序而定，若贝氏体先于马氏体形成，韧性可以改善；反之，韧性就不会改善。在某些铁素体和马氏体钢中存在奥氏体能够抑制解理断裂，如在马氏体钢中含有稳定残余奥氏体将显著改善钢的韧性，马氏体板条间的残余奥氏体膜也有类似作用。

钢中夹杂物、碳化物等第二相质点对钢的脆性有重要影响，影响的程度与第二相质点的大小、形状、分布、第二相性质及其与基体的结合力等性质有关。无论第二相分布于晶界上还是独立在基体中，当其尺寸增大时均使材料的韧性下降，韧脆转变温度升高。按史密斯解理裂纹成核模型，晶界上碳化物厚度或直径增加，解理裂纹既易于形成又易于扩展，故使脆性增加。分布于基体中的粗大碳化物，可因本身开裂或与基体界面上脱离形成微孔，微孔连接长大形成裂纹，最后导致断裂。

第二相形状对钢的脆性也有一定影响。球状碳化物的韧性较好，拉长的硫化物又比片状硫化物好。

(3)外部因素

① 温度。在某些温度范围内，结构钢冲击韧性急剧下降。碳钢和某些合金钢在 230~370℃范围内拉伸时，强度升高，塑性降低。因为在该温度范围内加热时，钢的氧化色为蓝色，故此现象称为蓝脆。在静载荷与冲击载荷下都可以看到钢的蓝脆现象。在冲击载荷下，蓝脆最严重的温度范围为 525~550℃。

蓝脆是形变时效加速进行的结果。当温度升高到某一适当温度时，碳、氮原子扩散速率增加，易于在位错线附近偏聚形成柯氏气团。这一形成柯氏气团的过程所需要的时间较拉伸塑性变形发展所需要的时间短，因而在塑性变形过程中就会产生时效，形成气团，使材料强度提高，塑性下降。在冲击载荷下，形变速率较高，碳、氮原子必须在较高温度下才能获得足够的激活能以形成气团。所以，在冲击载荷下，发生蓝脆的温度较高。

② 加载速率。提高加载速率同降低温度一样，使金属材料脆性增大，韧脆转变温度提高。加载速率对钢脆性的影响和钢的强度水平有关。一般地，中、低强度钢的韧脆转变温度对加载速率比较敏感，而高强度钢、超高强度钢的韧脆转变温度对加载速率的敏感性则较小。在常用的冲击速率范围(4~6m/s)内，改变加载速率对韧脆转变温度影响不大。

③ 试样尺寸和形状。当不改变缺口尺寸而增加试验宽度(或厚度)时，T_K 升高。当试样各部分尺寸按比例增加时，T_K 也升高。这是由于试样尺寸增加时，应力状态变硬，并且缺陷概率增大，所以脆性增大。缺口尖锐度增加时，T_K 也显著升高，所以 V 型缺口试样的 T_K 高于 U 型试样的 T_K。

参 考 文 献

[1] 束德林. 金属力学性能 [M]. 北京：机械工业出版社，1995.
[2] 王从曾. 材料性能学 [M]. 北京：北京工业大学出版社，2001.
[3] 王国凡. 材料成形与失效 [M]. 北京：化学工业出版社，2002.
[4] LAIN lE M. Principles of mechanical metallurgy [M]. New York：Edward Arnold，1981.
[5] GEORGE E. Mechanical metallurgy [M]. 2nd. New York：McGrow Hill Higher Education，1976.
[6] THOMAS H. Courtney. 材料力学行为 [M]. 北京：机械工业出版社，麦格劳-希尔教育出版集

团，2004.
[7] 赫次伯格. 工程材料的变形与断裂力学 [M]. 北京：机械工业出版社，1982.
[8] 许金泉. 材料强度学 [M]. 上海：上海交通大学出版社，2009.
[9] 弗里德曼. 金属机械性能 [M]. 北京：机械工业出版社，1982.
[10]《金属机械性能》编写组. 金属机械性能 [M]. 北京：机械工业出版社，1982.
[11] 何肇基. 金属的力学性质 [M]. 北京：冶金工业出版社，1981.
[12] 褚武扬. 断裂力学基础 [M]. 北京：科学出版社，1979.
[13] 郑文龙. 金属构件断裂分析与防护 [M]. 上海：上海科学技术出版社，1980.
[14] 北京钢铁研究总院金属物理室. 工程断裂力学：上册 [M]. 北京：国防工业出版社，1978.
[15] G. 亨利，D. 豪斯特曼. 宏观断口学及显微断口学 [M]. 北京：机械工业出版社，1990.
[16] 肖纪美. 金属的韧性与韧化 [M]. 上海：上海科学技术出版社，1980.
[17] 崔振源. 断裂韧性测试原理和方法 [M]. 上海：上海科学技术出版社，1981.
[18] 冯端. 金属物理学 [M]. 北京：科学出版社，1999.
[19] 匡震邦. 材料力学行为 [M]. 北京：高等教育出版社，1998.
[20] 周惠久，黄明志. 金属材料强度学 [M]. 北京：科学出版社，1989.
[21] 李庆生. 材料强度学 [M]. 太原：山西科学教育出版社，1990.
[22] 刘瑞堂. 工程材料力学性能 [M]. 哈尔滨：哈尔滨工业大学出版社，2001.
[23] 姜锡山，赵晗. 钢铁显微断口速查手册 [M]. 北京：机械工业出版社，2010.
[24] William F. Smith，Javad Hashemi. 材料科学与工程基础 [M]. 北京：机械工业出版社，麦格劳-希尔教育出版集团，2006.
[25] Derek Hull. 断口形貌学：观察、测量和分析断口表面形貌的科学 [M]. 李晓刚，董超芳，杜翠微，等译. 北京：科学出版社，2009.
[26] 中华人民共和国国家标准，GB 8363—87. 铁素体钢落锤撕裂试验方法 [S].
[27] 中华人民共和国国家标准，GB/T 229—1994. 金属夏比缺口冲击试验方法 [S].
[28] 中华人民共和国国家标准，GB/T 122778—91. 金属夏比冲击断口测定方法 [S].

1. 名词解释
   穿晶断裂；解理断裂；沿晶断裂；韧性断裂；脆性断裂；断裂强度；冲击韧性；缺口敏感性；韧脆转变温度；解理台阶；准解理
2. 描述韧性及脆性断裂的微观过程，并说明韧性与脆性断口形貌的区别。
3. 剪切断裂与解理断裂都是穿晶断裂，为什么断裂性质完全不同？
4. 何谓拉伸断口三要素？影响宏观拉伸断口形态的因素有哪些？
5. Si_3N_4 材料的表面能 γ_s 为 30 J /m^2，原子间距 $a_0 \approx 0.2$nm，$E = 380$GPa。① 计算这种材料的理论断裂强度，并比较此理论断裂强度值与实际拉伸试验得到的强度值($\sigma = 550$MPa)；② 计算导致断裂的临界裂纹尺寸。
6. 举例说明 Griffith 理论适用于什么类型的材料。
7. 为什么材料的实际强度比理论强度低很多？材料的实际强度与理论强度差多少？
8. 一个马氏体时效钢板含有一个长 40 μm 的中心裂纹，其断裂强度为 480MPa，若在此钢板中含有的裂纹长度为 100 μm，试计算其断裂应力。
9. 对一个 Al_2O_3 试样进行拉伸，这个试样中有尺寸为 100μm 的缺陷。如果 Al_2O_3 的表面能

γ_s 为 0.8J/m^2，用 Griffith 准则计算此材料的实际断裂强度。（已知 Al_2O_3 试样 E = 380GPa）

10. 已知一钢板中心存在一个长 $2a$ 的裂纹，其受到张力（σ=400MPa）的作用，已知此钢板的弹性模量 E=220GPa，表面能 γ_s=10J/m^2，试用 Griffith 理论计算临界裂纹长度 a。
11. 已知一马氏体时效薄钢板的抗拉强度为 1950MPa，由于存在一个与加载方向垂直的 4mm 长的中心穿透裂纹，已知钢板的弹性模量 E=200GPa，表面能 γ_s=2J/m^2，计算断裂强度降低的百分数。
12. 什么是解理断口和准解理断口？两者有何区别？
13. 用位错理论说明材料脆性断口的形核机制。
14. 解释陶瓷材料的实际强度为何只有其理论强度的$\frac{1}{100}$~$\frac{1}{10}$。并分析材料的组织结构因素如何影响陶瓷材料的断裂强度。
15. 说明韧脆转变的物理本质及其主要影响因素。研究韧脆转变对生产有什么指导意义？
16. 试述缺口试样在弹性状态和塑性状态下的应力分布特点。
17. 缺口冲击韧性试验能评定哪些材料的低温脆性？哪些材料不能用此方法检验和评定？
18. 某低碳钢的摆锤系列冲击试验列于下表。

温度/℃	冲击功/J	温度/℃	冲击功/J
60	75	10	40
40	75	0	20
35	70	-20	5
25	60	-50	1

① 绘制冲击功-温度关系曲线；② 试确定韧脆转变温度。

19. 对一合金材料进行夏比冲击试验，试样为标准夏比 U 型缺口试样，试样尺寸为 10mm×10mm×55mm，缺口深度为 2mm，若冲击试验打断试样需要的冲击功为 80 J，计算该材料的冲击韧性。
20. 某脆性材料的抗拉强度可以用下式表示：

$$\sigma_m = 2\sigma\left(\frac{a}{\rho}\right)^{\frac{1}{2}}$$

已知材料内部有一 $2a$ 长度的裂纹，ρ 为裂纹的曲率半径，σ 为外加名义应力，σ_m 为裂纹尖端应力集中导致的最大应力。若该材料的内部裂纹的临界长度 $a=2\times10^{-3}$ mm，其理论断裂强度为 $E/10$，E 为该材料的弹性模量，为 400 GPa，计算若该材料施加 300 MPa 拉应力产生断裂时裂纹尖端临界曲率半径。

21. 为什么 fcc 金属即使在低温下仍然表现为韧性断裂，而 bcc 金属则没有这种现象？
22. 试说明低温脆性的物理本质及其影响因素。
23. 试从宏观和微观解释为什么有些材料有明显的韧脆转变，而另一些材料则没有？（从宏观和微观解释）

6　材料的断裂韧性 Fracture Conception of Materials

材料的断裂韧性简介

伴随科学与技术的日新月异，各行各业对材料的要求也越来越高，高强度材料构件日趋增多，如高压容器、火箭发动机壳体、大型飞机结构、核电站设备、高速机车和超大桥梁等均采用高强度材料。这些材料在长期的使用中，虽然可以以高强度能保证构件不发生塑性变形及随后的韧性断裂，但却难以防止材料的脆性破坏断裂。而且这种脆性断裂大多在远低于屈服强度的状态下突然发生，事先没有任何征兆，一旦发生便造成巨大的损失。

工作应力低于屈服强度时产生的脆性断裂(brittle fracture)称为低应力脆性断裂，简称为低应力脆断。低应力脆断的发生冲击了传统的设计思想——安全系数($\sigma_{工作} \leqslant \sigma_{许用} = \frac{\sigma_s}{n}$，此处的 n 称为安全系数)，人们不得不开始研究工程构件为什么会突然断裂，又应该如何预防。大量的断裂事例分析表明，工程上出现的脆性断裂事故总是从构件自身存在的宏观缺陷或裂纹处开始。这种裂纹源在远低于屈服应力的作用下，因疲劳、应力腐蚀等原因而逐渐扩大，最后导致构件突然脆断；载荷的突然增加、环境与温度的变化也会使裂纹源迅速扩展而导致构件断裂。此外，裂纹的存在可能是由于制造缺陷，也可能是在加工过程中产生的，或者是在使用过程中形成的，因而构件中裂纹的存在无法避免。

断裂力学(fracture mechanics)以材料或构件中存在宏观缺陷为理论问题的出发点，它与Griffith 理论的前提相一致。它运用连续介质力学的弹(塑)性理论，研究材料或构件中裂纹扩展的规律，建立材料的力学性能、裂纹尺寸和工作应力之间的关系，确定反映材料抗裂性能的指标及其测试方法，以控制和防止构件的断裂。

在断裂力学基础上建立起来的材料抵抗裂纹扩展断裂的韧性性能称为断裂韧性(fracture toughness)。断裂韧性与其他韧性性能一样，综合地反映了材料的强度和塑性，在选用材料时，为防止低应力脆断，根据材料的断裂韧性指标，可以对构件允许的工作应力和裂纹尺寸进行定量计算，因此，断裂韧性是断裂力学认为反映材料抵抗裂纹失稳扩展能力的性能指标，对构件的强度设计具有十分重要的意义。本章简要介绍裂纹尖端应力分析的结果，主要讨论断裂韧性的物理意义以及提高材料断裂韧性的途径。

6.1　断裂韧性的基本概念(Basic Conception of Fracture Toughness)

6.1.1　断裂强度与裂纹长度

断裂强度与裂纹长度

由于工程上的低应力脆断事故一般都与材料内部的裂纹有关，而且材料内部的裂纹往往又是不可避免的，因此研究裂纹对断裂强度的影响很有必要。为了弄清这个问题，将高强度材料的试样预制成不同深度的表面裂纹，进行

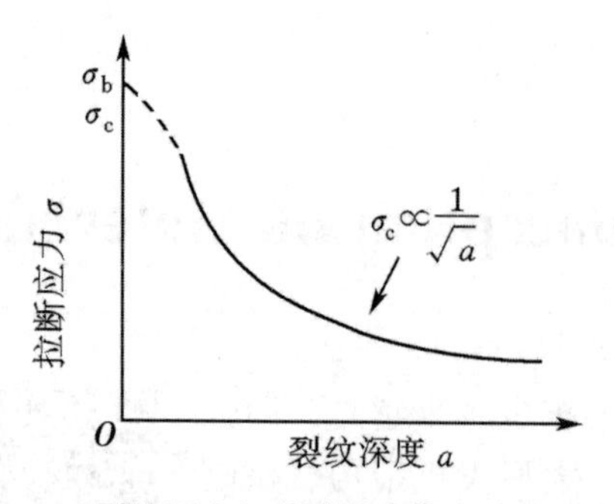

图 6.1 裂纹深度与断裂强度的实验关系曲线

拉伸试验，求出裂纹深度与实验断裂强度间的关系，如图 6.1 所示。通过实验得出，断裂强度 σ_c 与裂纹深度 a 的平方根成反比，即

$$\sigma_c \propto \frac{1}{\sqrt{a}} \tag{6-1}$$

式（6-1）又可写成

$$\sigma_c = \frac{K}{\sqrt{a}} \tag{6-2a}$$

或

$$K = \sigma_c \sqrt{a} \tag{6-2b}$$

式中 σ_c——断裂强度；

a——裂纹深度；

K——常数。

由式(6-2)可知：① 对应于一定的裂纹深度 a，就存在一个临界的应力值 σ_c，只有当外界作用应力大于此临界应力时，裂纹才能扩展，造成破断，小于此应力值裂纹是稳定的，不会扩展，构件也不会产生断裂。② 对应于一定的应力值时，存在着一个临界的裂纹深度 a_c，当裂纹深度小于此值时裂纹是稳定的，裂纹深度大于此值时就不稳定了，要发生裂纹失稳扩展，导致构件的断裂。③ 裂纹愈深，材料的临界断裂应力愈低；或者作用于试样上的应力愈大，裂纹的临界尺寸愈小。④ a 一定时，K 值越大，σ_c 越大，表示使裂纹扩展的断裂应力越大。不同的材料，K 值不同。因此，常数 K 不是一般的比例常数，它表达了裂纹尖端的力学因素，是反映材料抵抗脆性破断能力的一个断裂力学指标。

6.1.2 裂纹体的三种位移方式

在断裂过程中，实际构件或试样中的裂纹表面要发生位移，即裂纹两侧的断裂面在其断裂过程中要发生相对的运动，根据受力条件不同位移有如图 6.2 所示的三种基本方式。

裂纹体的三种位移方式

(1)张开型(opening mode)裂纹

如图 6.2(b)所示［图 6.2(a) 为初始状态，图中箭头表示应力作用方向］，外加正应力 σ 和裂纹面垂直，在 σ 作用下裂纹尖端张开，并且扩展方向和 σ 垂直，这种裂纹称为张开型裂纹，也称为 I 型裂纹。如旋转的叶轮(见图 6.3)，当存在一个径向裂纹时，在旋转体产生的径向力 σ_θ 作用下，裂纹张开并沿径向扩展，所以称为张开型裂纹，这种型式的断裂常见于疲劳及脆性断裂，是工程上常见的也是最危险的断裂类型。

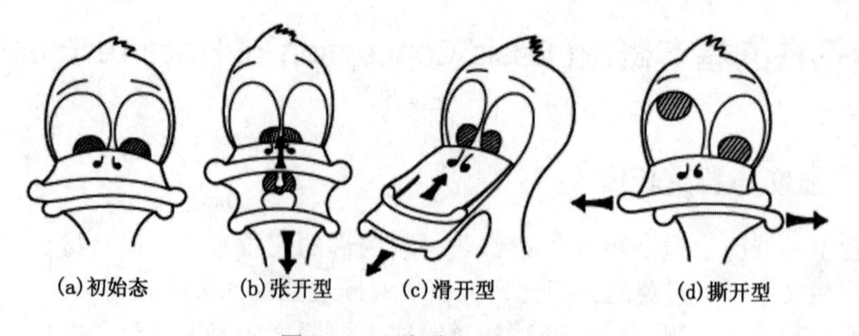

图 6.2 三种裂纹位移方式

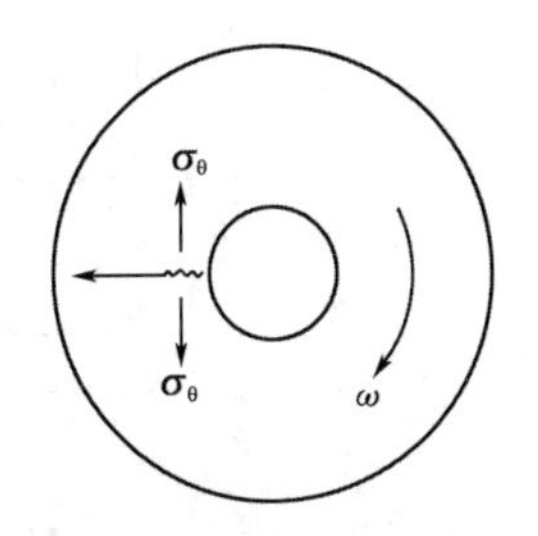

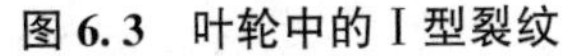
图 6.3 叶轮中的Ⅰ型裂纹

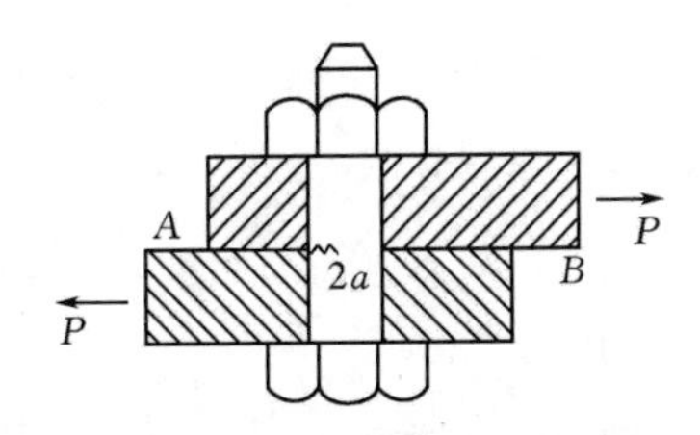

图 6.4 连接螺栓中的Ⅱ型裂纹

(2)滑开型(sliding/in-plane shear mode)裂纹

如图6.2(c)所示，在平行裂纹面的剪应力作用下，裂纹滑开扩展，称为滑开型裂纹，也称为Ⅱ型裂纹。如两块厚板用大螺栓连接起来(见图6.4)，当板受拉力 P 时，在接触面上作用有一对剪应力 τ，如螺栓内部 AB 面上有裂纹，则在剪应力 τ 的作用下形成的裂纹属于Ⅱ型裂纹。

(3)撕开型(tearing/out-of-plane shear mode)裂纹

如图6.2(d)所示，在剪应力 τ 的作用下，裂纹面上下错开，裂纹沿原来的方向向前扩展，如同用剪子剪开一个口，然后撕开，也称为Ⅲ型裂纹。如一传动轴工作时受扭转力矩的作用见图6.5，即存在一个剪应力，若轴上有一环向裂纹，它就属于Ⅲ型。

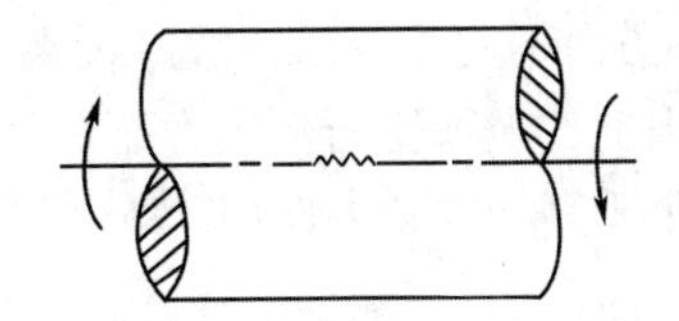
图 6.5 轴类图形棒表面Ⅲ型裂纹

如果构件内裂纹同时受正应力和剪应力的作用，或裂纹面和正应力呈一角度，这时就同时存在Ⅰ型和Ⅱ型(或Ⅰ型和Ⅲ型)裂纹，这样的裂纹称为复合裂纹。在工程构件内部，张开型(Ⅰ型)裂纹是最危险的，容易引起低应力脆断。所以，在实际构件内部，即使存在的是复合型裂纹，也往往把它视为张开型来处理，这样考虑问题更安全。

6.1.3 平面应力和平面应变

为了简化构件中复杂的应力、应变状态，通常考虑两种极限状态。考察一块带有缺口或裂纹的板试样，如图6.6所示，在拉应力作用下，在缺口或裂纹端部因有应力集中而使形变受到约束，由此将产生复杂的应力状态。而且板的厚度不同，受拉伸时板内的应力状态也不同。考察薄板时，可以视其为平面应力(plane stress)状态；考察板很厚时，可以视其为平面应变(plane strain)状态。

平面应力和平面应变

对于一有缺口或裂纹的薄板，在裂纹尖端A附近区域，沿 z 方向的变形基本不受约束，因为前后板面与空气接触，在该方向上视为没有应力作用，板面上的内应力分量 σ_z、τ_{zx}、τ_{zy} 全部为零，但 ε_z 不为零，此时裂纹尖端区域仅在板宽、板长方向上受 σ_x、σ_y、τ_{xy} 的作用，应力状态是二维平面型的，此种状态称为平面应力状态，可表示为

$$\sigma_x \neq 0;\ \sigma_y \neq 0;\ \tau_{xy} \neq 0;\quad \sigma_z = \tau_{yz} = \tau_{zx} = 0 \tag{6-3}$$

在平面应力状态下，z 方向将发生收缩变形，其应变 $\varepsilon_z = \frac{\nu}{E}(\sigma_x + \sigma_y)$ 。所以在平面应

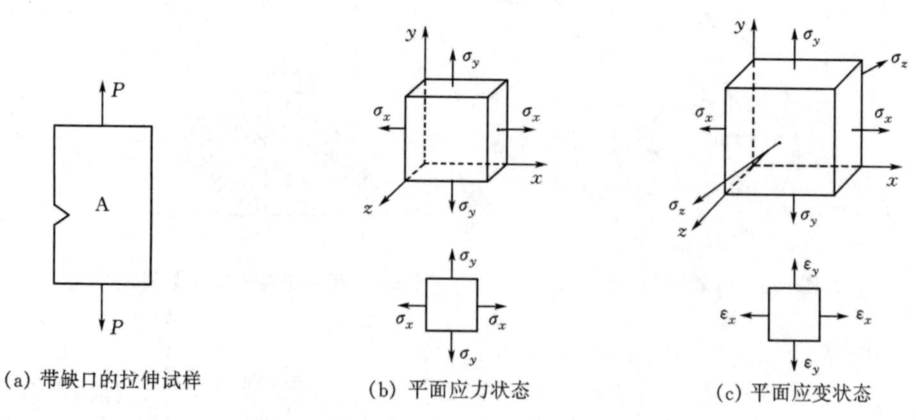

图 6.6 缺口或裂纹尖端应力状态示意图

力状态下，三个方向的应变分量均不为零。

当板足够厚时，其裂纹尖端即处于平面应变状态。这是由于离裂纹尖端较远处的材料变形很小，它将约束裂纹尖端区沿 z 方向的收缩，这就相当于沿 z 方向被固定，裂纹尖端区沿 z 方向不发生变形，故厚板裂纹尖端处于平面应变状态。如一个很长的拦河坝，坝两端筑在山上，当坝受河水压力而发生变形时，因坝身很长，沿长度方向视为不能产生位移，取出一个垂直于坝长方向(设为 z 轴)的单元平面 xy，其变形方式如图 6.7 所示。

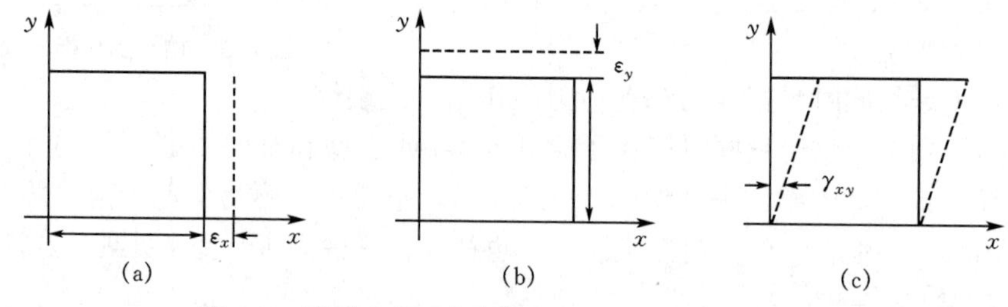

图 6.7 平面应变下应变量 ε_x、ε_y、γ_{xy} 分布示意图

在 xy 平面内存在三个应变分量：沿 x 方向的法向应变 ε_x [见图 6.7(a)]，沿 y 方向的法向量 ε_y [见图 6.7(b)]和剪应变 γ_{xy} [见图 6.7(c)]，这样，在物体内只产生三个应变分量，并且都在一个平面内，称为平面应变状态。由于在 z 方向没有变形产生，即 $\varepsilon_z=0$，在 xz、yz 平面上也没有剪切应变。因此，平面应变状态可表示为

$$\varepsilon_x \neq 0;\ \varepsilon_y \neq 0;\ \gamma_{xy} \neq 0; \quad \varepsilon_z = \gamma_{xz} = \gamma_{yz} = 0 \tag{6-4}$$

由于 $\varepsilon_z=0$，根据胡克定律

$$\varepsilon_z = \frac{1}{E}[\sigma_z - \nu(\sigma_x + \sigma_y)] = 0$$

由此 $\sigma_z = \nu(\sigma_x + \sigma_y)$ 。

由上述可知，平面应变和平面应力一样，均要求出三个应力分量 σ_x、σ_y、τ_{xy} ，其区别在于 z 轴方向的应力与应变是否为零。具体地，由应力来区分

$$\sigma_z = 0\ (\text{平面应力}),\ \sigma_z = \nu(\sigma_x + \sigma_y)\ (\text{平面应变}) \tag{6-5}$$

由应变来区分

$$\varepsilon_z = \frac{\nu}{E}(\sigma_x + \sigma_y)\ (平面应力),\ \varepsilon_z = 0\ (平面应变) \tag{6-6}$$

一般来说，当试样厚度足够时，就可认为整个试样或构件处于平面应变状态。裂纹尖端所处的应力状态不同，将显著影响裂纹的扩展过程和构件的抗断裂能力。若为平面应力状态，则裂纹扩展的抗力较高；如为平面应变状态，则裂纹扩展力较低，易发生脆断。其原因将在 6.4 节中详述。

6.1.4 断裂韧性

断裂韧性

由图 6.1 所示的实验结果可知，含裂纹试样的断裂应力(σ_c)与试样内部裂纹尺寸(a)有密切关系，试样中的裂纹愈长(a 愈大)，则裂纹尖端应力集中愈大，使裂纹失稳扩展的外加应力(即断裂应力) σ_c 愈小，所以 $\sigma_c \propto \frac{1}{\sqrt{a}y}$。另外，实验还表明：断裂应力亦与裂纹形状、加载方式有关。即在 $\sigma_c \propto \frac{1}{\sqrt{a}y}$ 中，y 是一个和裂纹形状和加载方式有关的量，对每一种特定工艺状态下的材料，$\sigma_c\sqrt{a}y$ = 常数，它与裂纹大小、几何形状及加载方式无关，换言之，和诸如 σ_b 、a_k 等一样，此常数是材料的一种性能，将其称为断裂韧性，用 K_{Ic} 表示。即

$$K_{Ic} = \sigma_c\sqrt{a}y \tag{6-7}$$

式 (6-7) 表明，对一个含裂纹试样(试样中的裂纹 a 已知，y 也已知)做实验，测出裂纹失稳扩展所对应的应力 σ_c ，代入式 (6-7) 就可得出此材料的 K_{Ic} 值。此值就是实际含裂纹构件抵抗裂纹失稳扩展的断裂韧性值。因此，当构件中含有的裂纹形状和大小一定时(即 $\sqrt{a}y$ 一定)，测得此材料的断裂韧性 K_{Ic} 值愈大，则使裂纹快速扩展从而导致构件脆断所需要的应力 σ_c 也就愈高，即构件愈不容易发生低应力脆断。反之，如构件在工作应力下脆断值 $\sigma_f = \sigma_c$ ，这时构件内的裂纹长度必须大于或等于式(6-7)所确定的临界值 $a_c = \left(\frac{K_{Ic}}{\sqrt{\sigma}y}\right)^2$。显然，材料的 K_{Ic} 愈高，在相同的工作应力 σ 作用下，导致构件脆断的临界值 a_c 就愈大，即可容许构件中存在更长的裂纹。总之，构件材料的 K_{Ic} 越高，则此构件阻止裂纹失稳扩展的能力就越强，即 K_{Ic} 是材料抵抗裂纹失稳扩展能力的度量，是材料抵抗低应力脆性破坏的韧性参数，故称为断裂韧性。

6.2 裂纹尖端附近的应力场(Stress Field Near the Crack Tip)

裂纹尖端附近的应力场与应力场强度因子

应用弹性力学理论，研究含有裂纹材料的应力、应变状态和裂纹扩展规律，就构成所谓“线弹性断裂力学(liner elastic fracture mechanics)”。线弹性断裂力学认为，材料在脆性断裂前基本上是弹性变形，其应力-应变符合线性关系。

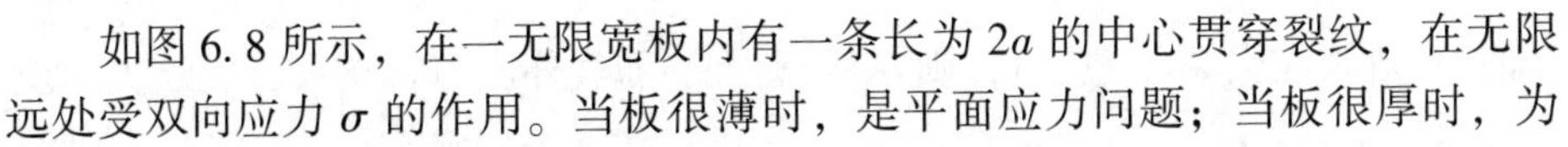

如图 6.8 所示，在一无限宽板内有一条长为 $2a$ 的中心贯穿裂纹，在无限远处受双向应力 σ 的作用。当板很薄时，是平面应力问题；当板很厚时，为

平面应变问题，在裂纹尖端存在着应力集中。利用弹性力学方法可解出裂纹尖端附近各点(以裂纹尖端为原点，坐标为 r 和 θ)的应力分量和位移分量

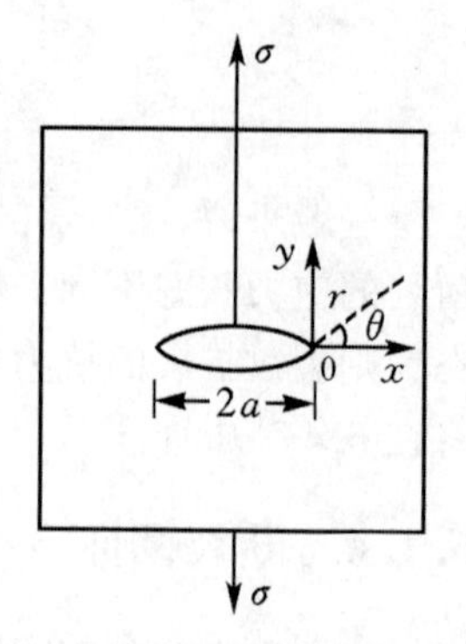

图 6.8 裂纹尖端附近应力场

$$\left.\begin{aligned}\sigma_x &= \frac{K_{\mathrm{I}}}{\sqrt{2\pi r}}\cos\frac{\theta}{2}\left(1-\sin\frac{\theta}{2}\sin\frac{3\theta}{2}\right)\\ \sigma_y &= \frac{K_{\mathrm{I}}}{\sqrt{2\pi r}}\cos\frac{\theta}{2}\left(1+\sin\frac{\theta}{2}\sin\frac{3\theta}{2}\right)\\ \sigma_z &= \nu(\sigma_x+\sigma_y)\end{aligned}\right\} \tag{6-8}$$

$$\left.\begin{aligned}\tau_{xy} &= \frac{K_{\mathrm{I}}}{\sqrt{2\pi r}}\sin\frac{\theta}{2}\cos\frac{\theta}{2}\cos\frac{3\theta}{2}\\ \varepsilon_x &= \frac{1}{2G(1+\nu')}\frac{K_{\mathrm{I}}}{\sqrt{2\pi r}}\cos\frac{\theta}{2}\left[(1-\nu')-(1+\nu')\sin\frac{\theta}{2}\sin\frac{3\theta}{2}\right]\\ \varepsilon_y &= \frac{1}{2G(1+\nu')}\frac{K_{\mathrm{I}}}{\sqrt{2\pi r}}\cos\frac{\theta}{2}\left[(1-\nu')+(1+\nu')\sin\frac{\theta}{2}\sin\frac{3\theta}{2}\right]\\ \gamma_{xy} &= \frac{1}{2G}\frac{K_{\mathrm{I}}}{\sqrt{2\pi r}}\cos\frac{\theta}{2}\cos\frac{3\theta}{2}\sin\frac{\theta}{2}\\ \mu &= \frac{K_{\mathrm{I}}}{G(1+\nu')}\sqrt{\frac{r}{2\pi}}\cos\frac{\theta}{2}\left[(1-\nu')+(1+\nu')\sin^2\frac{\theta}{2}\right]\\ s &= \frac{K_{\mathrm{I}}}{G(1+\nu')}\sqrt{\frac{r}{2\pi}}\sin\frac{\theta}{2}\left[2-(1+\nu')\cos^2\frac{\theta}{2}\right]\end{aligned}\right\} \tag{6-9}$$

$$K_{\mathrm{I}} = \sigma\sqrt{\pi\alpha} \tag{6-10}$$

式中 G——切变模量；

ν——泊松比。

式(6-8)是裂纹尖端附近应力场的近似表达式，并且愈接近裂纹尖端，表达式的精确度愈高，换言之，式(6-8)适用于 $r \ll a$ 的情况。

由式(6-10)可知，在裂纹延长线上(即 x 轴上)，$\theta=0$，$\sin\theta=0$，所以式(6-8)可改写成为

$$\sigma_y = \sigma_x = \frac{K_{\mathrm{I}}}{\sqrt{2\pi r}}\ (r \ll a) \tag{6-11}$$

即在该平面上切应力为零，拉伸正应力最大，故裂纹容易沿该平面扩展。

对于裂纹尖端任意一点 D，已知其坐标 r，故由式(6-9)可知，该点的内应力场 σ_y 的大小就完全由 K_{I} 来决定。K_{I} 大时，裂纹尖端各点的应力场就大；K_{I} 小时，裂纹尖端各点的应力场小。K_{I} 控制了裂纹尖端附近的应力场，是决定应力场强度的主要因素，故 K_{I} 称为应力强度因子。当 K_{I} 一定时(外应力 σ 和裂纹长度 a 一定)，σ_y 和 r(点的位置)的关系是一条双曲线：$\sigma_y \propto \frac{1}{\sqrt{r}}$，即愈接近裂纹尖端($r$ 愈小)，则 σ_y 就愈大。随着外应力 σ 增大，裂纹尖端应

力场强度因子 K_I 不断增大，裂纹尖端各点的内应力场 σ_y 也随 K_I 增大而增大。当 K_I 增大到某一临界值时，就能使裂纹尖端某一区域内的内应力 σ_y 大到足以使材料分离，从而导致裂纹失稳扩展，直至试样断裂。裂纹失稳扩展的临界状态所对应的应力场强度因子称为临界应力场强度因子(critical stress intensity factor)，用 K_c 或 K_{Ic} 表示，称为断裂韧性。K_c 为平面应力条件下断裂韧性，K_{Ic} 为平面应变条件下的断裂韧性。因为断裂韧性 K_{Ic} 是应力场强度因子 K_I 的临界值，故两者存在密切的联系，但其物理意义却完全不同。K_I 是裂纹尖端内应力场强度的度量，它和裂纹大小、形状以及外加应力都有关，而断裂韧性 K_{Ic} 是材料阻止宏观裂纹失稳扩展能力的度量，它和裂纹本身的大小、形状无关，也与外加应力大小无关。K_{Ic} 是材料的特性，只与材料的成分、热处理及制备加工工艺等有关。

6.3 裂纹尖端塑性区的大小及其修正(Size and Correction of Plastic Zone Near Clack Tip)

由弹性应力场的公式(6-9)可知，在接近裂纹尖端时，即 $r \to 0$ 时，$\sigma_y \to \infty$ 。这就是说裂纹尖端处的应力趋近无穷大。但实际上，对于延性材料不可能出现这种情况，因为当应力超过材料的屈服极限时，材料将屈服而发生塑性变形，从而使裂纹尖端处的应力松弛，所以 σ_y 不可能无穷大。发生塑性变形以后，在塑性区内的应力-应变关系已不遵循线弹性力学规律。但如果塑性区很小，经过必要的修正，线弹性力学仍可有效。要解决这一问题，首先要计算出塑性区的尺寸，然后寻求修正的办法。

6.3.1 裂纹尖端屈服区的大小

对于单向拉伸，当外加应力 σ_y 等于材料的屈服极限 σ_s 时，材料便发生屈服，产生宏观塑性变形。但对于含裂纹的构件，即使受单向拉伸，裂纹附近也可能存在二向或三向应力，如薄板平面应力条件下受 σ_x 、σ_y 二向应力，厚板平面应变条件下受 σ_x 、σ_y 、σ_z 三向应力。

裂纹尖端屈服区的大小

根据材料力学理论，受复杂应力状态的构件，材料的屈服条件[冯米赛斯判据(Von Mises criterion)]为

$$(\sigma_1 - \sigma_2)^2 + (\sigma_2 - \sigma_3)^2 + (\sigma_3 - \sigma_1)^2 = 2\sigma_s^2 \tag{6-12}$$

式中 σ_1、σ_2、σ_3——三个主应力；

σ_s——单向拉伸时材料的屈服应力。

主应力和应力分量 σ_x 、σ_y 、τ_{xy} 有如下关系

$$\left.\begin{aligned} \sigma_1 &= \frac{1}{2}(\sigma_x + \sigma_y) + \sqrt{\left(\frac{\sigma_x - \sigma_y}{2}\right)^2 + \tau_{xy}^2} \\ \sigma_2 &= \frac{1}{2}(\sigma_x + \sigma_y) - \sqrt{\left(\frac{\sigma_x - \sigma_y}{2}\right)^2 + \tau_{xy}^2} \\ \sigma_3 &= \begin{cases} 0 & \text{(平面应力)} \\ \nu\ (\sigma_1+\sigma_3) & \text{(平面应变)} \end{cases} \end{aligned}\right\} \tag{6-13}$$

把裂纹尖端附近的应力分量 σ_x 、σ_y 、τ_{xy} 代入式(6-13)可得到主应力为

$$\left.\begin{aligned}\sigma_1 &= \frac{K_{\mathrm{I}}}{\sqrt{2\pi r}}\cos\frac{\theta}{2}\left(1+\sin\frac{\theta}{2}\right)\\ \sigma_2 &= \frac{K_{\mathrm{I}}}{\sqrt{2\pi r}}\cos\frac{\theta}{2}\left(1-\sin\frac{\theta}{2}\right)\end{aligned}\right\} \tag{6-14}$$

由式(6-14)可知，在裂纹延长线上(即 x 轴上)，$\theta = 0$，则

$$\sigma_1 = \sigma_2 = K_{\mathrm{I}}\sqrt{2\pi r}$$

$$\sigma_3 = 0\ (\text{平面应力}),\ \sigma_3 = 2\nu\sigma_1\ (\text{平面应变})$$

规定塑性屈服区中的最大主应力 σ_1 为有效屈服应力，用 σ_{ys} 来表示。并且，在平面应力条件下 $\sigma_{ys} \equiv \sigma_s$；在平面应变条件下 $\sigma_{ys} = \dfrac{\sigma_s}{1-2\nu}$。

在裂纹延长线上最大主应力 $\sigma_1 = \dfrac{K_{\mathrm{I}}}{\sqrt{2\pi r}}$ 也等于 σ_y，其值随坐标 r 而变化，愈接近裂纹尖端(r 愈小)其值愈高。当 $r \to 0$ 时，$\sigma_y \to \infty$。实际上，σ_y 趋于一定值(屈服应力)时，材料就会发生屈服，产生塑性变形，这样裂纹尖端就会出现一个塑性区。

将得到的 σ_1、σ_2 值代入 Von Mises 判据[式(6-12)]，在平面应力状态下，$\sigma_3 = 0$，则

$$\left[\frac{K_{\mathrm{I}}}{2\pi r}\cos\frac{\theta}{2}\left(1+\sin\frac{\theta}{2}\right)-\frac{K_{\mathrm{I}}}{\sqrt{2\pi r}}\cos\frac{\theta}{2}\left(1-\sin\frac{\theta}{2}\right)\right]^2+\left[\frac{K_{\mathrm{I}}}{\sqrt{2\pi r}}\cos\frac{\theta}{2}\left(1-\sin\frac{\theta}{2}\right)-0\right]^2+$$
$$\left[0-\frac{K_{\mathrm{I}}}{\sqrt{2\pi r}}\cos\frac{\theta}{2}\left(1+\sin\frac{\theta}{2}\right)\right]^2=2\sigma_s^2$$

整理得

$$\frac{K_{\mathrm{I}}^2}{2\pi r}\cos^2\frac{\theta}{2}\left(1+3\sin^2\frac{\theta}{2}\right)=\sigma_s^2 \tag{6-15}$$

由式（6-15）可得到塑性区边界各点的向量 r 的模为

$$r=\frac{1}{2\pi}\left(\frac{K_{\mathrm{I}}}{\sigma_s}\right)^2\cos^2\frac{\theta}{2}\left(1+3\sin^2\frac{\theta}{2}\right) \tag{6-16a}$$

式(6-16a)决定了塑性区的形状和大小，把不同的 θ 值代入式（6-16a）就可得到塑性区边界。设该塑性区边界在 Ox 轴上的截距为 r_0，当 $\theta=0$ 时，由式(6-16a)可得

$$r_0=\frac{1}{2\pi}\left(\frac{K_{\mathrm{I}}}{\sigma_s}\right)^2\quad(\text{平面应力}) \tag{6-16b}$$

裂纹尖端塑性区的形状如图 6.9 所示。

若讨论平面应力问题，主应力 σ_1、σ_2 与平面应力状态相同，而 $\sigma_3 = \nu(\sigma_1+\sigma_2)$，将 σ_1、σ_2 代入上式，得到

$$\sigma_3=\frac{K_{\mathrm{I}}}{\sqrt{2\pi r}}\times 2\nu\cos\frac{\theta}{2} \tag{6-17}$$

将式(6-14)、式(6-17)代入 Von Mises 判据式(6-12)，得到

$$r=\frac{K_{\mathrm{I}}^2}{2\pi\sigma_s^2}\cos^2\frac{\theta}{2}\left[(1-2\nu)^2+3\sin^2\frac{\theta}{2}\right] \tag{6-18}$$

同样选取不同角度的 θ 值代入式(6-18)，即可得到平面应变状态下的塑性区边界，见图 6.9

中的虚线。当 $\theta=0$ 时，即在 Ox 轴上

$$r_0 = \frac{K_I^2}{2\pi\sigma_s}(1-2\nu)^2 \qquad (6\text{-}19)$$

由此可知，平面应变条件下的塑性区小于平面应力条件下的塑性区，这也间接地证实了含有裂纹的厚板的裂纹尖端沿 z 向塑性变形的大小是不同的，板中心塑性区较小，处于平面应变状态，板的表面塑性区较大，属于平面应力状态。这是厚板的中心部位沿 z 方向的弹性约束作用，而产生的第三主应力 σ_3 为拉应力，在三向屈服的应力的作用下，材料难以产生屈服。

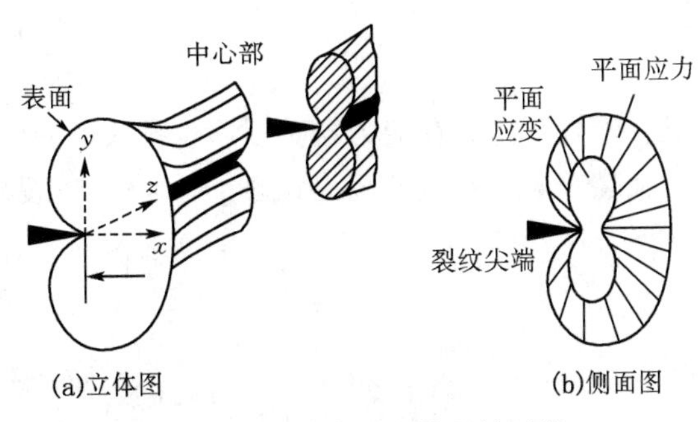

图 6.9 裂纹尖端塑性区的形状

6.3.2 应力松弛(stress relaxation)对塑性区的影响

应力松弛对塑性区的影响

在裂纹延长线上最大主应力 $\sigma_1 = \frac{K_I}{\sqrt{2\pi r}}$，$\sigma_1$ 随 r 而变化，当 $r \leqslant r_0$ 时，$\sigma_1 \geqslant \sigma_{ys}$，材料在 $r \leqslant r_0$ 区域内要发生屈服，这时最大主应力 $\sigma_1 \equiv \sigma_{ys}$。图 6.10 中曲线 DBC 为裂纹尖端 σ_y 的分布曲线，曲线 DB 部分即大于 σ_{ys} 的高应力部分，这部分应力当 σ_y 达到 σ_{ys} 时，将发生应力松弛效应，把高出的应力传递给 $r > r_0$ 的区域，它使 r_0 前方局部区域应力升高达到 σ_{ys}，所以这部分区域也发生屈服，其结果使屈服区域从 r_0 扩展到 R，这时的 σ_y 应力分布曲线由 DBC 变为 AEF。这对应于裂纹尖端由于塑性变形的结果，所以应力集中部分地消除了，$AE=R$，即塑性变形或高应力松弛以后的塑性区边界。

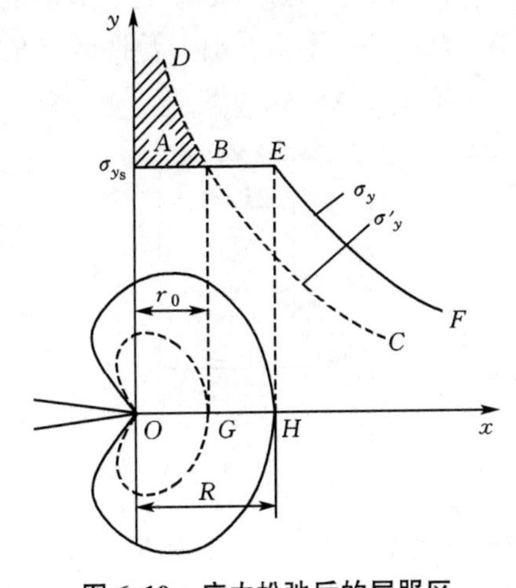

图 6.10 应力松弛后的屈服区

从能量角度来分析问题，ABD 的面积应当等于 $BEHG$ 的面积，或者 $DBGO$ 的面积等于 $AEHO$ 的面积

$$S_{DBGO} = \int_0^{r_0}\sigma_y \mathrm{d}r = \int_0^{r_0}\frac{K_I}{\sqrt{2\pi r}}\mathrm{d}r = K_I\sqrt{\frac{2r_0}{\pi}}$$

$$S_{AEHO} = \sigma_{ys}R$$

$$K_I\sqrt{\frac{2r_0}{\pi}} = \sigma_{ys}R \qquad (6\text{-}20)$$

所以，在平面应力条件下，$\sigma_{ys} = \sigma_s$，$R = \frac{K_I}{\sigma_s}\sqrt{\frac{2r_0}{\pi}}$。

将 $r_0 = \frac{K_I^2}{2\pi\sigma_s^2}$ 代入式 (6-20)，可得

$$R = \frac{K_I}{\sigma_s}\sqrt{\frac{2}{\pi}}\sqrt{\frac{K_I^2}{2\pi\sigma_s^2}} = \frac{K_I^2}{\pi\sigma_s^2} \qquad (6\text{-}21)$$

比较 R、r_0 可知 $R=2r_0$。由此可见，由于应力松弛的影响，塑性区的边界扩大了一倍。同理，可得在平面应变条件下

$$R=\frac{(1-2\nu)^2}{\pi}\left(\frac{K_{\mathrm{I}}}{\sigma_{\mathrm{s}}}\right)^2 \tag{6-22}$$

可见，塑性区边界在应力松弛以后也扩大了一倍。

在裂纹失稳扩展的临界状态，$K_{\mathrm{I}}=K_{\mathrm{Ic}}$，裂纹尖端最大塑性区尺寸为

$$\left.\begin{aligned} R&=\frac{1}{\pi}\left(\frac{K_{\mathrm{Ic}}}{\sigma_{\mathrm{s}}}\right)^2 \quad (\text{平面应力}) \\ R&=\frac{(1-2\nu)^2}{\pi}\left(\frac{K_{\mathrm{Ic}}}{\sigma_{\mathrm{s}}}\right)^2 \quad (\text{平面应变}) \end{aligned}\right\} \tag{6-23}$$

由式(6-23)可以看出，R 与 K_{Ic}^2 成正比，与 σ_{s}^2 成反比。如果材料的强度级别很高，即 σ_{s} 较大，K_{Ic} 又较低时，塑性区尺寸 R 很小，或者说 R 与构件本身的相对尺寸很小时，就称为小范围屈服，裂纹尖端广大区域仍可视为弹性区，故线弹性断裂力学分析仍然适用。但当塑性区较大的情况下，需要对塑性区尺寸加以修正，线弹性断裂力学仍然适用。最简单的办法是采用“有效裂纹(effective crack)”，然后用线弹性理论所得的公式来计算。基本思路是：塑性区松弛弹性应力的作用与裂纹长度增加松弛弹性应力的作用是等同的，从而引入“有效裂纹长度(effective crack length)”的概念，它包括实际裂纹长度和塑性区松弛应力的作用。

下面以一个实验来说明上述的思路。一个弹性体一端固定，另一端加外力 P，使其伸长 δ_0，如图 6.11(a)所示。当弹性体内存在一长为 a 的裂纹时，弹性体的承载能力明显下降，这时在同样的外力 P 的作用下，其伸长量由 δ_0 增加到 δ [见图 6.11(b)]。显然，裂纹越长，承载能力越低，伸长量就越大。当裂纹长度为 $a+\Delta a$ 时，伸长量变为 $\delta+\mathrm{d}\delta$ [见图 6.11(c)]。如果在长为 a 的裂纹尖端存在一个塑性区，在此区域中，材料发生了塑性变形，由于塑性变形比弹性变形要大得多，说明塑性区 R 由塑性状态变为屈服状态时，试样要有一个附加的伸长 $\mathrm{d}\delta$，总伸长量也为 $\delta+\mathrm{d}\delta$ [见图 6.11(d)]。比较图 6.11(c)(d)不难看出，塑性区 R 的存在相当于裂纹长度伸长了 $\mathrm{d}\delta$。那么，裂纹长度 $a+\Delta a$ 就称为有效裂纹长度。

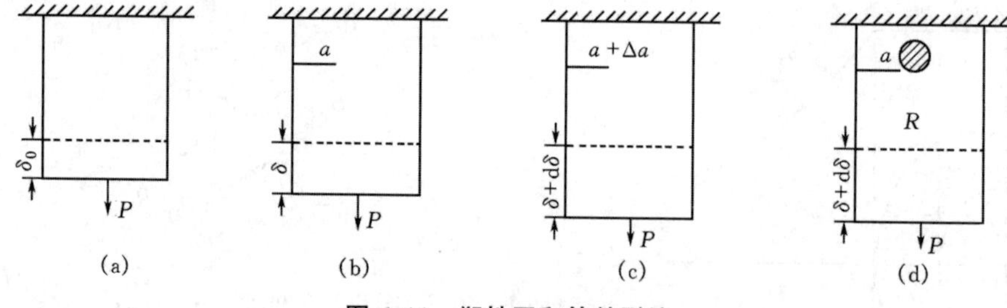

图 6.11 塑性区和等效裂纹

由此可以说明，如果物体内实际裂纹的长度为 a，裂纹尖端的塑性区尺寸为 R，在这种情况下，当裂纹长度 a 等于有效裂纹长度 $a^*=a+\Delta a$ 时，换言之，在同样外力作用下所得到的伸长量也相同时，则可以不考虑塑性区的存在，这样，小范围屈服仍可用线弹性断裂力学来处理。

假设 $\Delta a=r_y$，则有效裂纹尺寸 $a^*=a+r_y$，如用有效裂纹 $a^*=a+r_y$ 代替 a，就相当于把裂纹尖端由 O 移到了 O' 的位置(见图 6.12)。此时，可以不考虑塑性区的影响，而用线弹性断裂力学来处理。

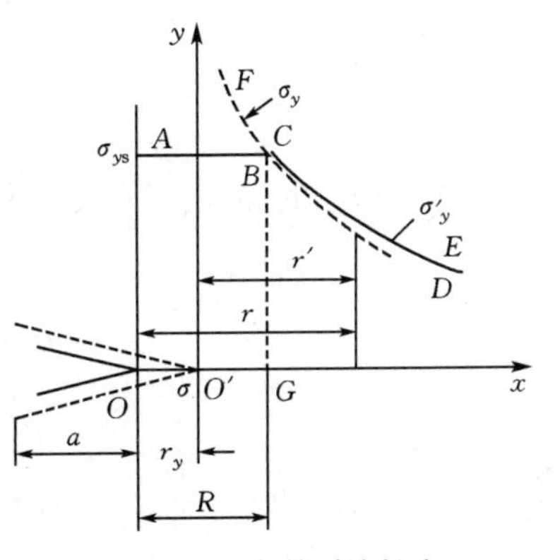

图 6.12 有效裂纹长度

由于有效裂纹 $a+r_y$ 能够等效地表示原有裂纹长度 a 和塑性区松弛应力的作用，所以有效裂纹的等效应力场 σ'_y 应与其真实裂纹塑性区之外（$r \geqslant R$）的应力分布相等，即图 6.12 上的虚线与实线重合。因为在 $r=R$ 处真实裂纹塑性区边界的应力为 σ_{ys}，等效裂纹应力 $\sigma'_y = \dfrac{K_{\mathrm{I}}}{\sqrt{2\pi r'}} = \dfrac{K_{\mathrm{I}}}{\sqrt{2\pi(R-r_y)}}$，令两者相等，就可求出 r_y，即

$$\sigma_{ys} = \frac{K_{\mathrm{I}}}{\sqrt{2\pi(R-r_y)}}$$

$$r_y = R - \frac{1}{2\pi}\left(\frac{K_{\mathrm{I}}}{\sigma_{ys}}\right)^2 \tag{6-24}$$

在平面应力条件下：$\sigma_{ys}=\sigma_s$，$R=\dfrac{K_{\mathrm{I}}^2}{\pi\sigma_s^2}$，代入式(6-22)得

$$r_y = \frac{K_{\mathrm{I}}^2}{2\pi\sigma_s^2} \tag{6-25}$$

在平面应变条件下：$\sigma_{ys}=2\sqrt{2}\sigma_s$，$R=\dfrac{K_{\mathrm{I}}^2}{2\pi\sqrt{2}\sigma_s^2}$，代入式(6-22)得

$$r_y = \frac{K_{\mathrm{I}}^2}{4\pi\sqrt{2}\sigma_s^2} \tag{6-26}$$

应该注意，式(6-25)与式(6-26)的计算结果忽略了在塑性区内应变能释放率与弹性体应变能释放率的差别，因此 r_y 只是近似的结果。当塑性区较小时，或塑性区周围为广大的弹性区所包围时，这种结果还是很精确的。但当塑性区较大时，即属于大范围屈服或整体屈服时，这个结果就不适用了。

6.4 裂纹扩展的能量释放率 G_{I}（Energy Release Rate of Crack Propagation）

任何物体在不受外力等作用时，其内部组织不会发生变化，裂纹也不会扩展。要使其裂纹扩展，必须要由外界供给能量，也就是说裂纹扩展过程中要消耗能量。对于塑性状态的金属，裂纹扩展前，在裂纹尖端局部地区要发生塑性变形，因此要消耗能量。裂纹扩展以后，形成新的裂纹表面也消耗能量，这些能量都要由外加载荷通过试样中包围裂纹尖端塑性区的弹性集中应力作功来提供。

裂纹扩展的能量释放率

将裂纹扩展单位面积时，弹性系统所能提供的能量称为裂纹扩展力或裂纹扩展的能量释放率（energy release rate of crack propagation），用 G_{I} 表示。在临界条件下用 G_{Ic} 表示。按照 Griffith 断裂理论（参阅 5.2.2），裂纹产生以后，弹性系统所释放的能量为

$$U = -\frac{\sigma^2\pi a^2}{E} \tag{6-27a}$$

根据裂纹扩展能量释放率的定义，对于平面应力状态，则有

$$G_{\mathrm{I}} = \frac{\partial U}{\partial A} \tag{6-27b}$$

式中，A 为裂纹的面积，因为板厚为单位厚度，所以

$$A = 1 \times 2a$$

$$G_{\mathrm{I}} = -\frac{\partial U}{\partial(2a)} = \frac{2\sigma^2\pi a}{2E} = \frac{\pi a\sigma^2}{E} \tag{6-27c}$$

又因为 $K_{\mathrm{I}} = \sigma\sqrt{\pi a}$ ，所以 $a = \dfrac{K_I^2}{\pi\sigma^2}$ ，将其代入式(6-27c)中，得到

$$G_{\mathrm{I}} = \frac{K_{\mathrm{I}}^2}{E} \tag{6-28}$$

同理，在平面应变条件下，G_{I} 与 K_{I} 的关系为

$$G_{\mathrm{I}} = \frac{(1-2\nu)K_{\mathrm{I}}^2}{E} \tag{6-29}$$

在临界条件下，平面应力和平面应变的问题为

$$\left.\begin{aligned} G_{\mathrm{Ic}} &= \frac{K_{\mathrm{Ic}}^2}{E}\ (\text{平面应力}) \\ G_{\mathrm{Ic}} &= \frac{(1-2\nu)K_{\mathrm{Ic}}^2}{E}\ (\text{平面应变}) \end{aligned}\right\} \tag{6-30}$$

可见，G_{Ic} 是断裂韧性的另一种表达方式，即能量表示法，它与 K_{Ic} 一样也是材料所固有的性质，是断裂韧性的能量指标。G_{Ic} 越大，裂纹失稳扩展需要更大的能量，即材料抵抗裂纹失稳扩展的能力也越强。故 G_{Ic} 是材料抵抗裂纹失稳扩展能力的度量，也可称为材料的断裂韧性。

由此可见，断裂韧性 K_{Ic} 和裂纹扩展的能量率 G_{Ic} 都是断裂韧性指标。G_{Ic} 是断裂韧性的能量判据，表示裂纹扩展单位面积时所需要的能量，单位是 MPa · m。K_{Ic} 是断裂韧性应力场强度的判据，单位是 MPa · $m^{\frac{1}{2}}$。这两个断裂力学参量都是以线弹性力学为理论基础的，而线弹性力学把材料当作完全的线弹性体，运用线弹性理论来处理裂纹的扩展规律，从而提出裂纹的扩展判据。事实上，延性材料裂纹尖端总是存在着一个或大或小的塑性区。将塑性区的尺寸同净断面的尺寸比较，在一个数量级时，则属于大范围屈服，线弹性断裂力学判据失效。只有在塑性区尺寸很小时，通过修正，线弹性力学的判据才能应用。所以，线弹性力学只适用于高强度材料，而对于强度较低、韧性较好的材料来说，需要用弹塑性断裂力学来进行断裂行为的评价。

6.5 断裂韧性的影响因素(Influence Factors on the Fracture Toughness)

由断裂判据可知，当 $K_{\mathrm{I}} > K_{\mathrm{Ic}}$ 时，裂纹将失稳扩展从而导致构件破坏。如果能提高 K_{Ic} ，则由公式 $K_{\mathrm{I}} = \sigma\sqrt{\pi a}$ 可知，在载荷一定的条件下(工作应力 σ 一定)，可容许构件中存在更大的缺陷；或在内裂纹尺寸 a 一定时，则可提高其许用应力，因此，提高材料的断裂韧

性具有重要的意义。

断裂韧性既然是材料本身固有的力学性能，它就是由材料的成分、组织和结构所决定的。成分不同，材料的断裂韧性会有明显的不同。对同一成分的材料，如采用不同的制备、加工和热处理工艺，也会有不同的组织和不同的断裂韧性，因此采用合理的工艺也是提高断裂韧性的一条重要途径。

6.5.1 杂质对 K_{Ic} 的影响

大多数材料(如金属材料)一般都含有大小、多少不同的夹杂物或第二相。如图 6.13 所示，在裂纹尖端存在很多夹杂或第二相质点，假设其平均间距为 d，即最近的夹杂离裂纹尖端距离为 $r=d$。在裂纹尖端存在着应力集中，如沿裂纹延长线(即 x 轴)应力为 $\sigma_y = K_I/\sqrt{2\pi r_0}$，

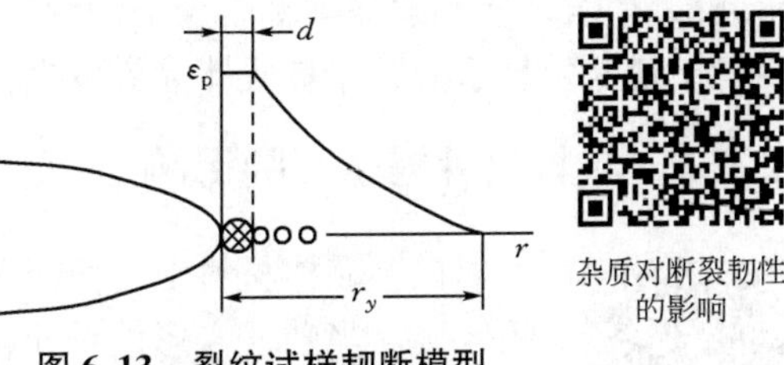

图 6.13 裂纹试样韧断模型

裂纹尖端存在塑性区，假定塑性区的大小等于夹杂物的平均间距 d，即裂纹与最近夹杂之间的区域是塑性区，以外是弹性区，弹性区与塑性区边界上的应力(在裂纹延长线上)为 $\sigma = \frac{K_I}{\sqrt{2\pi d}}$，相应的应变为

$$\varepsilon = \frac{\sigma}{E} = \frac{1}{E}\frac{K_I}{\sqrt{2\pi d}} \tag{6-31}$$

由于应变的连续性，塑性区内各点的应变由式(6-31)给出。假定塑性区内应变的变化规律和单向拉伸的变化规律一样，真应力和真应变的变化规律

$$\sigma = A\varepsilon^n \tag{6-32}$$

式中 σ ——真应力；

ε ——真应变；

A ——强度系数；

n ——加工硬化指数。

由于平面应变试样裂纹尖端处在三向应力状态，当外加拉应力较大，从而 K_I 较大时，裂纹尖端的应力集中会使夹杂或第二相破裂，或使夹杂和基体的界面开裂/剥离，从而形成空洞。随着 K_I 增大，空洞长大并聚合。当 $K_I = K_{Ic}$ 时就会导致空洞和裂纹连接，裂纹快速扩展，试样断裂。与单向拉伸一样，当塑性区的内应变随 K_I 增大到等于塑性区边界形成颈缩的真应变 ε_c 时，即裂纹和夹杂产生的空洞相连，从而达到裂纹快速扩展的临界条件。临界状态的 K_I 就是 K_{Ic} 。这表明，当应变 $\varepsilon = \varepsilon_c$ 时，$K_I = K_{Ic}$ ，又由于开始形成缩颈时的真应变 ε_0 等于材料的应变硬化指数 n，即 $\varepsilon_0 = n$ ，将其代入式(6-31)得

$$\varepsilon_0 = \frac{K_{Ic}}{E\sqrt{2\pi d}} = n \tag{6-33}$$

$$K_{Ic} = nE\sqrt{2\pi d} \tag{6-34}$$

由此可见，$K_{Ic} \propto \sqrt{d}$ ，当 d 增加时，K_{Ic} 增大，故说明减少夹杂物有益于提高 K_{Ic} 。

钢中的夹杂物，如硫化物、氧化物、某些第二相(如 Fe_3C)等，其韧性比基体差，称为

脆性相。它们的存在，一般都使材料 K_{Ic} 下降，如 40CrNiMo 钢提高纯度可使 K_{Ic} 由 76 $MPa \cdot m^{\frac{1}{2}}$ 增大到 110$MPa \cdot m^{\frac{1}{2}}$。不仅夹杂物的数量对 K_{Ic} 有影响，其形状对 K_{Ic} 也有很大的影响。如球状渗碳体钢就比片状渗碳体钢的韧性高，因此采用球化工艺就可大大改善钢的塑性和韧性。又如 MnS 夹杂，一般呈长条分布，横向韧性很差，若钢加了稀土、锆等使 MnS 变成球状，即可大大提高韧性。虽然一般认为夹杂物对 K_{Ic} 有害，但具体有害程度的大小与材料和工艺有很大的关系，在某些情况下，夹杂物的多少对 K_{Ic} 影响不大。除了夹杂物降低 K_{Ic} 外，微量杂质元素如镍基合金中的锑、锡、砷、磷等多富集在奥氏体晶界，降低晶界结合能，使断裂易于沿原始奥氏体晶界发生，亦会导致 K_{Ic} 大幅度降低。

6.5.2 晶粒尺寸对 K_{Ic} 的影响

晶粒尺寸对断裂韧性的影响

在多晶体材料中，由于晶界两边晶粒取向不同，晶界成为原子排列紊乱的区域，当塑性变形由一个晶粒横过晶界进入另一个晶粒时，由于晶界阻力大，穿过晶界困难。另外，穿过晶界后滑移方向又需改变，因此与晶内相比，这种穿过晶界而又改变方向的变形需要消耗更多的能量，即穿过晶界所需的塑性变形能 U_p 增加，裂纹扩展阻力增大，K_{Ic} 也会增加。材料的晶粒愈细，晶界面积就愈大，产生一定塑性变形所需要消耗的能量就愈大，K_{Ic} 愈高。细化晶粒的强化作用已在 4.1.3 中详述，所以，可以说细化晶粒是使材料强度和韧性同时提高的有效手段。例如 En24 钢，奥氏体晶粒度由 5~6 级细化到 12~13 级时，可以使 K_{Ic} 由 74 $MPa \cdot m^{\frac{1}{2}}$ 提高到 266$MPa \cdot m^{\frac{1}{2}}$。对于钢铁材料，细化奥氏体晶粒也有助于减轻回火脆性。这是因为晶粒细，单位体积内的晶界面积增加，故在杂质含量一定的条件下，单位晶界面积富集的有害杂质含量也会降低，这样就使回火脆性倾向降低，K_{Ic} 增高。应当指出，细化晶粒对常规力学性能的影响和对 K_{Ic} 的影响并不一定相同。在某些条件下，细化晶粒对 K_{Ic} 不见得有多大好处，反而还有晶粒粗大提高 K_{Ic} 的情况。总之，细化晶粒对提高全面力学性能是有利的，但对于具体的材料是否需要采取细化晶粒的措施，还需要视具体情况综合考虑。

6.5.3 组织结构对 K_{Ic} 的影响

组织结构对断裂韧性的影响

一般合金钢淬火得到马氏体，再回火便得到回火马氏体组织，在不出现回火脆的情况下，随着回火温度的提高，强度逐渐下降，塑性、韧性和断裂韧性却逐渐升高。如把马氏体组织高温回火到强度与珠光体组织一样，则回火马氏体的 K_{Ic} 要比等强度的珠光体高得多。因此通过淬火、回火获得回火马氏体组织的综合力学性能最好（σ_s 和 K_{Ic} 都高）。从细微结构上区分，马氏体又分为孪晶马氏体和板条马氏体（单方向平行排列），孪晶马氏体本身韧性差，它的 K_{Ic} 低于板条状马氏体的 K_{Ic}。

贝氏体组织与马氏体相比较：上贝氏体由于在铁素体片层之间有碳化物析出，其断裂韧性要比回火马氏体差；下贝氏体是碳化物在铁素体内部析出，其形貌类似于回火的板条状马氏体，因此，其 K_{Ic} 比上贝氏体要高，甚至高于孪晶马氏体而可以和板条马氏体相比。

奥氏体的韧性比马氏体的高，因此在马氏体基体上有少量残余奥氏体，就相当于存在韧性相。裂纹扩展遇到韧性相时，阻力突然升高，可以阻止开裂。故少量残余奥氏体的存在可使材料断裂韧性升高。如某种沉淀硬化不锈钢（PH 钢）通过改变奥氏体化温度获得不同的残余奥氏体量，从而可使 K_{Ic} 明显改变。如图 6.14 所示，在强度基本不变的条件下，当残余奥氏体含量提高到 15%时，可使 K_{Ic} 值提高 2~3 倍。对于合金结构钢，少量残余奥氏体也是提高 K_{Ic} 的原因之一，如在马氏体片之间存在厚度为 10~20μm 的残余奥氏体膜，将使 K_{Ic} 提高。当然若在 400℃ 回火使残余奥氏体膜消失，将导致 K_{Ic} 下降。

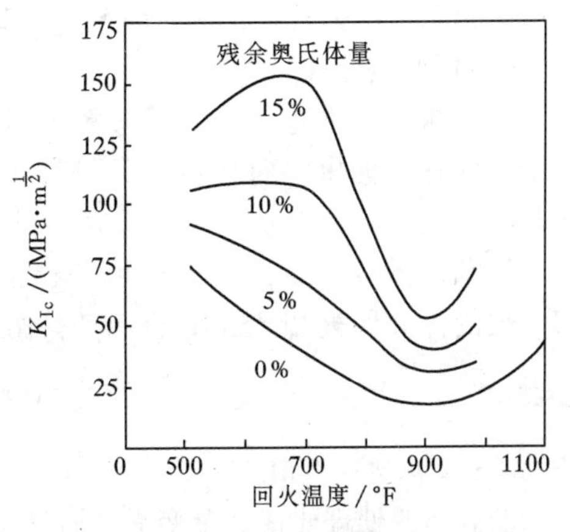

图 6.14 残余奥氏体量及回火温度对 AFC77 钢 K_{Ic} 的影响

又如钢中含有大量的 Ni，Cr，Mn 等合金元素，则这种钢在室温全部为奥氏体，通过室温加工，产生大量的位错和沉淀，可使强度大大提高，成为超高强度钢，这种奥氏体在应力作用下能产生马氏体相变，由于裂纹尖端存在应力集中，它使裂纹尖端区域的奥氏体相变成马氏体。这种局部相变的过程对 K_{Ic} 有明显的影响。因此，切变形成马氏体需要消耗能量，使 K_{Ic} 增加；另外由于马氏体阻止裂纹扩展的阻力小于奥氏体阻止裂纹扩展的阻力，故奥氏体相变成马氏体将使 K_{Ic} 下降。但由于这类钢形成的是低碳钢马氏体，K_{Ic} 下降并不大；相反，切变形成马氏体所需消耗的能量却极大，这样，应力诱发相变就使 K_{Ic} 明显提高，这类钢称为相变诱发塑性（transformation induced plasticity，TRIP）钢。这种钢 σ_b 可达 1680MPa，室温 K_{Ic} 达 1775MPa·m$^{\frac{1}{2}}$，即使在-196℃，K_{Ic} 仍高达 462MPa·m$^{\frac{1}{2}}$，它是目前断裂韧性最好的超高强度钢。近年开发的 Q-P（quenching-partitioning，淬火-碳分配）钢以及 Q-P-T（quenching-partitioning-tempering，淬火-碳分配-回火）钢亦充分发挥了残余奥氏体的韧化作用。

6.5.4 特殊热处理对 K_{Ic} 的影响

特殊热处理对断裂韧性的影响

（1）超高温淬火

超高温淬火就是把钢的淬火温度提高到 1200~1250℃，即比正常温度约高 300℃，然后快速冷却。试验表明，虽然晶粒度从 6~7 级长大到 0~1 级，但断裂韧性 K_{Ic} 却能提高一倍（相反冲击韧性 a_k 却大幅度下降）。随着淬火后回火温度的提高，超高温淬火和正常淬火 K_{Ic} 的差异逐渐缩小。实验也表明，如淬火温度低于 1100℃，则 K_{Ic} 提高并不明显。

超高温淬火使 K_{Ic} 提高的原因可能是合金碳化物充分溶解，减小了第二相在晶界形核的概率，从而提高了断裂韧性。也可能是超高温淬火使晶界吸附区分解，从而使 K_{Ic} 提高。也有文献报道超高温淬火能抑制孪晶马氏体的出现，从而使 K_{Ic} 提高。

（2）亚临界区淬火

如把钢加热到 A_{c1} 和 A_{cs} 之间的亚临界区再淬火和回火，称为亚临界处理，它能细化晶粒，提高韧性，特别是低温韧性，它也能抑制回火脆性。亚临界处理由于加热温度低，奥氏体晶粒不能长大，故相变后获得的晶粒也较细，晶粒细化，单位晶界面积杂质数量减少。另外，在亚临界区加热会残留少量铁素体，而杂质元素在铁素体中的溶解度大于奥氏体中的溶解度，所以减少了奥氏体晶界富集杂质的概率。这些都能起到抑制高温回火脆性的目的。只有原始组织为淬火回火的调质状态，亚临界处理后才能获得较好的效果。如原始组织是退火或正火的组织，亚临界处理的结果不太理想，甚至会使韧性降低。

(3)形变热处理

压力加工与热处理都可使材料的强度和韧性提高，综合运用这两种工艺的形变热处理不仅使材料强化，而且也可使韧性大幅地提高。这是因为形变增加了位错密度、加速了合金元素的扩散，从而促进了合金碳化物的沉淀，降低了奥氏体中碳的合金元素的含量。使马氏体点升高，淬火时可获得细小的板条状马氏体，从而使断裂韧性大为提高。和一般的淬火回火相比，低温形变热处理可获得最高的强度，断裂韧性也明显提高。如 En230B 钢，水淬加回火 σ_s 为 137.5MPa，K_{Ic} 为 264MPa · $m^{\frac{1}{2}}$；而低温形变再回火，σ_s 为 170MPa，K_{Ic} 达 310MPa · $m^{\frac{1}{2}}$。

低温形变处理要在低温变形，而且变形量愈大，效果愈显著。由于轧机负荷限制，这种工艺的应用有一定的局限性。因此，近年倾向研究高温形变处理，如近年开展的新一代 TMCP（参见 4.1.5 节）。例如 33CrNiMnMo 钢，高温形变处理的 σ_s 由一般调质处理的 145MPa 提高到 168MPa，K_{Ic} 达 272MPa · $m^{\frac{1}{2}}$，这种强化和韧化的效果是由于显著地细化了奥氏体，由此细化了马氏体而引起的。

6.5.5 载荷速率与环境对 K_{Ic} 的影响

如前所述，断裂韧性作为材料的固有本性，其值主要受材料因素的影响，这一说法其实基于 6.6 节中规定的测试评价方法。换言之，材料在其实际服役条件下表现出的裂纹(失稳)扩展抗力，这一描述材料断裂韧性的值要受服役条件的影响。而且，从实际应用的立场出发，基于结构件的使用安全考虑，材料的使用者更关心的是在服役条件下材料抵抗裂纹失稳扩展能力。为此，在本小节就动态载荷及典型环境下材料的断裂韧性，以研究实例的形式予以简介，其目的在于提请读者对服役条件予以关注。

图 6.15 所示为 SiCw/6061Al 复合材料的断裂韧性随载荷速率变化的研究结果。可见，准静态(5×10^{-6}m/s)到 1m/s 的载荷速率范围内，复合材料的断裂韧性随载荷速率的增加没有明显的变化，然而当载荷速率由 1m/s 增加到 10m/s 时，其断裂韧性值增加了约 1 倍。图 6.16 所示为同一复合材料在不同温度下断裂韧性与载荷速率的关系。可见，随着温度的升高，载荷速率对断裂韧性的影响虽然有减弱的趋势，但仍然影响明显。

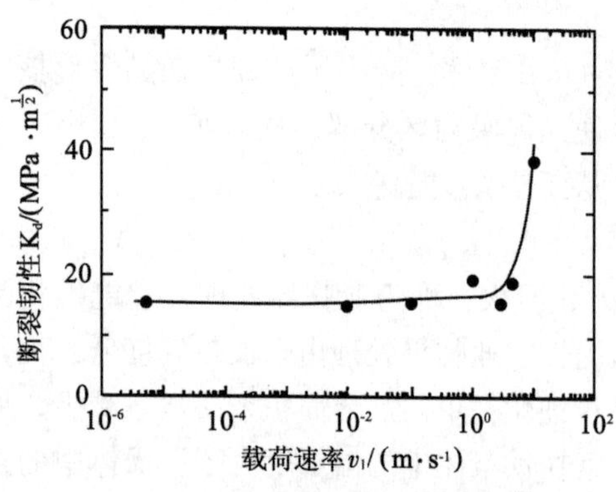

图 6.15 SiCw/6061Al 动态断裂韧性与载荷速率的关系

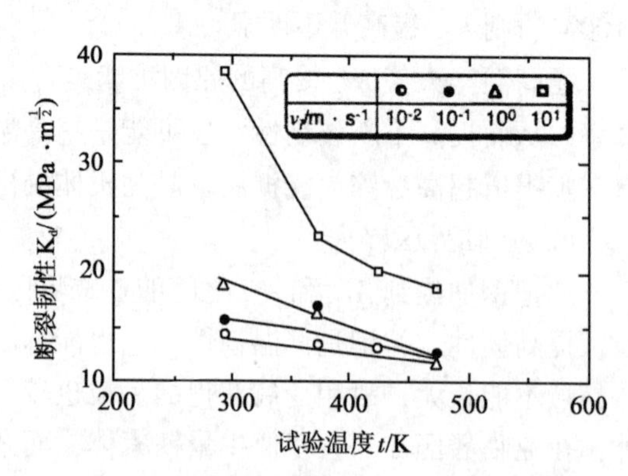

图 6.16 不同温度下 SiCw/6061Al 动态断裂韧性与载荷速率的关系

由于很少有材料是在断裂韧性测试规定的条件下服役，因此考虑近服役条件下材料的断裂韧性就赋有实际意义。图 6.17 中给出了温度对材料断裂韧性影响的一个实例，所示为核电用 GH690 合金的断裂韧性 J_Q(J 的物理意义请参照 6.7.2 节)随温度的变化情况。可见，由室温(RT)升至 623K，J_Q 值由 811 kJ/m^2 下降至 541 kJ/m^2，其降幅近$\frac{1}{3}$。这说明一旦服役温度不是断裂韧性测试标准所规定的温度(通常标准规定是在室温条件下测定)，那么材料抵抗裂纹失稳扩展的能力亦随之改变。当考虑到核电用 GH690 合金作为蒸气发生器用材料，其服役环境中有相当含量的氢存在，人们非常关心氢对 GH690 合金的断裂韧性的影响。图 6.18 给出的是不同氢含量的 GH690 合金的断裂韧性的实验结果。可见，与图 6.16 给出的温度的影响相比，氢对合金断裂韧性的影响更加强烈。当合金中的氢含量由 3.8×10^{-6} 增加至约十倍的 38.1×10^{-6} 时，合金的 J_Q 值由 811 kJ/m^2 下降至 99 kJ/m^2，其降幅高达 87%，结果非常惊人。如图 6.18 所示。

由上述的研究结果可明显地发现，无论是载荷速率还是环境因素(此处给出的为温度和氢含量)，均会影响材料的裂纹失稳扩展抗力——断裂韧性值。只不过前者的变化主要起因于裂纹扩展行为的变化；后者多源于环境使材料本身(显微组织)发生的改变。当然这不是绝对的，大多数情况下是两者兼有之。详细的分析请读者参阅相关论文，在此只想提请读者注意：为了保证结构件的服役安全，有必要充分考虑服役条件下材料的断裂韧性问题，或许这才具有实际意义。

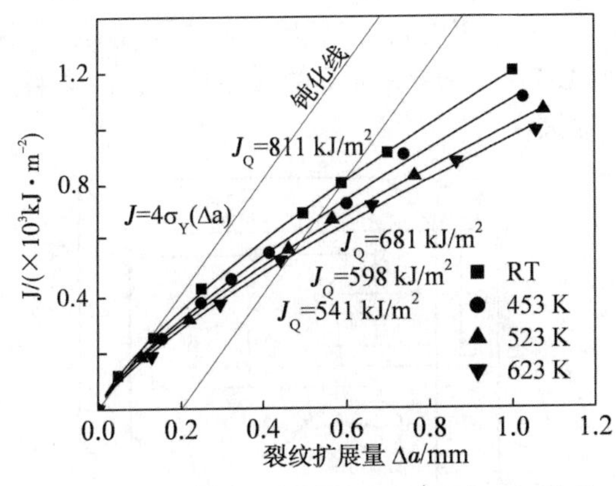

图 6.17 不同温度下 GH690 合金的 $J-\Delta a$ 曲线

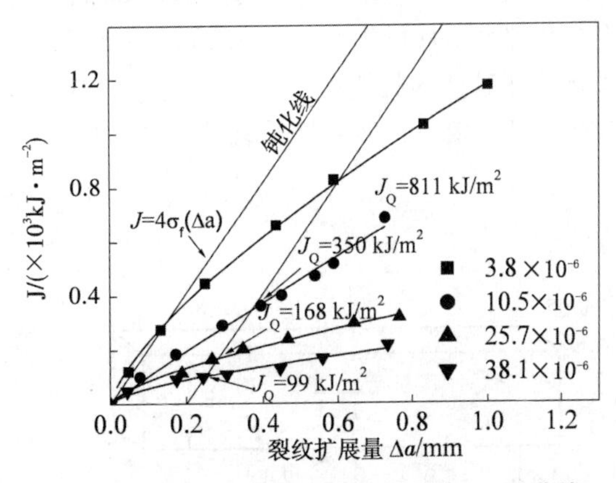

图 6.18 不同氢含量 GH690 合金的 $J-\Delta a$ 曲线

6.6 平面应变断裂韧性 K_{Ic} 测试方法(Standard Test Method for Linear-Elastic Plane-Strain Fracture Toughness K_{Ic})

6.6.1 试样的制备

依据 GB/T 4161(或 ASTM E 399)标准，测定平面应变断裂韧性 K_{Ic} 的试样有两个要求：①试样需要预制疲劳裂纹；②要求试样有足够的厚度。实验表明，材料抵抗裂纹失稳扩展的能力是和裂纹尖端的应力状态有关的。只有试样足够厚，从而保证在平面应变条件下裂纹失稳扩展，断裂韧性才为一个材料常数而和试样厚度无关(见图 6.19)，称其为平面变断裂韧性，用 K_{Ic} 表示。大量试验证明，试样的厚度 B 必须满足

平面应变断裂韧性 K_{Ic}测试方法

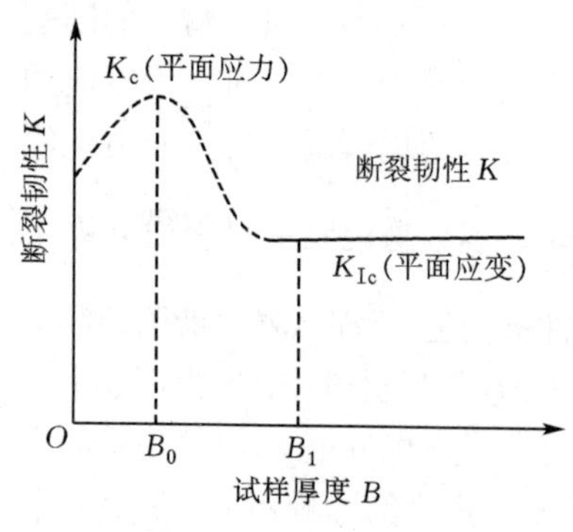

图 6.19 试样厚度效应

$$B \geqslant 2.5\left(\frac{K_{Ic}}{\sigma_s}\right)^2 \tag{6-35}$$

才能获得稳定的平面应变断裂韧性 K_{Ic} 值。如果试样较薄，属于平面应力条件，这时裂纹前端仅有双向应力，塑性区要比平面应变条件的大，裂纹失扩展所需要消耗的塑性变形功也大，故平面应力断裂韧性也比平面应变的断裂韧性大。

此外，为保证裂纹尖端塑性区远小于韧带宽度 $(W-a)$ 和裂纹长度 a，还要满足以下条件

$$a \geqslant 2.5\left(\frac{K_{Ic}}{\sigma_s}\right)^2 \tag{6-36}$$

$$W-a \geqslant 2.5\left(\frac{K_{Ic}}{\sigma_s}\right)^2 \tag{6-37}$$

式中 K_{Ic} ——试验材料的断裂韧性(估算值)；

σ_s ——试验材料的屈服强度。

测定断裂韧性的试样类型有多种，目前常用的有三点弯曲(three points bending，TPB)试样(见图 6.20)和紧凑拉伸(compact tension，CT)试样(见图 6.21)两种。在确定试样尺寸时，首先参考类似材料的 K_{Ic} 值和所测定材料的 $\sigma_{0.2}$(作为 σ_s 使用)，然后确定试样厚度 B，再根据 B 计算试样的其他尺寸，具体规定可参照诸如 ASTM E 399 标准等的详细要求。试样磨削后加工机械缺口，然后在适宜的疲劳试验机上预制疲劳裂纹。

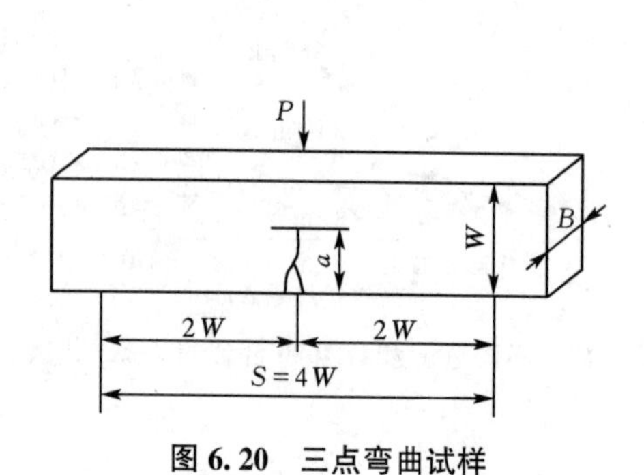

图 6.20 三点弯曲试样

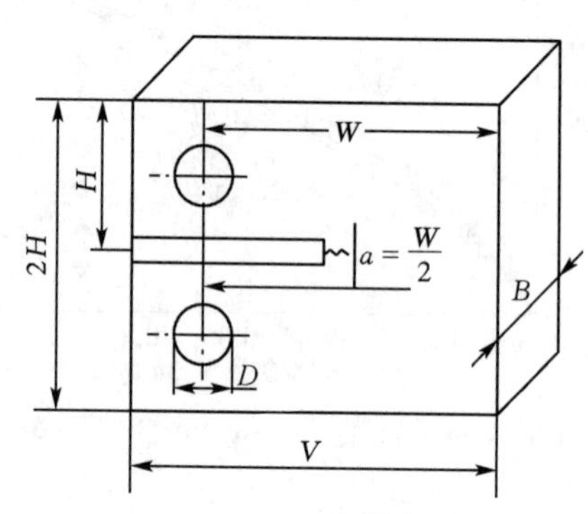

图 6.21 紧凑拉伸试样

6.6.2 测试方法

首先要求精确测定载荷-裂纹口张开位移关系曲线(P-V 曲线)，见图 6.22。测试时，把带有预制疲劳裂纹的试样用专门制作的夹持装置在万能材料试验机上进行断裂试验。试样的上夹头连接载荷传感器，测量载荷的大小。在试样裂纹的两边跨接引伸计，测量裂纹口张开位移。把传感器输出的载荷信号及引伸计输出的裂纹张开位移信号经过放大

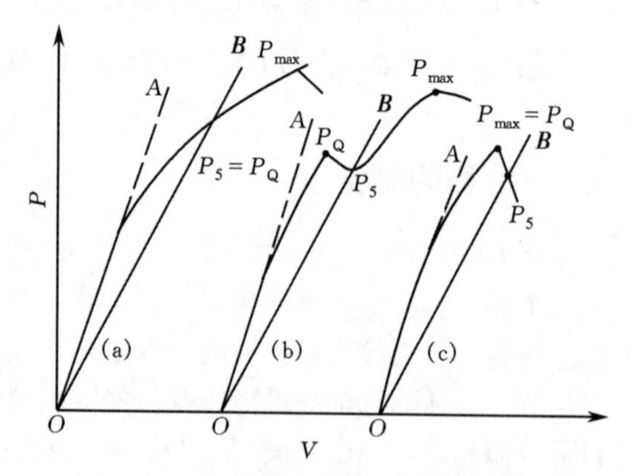

图 6.22 典型的三种 P-V 曲线

器、通过 ID 转换直接采集到计算机内或分别接到 x-y 记录仪的 y 轴和 x 轴上，记录下连续 P-V 曲线。图 6.23 所示为测试 K_{Ic} 的设备布置示意图。

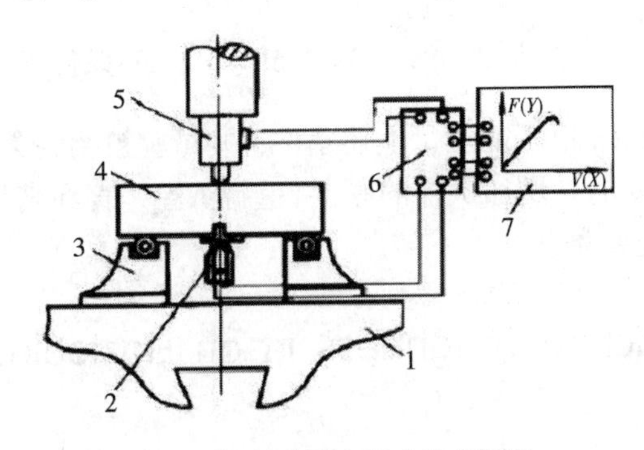

(a) 三点弯曲测定断裂韧性实验布置图
1—试验机活动横梁；2—夹式引伸仪；3—支座；
4—试样；5—载荷传感器；6—动态应变仪；
7—X · Y函数记录仪

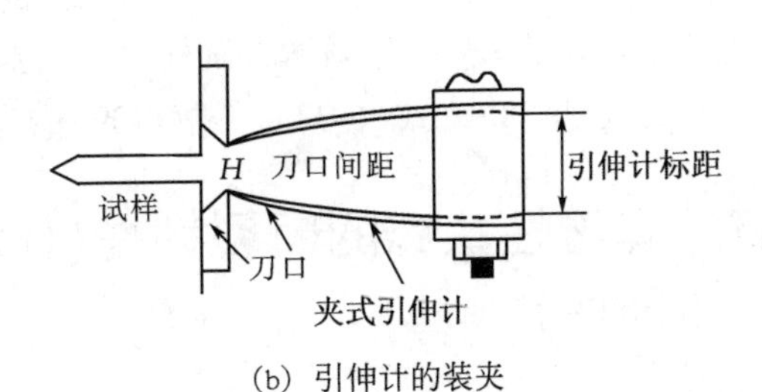

(b) 引伸计的装夹

图 6.23 断裂韧性试验装置示意图

K_Q 值的计算公式是

$$K_Q = \frac{P_Q S}{BW^{\frac{3}{2}}} f\left(\frac{a}{W}\right) \quad (\text{TPB}) \tag{6-38}$$

$$K_Q = \frac{P_Q S}{BW^{\frac{3}{2}}} F\left(\frac{a}{W}\right) \quad (\text{CT}) \tag{6-39}$$

式中 P_Q——试样断裂或裂纹失稳扩展时的载荷，kgf(1kgf=9.8N)；

B——试样厚度，mm；

W——试样宽度，mm；

S——三点弯曲试样跨距，mm；

a——裂纹的平均长度，mm。

式中的 $f\left(\frac{a}{W}\right)$ 或 $F\left(\frac{a}{W}\right)$ 可查阅专门的图表。因为 B、W 是已知的，裂纹长度 a 可以由断裂后的断口上测得，即可求出 $\left(\frac{a}{W}\right)$，再由表查出 $f\left(\frac{a}{W}\right)$ 或 $F\left(\frac{a}{W}\right)$ 的函数值。由此可见，只要知道临界载荷点的 P_Q 值，就可由公式(6-38)或式(6-39)算出 K_{Ic} 值。

为此，如何确定临界载荷点 P_Q 成为测量材料断裂韧性 K_{Ic} 的关键。对于不明显屈服的材料，在测定其屈服强度 σ_s 时，因为很难准确测定，工程上人们采取了用 $\sigma_{0.2}$ 来代替的方法。依照这个思路，在测定 K_{Ic} 时用裂纹相对扩展某一定值时所对应的载荷 P_Q 作为临界载荷，将 P_Q 代入式(6-38)或式(6-39)即可算出 K_Q，K_Q 又称为条件 K_{Ic}。

由于试样的厚度和材料韧性不同，P-V 曲线可划分如图 6.22 所示的三种不同类型。设 P_Q 为裂纹失稳扩展点。过 O 点做 P-V 曲线直线部分的延长线 OA，再做一条过 O 点斜率比 OA 小 5%的直线 OB，交曲线上某一点 P_5，可以证明 $\frac{\Delta a}{a} = 2\%$ 对应 $\frac{\Delta V}{V} = 5\%$。当曲线在 P_5 之前的载荷 P 都小于 P_5，则 $P_5 = P_Q$，如图 6.22(a)所示。当曲线在 P_5 之前有某点的载荷

大于 P_5，则在此 P_5 前面的最大载荷为 P_Q ，见图6.22(b)。曲线在 P_5 之前有最大载荷 P_{max} ，则 P_{max} 为 P_Q ，见图6.22(c)。得出 P_Q 以后代入式(6-38)或式(6-39)即可求出 K_Q 。求出的 K_Q 值再经试算，只有在满足 $\frac{P_{max}}{P_Q}<1.1$，B、a 及 $W-a \geqslant 2.5\left(\frac{K_Q}{\sigma_{0.2}}\right)^2$ 的条件下，才算有效的平面应变断裂韧性 K_{Ic} 值。若求出的 K_Q 值不能满足上述条件，则试验被判为无效。为了获得有效的 K_{Ic} ，必须增大试样尺寸(首要的是增加试样的厚度)重新试验，直到满足式(6-36)、式(6-38)或式(6-37)、式(6-39)的充要条件。

6.7 弹塑性状态的断裂韧性(Fracture Toughness in an Elastoplastic State)

对于延性材料来说，由于应力集中裂纹尖端不可避免地要发生屈服，若屈服区尺寸较小，即小范围屈服的情况下，引入有效裂纹的概念加以修正，线弹性断裂力学分析仍然适用。比如超高强度钢，一般能满足这样的条件，所以可以用 G_{Ic} 或 K_{Ic} 作为断裂判据。但对工业上广泛使用的中、低强度钢，由于 σ_s 低，K_{Ic} 又较高，所以裂纹尖端的塑性区 $R=\frac{1}{2\sqrt{2\pi}}\left(\frac{K_{Ic}}{\sigma_s}\right)^2$ 较大。这时，只有对于一些大的结构件(如大型发电机转子、轧辊等)，其相对塑性区才较小，才能按小范围屈服处理，而对于一般中小型零件，塑性区尺寸较大，属于大范围屈服乃至整体屈服，那么用什么指标来评定材料抵抗裂纹扩展的能力呢？此外，对中、低强度钢 K_{Ic} 的测试存在困难，虽然对大型结构件线弹性断裂力学可以适用，但要保证小范围屈服条件，测试 K_{Ic} 时的试样必须做得很大，甚至达到数千千克。这样不但浪费材料，而且所用测试设备(包括大容量的疲劳试验机与万能试验机)亦成为问题。故使用适宜尺寸的试样，合理评价材料在弹塑性条件下的断裂韧性成为迫切任务。

然而，弹塑性力学处理裂纹体问题比较复杂，其理论基础和实验方法均尚处于发展阶段，远不如线弹性断裂力学完善。不过，由于弹塑性力学研究的问题更接近于实际，因此具有魅力。目前，应用最广的是 COD(crack opening displacement，裂纹张开位移)或 CTOD(crack-tip opening displacement，裂纹尖端张开位移)理论和 J 积分理论。

6.7.1 裂纹尖端张开位移（CTOD）

裂纹尖端张开位移(CTOD)

人们在研究船舶事故时发现，厚船板的断裂有 90%以上的是结晶状断口，然而，由同样船板上截取的小试样的断口观察，却呈现完全的纤维状韧性断口。这样的厚板与小试样不同的断口现象，使得人们推想，裂纹尖端部分由于试样的薄厚不同，而塑性变形受到的约束程度不同，当这种变形达到某一临界值时，便发生断裂，因而可用这个临界值(ε_c)来表征材料的断裂韧性。但是 ε_c 很小，难以测量，所以采用裂纹尖端张开位移 CTOD 来间接地表示应变量的大小。因此，采用临界 CTOD(用 δ_c 表示)评定材料的断裂韧性。这就是引入 CTOD 判据的基本思路。

(1)线弹性条件下的 CTOD

由图 6.24 可以看出，当裂纹尖端由 O 移到 O'时，原裂纹尖端由 O 要张开 $2s$ 的距离，这就是裂纹尖端的张开位移 CTOD(用 δ 表示)。根据 6.2 节的位移公式

$$s=\frac{K_{\mathrm{I}}}{G(1+\nu)}\sqrt{\frac{r}{2\pi}}\sin\frac{\theta}{2}\left[2-(1+\nu)\cos^2\frac{\theta}{2}\right]$$

$$G=\frac{E}{2(1+\nu)} \tag{6-40}$$

由图 6.24 可知，O 点距离 O'的距离为 r_y，O 点坐标为

$$\theta=\pi\ ;\ r=r_y=\frac{1}{2\pi}\left(\frac{K_{\mathrm{I}}}{\sigma_{\mathrm{s}}}\right)^2 \tag{6-41}$$

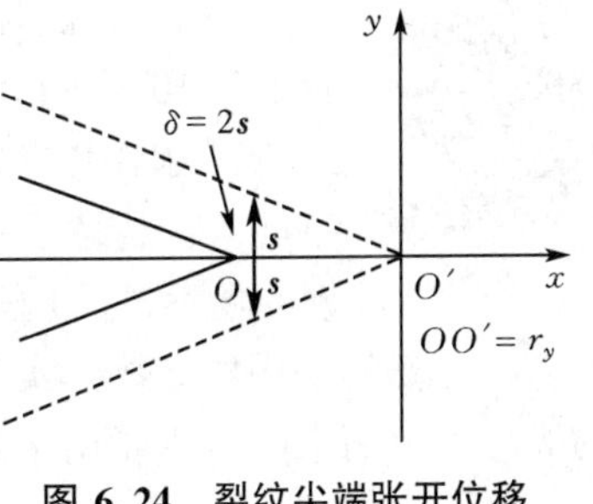

图 6.24　裂纹尖端张开位移

把式(6-41)代入式(6-40)，得到张开位移为

$$\delta=2s=\frac{4K_{\mathrm{I}}}{E}\sqrt{\frac{1}{2\pi}\times\frac{1}{2\pi}\left(\frac{K_{\mathrm{I}}}{\sigma_{\mathrm{s}}}\right)^2\times 2}=\frac{4}{\pi}\times\frac{K_{\mathrm{I}}^2}{E}\times\frac{1}{\sigma_{\mathrm{s}}}=\frac{4}{\pi}\times\frac{G_{\mathrm{I}}}{\sigma_{\mathrm{s}}} \tag{6-42}$$

在临界条件下

$$\delta_{\mathrm{c}}=\frac{4}{\pi}\times\frac{G_{\mathrm{Ic}}}{\sigma_{\mathrm{s}}} \tag{6-43}$$

因为小范围屈服，$G_{\mathrm{I}}\geqslant G_{\mathrm{Ic}}$ 可以作为断裂判据，由式(6-43)可知，δ_{c} 与 G_{Ic} 具有等价性，故 δ_{c} 也可作为断裂判据，当 $\delta>\delta_{\mathrm{c}}$ 时构件断裂。临界的 CTOD(δ_{c})和 G_{Ic}、K_{Ic} 一样部是材料的常数，而且可以互换。

(2)带状屈服模型(Dugdale-Muskhelishvili model，D-M 模型)

实验证明，δ_{c} 不仅在小范围屈服条件下可以作为断裂判据，而且在大范围屈服条件下仍然有意义，但此时 G_{Ic} 与 K_{Ic} 都已不再适用。CTOD 要在弹塑性条件下作为断裂判据，首先要找到在弹塑性条件下，CTOD 和构件工作应力以及裂纹尺寸之间的联系，D-M 模型就能解决这个问题。其次是要用实验证明小试样测出的 δ_{c} 与试样尺寸无关，也就是说构件的 δ_{c} 就是小试样实际测得的 δ_{c} 值。

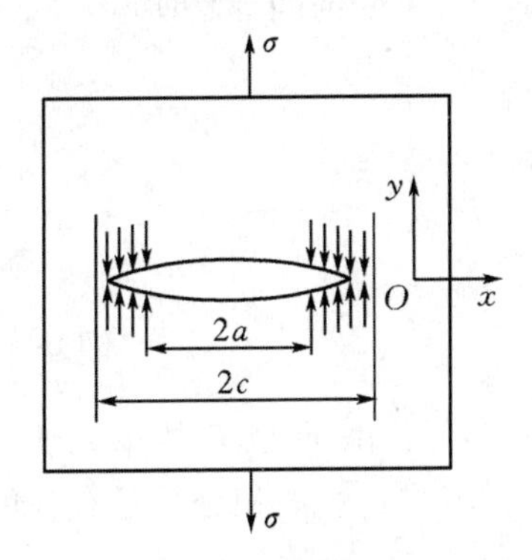

图 6.25　带状屈服模型(D-M 模型)

如图 6.25 所示，一个受单向均匀拉伸的薄板，中间有一个贯穿型长为 $2a$ 的裂纹，这是平面应力问题。D-M 模型认为，裂纹两边的塑性区呈尖辟形向两边伸展，裂纹与塑性区的总长为 $2c$。在塑性区上下两个表面上作用有均匀的拉应力，其数值为 σ_{s}。具体地说，在长为 $2a$ 的裂纹面上不受力，在($-c$，$-a$)和(a，c)之间的塑性区上分布有均匀的压应力 $-\sigma_{\mathrm{s}}$ 以防止两个表面分离。由于在塑性区周围仍为广大的弹性区所包围，因此，仍然可以用弹性力学的方法来解这个问题，这里只给出结果。用 D-M 模型解出平面应力条件下裂纹尖端张开位移 δ 为

$$\delta=\frac{8\sigma_{\mathrm{s}}a}{\pi E}\ln\sec\left(\frac{\pi\sigma}{2\sigma_{\mathrm{s}}}\right) \tag{6-44}$$

在裂纹开始扩展的临界条件下

$$\delta_c = \frac{8\sigma_s a}{\pi E}\ln\sec\left(\frac{\pi\sigma_c}{2\sigma_s}\right) \tag{6-45}$$

D-M 模型为测 K_{Ic} 困难的中、低强度钢等延性材料提供了方便，它适用于小范围屈服和大范围屈服的条件，但不适用整体屈服的情况。

6.7.2 J 积分

J 积分

J 积分方法是弹塑性断裂力学的一种基本方法，由 Cherepanov（1967 年）和 J. R. Rice（1968 年）分别独立提出的，自此以后得到很大的发展。在弹塑性断裂力学中的主要问题是确定一个能定量表征裂纹尖端应力、应变场强度的参量，它既易于计算出来，又能通过实验测定出来。J 积分就是这样的一个理想的场参量。J 积分是定义明确，理论上较严密的应力、应变场参数，也是一个易于计算的平均场参数，实验测定简单可靠。具体的 J 积分是由裂纹扩展能量释放率 G_I 的概念引申而来的，主要用于解决中、低强度钢大范围屈服或整体屈服后的断裂问题。根据裂纹扩展能量释放率的定义，对于单位厚度的试样，$G_I = \frac{\partial u}{\partial a}$，并且

$$U = E - W \tag{6-46}$$

式中 U——系统势能；

E——应变能；

W——外力作的功。

设 ω 为应变能密度，则

$$E = \int dE = \int \omega dA = \iint \omega dxdy \tag{6-47}$$

若试样边界 Γ^*(特定回路)上作用有张力 T，边界 Γ^* 上各点的位移是 u(见图 6.26)，则整个试样边界上外力的功为

$$W = \int dW = \int_{\Gamma^*} uTds \tag{6-48}$$

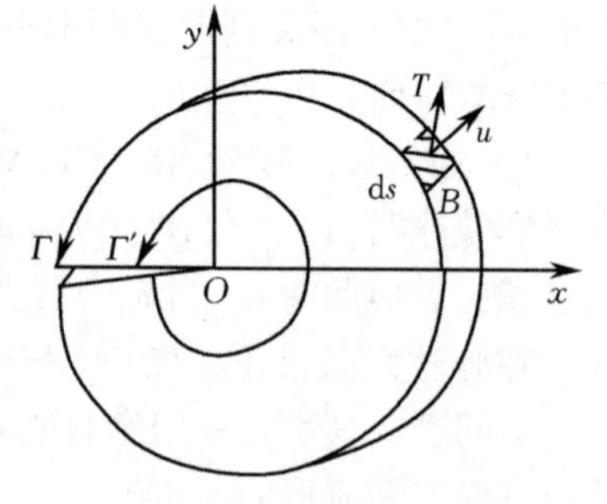

图 6.26 J 积分的定义

由式(6-46)、式(6-47)和式(6-48)可得

$$U = E - W = \iint \omega dxdy - \int_{\Gamma^*} uTds$$

可以证明，有

$$G = -\frac{\partial u}{\partial a} = \int_{\Gamma} \left(\omega dy - \frac{\partial u}{\partial x}Tds\right) \tag{6-49}$$

式中，Γ 为裂纹下面逆时针走向裂纹上表面的任意一条路径；ds 是沿 Γ 的单元弧长。式(6-49)仅仅在线弹性条件下成立，但在大范围屈服条件下，等式右边的积分总是存在的，并称为 J 积分，即

$$J = \int_{\Gamma} \left(\omega dy - \frac{\partial u}{\partial x}Tds\right) \tag{6-50}$$

这就是 J 积分的定义。积分具有两个重要性质：其一是 J 积分的数值与积分所取的线路无关，这就是说积分线路 Γ 可以是任意的，这一特性称为 J 积分的守恒性；其二是 J 积分可

以描述在弹塑性状态下裂纹尖端应力-应变场的奇异性，它相当于线弹性状态下 K_{Ic} 的作用。很明显，在线弹性条件下，由于式(6-49)成立，则 J 积分就等于裂纹扩展能量释放率 G_I，即

$$\left.\begin{aligned} J = G_I = \frac{K_I^2}{E} \quad &(\text{平面应力}) \\ J = G_I = \frac{(1-2\nu)K_I^2}{E} \quad &(\text{平面应变}) \end{aligned}\right\} \tag{6-51}$$

显然 J 积分的量纲和 G 的量纲完全相同。由于 $K_I \geqslant K_{Ic}$、$G_I \geqslant G_{Ic}$ 是线弹性状态下的断裂判据，因此 $J_I \geqslant J_{Ic}$ 也是断裂判据。可见，J 积分的守恒为 J 积分的计算提供了方便，使其能够避开复杂的裂纹尖端应力场、位移场，通过离开尖端处的应力、位移场计算，这些可以通过有限元方法得到。但是在弹塑性状态下利用 $J_I \geqslant J_{Ic}$ 作为断裂的判据是否合理，目前理论上还没有完全解决，只能用实验来证明。还由于塑性变形不可逆，不允许卸载，而裂纹扩展就意味着部分卸载，故 J 积分原则上不能处理裂纹扩展。所以，$J_I \geqslant J_{Ic}$ 是指裂纹开始扩展的开裂点，而不是裂纹失稳扩展点。但由于 J 积分的理论基础是全量理论，而不是更切合实际的增量理论，这就给 J 积分在理论上的应用带来限制。为此，J 积分的理论与实践均在发展中。

参考文献

[1] GARVIE R C, HANNINK R H, PASCOE R T. Ceramic steel? [J]. Nature, 1975 (258): 703-704.

[2] EVANS A G. Perspective on the development of high-toughness ceramics [J]. Journal of the American ceramic society, 1990 (73): 187-206.

[3] DUCKWORTH W. Compression strength of porous sintered alumina and zirconia [J]. Journal of the American ceramic society, 1953 (36): 65-68.

[4] BAKER T J, MUNASINGHE D R. Structure and property assessment [J]. Proc. of Conf. on Metal Matrix Composites, 1987 (11): 26-32.

[5] FLOM, ARSENAULT R J. Effect of particle size on fracture toughness of SiC/Al composite material [J]. Acta Metall., 1989, 37 (9): 2413-2423.

[6] KOBAYASHI T, NIINOMI M. Computer aided instrumented Charpy test applied dynamic fracture toughness evaluation system [J]. Materials testing technology, 1986 (1): 45.

[7] 余宗森，田中卓. 金属物理 [M]. 北京：冶金工业出版社，1982.

[8] KOBAYASHI T. Strength and toughness of materials [M]. Tokyo: Springer, 2004.

[9] 俞德刚，谈育照. 钢的组织强度学：组织与强韧性 [M]：上海：上海科学技术出版社，1983.

[10] 冯端，王业宁，丘第荣. 金属物理：下册 [M]. 北京：科学出版社，1975.

[11] 褚武杨. 断裂力学基础 [M]. 北京：科学出版社，1979.

[12] 哈宽富. 金属力学性质的微观理论 [M]. 北京：科学出版社，1983.

[13] 赖祖涵. 断裂力学原理 [M]. 北京：冶金工业出版社，1990.

[14] 陈篪，等. 工程断裂力学：上册 [M] 北京：国防工业出版社，1978.

[15] 束德林. 金属力学性能 [M]. 北京：机械工业出版社，2004.

[16] 肖纪美. 金属的韧性与韧化 [M]. 上海：上海科学技术出版社，1980.

[17] WANG L, KOBAYASHI T. Effect of loading velocity on fracture toughness of a SiCw/A6061 composite [J]. Journal Mater. Trans. JIM, 1997, 38 (7): 615-621.

[18] WANG L, KOBAYASHI T , TODA H. Effect of loading velocity and testing temperature on the fracture toughness of a SiCw/6061Al alloy composite [J]. Mater. Sci. & Eng. A: 2008, 280 (1): 214-219.
[19] 王富强，王磊，刘杨，等.不同温度下 GH690 合金断裂韧性及断裂行为 [J]. 材料研究学报，2010，24 (3): 299-304.
[20] 王富强，王磊，王朋，等.氢对 GH690 合金断裂韧性的影响 [J]. 稀有金属材料与工程，2012，41 (3): 432-435.

思考题

1. 名词解释

断裂韧性；应力场强度因子；K_{Ic}；裂纹扩展能量释放率；张口位移；J 积分；小范围屈服；塑性区；有效裂纹长度

2. 已知一个钢板中含有一个长度为 12μm 的中心裂纹，在拉伸应力为 500MPa 的条件下发生断裂，求：① 此钢的断裂韧性；② 如果施加应力为 250MPa，则这种钢不发生断裂失效的临界裂纹尺寸。(已知 $y=1.2$)

3. 已知高强钢经过两种热处理工艺，一种是淬火加高温回火(600℃)的冷却工艺，其性能 $\sigma_{0.2}=1500\text{MPa}$，$K_{Ic}=60\text{MPa}\cdot\text{m}^{\frac{1}{2}}$；另一种是淬火加低温回火(400℃)的冷却工艺，其性能 $\sigma_{0.2}=1800\text{MPa}$，$K_{Ic}=50\text{MPa}\cdot\text{m}^{\frac{1}{2}}$。问：① 假设此钢板为无限大钢板，存在单边裂纹，那么两种处理可以容许的临界裂纹尺寸为多少？② 若此钢板工作时的拉应力为 1300MPa，且存在一长为 1μm 的中心裂纹，则为保证安全，哪种热处理更为稳妥？(已知 $y=1.25$)

4. 一个 AISI4340 钢板宽度 $W=30$ cm，有一个 $2a=3\mu\text{m}$ 的中心裂纹。钢板处于均匀应力 σ 下。这种钢的 $K_{Ic}=50\text{MPa}\cdot\text{m}^{\frac{1}{2}}$。① 请确定此裂纹能承受的最大应力。② 如果施加应力为 1500MPa，计算这种钢不发生失效的最大裂纹尺寸（已知 $y=1.2$)。

5. 有一大型板件，材料的 $\sigma_{0.2}=1200\text{MPa}$，$K_{Ic}=115\text{MPa}\cdot\text{m}^{\frac{1}{2}}$，探伤发现有 20μm 长的横向穿透裂纹，若在平均轴向拉应力 900MPa 下工作，试计算 K_I 及塑性区宽度 R_0，并判断该件是否安全。

6. 试述低应力脆断的原因及防止方法。

7. 应力场强度因子的意义是什么？

8. 试述裂纹尖端塑性区产生的原因及其影响因素。

9. 试用无限大板中心贯穿裂纹(裂纹长度为 $2a$)延长线上应力场强度分布公式 $\sigma_y=\dfrac{K_I}{(2\pi r)^{\frac{1}{2}}}$计算平面应力条件下裂纹尖端塑性区的真实大小。其中材料的屈服强度为 σ_s。(注意，计算时需考虑应力松弛的影响)

10. 用一个紧凑拉伸试样测试断裂韧性。试计算平面断裂韧性试验 CT 样品的最小厚度为多少？(已知该材料的屈服强度为 500MPa，$K_{Ic}=50\text{MPa}\cdot\text{m}^{\frac{1}{2}}$)

11. 含有缺陷的氧化铝试样在加工过程中，缺陷尺寸接近于晶粒尺寸。绘出断裂强度与晶粒尺寸关系图。(晶粒尺寸在 200μm 以下,已知氧化铝的断裂韧性为 4MPa· $\text{m}^{\frac{1}{2}}$，假设 $Y=1$)

12. 一钛合金被用于某飞机部件上，若内部存在尺寸为 1mm 的微裂纹，请估算该材料在平面应力和平面应变条件下承受的最大拉应力。已知 $E = 115GPa$，$v = 0.312$，$G_c = 23.6kN/m$。

13. 某材料 $\sigma_s = 350MPa$，若采用 $B = 50mm$，$W = 100mm$ 的标准紧凑拉伸试样测试其断裂韧性，预制裂纹尺寸为 $a = 53mm$。试估算试验所需要施加的断裂载荷 P。
14. 对试样进行裂纹张开位移(COD)的测试。试样的厚度为 7mm，夹具厚度为 0.6mm。实验确定的临界位移 $c = 1.5mm$，裂纹长度为 1.4mm。计算张开位移 δ_c（已知 $\sigma_s = 500MPa$，$E = 200GPa$，$\sigma_c = 200MPa$）。
15. 某压力容器内径 1000mm，壁厚 50mm，工作压力 20MPa，存在一个初始环向焊接裂纹长 20mm，若该材料的屈服强度为 700MPa，断裂张开位移 $\delta_c = 0.05mm$，弹性模量 $E = 2\times 10^5 MPa$，该容器在实验室打压水试验 $P_水 = 40MPa$，求临界裂纹长度。
16. 有两种材料，材料 A 的屈服强度 σ_s 和抗拉强度 σ_b 都比较高，材料 B 的屈服强度 σ_s 和抗拉强度 σ_b 相对较低，那么材料 A 的断裂韧性是否一定比材料 B 的高？试简要说明断裂力学与材料力学设计思想的差别。
17. 如果断裂韧性试验结果校验不合格，应如何处理？
18. 影响材料断裂韧性的主要因素有哪些？
19. 材料的厚度或截面尺寸对材料的断裂韧性有什么影响？在平面应变断裂韧性 K_{Ic} 的测试过程中，为了保证裂纹尖端处于平面应变和小范围屈服状态，对试样的尺寸有什么要求？
20. J 积分的主要优点是什么？为什么用这种方法测定低中强度材料的断裂韧性要比一般的 K_{Ic} 测定方法其试样尺寸要小很多？

7　材料的疲劳 Fatigue of Materials

疲劳(fatigue)通常指材料在变动应力(一般低于屈服应力)(载荷)作用下力学性能发生变化的行为。在变动载荷下工作的机件，如轴、齿轮和弹簧等，其主要的破坏形式是疲劳断裂。疲劳断裂(fatigue fracture)是指机件在变动载荷作用下经过长时间工作发生的断裂现象。在各类机件破坏中有80%~90%是疲劳断裂，而且疲劳断裂多是在没有征兆的情况下突然发生的，所以危害性很大。材料的疲劳断裂是材料科学重要的研究领域之一，一直受到材料科学工作者的极大关注。

在材料的疲劳研究中，有关金属疲劳断裂的研究已经形成了较为完备的理论体系，高分子材料、陶瓷材料等作为结构材料的应用尽管还不十分广泛，但有关这些材料的疲劳断裂问题也有较多文献报道。本章着重讨论金属材料的疲劳断裂，对复合材料的断裂问题只作简单介绍。

7.1　疲劳现象(Fatigue Phenomenon)

7.1.1　变动载荷

疲劳现象—变动载荷

机件承受的变动载荷(应力)，按载荷大小随时间的变化情况可以分为周期变动载荷和随机变动载荷。周期变动载荷是指载荷大小或大小和方向随时间按一定规律变化的载荷，随机变动载荷是指载荷大小或大小和方向呈无规则随机变化的载荷。周期变动载荷又分为交变载荷和重复载荷两类。交变载荷是指大小、方向均随时间作周期变化的变动载荷；重复载荷是载荷大小作周期变化，但载荷方向不变的变动载荷。

周期变动载荷又称为循环应力。它可以看成由恒定的平均应力 σ_m 和变动的应力半幅 σ_a 叠加而成，即在应力变化过程中，应力 σ 与时间 t 存在如下关系

$$\sigma = \sigma_m + \sigma_a f(t) \tag{7-1}$$

图7.1所示为循环应力的特征和分类。循环应力的特征可以用以下几个参数来表示。

① 最大应力 σ_{max}：循环应力中数值最大的应力。

② 最小应力 σ_{min}：循环应力中数值最小的应力。

③ 平均应力 σ_m：循环应力中的应力不变部分，其表达式为

$$\sigma_m = \frac{\sigma_{max} + \sigma_{min}}{2} \tag{7-2}$$

④ 应力半幅 σ_a：循环应力中的应力变动部分的幅值

$$\sigma_a = \frac{\sigma_{max} - \sigma_{min}}{2} \tag{7-3}$$

⑤ 应力循环对称系数(应力比) r：应力循环的不对称程度

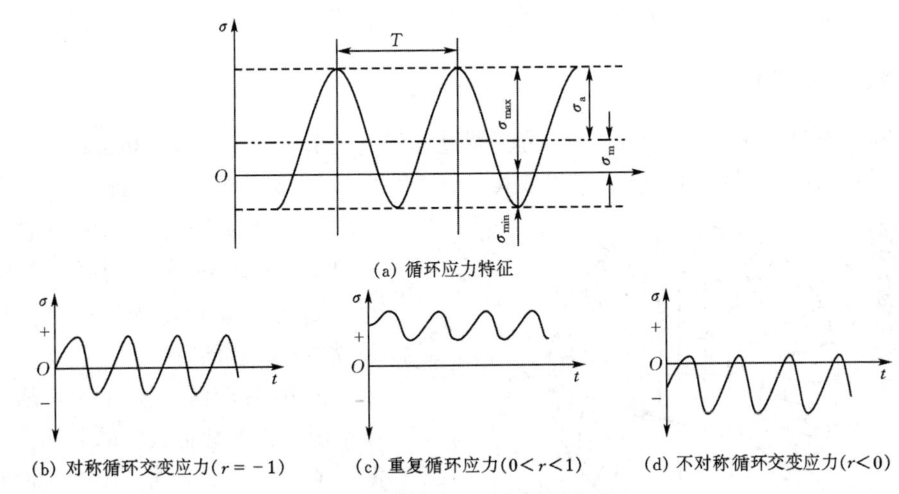

图 7.1　循环应力的特征和分类

$$r=\frac{\sigma_{min}}{\sigma_{max}} \tag{7-4}$$

循环应力按照循环对称系数的不同可以分为如下几种。

图 7.1(b)所示为 $r=-1$ 时的情况，称为对称循环交变应力。疲劳试验多数采用对称循环应力加载。有些机件工作时也承受对称循环应力作用，如火车车轴的弯曲、曲轴轴颈的扭转等。$r\neq1$ 的循环应力都是不对称循环应力。图 7.1(c)所示是重复循环应力($0<r<1$)，气缸盖螺钉就是受这种大拉到小拉的循环应力作用。图 7.1(d)所示是 $r<0$ 时的不对称循环交变应力，内燃机连杆就是承受这类压大拉小的循环应力作用。

7.1.2　疲劳断裂特点

疲劳断裂特点

机件疲劳断裂是危害很大的失效形式之一。疲劳断裂具有如下特点。

① 疲劳断裂是低应力脆性断裂，一般是在低于屈服应力之下发生的，断裂是突然的、没有预先征兆、看不到宏观塑性变形，危害性比较大。

② 疲劳破坏是长期的过程，在交变应力作用下，金属材料往往要经过几百次，甚至几百万次循环才能产生破坏。在疲劳断裂过程中，金属材料的内部组织在局部区域内逐渐发生变化。这种变化使材料受到损伤，并逐渐积累起来，当其达到一定程度后便发生疲劳断裂。因此疲劳断裂是一个损伤积累过程，并且损伤是从局部区域开始的。

③ 当应力循环对称系数一定时，金属材料所受的最大交变应力 σ_{max}（或交变应力半幅 σ_a）愈大，则断裂前所能承受的应力循环次数愈少。当应力循环中的最大应力 σ_{max}（或交变应力半幅 σ_a）降到某一数值时，金属材料可以承受无限次应力循环而不发生疲劳断裂。

④ 疲劳断裂包括裂纹形成和扩展两个阶段，但是由于承受的应力小，并且是循环应力，故疲劳裂纹的裂纹在未达到临界尺寸之前扩展很慢，这就是裂纹亚临界扩展阶段。疲劳裂纹的亚临界扩展期很长。当疲劳裂纹尺寸达到临界值后，便迅速失稳扩展而断裂。可见，疲劳裂纹扩展包括亚临界扩展期和失稳扩展期。

⑤ 金属的疲劳按照机件所受应力的大小可分为低周疲劳、高周疲劳和超高周疲劳。所受应力较高、断裂时应力循环周次较少($10^2\sim10^5$ 周次)的情况下产生的疲劳断裂称为低周疲劳。所受应力较低、断裂时应力循环周次很多，在这种情况下产生的疲劳断裂称为高周疲

劳（大于 10^5 周次）。断裂时应力循环周次在 10^7 以上的疲劳断裂称为超高周疲劳。

7.1.3 疲劳宏观断口

疲劳断口有其特征，因而是研究疲劳断裂过程和进行机件疲劳失效分析的基础。疲劳断口的宏观形貌取决于材料的性质、加载方式、载荷大小等因素。高周疲劳断口从宏观来看，一般可以分为三个区，即疲劳源区、疲劳裂纹扩展区（疲劳断裂区）瞬断区（静断区）。图 7.2 所示为典型的高周疲劳宏观断口示意图。

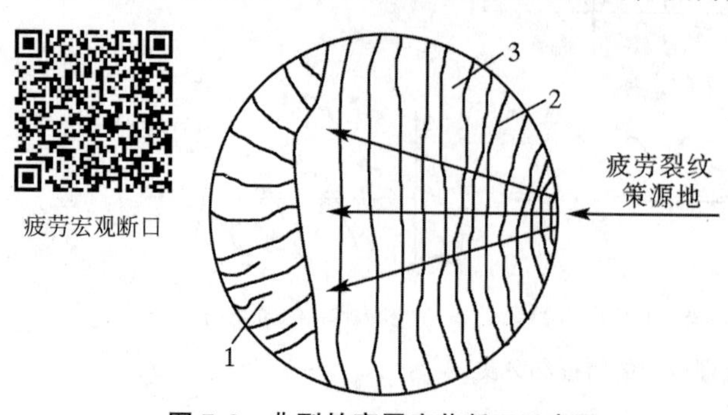

图 7.2 典型的高周疲劳断口示意图

1—瞬断区；2—前沿线；3—疲劳裂纹扩展区

① 疲劳源区。疲劳源区是疲劳裂纹策源地，是疲劳破坏的起始点。疲劳源一般在机件的表面，因为表面常常存在各种缺陷及台阶，例如加工痕迹、非金属夹杂、淬火裂纹等，应力集中点比较多。如果机件内部存在夹杂、孔洞或成分偏析等缺陷，它们也可能成为内部或亚表面的疲劳源。疲劳裂纹形成后，由于表面经受反复挤压摩擦，疲劳源区比较光亮。一个机件疲劳断裂时，其疲劳源可以是一个，也可以是多个，这与机件的应力状态和过载程度有关。如单向弯曲疲劳断裂时是一个疲劳源；双向反复弯曲时就出现两个疲劳源。过载程度愈大，即名义应力愈大，则出现的疲劳源数目就愈多。

② 疲劳裂纹扩展区。疲劳裂纹扩展区是疲劳裂纹亚临界扩展部分。它的典型特征是具有“贝壳”一样的花样，一般称为贝纹线，也称为疲劳辉纹（fatigue striation）、海滩状条纹、疲劳停歇线或疲劳线。一个疲劳源的贝纹线是以疲劳源为中心的相互之间近于平行的一簇向外凸的同心圆，它们是疲劳裂纹扩展时前沿线的痕迹，产生的原因是服役过程中载荷大小、频率、应力状态发生变化，或者机器运行过程中停车启动等，是由裂纹扩展产生相应的微小变化所造成的。因此，这种花样常出现在机件的疲劳断口上，并且多数是高周疲劳。在实验室进行固定应力或固定应变的疲劳试验或低周疲劳试验的试样断口上则看不到贝纹线。贝纹线从疲劳源向四周推进，与裂纹扩展方向垂直，因而在与贝纹线垂直的相反方向，对着同心圆的圆心可以找到疲劳源所在地。通常在疲劳源附近，贝纹线较密集，而远离疲劳源区，由于有效承载面积减少，实际应力增加，裂纹扩展速率增加，所以贝纹线较为稀疏。当断口上有多个疲劳源时，根据疲劳源区附近贝纹线的疏密程度可以判断疲劳源产生的先后次序。贝纹线还与材料性质有关，即较小的间距表示材料韧性较好，疲劳裂纹扩展速率较慢；在较软的材料中易出现贝纹线，而在较硬的材料中则不易出现贝纹线。

③ 最终断裂区。亦称为瞬时断裂区，此区是疲劳裂纹快速扩展直至断裂的区域。随着应力循环周次的增加，疲劳裂纹不断扩展，当其尺寸达到相应载荷（σ_{max}）下的临界值时，裂纹将失稳快速扩展，从而形成瞬时断裂区。瞬时断裂区的断口形状与断裂韧性试样相似，靠近中心为平面应变状态的平滑断口，与疲劳裂纹扩展区处于同一个平面上；边缘处则为平面应力状态的剪切唇。韧性材料断口为纤维状，暗灰色；脆性材料断口为白亮色的结晶状。

由于加载条件、材料性能等原因，疲劳断口上某些区域可能很小，甚至可能消失，所以在一个机件的疲劳断口上不一定能同时观察到上述三个区域。

7.2　疲劳断裂过程及其机理(Fatigue Process and Mechanisms)

7.2.1　疲劳裂纹的萌生

(1)驻留滑移带(persistent slip band)处形成疲劳裂纹

疲劳裂纹的萌生

图 7.3 所示为金属表面驻留滑移带处形成疲劳裂纹的示意图。在低应力的交变载荷作用下，金属表面局部区域首先出现一些滑移线，如图 7.3(a)所示，图中的短线表示滑移面上的位错源增殖的位错受阻后形成的位错塞积，它使位错源停止工作。在交变载荷作用下，平行滑移线上的螺型位错能改变滑移面，发生交滑移，于是异号位错将在交滑移面上相遇，随后相互抵消，使原滑移面上的位错源重新被激活，继续增殖位错，滑移线的滑移量亦随之增加，如图 7.3(b)所示。许多滑移线的发展表现为滑移带向两侧不断加宽。这样就造成在交变载荷下，滑移带变宽加深，滑移集中在局部地区，乃至最终形成驻留滑移带并发展为疲劳裂纹。

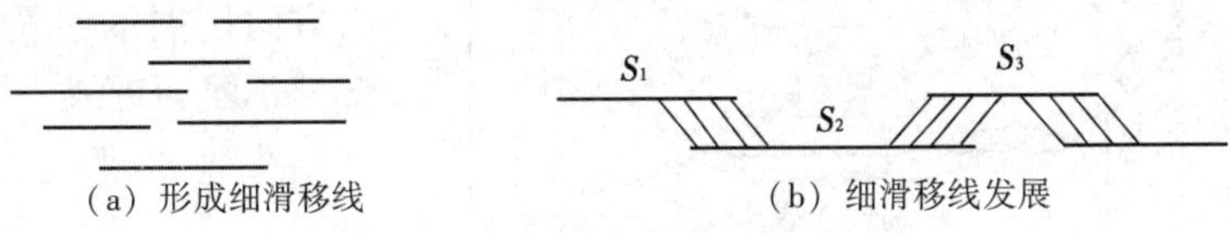

(a) 形成细滑移线　(b) 细滑移线发展

图 7.3　驻留滑移带的形成

(2)挤出峰(extrusion)和挤入谷(intrusion)处形成疲劳裂纹

图 7.4 所示为柯垂尔-赫尔(A. H. Cottrell-D. Hull)提出的挤出峰、挤入谷形成模型。此模型以交叉滑移为前提，认为在应力循环每个前半周期内，两个取向不同的滑移面上的位错源[图 7.4(a)中 1 和 2 为滑移面，S_1 和 S_2 为两个滑移面上相应的位错源]交替激活，后半周期内又交替沿两个滑移面的相反方向激活，从而形成挤出峰和挤入谷。

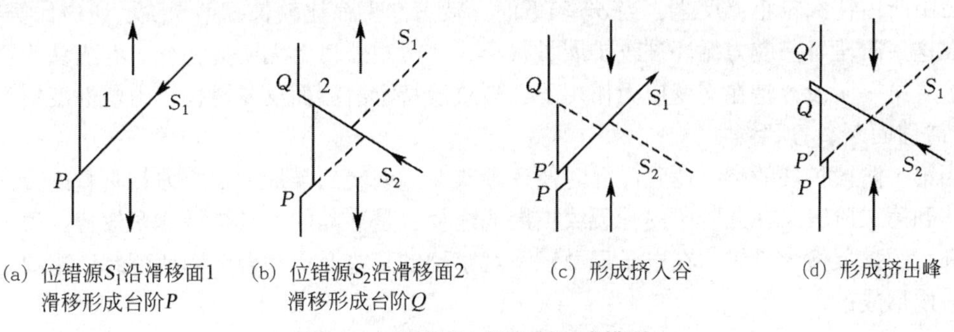

(a) 位错源S_1沿滑移面1滑移形成台阶P　(b) 位错源S_2沿滑移面2滑移形成台阶Q　(c) 形成挤入谷　(d) 形成挤出峰

图 7.4　挤出峰、挤入谷形成模型

在拉应力的半周期内，先是取向最有利的滑移面上的位错源 S_1 被激活，它增殖的位错滑动到表面，便在 P 处留下一个滑移台阶，如图 7.4(b)所示。在同一个半周期内，随着拉应力的增大，在另一个滑移面上的位错源 S_2 也被激活，它增殖的位错滑动到表面，在 Q 处也留下一个滑移台阶；与此同时，后一个滑移面上位错运动使第一个滑移面错开，造成位错源 S_1 与滑移向相反方向滑动，在晶体表面留下一个反向滑移台阶 P'，于是在 P 处形成一个挤入谷；与此同时，也造成位错源 S_2 与滑移台阶 Q 不再处于一个平面内，如图 7.4(c)所示。同一半周期内，随着压应力增加，位错源 S_2 又被激活，位错沿相反方向运动，滑出表面后留下一个反向的滑移台阶 Q'，于是在此形成一个挤出峰，如图 7.4(d)所示；与此同时又将位错源 S_1 带回原位置，与滑移台阶 P 处于一个平面内。如此，应力不断循环下去，挤出峰高度和挤入谷深度将不断增加，而宽度不变。

柯垂尔-赫尔模型从几何和能量上看都是可能的，但它所产生的挤出峰和挤入谷分别出现在两个滑移系统中，与实际情况不大一致，因为挤出峰和挤入谷常常处于同一滑移系统的相邻部位上。

驻留滑移带、挤出峰、挤入谷等都是金属在交变载荷作用下的疲劳裂纹核心策源地，晶界、孪晶界以及非金属夹杂物等处也常常是产生疲劳裂纹核心的地方。

7.2.2　疲劳裂纹的扩展

疲劳裂纹扩展是一个不连续的过程，可分为两个阶段。第一个阶段是从个别挤入谷或挤出峰处开始，沿最大切应力方向(和主应力方向成 45°角)的晶面向内发展，裂纹扩展方向逐渐转向与最大拉应力垂直。第二阶段是裂纹沿垂直于最大拉应力方向扩展的过程，直到未断裂部分不足以承受所加载荷，裂纹开始失稳扩展时为止，如图 7.5 所示。

疲劳裂纹的扩展

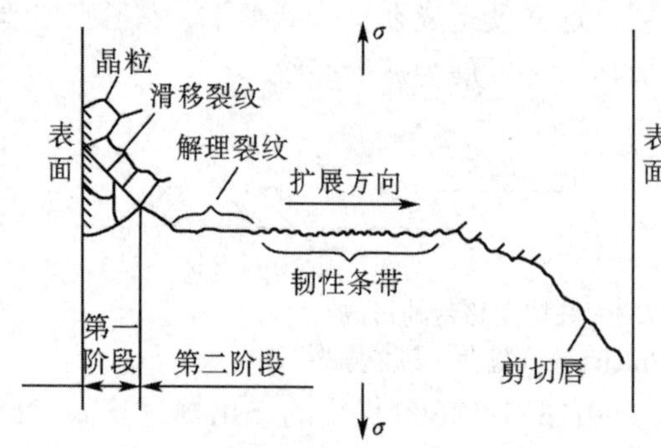

图 7.5　疲劳裂纹扩展的两个阶段示意图

在疲劳裂纹扩展第一阶段，裂纹扩展速率很慢，每一个应力循环大约只有 0.1μm 数量级，扩展深度约为 2~5 个晶粒大小。这一阶段在疲劳总寿命中所占比例因应力半幅 σ_a 值的不同而不同。当 σ_a 较大时，第一阶段在总寿命中所占比例较小；反之，当 σ_a 较低时，疲劳总寿命比较长，第一阶段所占比例较大。由于在这一阶段每一应力循环裂纹扩展量很小，故微观断口上无明显特征。有人认为，疲劳裂纹扩展第一阶段，是在交变应力作用下，裂纹沿特定滑移面反复滑移，由塑性变形产生新表面(滑移面断裂)所致。

当第一阶段扩展的裂纹遇到晶界时便逐渐改变方向转到与最大拉应力相垂直的方向，此时便达到第二阶段。在此阶段内，裂纹扩展的途径也是穿晶的，其扩展速率较快，每一个应力循环大约扩展微米量级。在电子显微镜下观察到的某些金属和合金的疲劳辉纹主要是在这一阶段内形成的。

7.2.3　疲劳裂纹扩展机制与疲劳断口微观特征

疲劳裂纹扩展第一阶段的断口类似于解理的形貌，没有塑性变形的痕迹，一般也没有疲劳辉纹。在某些情况下，可能分不出疲劳裂纹扩展的第一阶段。

疲劳断口上疲劳裂纹扩展第二阶段最显著的微观特征是在扫描电子显微镜下可以观察到疲劳辉纹。通常疲劳辉纹分韧性和脆性两类。图 7.6 所示为铝合金中的韧性疲劳辉纹和脆性疲劳辉纹。

图 7.7 所示为韧性疲劳辉纹的形成过程，也就塑性钝化模型或莱德-史密斯(C. Laid-G. C. Smith)模型的示意图。图中左侧曲线的实线段表示交变应力的变化，右侧为疲劳裂纹

(a) 韧性疲劳辉纹

(b) 脆性疲劳辉纹

图 7.6　铝合金疲劳断口的疲劳辉纹

扩展第二阶段中疲劳裂纹的剖面图。图 7.7(a) 表示交变应力为零时，右侧的裂纹呈闭合状态。图 7.7(b) 表示受拉应力时，裂纹张开，裂纹尖端处由于应力集中而沿 45° 方向发生滑移。图 7.7(c) 表示拉应力达到最大值时，滑移区扩大，裂纹尖端变为半圆形，发生钝化，裂纹停止扩展。这种由于塑性变形使裂纹尖端的应力集中减小，滑移停止，裂纹不再扩展的过程称为“塑性钝化”。图中两个同向箭头表示滑移方向，两箭头之间距离表示滑移进行的宽度。图 7.7(d) 表示交变应力为压应力时，滑移沿相反方向进行，原裂纹和新扩展的裂纹表面被压近，裂纹尖端被弯折成一对耳状切口。这一对耳状切口又为下一周期应力循环时沿 45°方向滑移准备了应力集中条件。图 7.7(e) 表示压应力达到最大值时，裂纹表面被压合，裂纹尖端又由钝变锐，形成一对尖角。由此可见，应力循环一周期，在断口上便留下一条疲劳辉纹，裂纹向前扩展一条带的距离。因此，疲劳裂纹扩展的第二阶段就是在应力循环时裂纹尖端钝锐变化的过程。在扫描电子显微镜下看到的疲劳断口上的辉纹就是每一周期的交变应力下裂纹扩展留下的痕迹。

脆性疲劳辉纹也称为解理疲劳辉纹，其形成过程如图 7.8 所示。图中左侧曲线的实线表

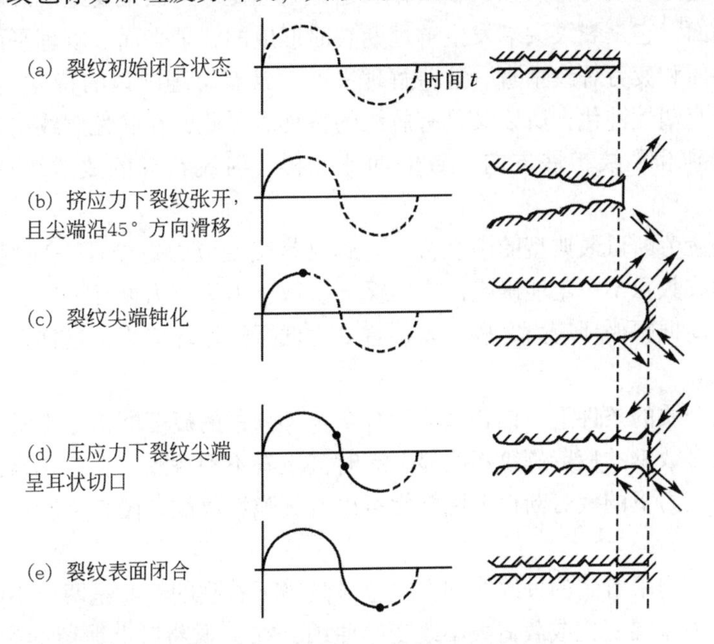

图 7.7　韧性疲劳辉纹形成过程示意图

示交变应力变化，右侧为疲劳裂纹的剖面图。图 7.8(a)所示为交变应力为零时疲劳裂纹的初始状态；随着拉应力增加，裂纹尖端解理断裂面向前扩展，如图 7.8(b)所示；然后在切应力作用下沿 45°方向在很窄的范围内产生局部塑性变形，如图 7.8(c)所示；当发生塑性钝化后，裂纹停止扩展，如图 7.8(d)所示；最后应力减小为零或进入压应力阶段，裂纹闭合，其前端重新变得尖锐，与图 7.8(a)相似，不过裂纹已向前扩展了一个辉纹距离，如图 7.8(e)所示。可见，脆性疲劳辉纹的形成也与裂纹尖端的塑性钝化有关。

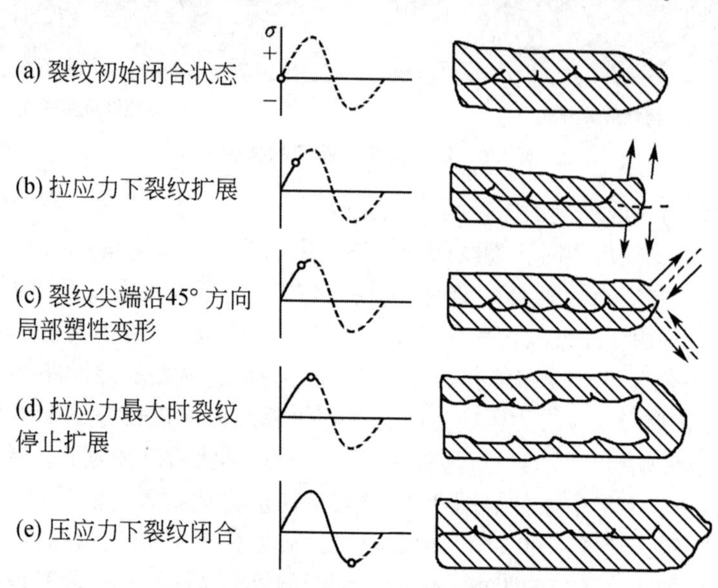

图 7.8 脆性疲劳辉纹形成过程示意图

与韧性辉纹相比，脆性辉纹像是把解理(台阶)和疲劳辉纹(似为很平滑的条带)两种特征结合在一起。脆性辉纹的特点在于裂纹扩展不是塑性变形，而主要是解理断裂。因此，断口上有细小的晶面，它是裂纹尖端发生解理断裂时形成的解理平面。解理平面的走向与裂纹扩展方向一致，而和疲劳辉纹垂直。这些解理平面常常有解理断口的特点，存在河流花样，同时裂纹尖端又有塑性钝化，所以又具有辉纹的特征。因此，在脆性辉纹中常常在看到条带的同时，还会看到和裂纹扩展方向一致的河流花样，河流花样的放射线和辉纹近似垂直相交。

疲劳辉纹是疲劳断口最典型的微观特征。辉纹是交变应力每循环一次裂纹留下的痕迹，但是计算疲劳辉纹数目不一定能确定出应力循环次数，因为应力循环一次，未必就能产生一条辉纹。例如，高振幅循环应力之后，紧接着变为低振幅循环应力，这样在几个应力循环内未必有辉纹出现。

在没有腐蚀介质的条件下，铝合金、钛合金及部分钢的疲劳断口上常常能够看到清楚的韧性辉纹，但大多数钢的疲劳辉纹不明显，有时甚至看不到辉纹。在存在腐蚀介质、含氢介质，以及低周高应力下的疲劳断口上则常常可以看到脆性辉纹。图 7.9 所示为两种疲劳辉纹示意图。

在疲劳断口上肉眼看到的贝纹线和在电子显微镜下看到的辉纹是两个不同的概念。贝纹线是由于交变应力振幅变化或载荷大小改变等原因，在宏观断口上遗留的裂纹前沿的痕迹，是疲劳断口的宏观特征。疲劳辉纹是交变应力每循环一次裂纹留下的痕迹，它是疲劳断口的主要微观特征，是用来判断是否为疲劳断裂的主要依据之一。有时在宏观断口上看不到贝纹线，但在显微镜下却看到了疲劳辉纹。相邻贝纹线之间可能有成千上万条辉纹。但是没有辉纹不能说明不是疲劳断裂，因为有些金属在某些条件下疲劳断裂时，并不形成疲劳辉纹。

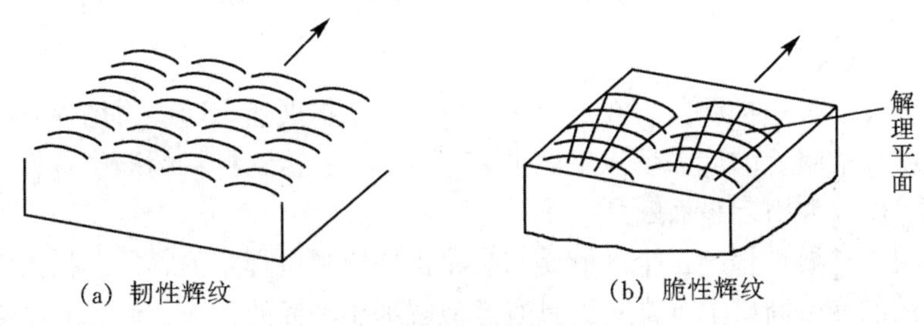

(a) 韧性辉纹　　(b) 脆性辉纹

图 7.9　两种疲劳辉纹示意图

疲劳辉纹总是沿着局部裂纹扩展方向往外凸。但用这种特征来表示宏观的扩展方向并不可靠，因为在一个断口上的疲劳辉纹可以指出裂纹是在几个不同方向上扩展的。疲劳辉纹是相互平行的，且是等距的，没有分支与交叉，依次可以与其他辉纹花样区别开来。辉纹间距表示裂纹扩展速率，间距愈宽，则裂纹扩展速率愈大。

7.3　疲劳裂纹扩展速率与门槛值(Fatigue Crack Growth Rate and Threshold Value)

疲劳裂纹扩展速率与门槛值

7.3.1　疲劳裂纹扩展速率(fatigue-crack growth rate)

金属疲劳总寿命 N_f 由无裂纹寿命 N_0(疲劳裂纹形核寿命)和裂纹扩展寿命 N_p 组成。一般来说，疲劳裂纹扩展寿命 N_p 占总寿命的绝大部分，所以研究疲劳裂纹扩展速率对于充分发挥材料的使用潜力、估算机件的剩余寿命都有重要意义。

在亚临界扩展阶段内，每一个应力循环疲劳裂纹沿垂直于拉应力方向扩展的距离称为疲劳裂纹扩展速率，以 $\frac{da}{dN}$ 表示。决定 $\frac{da}{dN}$ 的主要力学参量是应力场强度因子幅 ΔK 。ΔK 是交变应力的最大应力和最小应力所对应的应力场强度因子之差。即 $\Delta K = Y\sqrt{\pi a}(\sigma_{max} - \sigma_{min})$ 。在空气条件下进行疲劳试验时，$\frac{da}{dN}$ 与 ΔK_I 之间存在如图 7.10 所示的关系。该图可分为三个区域，分别反映了裂纹扩展的三个阶段。

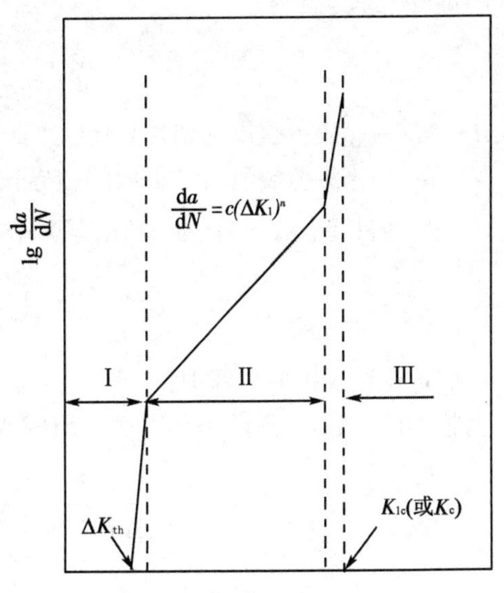

图 7.10　疲劳裂纹扩展速率与应力场强度因子幅之间的关系

Ⅰ区：又称为疲劳裂纹不扩展区，直线很陡。将直线外延到相当于 $\frac{da}{dN} = 10^{-6} \sim 10^{-7}$ 次所对应的 K_I 值，称为疲劳裂纹不扩展的应力场强度因子幅门槛值(threshold value)，以 ΔK_{th} 表示。应力场强度因子幅小于 ΔK_{th} 时，疲劳裂纹不发生扩展。

Ⅱ区：疲劳裂纹亚临界扩展阶段或裂纹线性扩展阶段。在这个区里，$\frac{da}{dN}$ 与 ΔK_I 之间的关系可以用 Paris 公式表示。

Ⅲ区：疲劳裂纹失稳扩展区。在这个区域里，裂纹扩展速率随应力场强度因子幅增加急剧增大。当裂纹尖端附近的应力场强度因子 K_{Imax} 或 K_{max} 达到材料的断裂韧性 K_{Ic} 或 K_c 时，裂纹迅速失稳扩展，并引起最后断裂。

上述疲劳裂纹扩展过程的三个区域是与裂纹扩展微观机理相关联的。扫描电子显微镜观察表明，第Ⅰ区的疲劳断口上常常看到具有类似解理小平面的特征，疲劳辉纹则主要是在第Ⅱ区内的断口上发展，第Ⅲ区断口上则有大量的韧窝出现。

7.3.2 疲劳裂纹扩展速率的数学表达式

第Ⅱ区是疲劳裂纹扩展的重要阶段，也是 Paris 公式适用的区域。Paris 公式的表达式如下

$$\frac{da}{dN}=c(\Delta K_I)^n \tag{7-5}$$

式中 n—— 直线的斜率；

c——直线的截距。

n 和 c 均为材料常数，可由实验确定。许多材料的 n 值在 2~7 之间，并且多数在 2~4 之间变化。常数 n 和 c 对金属材料的显微组织不敏感，不同显微组织的材料，n 和 c 值的变化并不显著。疲劳裂纹扩展速率主要决定于应力场强度因子幅 ΔK_I，只要测出材料常数 n 和 c，根据裂纹尖端附近应力场强度因子幅 ΔK_I 便可计算材料的疲劳裂纹扩展速率，进而估算出机件的疲劳寿命

$$N_f=\int dN=\int_{a_0}^{a_c}\frac{da}{c(\Delta K_I)^n} \tag{7-6}$$

式中 a_0—— 疲劳裂纹的初始长度；

a_c—— 疲劳裂纹失稳扩展的临界长度。

一般条件下，$K_I=Y\sigma\sqrt{a}$，$\Delta K_I=Y\Delta\sigma\sqrt{a}$，代入式(7-6)中得

$$N_f=\int_{a_0}^{a_c}\frac{da}{c(Y\Delta\sigma)^n a^{\frac{n}{2}}} \tag{7-7}$$

假定在裂纹扩展过程中，Y 不变，对式(7-7)进行积分，就可获得裂纹自初始尺寸 a_0 扩展至临界尺寸 a_c 所需的循环周次，即疲劳寿命为

$$N_f=\frac{2}{c(Y\Delta\sigma)^n(n-2)}\left(\frac{1}{a_0^{\frac{n-2}{2}}}-\frac{1}{a_c^{\frac{n-2}{2}}}\right)\quad (n\neq 2) \tag{7-8}$$

$$N_f=\frac{1}{c(Y\Delta\sigma)^n}(\ln a_c-\ln a_0)\quad (n=2) \tag{7-9}$$

在应力场强度因子幅 ΔK_I 一定时，根据材料常数 n 和 c 可以比较不同材料或同一材料经过不同工艺处理后的疲劳裂纹扩展速率，以便合理选用材料和确定最佳工艺。

Paris 公式是估算机件疲劳寿命(主要是剩余寿命)、合理安排检修期等的重要依据。但这个公式只适用于低应力、高循环周次、低裂纹扩展速率的场合。在这样的场合下，疲劳裂纹亚临界扩展阶段的扩展速率与应力场强度因子幅之间的关系不受试样几何形状和加载方式的影响。

7.4 疲劳强度指标(Fatigue Strength Index)

7.4.1 *S-N* 曲线与疲劳极限

当应力循环对称系数一定时，金属材料断裂前所能承受的应力循环次数与所受的最大交变应力 σ_{max}（或交变应力半幅 σ_a）存在对应关系，这种以 σ_{max}（或 σ_a）对疲劳断裂周次 N 作图绘成的曲线称为疲劳曲线，经常简写为 *S-N* 曲线，因为它是德国人维勒(Wholer)在 1860 年首先发现的，故又称为维勒曲线。

疲劳强度指标

图 7.11 所示为典型的疲劳曲线。曲线上水平部分对应的应力即材料的疲劳极限(fatigue limit)。疲劳极限是材料能经受无限次应力循环而不发生疲劳断裂的最大应力，通常用 σ_r 表示，下角标 r 表示应力循环对称系数。循环对称旋转弯曲的疲劳极限用 σ_{-1} 表示。疲劳曲线也可以采用图 7.11(b)所示的半对数坐标，这样表示比较直观和方便。

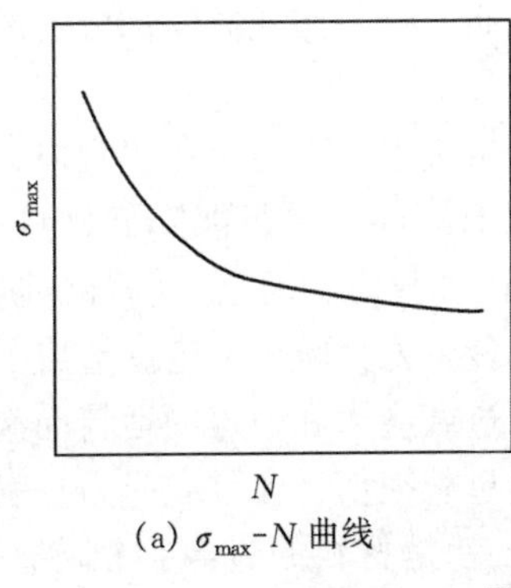

(a) σ_{max}-N 曲线

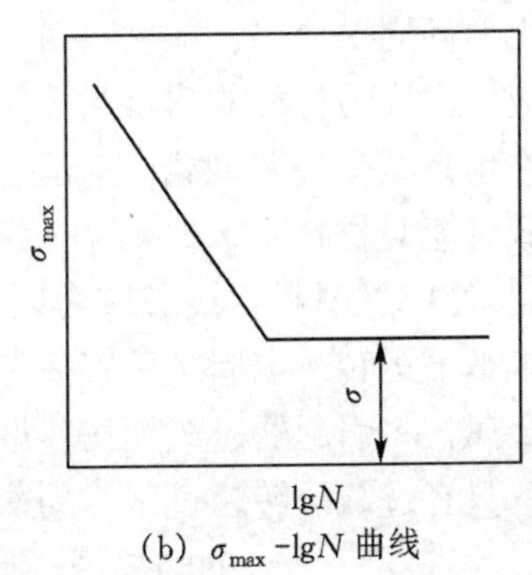

(b) σ_{max}-lg$N$ 曲线

图 7.11 疲劳曲线

不同材料的疲劳曲线形状不同，大致可以分为两类。一类如图 7.11(b)所示，曲线从某循环次数开始出现明显的水平部分，这时疲劳极限有明显的物理意义，表征材料对疲劳断裂的抗力，低于这个应力材料不会发生疲劳断裂。具有应变时效现象的合金，如常温下的钢铁材料，其疲劳曲线就是这种形状。另一类疲劳曲线没有水平部分，σ_{max} 随 N 增加一直不断降低(见图 7.12)。没有应变时效的合金，如有色金属、在高温下或在腐蚀介质中工作的钢等，它们的疲劳曲线属于第二类。对于这类材料，要根据机件的工作条件和使用寿命规定一个疲劳极限循环基数，并以循环基数值所对应的应力作为“规定疲劳极限”，以 $\sigma_r(N_0)$ 表示。$\sigma_r(N_0)$ 也叫“条件疲劳极限”。如对于铸铁材料，规定 $N_0 = 10^7$ 次；对于有色金属，规定 $N_0 = 10^8$ 次。

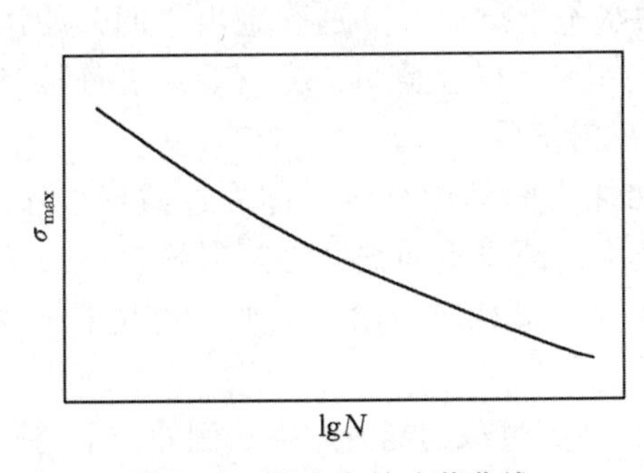

图 7.12 铝合金的疲劳曲线

国家标准规定了材料疲劳曲线和疲劳极限的测量方法。一般在进行疲劳试验时，至少需要10个材质和尺寸相同的试样，由高应力水平开始到低应力水平逐级进行试验，每个应力水平 σ_i 下测试一个试样，记录断裂时的循环次数 N_i 。当 $N_i \geqslant 10^7$ 次，断和不断试样所加应力水平之差小于10MPa时，则不断试样所承受的应力即材料的疲劳极限 σ_{-1}。再采用曲线拟合的方法，将所有试样所得的试验数据绘出应力和断裂循环次数曲线，即可得到 $S-N$ 曲线。由于材料成分和组织不均匀性、试样加工和试验条件等因素的波动都会对疲劳试验结果有很大影响，所以疲劳试验结果离散性很大，因而 $S-N$ 曲线可靠性较差，只能用于考察普通机件的疲劳强度，或者作为比较复杂试验的预备性试验。对于重要机件的设计，应当用统计方法进行处理。

7.4.2 过载持久值与过载损伤界

机件在其服役过程中不可避免地要受到偶然的过载荷作用，如汽车、拖拉机紧急刹车、猛然启动就是超载运行。还有些机件不要求无限寿命，而是在高于 σ_{-1} 的应力水平下进行有限寿命服役。所以，仅依据材料的疲劳极限是不能全面评定材料的抗疲劳性能的。

金属材料在高于疲劳极限的应力下运转，发生疲劳断裂时的应力循环周次称为材料的过载持久值，也称有限疲劳寿命。过载持久值表征材料对过载荷的抗力。由疲劳曲线的倾斜部分可以确定过载持久值。疲劳曲线倾斜部分愈陡直，则持久值愈高，说明材料在相同过载下能经受的应力循环周次愈多，即材料对过载荷抗力愈高。疲劳曲线倾斜部分上的与一定持久值相对应的应力，称为材料的耐持久极限。

金属机件预先经受短期过载，但运行周次未达到持久值，而后再在正常应力下工作，这种短时间过载可能对材料原来的 σ_{-1}(或疲劳寿命)没有影响，也可能降低材料的 σ_{-1}(或疲劳寿命)，具体影响视材料、过载应力以及相应的累计过载周次而定。倘若金属在高于疲劳极限的应力水平下运转一定周次后其疲劳极限降低或疲劳寿命减少，这就造成了过载损伤。

一定的金属材料引起的过载损伤，取决于一定的过载应力和一定的运转周次，即在每一过载应力下，只有过载运转超过某一周次后才会引起过载损伤，在过载应力下引起过载损伤的临界循环周次的连线，就是材料的过载损伤界。过载损伤界由实验确定。试样先在高于 σ_{-1} 的应力下运转一定周次 N 后，再于 σ_{-1} 的应力下继续运转并测出疲劳寿命。如果过载不影响疲劳寿命，说明 N 尚未达到过载损伤界；如果疲劳寿命缩短，则说明已造成疲劳损伤，N 已超过疲劳损伤界。这样反复进行试验，便可确定出某一过载应力水平下开始降低疲劳寿命的运转周次。再在几个过载应力水平下试验，分别确定出它们开始出现疲劳损伤的运转周次，如图7.13上点 A，B，C，…，连接点 A，B，C，…，便得到过载损伤界。

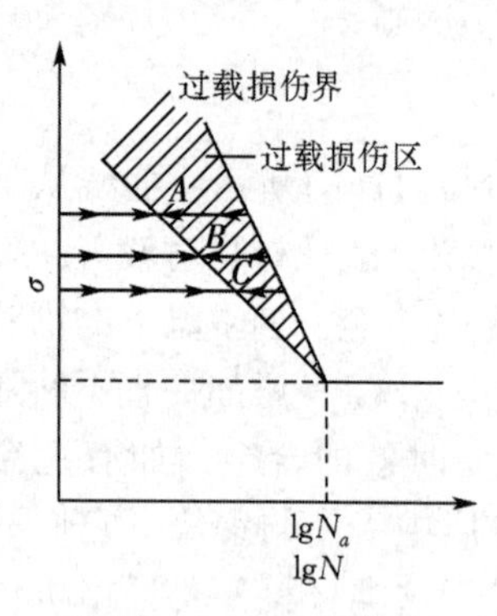

图7.13 过载损伤界

过载损伤界到疲劳曲线之间的影线区，称为过载损伤区。机件过载运转到这个区域里，都要不同程度地降低材料的疲劳极限，而且离疲劳曲线愈近，降低愈甚。由图7.13可见，过载应力愈大，则开始发生过载损伤的循环次数愈少。

材料的过载损伤界愈陡直，损伤区愈窄，则其抵抗疲劳过载的能力愈强。例如，不锈钢的过载损伤界很陡直，而工业纯铁的则几乎是水平的，显然前者对疲劳过载不太敏感，后者则十分敏感。

疲劳过载损伤可用金属内部的“非扩展裂纹”来解释。众所周知，疲劳极限是金属材料在交变载荷作用下能经受无限次应力循环而不发生断裂的最大应力。如果承认材料内部存在裂纹(包括既存裂纹或在交变载荷作用下产生的裂纹)，那么，所谓“能经受无限次应力循环而不发生断裂”就意味着在该应力下运转裂纹是非扩展的。当过载运转到一定循环周次后，疲劳损伤累积形成的裂纹尺寸超过在疲劳极限应力下的“非扩展裂纹”尺寸，则在以后的疲劳极限应力下再运转，此裂纹将继续扩展，使之在小于σ_{-1}的循环次数下就发生疲劳断裂，说明过载已造成了损伤。低过载下累积损伤造成的裂纹长度小于σ_{-1}应力下的“非扩展裂纹”尺寸时裂纹就不会扩展，这时过载对材料不造成疲劳损伤。因此，过载损伤界就是在不同过载应力下损伤累积造成的裂纹尺寸达到或超过σ_{-1}应力下的“非扩展裂纹”尺寸的循环次数。

7.4.3 疲劳缺口敏感度(fatigue notch sensitivity)

由于使用的需要，机件常常带有台阶、拐角、键槽、油孔、螺纹等。因此，了解缺口引起的应力集中对疲劳极限的影响也很重要。

金属材料在交变载荷作用下的缺口敏感性，常用疲劳缺口敏感度q_f来评定

$$q_f = \frac{K_f - 1}{K_t - 1} \tag{7-10}$$

式中 K_t——理论应力集中系数，根据缺口几何形状可从有关手册中查到，$K_t>1$；

K_f——疲劳缺口应力集中系数，或疲劳强度降低系数。

K_f为光滑试样和缺口试样疲劳极限之比，即$K_f = \frac{\sigma_{-1}}{\sigma_{-1N}}$。$K_f$值大于1，具体的数值和缺口几何形状及材料等因素有关。

根据疲劳缺口敏感度评价材料时，可能出现两种极端情况：① $K_f = K_t$，即缺口试样疲劳过程中应力分布与弹性状态完全一致，没有发生应力重新分布，这时缺口降低疲劳极限最严重，$q_f=1$，材料的疲劳缺口敏感度最大；② $K_f=1$，即$\sigma_{-1}=\sigma_{-1N}$，缺口不降低疲劳极限，说明疲劳过程中应力进行了很大程度的重新分布，应力集中效应完全被消除，$q_f=0$，材料的疲劳缺口敏感度很小。由此可以看出，q_f值能够反映疲劳断裂过程中材料发生应力重分布、降低应力集中的能力。由于σ_{-1N}永远低于σ_{-1}，即K_f大于1，故通常q_f值在0~1范围内变化。在实际金属材料中，结构钢的q_f值一般为0.6~0.8，粗晶粒钢的q_f值降低到0.1~0.2，球墨铸铁的q_f值为0.11~0.25，而灰铸铁的q_f为0~0.05。

在高周疲劳时，大多数金属都对缺口十分敏感，但是低周疲劳时，它们却对缺口不太敏感，这是因为缺口根部一部分区已处于塑性区内，应力集中程度已经降低。

钢经过处理后获得不同强度(或硬度)，q_f值也不相同，强度(或硬度)增加，q_f值增大。因此，淬火-回火钢较正火、退火钢对缺口要敏感。

7.5 影响疲劳性能的因素(Influencing Factors on Fatigue Properties)

疲劳断裂一般从机件表面的某些部位或表面缺陷造成的应力集中开始，有时也从内部缺陷处开始，因而材料的疲劳极限不仅对材料的组织结构很敏感，而且对工作条件、加工处理条件等外因也很敏感。

7.5.1 载荷因素

影响疲劳性能的载荷因素

(1)载荷频率(loading frequency)

机件在工作条件下，交变载荷频率变化范围极大。频率的变化一方面能提高疲劳极限，另一方面能增加持久值。图7.14给出了频率对疲劳极限的影响。载荷频率高于170Hz时，随频率增加，疲劳极限提高。载荷频率在50~170Hz范围内变化，频率对疲劳极限没有明显影响。频率低于1Hz时，疲劳极限有所降低。

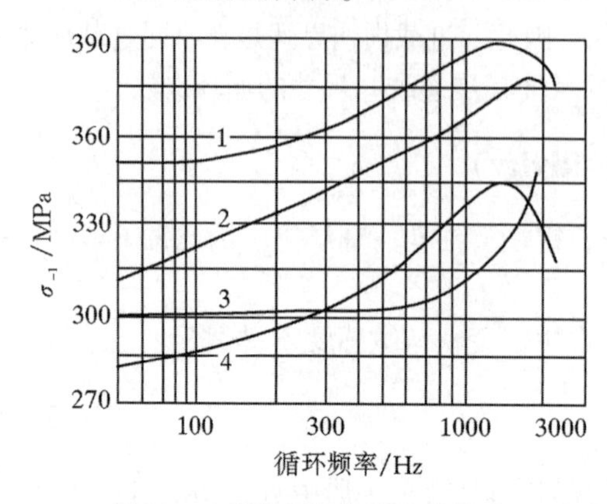

图7.14 疲劳极限与频率的关系

1—铬钢；2—0.4%C钢；3—Ni3.6Cr12钢；4—0.2%C钢

频率影响金属材料在每一周期中的塑性变形量，因而影响材料所受的疲劳损伤。频率高，材料所受总损伤少，所以疲劳极限提高。频率过低，除影响材料所受疲劳损伤外，还因空气腐蚀时间长，降低疲劳极限。

(2)次载锻炼(training with secondary load)

金属在低于或者接近于疲劳极限的应力下运转一定循环次数后，会使其疲劳极限提高，这种现象称为次载锻炼。

次载锻炼效果与加载应力和周次有关。通常认为，当次载锻炼周次一定时，塑性大的材料的次载锻炼的下限应力值要高些；而强度高塑性低的材料，如低温回火状态只需要较少的锻炼周次，但调质状态却需要较长的锻炼周次。

在相同次载锻炼条件下，不同材料的疲劳性能变化不同，在选材时也应考虑。有些新制成的机器在空载及不满载条件下跑合一段时间，一方面可以使运动配合部分啮合得更好，另一方面也可以利用上述次载锻炼的规律提高机件的疲劳极限，延长使用寿命。

(3)间歇(intermittent)

机件几乎都是非连续、间歇地运行的，但是已有的绝大多数的疲劳性能数据都是在实验室里用连续试验取得的。工业上许多事实表明，机件的实际寿命与这些数据存在着明显的差别。间歇对疲劳寿命的影响是产生这种差别的主要原因之一。

具有强应变时效的20、45及40Cr钢在零载下间歇的疲劳寿命表明，每隔25000周次周期不加载间歇5min后的疲劳曲线与连续试验相比，向右上方移动，即疲劳寿命提高。试验表明，当在应力接近或低于疲劳极限的低应力下不加载间歇，可显著提高间歇疲劳寿命。在一定过载范围内间歇，对寿命无明显影响，甚至使其降低。因为在次载条件下，疲劳强化占主要地位，间歇产生时效强化，因而提高寿命；而承受一定程度的过载时，疲劳弱化起主要作用，此时间歇无益，甚至使寿命降低。在次载下间歇，存在一个最佳的间歇时间，随应力增大，最佳时间缩短。与此相似，间歇间隔周次也有最佳值。用合适的间歇时间和间隔周次进行间歇，可相应得到最高的疲劳寿命。

(4)温度(temperature)

温度升高，材料的疲劳极限下降。温度由20℃下降到-180℃时，结构钢的疲劳强度增加一倍。当温度升高到300℃以上后，每升高100℃钢的疲劳强度降低15%~20%。若疲劳强度有反常变化，即温度升高疲劳强度增加，就与材料内部的某些物理化学过程有关。图7.15所示为0.58%C钢的疲劳强度与温度的关系。在100℃以下，随着温度提高，疲劳强度降低，但在350℃左右存在一个疲劳强度的最大值。一些试验表明，这个疲劳强度最大值所在的温度与应力交变速率、试验方法有关。碳钢大约在200~400℃范围内，应力交变速率愈低，最大值所在温度愈低。扭转试验与旋转弯曲试验相比，最大值对应温度向高温方向移动。碳钢高温疲劳强度出现最大值，其原因和蓝脆相同，与碳、氢原子引起的应变时效有关。

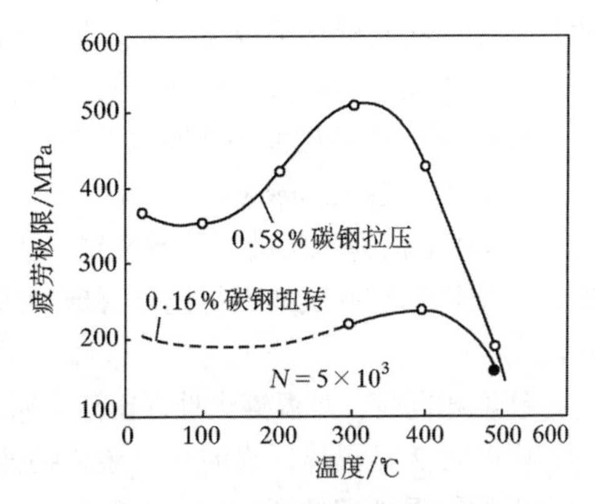

图7.15 钢的疲劳强度与温度的关系

温度升高时，疲劳曲线的水平部分消失，此时以规定循环周次的应力作为疲劳极限。温度升高，因局部塑性增加，应力集中的影响减少，故使疲劳缺口应力集中系数K_f减小。

7.5.2 表面状态与尺寸因素

影响疲劳性能的表面状态与尺寸因素

(1)表面状态(surface states)

在交变载荷作用下，金属的不均匀滑移主要集中在金属的表面，疲劳裂纹也常常产生在表面上，所以机件的表面状态对疲劳极限影响很大。表面的几何形状、刀具和研磨产生的擦痕、打记号、磨裂等都可能像微小而锋利的缺口一样，引起应力集中，使疲劳极限降低。

表面粗糙度愈低，材料的疲劳极限愈高；表面加工愈粗糙，疲劳极限愈低。材料强度愈高，表面粗糙度对疲劳极限的影响愈显著。表面加工方法不同，所得到的粗糙度不同，因而同一材料的疲劳极限也不一样。抗拉强度愈高的材料，加工方法对其疲劳极限的影响愈大。因此，用高强度材料制造在交变载荷下服役的机件，其表面必须经过更仔细的加工，不允许有碰伤或者大的缺陷，否则会使疲劳极限显著降低。机件或试样表面粗糙不仅降低疲劳极限，而且使疲劳曲线左移，即减小过载持久值，降低疲劳寿命。

(2)尺寸(size)

弯曲疲劳和扭转疲劳试验时，随试样尺寸增加，疲劳极限下降；强度愈高，疲劳极限下降愈多。这种现象称为疲劳极限的“尺寸效应”。这是因为在试样表面上拉应力相等的情况下，尺寸大的试样从表面到中心的应力梯度小，处于高应力区的体积大，在交变载荷下受到损伤的区域大，而且由于试样尺寸大存在缺陷的概率也高，所以疲劳极限下降。在拉压疲劳时，尺寸效应不明显。应力分布不均匀性增大时，尺寸效应的影响也增大。

7.5.3 组织因素

影响疲劳性能的组织因素

(1)晶粒大小(grain size)

细化晶粒可以提高疲劳极限。这是由于晶粒细化之后，在交变应力下可以减少不均匀滑移的程度，从而推迟疲劳裂纹形成。扫描电子显微断口分析表明，由于晶界两侧晶粒位向不同，当疲劳裂纹扩展到晶界时，被迫改变扩展方向，并使疲劳条带间距改变，可见晶界是疲劳裂纹扩展的一种障碍。因此，细化晶粒便延长了疲劳寿命。但有研究结果表明，晶粒细化使缺口敏感度增加。

有人研究了晶粒大小对低碳钢、钛、铜及其合金疲劳性能的影响，发现这些金属材料的疲劳极限 σ_{-1} 与晶粒大小之间也存在类似 Hall-Petch 公式的关系。

(2)显微组织(microstructures)

以 40Cr 钢为对象进行的研究结果表明，回火屈氏体的疲劳极限 σ_{-1} 最高，淬火马氏体次之。结构钢经调质处理得到含有球状碳化物的组织，与片状碳化物组织相比，前者的疲劳极限高。

硬度相同时，等温淬火处理比淬火回火的疲劳极限高。电子显微观察表明，硬度 HRC>40 的钢中，淬火马氏体回火时析出碳化物薄膜，会引起应力集中，从而导致淬火回火钢的疲劳极限不如等温处理的高。

淬火组织中由于加热或保温不足而残留的未熔铁素体，或热处理不当而存在过多的残余奥氏体，都使钢的疲劳极限降低。钢中含有 10% 的残余奥氏体，可使 σ_{-1} 降低 10%~15%。这是因为未熔铁素体和残余奥氏体是交变应力下产生集中滑移的区域，因而过会早形成疲劳裂纹。硬度相同时，淬火钢中非马氏体组织的含量对 σ_{-1} 也有很大影响，含有 5%非马氏体组织，σ_{-1} 下降 10%；含量大于 20%，σ_{-1} 降低速度变慢。

(3)强化方式(strengthening mechanism)

强化方式对钢的疲劳极限也有一定程度的影响。钢铁材料的疲劳极限 σ_{-1} 和抗拉强度 σ_b 之间存在一定的经验关系，两者之间的比值 $\frac{\sigma_{-1}}{\sigma_b}$ 一般在 0.4~0.5。$\frac{\sigma_{-1}}{\sigma_b}$ 比值高，说明在具有同样抗拉强度的情况下材料的抗疲劳性能好。以固溶强化和沉淀强化为主的钢材，其 $\frac{\sigma_{-1}}{\sigma_b}$ 比值可以达到 0.55 以上，而以位错强化、细晶强化等其他强化方式为主的钢材，其 $\frac{\sigma_{-1}}{\sigma_b}$ 均在 0.5 以下，大部分在 0.45 左右。近年来，针对抗拉强度在 700MPa 以上的纳米析出强化钢疲劳性能的研究结果表明，780MPa 级的汽车大梁钢板 $\frac{\sigma_{-1}}{\sigma_b}$ 值为 0.57，而 700MPa 级的汽车车厢板的 $\frac{\sigma_{-1}}{\sigma_b}$ 值则达到 0.61。表 7.1 列出了几种钢板的疲劳极限和抗拉强度。

表 7.1　几种钢板的条件疲劳极限及抗拉强度

种类	条件疲劳极限 σ_{-1}/MPa	抗拉强度 σ_b/MPa	疲劳强度比 $\frac{\sigma_{-1}}{\sigma_b}$
Q345E	260	530	0.49
构架钢	335	670	0.50
09SiVL	284	529	0.54
45#钢	329	735	0.45
12CrNi3	363	833	0.44
25Cr2MoV	335	1090	0.31
车厢板	438	715	0.61
大梁钢	443	780	0.57

7.6　低周疲劳(Low Cycle Fatigue)

7.6.1　低周疲劳的特点

低周疲劳的特点

低周疲劳时，由于机件设计的循环许用应力比较高，加上实际机件不可避免地存在应力集中，因而局部区域会产生宏观塑性变形，致使应力、应变之间不成直线关系，形成如图 7.16 所示的回线。在图 7.16 中，开始加载时，曲线沿 OAB 进行；卸载后反向加载时，由于包辛格效应，在较低的压应力下屈服；至 D 点卸载后再次拉伸，曲线沿 DE 进行。经过一定周次(通常不超过 100 次)循环后，就达到图 7.16 所示的稳定状态的滞后回线。图中 $\Delta\varepsilon_t$ 为总应变幅，$\Delta\varepsilon_p$ 为塑性应变幅。

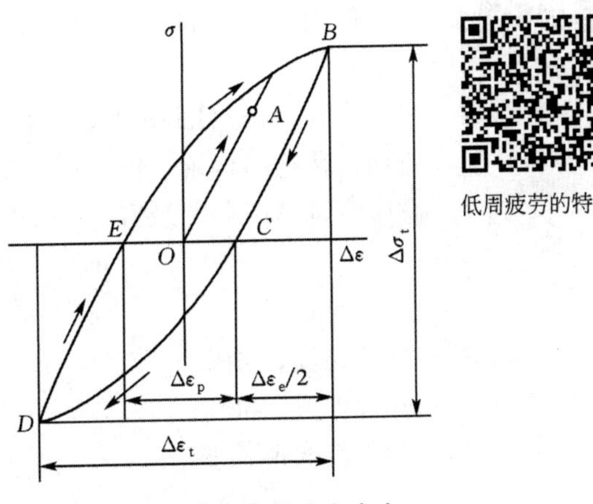

图 7.16　低周疲劳的稳定应力-应变曲线

低周疲劳时，因塑性变形量较大，故不能用 $S-N$ 曲线描述材料的疲劳抗力，而应改用 $\Delta\varepsilon_p-N$ 曲线描述材料的疲劳抗力。因为当循环周次 N 小于 $10^4\sim10^5$ 次时，试样表面应力达到屈服强度(如弯曲试样)，故在 $S-N$ 曲线上有一段较为平坦，如图 7.17(a)所示。在这一段曲线中应力水平只要有少量变化，就对疲劳寿命影响很大。所以如果再用 $S-N$ 曲线，则数据很分散，很难描述实际寿命变化。若改用 $\Delta\varepsilon_p-N$ 曲线，就比较清楚，如图 7.17(b)所示。低周疲劳破坏有几个裂纹源，由于应力比较高，裂纹形核期较短，只占总寿命的 10%，但裂纹扩展速率较大。低周疲劳的条带较粗，间距也宽一些，并且常常不连续。在许多合金中，特别是在超高强度钢和低强度材料中可能不出现条带。在某些金属材料中，如 HT60 钢，只有破坏周次超过 1000 次时，才会出现疲劳条带。破坏周次在 90 以下时，断口呈韧窝状，大于 100 次，还出现轮胎花样。

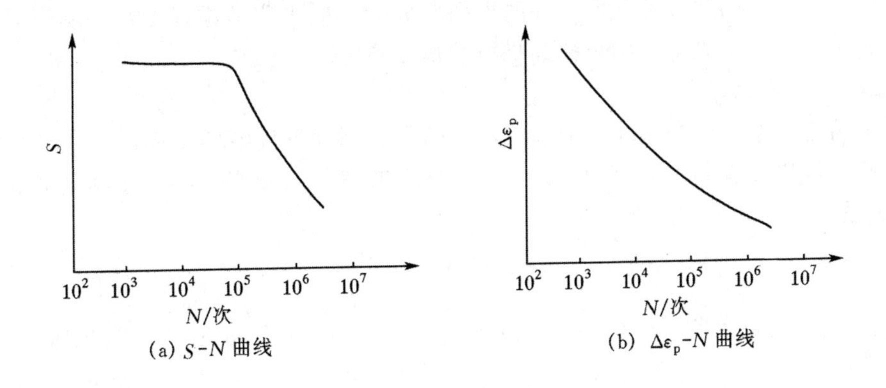

(a) $S-N$ 曲线　　(b) $\Delta\varepsilon_p-N$ 曲线

图 7.17　低周疲劳 $S-N$ 曲线

7.6.2 低周疲劳的 $\Delta\varepsilon$-N 曲线

低周疲劳的$\Delta\varepsilon$-N曲线

(1) $\Delta\varepsilon_t - N_f$曲线

低周疲劳时的总应变幅 $\Delta\varepsilon_t$ 包括弹性应变幅 $\Delta\varepsilon_e$ 和塑性应变幅 $\Delta\varepsilon_p$，即

$$\Delta\varepsilon_t = \Delta\varepsilon_e + \Delta\varepsilon_p \tag{7-11}$$

曼森(S. S. Manson)整理了铬钢、铬钼钢、镍铬钼钢、奥氏体不锈钢、耐热钢、普通结构钢、钛、镁、铝、银、铍等 29 种金属材料的试验结果发现，总应变幅 $\Delta\varepsilon_t$ 与断裂寿命 N_f 之间存在下列关系

$$\varepsilon_t = 3.5\frac{\sigma_b}{E}(N_f)^{-0.12} + e_f^{0.6}N_f^{-0.6} \tag{7-12}$$

式中 σ_b ——抗拉强度，MPa；

E ——弹性模量，MPa；

e_f ——断裂真实伸长率

$$e_f = \ln\left(\frac{100}{100-\varphi}\right)$$

式中 φ ——断面收缩率,%。

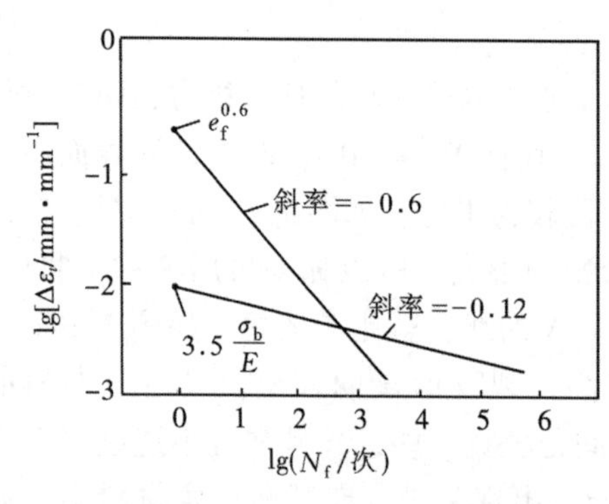

图 7.18 $\Delta\varepsilon_t$ 与 N_f 之间的关系曲线

式中等号右侧第一项为 $\Delta\varepsilon_e$，第二项为 $\Delta\varepsilon_p$。在应变幅与疲劳寿命的双对数坐标上绘成曲线，都是近似的直线关系，如图 7.18 所示。可见，高低周期疲劳的主要区别在于 $\Delta\varepsilon_e$ 和 $\Delta\varepsilon_p$ 的相对比例不同。在高周疲劳范围内，弹性应变幅 $\Delta\varepsilon_e$ 起主导作用；在低周疲劳范围内，塑性应变幅 $\Delta\varepsilon_p$ 起主要作用。两条直线的斜率不同，故存在一个交点，该交点对应的寿命称为过渡寿命。过渡寿命与材料性能有关，一般来说，提高材料强度使交点左移；而提高材料塑性和韧性使交点右移。高强度材料过渡寿命可能少至 10 次，而低强度材料的过渡寿命则可能超过 10^5 次。

为此要注意区分两类疲劳现象，如属于高周疲劳，应主要考虑强度；如属于低周疲劳，则应在保持一定强度基础上，尽量提高材料的塑性和韧性。

(2) $\Delta\varepsilon_p - N_f$ 曲线

低周疲劳是在塑性应变循环下引起的疲劳断裂，因而低周疲劳寿命取决于塑性应变幅，即金属材料的低周疲劳抗力应该用 $\Delta\varepsilon_p - N_f$ 曲线来表示。曼森-柯芬(L. F. Coffin)提出的 $\Delta\varepsilon_p$-N_f 关系为

$$\Delta\varepsilon_p N_f^z = c \tag{7-13}$$

式中 z，c ——材料常数，z=0.2~0.7，$c = \frac{e_f}{2} \sim e_f$（柯芬建议取 $c = e_f/2$，曼森建议取 $c = e_f$），e_f 为真实断裂伸长率。

式(7-13)称为曼森-柯芬关系式，它是低周疲劳的基本关系式，可用以估计材料在低周疲劳下的寿命。金属材料的低周疲劳寿命与屈服强度及材料类型关系不大，塑性应变幅是决

定低周疲劳寿命的控制因素。在塑性应变幅一定时，低周疲劳寿命取决于材料的塑性。因而，机件在低周疲劳下服役时，应注意材料的塑性，在满足强度要求的前提下，应选用塑性较高的材料。

还应该指出，各种表面强化手段对低周疲劳寿命的提高没有明显效果。

7.6.3 循环硬化与循环软化

循环硬化与循环软化

金属承受恒定应变幅循环加载时，循环开始的应力-应变滞后回线是不封闭的，经过一定周次后才形成封闭滞后回线。金属材料由循环开始状态变成稳定状态的过程，与其在循环应变作用下的变形抗力变化有关。这种变化有两种情况，即循环硬化与循环软化。若金属材料在恒定应变幅循环作用下随循环周次增加应力(变形抗力)不断增加，即循环硬化；若在循环过程中，应力逐渐减少，则为循环软化。不论是产生循环硬化的材料，还是产生循环软化的材料，它们的应力-应变滞后回线只有在循环周次达到一定值后才是闭合的，此时即达到循环稳定状态。

循环应变会导致材料变形抗力发生变化，使材料的强度变得不稳定，特别是由循环软化型材料制作的承受低周大应力的机件，在使用过程中将因循环软化产生过量的塑性变形而使机件破坏或失效。因此，承受低周大应变的机件，应该选用循环稳定或循环硬化型材料。

金属材料产生循环硬化还是循环软化取决于其初始状态、结构特征、应变幅和温度等。退火状态的塑性材料往往表现为循环硬化，而加工硬化的材料则往往表现为循环软化。试验发现，循环应变对材料性能的影响与其强屈比($\frac{\sigma_b}{\sigma_{0.2}}$)有关。材料的强屈比大于1.4时，表现为循环硬化；而强屈比小于1.2时，则表现为循环软化；强屈比在1.2~1.4之间的材料，其倾向不定，但这类材料一般比较稳定。也可以用形变强化指数n来判断循环应变对材料性能的影响，当$n<0.1$时，材料表现为循环软化；当$n>0.1$时，材料表现为循环硬化或循环稳定。

循环硬化和循环软化现象与位错循环运动有关。在一些退火软金属中，在恒应变幅的循环载荷下，由于位错往复运动和交互作用，产生了阻碍位错继续运动的阻力，从而产生循环硬化。在冷加工后的金属中，充满位错缠结和障碍，这些缠结和障碍在循环加载过程中将被破坏，或者在一些沉淀强化不稳定的合金中，沉淀结构在循环加载中也可能遭受破坏，这些均可导致材料的循环软化。

7.7 复合材料与陶瓷材料的疲劳(Fatigue of Composite Materials and Ceramics)

7.7.1 复合材料的疲劳

复合材料是由两种或两种以上具有不同性能的材料在宏观尺度上组成的材料，一般分为纤维强化复合材料和颗粒强化复合材料。

纤维强化复合材料的失效机制有基体开裂、分层、纤维断裂和界面脱胶等四种。这些机制的组合产生了疲劳损伤，由此造成材料强度和刚度的降低。其损伤的类型和程度取决于材料的性能、铺层排列及其顺序，以及加载方式等。

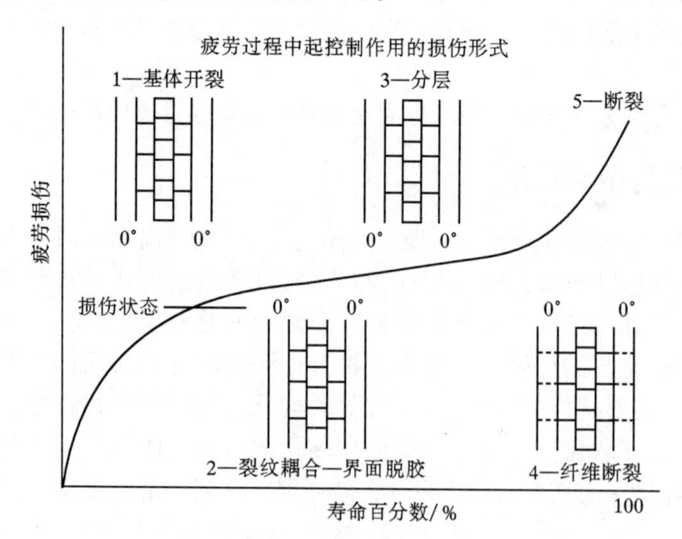

图 7.19　复合材料层压板疲劳损伤发展过程示意图

图 7.19 为复合材料层压板疲劳损伤发展过程的示意图。损伤过程分为两个明显的阶段。第一阶段是均匀开裂阶段，在这一阶段裂纹仅限于单层内；第二阶段是裂纹相互作用阶段，导致局部损伤加剧。图中曲线为损伤状态表征(characteristic damage state，CDS)，表示疲劳损伤由第一阶段向第二阶段转变，材料处于无裂纹相互作用的裂纹饱和状态。

颗粒强化复合材料是一种新型的结构材料，其特点是用于增强的质点是非连续的，与连续纤维增强材料相比其刚度和强度略低，但材料各向同性较好，加工制备工艺相对简单，所以颗粒强化复合材料仍得到广泛的重视。有关 SiC 质点增强的高强度铝合金疲劳性能的研究结果表明，加入 SiC 粒子对疲劳裂纹扩展第二阶段的扩展速率影响不大，但却提高了材料的疲劳裂纹扩展门槛值。对上述材料的裂纹闭合效应的研究还发现存在两种裂纹尖端评比机制，即粗糙度诱发闭合机制和裂纹桥接与裂纹分叉机制。这些现象均有利于减缓裂纹扩展速率，提高材料的抗疲劳性能。

7.7.2　陶瓷材料的疲劳

金属材料的疲劳是在循环载荷作用下的失效断裂，而陶瓷材料疲劳的概念则有所不同，分为静态疲劳、动态疲劳和循环疲劳。静态疲劳是在持久载荷作用下材料发生的失效断裂，这与金属材料的应力腐蚀和高温蠕变相类似。动态疲劳是以恒定载荷速率加载，用于研究材料的失效断裂对加载速率的敏感性，类似于金属材料应力腐蚀研究中的低应变速率拉伸。循环疲劳与金属材料的疲劳概念相同，即在循环应力作用下材料的失效断裂。

和金属相比，陶瓷材料有两大特点。一是由于致密性低和加工困难，往往存在许多先天缺陷或裂纹；二是由于脆性大、韧性低，陶瓷材料失稳时临界裂纹尺寸很小。因此，陶瓷材料小裂纹扩展在寿命中所占比例较大。研究表明，陶瓷材料的小裂纹现象普遍存在于短时断裂、静态疲劳、动态疲劳和循环疲劳各种断裂过程中。有关陶瓷材料的疲劳断裂问题的研究经历了三个阶段：第一阶段是用光滑试样研究材料的强度和寿命，不考虑裂纹的存在；第二阶段是用断裂力学方法研究含裂纹陶瓷试样的断裂，但未考虑到用线弹性力学方法在裂纹较小时求得的断裂应力将超过光滑试样的强度；第三阶段的研究介于二者之间，即小裂纹研究。

在陶瓷材料中，内部缺陷往往对静强度影响不大，但对其疲劳寿命影响较大。图 7.20 为 Al_2O_3 陶瓷的疲劳特性，可以看出，该材料的 $S-N$ 曲线分散性较大，对应力和频率比较敏感。

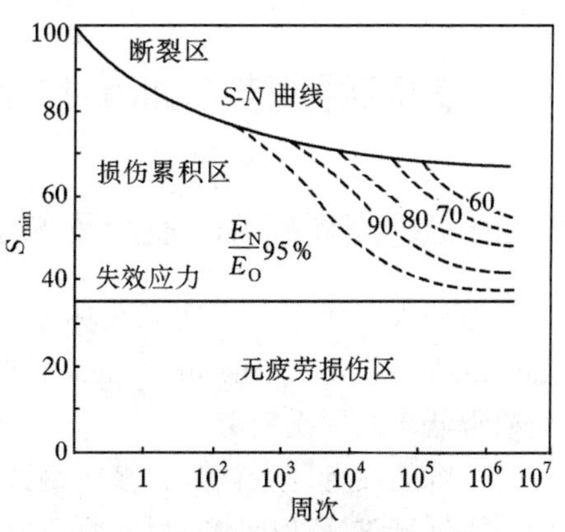

图 7.20　Al_2O_3 陶瓷的疲劳特性

图 7.21 为陶瓷材料疲劳裂纹扩展的可能机制示意图。陶瓷材料由于在交变载荷作用下裂纹塑性区较小，其断裂机制和一般金属不同，但是其他非弹性机制依然存在，如微裂纹和裂纹尖端塑性的产生、强化相的变形和相界面的滑动等，这些变形过程与位错在金属晶体中的运动一样，将产生不可逆的疲劳损伤。陶瓷材料疲劳裂纹扩展可能的微观机制可分为两大类，即本质机制和表观机制。本质机制包括在裂纹前方产生疲劳损伤，这种损伤在卸载时表现明显，它相当于金属中某些形式的裂纹钝化和锐化，或相当于在卸载时对断口表面的接触引起的剪切断裂。表观机制中卸载的作用是影响裂纹驱动力的幅值，这可能导致裂纹屏蔽的减弱，包括相变韧化的退化、桥接区的损伤和韧性强化相的疲劳等。

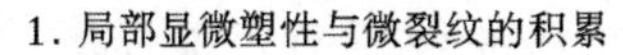

1. 局部显微塑性与微裂纹的积累

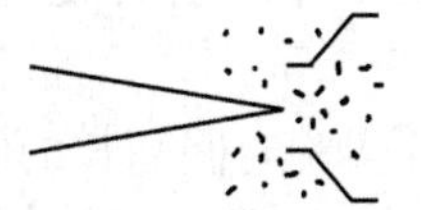

2. 卸载时第Ⅱ种、第Ⅲ种裂纹扩展

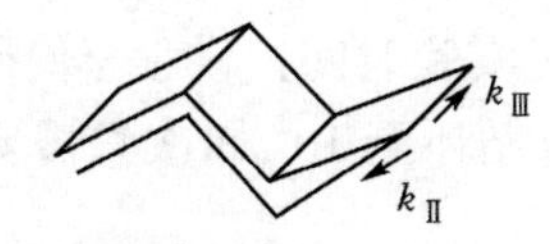

3. 裂光钝化/锐化

连续力学

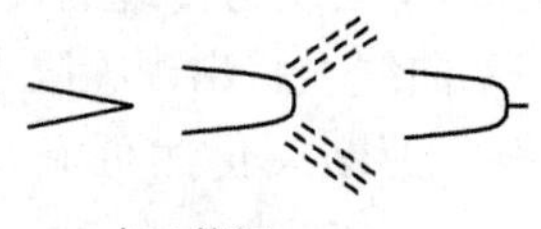

交叉剪切

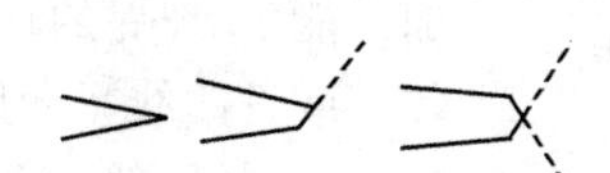

4. 残余应力的松弛

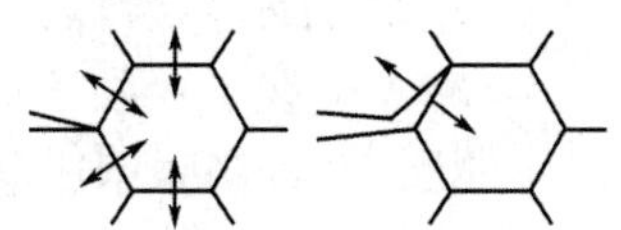

1. 相变韧性的退化

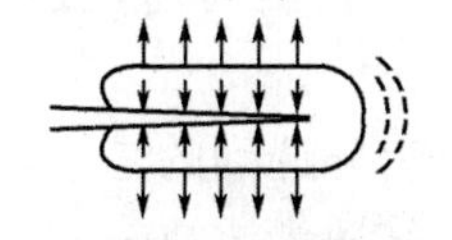

—反向转变程度
—应变周期积累
—塑性区的变化

2. 桥接区损伤

—摩擦与磨损

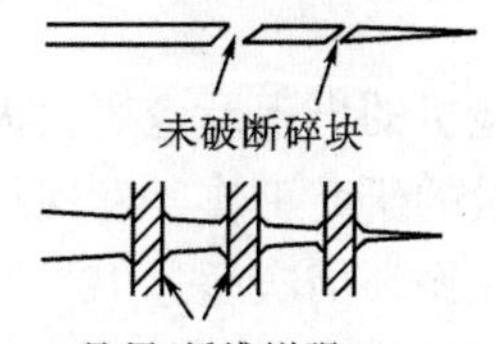

晶须/纤维增强

—中间区与粗糙的断裂

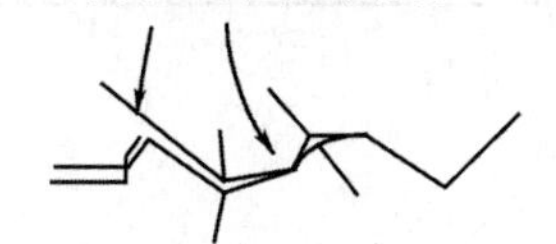

3. 塑性增强相的疲劳

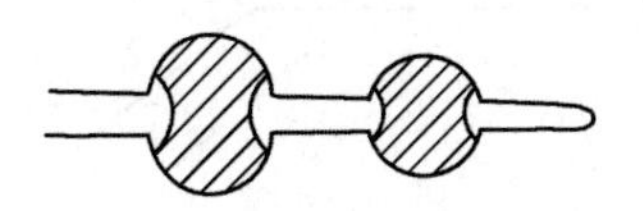

(a) 本质机制　　(b) 表观机制

图 7.21　陶瓷材料疲劳裂纹扩展的可能机制示意图

7.8 超高周疲劳(Ultra-high Cycle Fatigue)

7.8.1 超高周疲劳的概念及 S-N 曲线特点

超高周疲劳通常指疲劳破坏循环周次大于 10^7 的疲劳，又称超长寿命疲劳（ultra-long life fatigue 或 super-long life fatigue）或十亿周疲劳（10^9 周次，giga-cycle fatigue），其加载应力通常低于高周次疲劳。

传统的疲劳理论认为，多数钢铁材料在 10^7 循环周次附近往往存在一个疲劳极限，加载应力幅低于该疲劳极限时材料将不会发生疲劳断裂，即该材料具有无限的寿命。然而自 20 世纪末开始的很多研究结果表明，循环周次在 10^7 以上的超高周范围内的一些材料仍然会发生疲劳断裂，并且其加载的应力幅可能远低于通常的高周疲劳极限。

超高周疲劳研究具有很强的现实工程应用背景。随着社会的发展和技术的不断进步，一些重要的结构部件和设备，如各类发动机、走行机构承力运动部件、轨道交通机车车辆的轮轴、桥梁以及某些特殊医疗设备等，往往承受高频率、低应力幅的循环载荷，其疲劳使用寿命要求已经超过了 10^7 循环周次，甚至已经达到了 10^{10} 周次。10^9 周次相当于日本高速列车新干线轮轴系统运行 10 年，一台 3000 r/min 速度运行的涡轮发动机在 20 服役期内要经历约 10^{10} 周次的应力循环，我国高速轨道交通的轮轴系统 1 年就有可能经历 10^8 周次的应力循环。

超高周疲劳研究首先遇到的是循环周次超高需要的实验时间超长的问题。例如，采用旋转弯曲疲劳试验机，转速为 5000r/min，即频率为 83Hz 时，循环至 10^7 周次需要 33h，循环至 10^9 周次则需要 137 天；采用电磁谐振疲劳实验机，频率为 150Hz 时，循环至 10^7 周次需要 18.5 h，循环至 10^9 周次则需要 77 天。为了缩短实验时间，科学家们研制出了超声波疲劳实验机，其频率可以达到 20kHz，若采用 10kHz 循环至 10^7 周次只需要 17 min，循环至 10^9 周次需要 28h。

超声波疲劳实验机的出现及应用大大促进了材料超高周疲劳的研究。人们利用超声波疲劳实验机开展了大量的研究工作，发现超高周疲劳的 S-N 曲线与传统的疲劳理论有所不同。传统疲劳理论认为在循环周次超过 10^6~10^7 以后，S-N 曲线上将出现无限水平渐近线。然而超高周疲劳的研究结果表明，循环周次 10^7 以上材料疲劳断裂仍然可能继续发生。表现在 S-N 曲线上就是随着循环周次增加，能够承受的应力幅值连续下降；或者曲线呈台阶型，也就是经过一段水平线后继续下降，如图 7.22 所示。当然，超高周疲劳的 S-N 曲线不仅限于这两种典型的形状，一些高强钢还会呈现双 S-N 曲线叠加或多阶段疲劳等形式，实际实验测得的 S-N 曲线各阶段也不是十分明晰。因此，对于一些超高周服役的结构或零部件，超高周疲劳

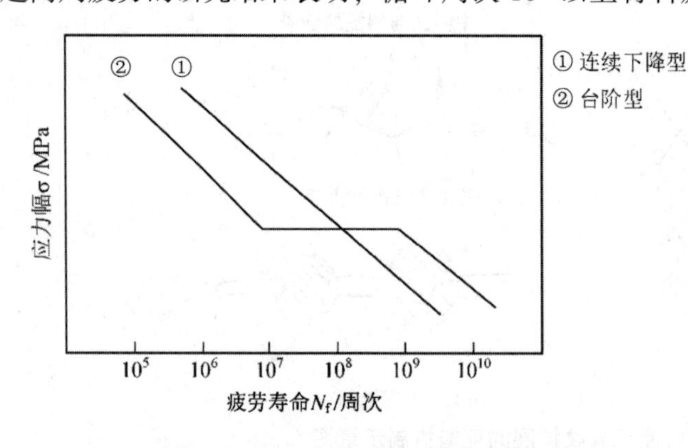

图 7.22 典型超高周疲劳 S-N 曲线示意图

的这种特性要求对传统的疲劳设计规范进行适当修正，以保证结构或部件的可靠性和安全性。不仅如此，还需要对超高周疲劳断裂的规律和机理进行深入系统的研究，以丰富材料的疲劳断裂理论。

7.8.2 超高周疲劳的断口特征及其机制

超高周疲劳断口的一个典型特征是在光学显微镜观察下在裂纹源处的夹杂物附近存在一个暗区，被称为光学暗区（optically dark area，ODA）。同样的区域在扫描电镜下观察，呈现的则是存在于夹杂物周围的许多亮面区，被称为粒状亮面（granular bright facet，GBF）。所以，超高周断口上的光学暗区和粒状亮面指的是同一断口特征。在 ODA 或 GBF 之外是一种被称为"鱼眼"（fish-eye）的特征区。图 7.23 为典型超高周疲劳断口的宏观光学照片，图 7.24 为典型超高周疲劳断口"鱼眼"特征区扫描电镜照片及特征区示意图。

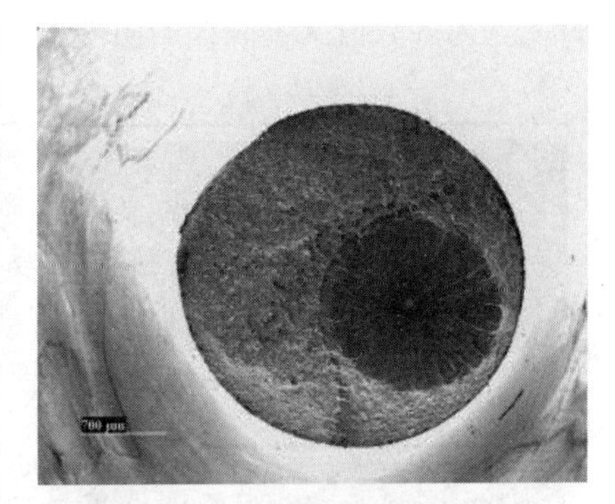

图 7.23 典型超高周疲劳断口的宏观光学照片

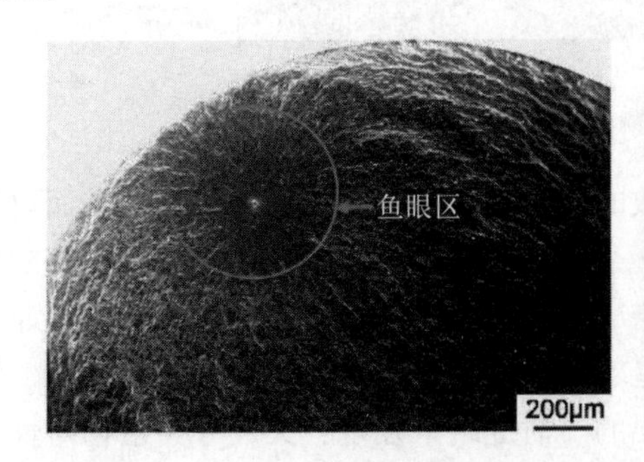

(a) 鱼眼区全貌

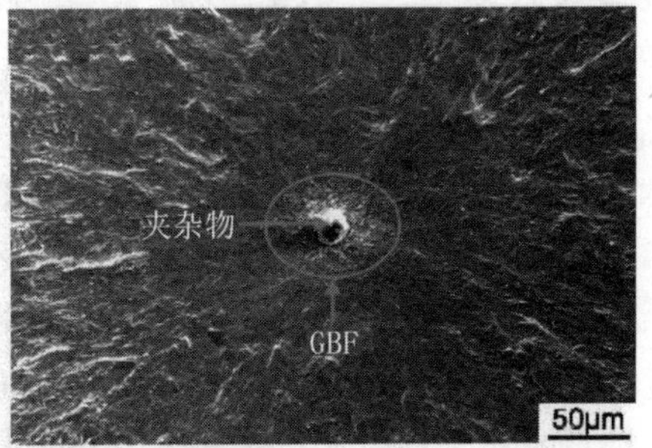

(b) GBF 区放大图

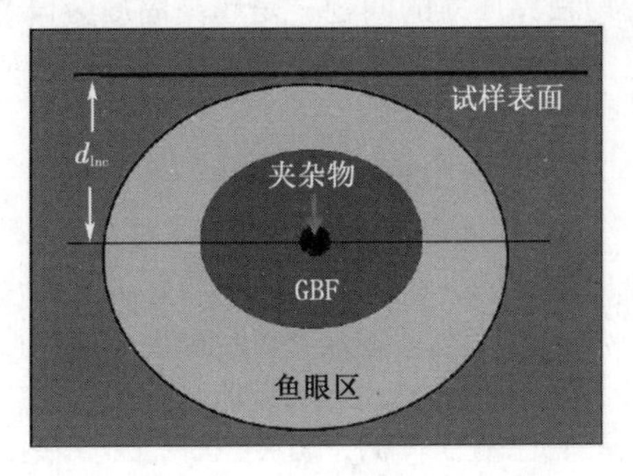

(c) 鱼眼区示意图

图 7.24 典型超高周疲劳断口"鱼眼"特征区扫描电镜照片及特征区示意图

研究结果发现，ODA 的形成与夹杂物附近存在富集的氢有关。这是因为在 ODA 中氢原子提高了位错的迁移率，同时降低了位错移动的内摩擦力，从而促进了疲劳裂纹的萌生和扩展的缘故。因此，当钢中氢的含量较高时，ODA 的相对面积较大，裂纹扩展较快，因而寿命较低。Shiozawa 等则发现在疲劳过程中 GBF 的形成控制着材料内部疲劳断裂的模式，并提出了一种 GBF 的形成机理，如图 7.25 所示。GBF 的形成可以分为三个阶段，在裂纹形成的初期，多个微裂纹在夹杂物周围萌生，如图 7.25(a) 所示；在接下来的应力循环过程中一些微裂纹通过组织中的碳化物扩展并相互结合，进而形成 GBF 面，如图 7.25（b）所示；疲劳裂纹继续扩展便形成了类似“鱼眼”的特征，如图 7.25(c) 和(d) 所示。超高周疲劳内部疲劳裂纹通常是在原奥氏体晶界的夹杂物处萌生，也可以在粗大晶粒内部的马氏体板条间萌生。大多数情况下裂纹的萌生属于剪切类型，倾向于沿最大剪应力方向形成。

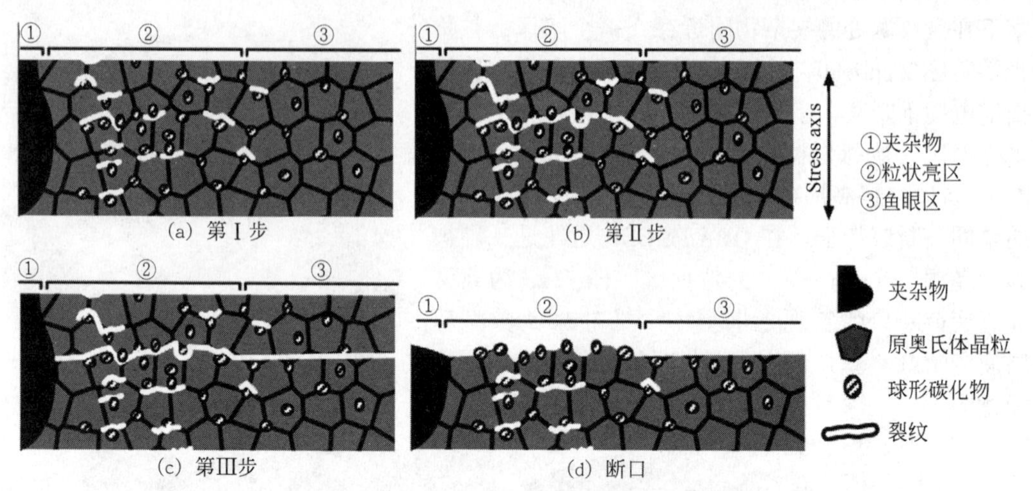

图 7.25 超高周疲劳断口 GBF 区形成示意图

在低周疲劳和高周疲劳范围内，绝大多数的疲劳裂纹是从表面开始萌生的。而对于超高周疲劳来说，则疲劳裂纹则通常是从内部的夹杂物处萌生的。因此钢的洁净度和钢中的夹杂物尺寸是影响超高周疲劳的主要因素。钢的洁净度通常由钢中的有害元素含量以及非金属夹杂物的数量、形态和尺寸来评价。然而片面追求钢的纯净度以及降低夹杂物的含量，不仅浪费能源、提高成本，而且从应用上也是不必要的。研究结果发现，大尺寸夹杂物对性能非常有害，小的夹杂物往往无害，所以就有了夹杂物“临界尺寸”的概念。关于夹杂物对超高周疲劳性能的影响以及夹杂物临界尺寸的问题，是超高周疲劳研究的重要内容之一。尽管目前已经取得了一些进展，但是很多理论和实验问题还需要进一步研究。

参 考 文 献

[1] 束德林，等. 金属力学性能 [M]. 2 版. 北京：机械工业出版社，1997.

[2] THOMAS H C. 材料力学行为 [M]. 北京：机械工业出版社，麦格劳-希尔教育出版集团，2004.

[3] 许金泉. 材料强度学 [M]. 上海：上海交通大学出版社，2009.

[4]《金属机械性能》编写组. 金属机械性能 [M]. 北京：机械工业出版社，1982.

[5] 弗里德曼. 金属机械性能 [M]. 北京：机械工业出版社，1982.

[6] 刘新灵，张峥，陶春虎. 疲劳断口定量分析 [M]. 北京：国防工业出版社，2010.

[7] 王国凡. 材料成形与失效 [M]. 北京：化学工业出版社，2002.

[8] WANG N，LI Y，DU L，et al. Fatigue property of low cost and high strength wheel steel for commercial vehicle [J]. Journal of iron and steel research，Internittional，2009，16(4)：44-48，77.

[9] MASATO K，MIYUKI Y，KAZUO T，et al. Effects of strengthening ferrite-pearlite hot-rolled mechanisms sheet steel on fatigue properties of ferrite-pearilite hot-rolled sheet steel [J]. ISIJ International，1996，36

(4)：481-486.
[10] 王晓南，邸洪双，杜林秀. 新型热轧纳米析出强化超高强汽车板的疲劳性能研究［J］. 机械工程学报，2012，48(22)：27-32.
[11] 哈宽富. 金属力学性能的微观理论［M］. 北京：科学出版社，1983.
[12]《机械工程手册》、《电机工程手册》编辑委员会. 机械工程手册：第 17，20 篇［M］. 北京：机械工业出版社，1978.
[13]《热处理手册》编委会. 热处理手册：第四分册［M］. 北京：机械工业出版社，1978.
[14] 美国金属学会. 金属手册：第 9 卷［M］. 北京：机械工业出版社，1983.
[15] H. O. 富克斯，等. 工程中的金属疲劳［M］. 北京：中国农业机械出版社，1983.
[16] 石德珂. 材料力学性能［M］. 西安：西安交通大学出版社，1997.
[17] 郑修麟. 材料力学性能［M］. 西安：西安交通大学出版社，1996.
[18] 姜伟之. 工程材料力学性能［M］. 北京：北京航空航天大学出版社，1991.
[19] 北京航空材料研究所. 航空金属材料疲劳性能手册［M］. 北京：北京航空材料研究所，1981.
[20] 曾春华，邹十践. 疲劳分析方法及应用［M］. 北京：国防工业出版社，1991.
[21] 王从曾. 材料性能学［M］. 北京：北京工业大学出版社，2001.
[22] 张清纯. 陶瓷材料的力学性能［M］. 北京：科学出版社，1987.
[23] WILLIAM F S，JAVAD H. 材料科学与工程基础［M］. 北京：机械工业出版社，麦格劳-希尔教育出版集团，2006.
[24] YANG J，WANG T S，ZHANG B，et al. High-cycle bending fatigue behaviour of nanostructured bainitic steel［J］. Scripta materialia，2012(66)：363-366.
[25] 李守新，翁宇庆，惠卫军，等. 高强度钢超高周疲劳性能-非金属夹杂物的影响［M］. 北京：冶金工业出版社，2010.
[26] BATHIAS C. There is no infinite fatigue life in metallic materials［J］. Fatigue and fracture of engineering materials and structures，1999，22：559-565.
[27] 赵平. 贝/马复相钢超高周疲劳行为及非夹杂起裂机理研究［D］. 北京：清华大学，2016.
[28] LI Y D，ZHANG L L，FEI Y H. et al. On the formation mechanisms of fine granular area（FGA）on the fracture surface for high strength steels in the VHCF regime［J］. International journal of fatigue，2016，82：402 - 410.

1. 名词解释

   应力幅；疲劳源；疲劳条带(辉纹)；疲劳极限；疲劳寿命；疲劳强度；疲劳门槛值；驻留滑移带；循环硬化/软化；过载损伤；低周/高周疲劳；应力疲劳；应变疲劳
2. 试述疲劳宏观断口的特征及其形成过程。
3. 画图示意疲劳裂纹扩展的方式。
4. 什么是疲劳裂纹闭合效应？有哪些裂纹闭合机制？
5. 在一钢板中有一中心孔起始的 10mm 长的裂纹，该钢板承受拉伸循环加载，应力幅从 6MPa 到 60MPa，裂纹扩展曲线可用 Paris 公式描述，指数 $n=3$，当$\frac{da}{dN}$为 10^{-9}m/cycle，ΔK 为 2.8MPa，若裂纹形状因子 $Y=1.02$，载荷频率为 10Hz，求需要多少循环裂纹可扩展到 20mm？
6. 一钢板制成的车间关键部件，承受 10～110kN 的波动载荷，频率 50Hz，板宽 0.1m，厚 5mm，一天值班员突然发现该板一侧出现 15mm 长的边裂纹并在扩展，他立即打电话报告厂长，问是否停车？厂长说自己将在15分钟内赶到现场决定，请问厂长来现场前是否会出事故？（该材料的Paris系数为$n=3$，$a=2\times10^{-12}$，若裂纹形状因子$Y=1.12$，$K_{Ic}=80MPa\cdot m^{\frac{1}{2}}$，计算从发现裂纹到出事故的时间）

7. 某一铝合金的平面应变断裂韧性K_{Ic}为$50MPa\cdot m^{1/2}$。一名维修工程师发现该合金零件有一条1mm长的裂纹。该零件将在$\Delta\sigma=100MPa$，$R=0$的情况下经受疲劳。问这个零件能承受的周期是多少？[已知，$K=1.05\sigma\sqrt{\pi a}$，$da/dn(m/cycle)=1.5\times10^{-21}(\Delta K)^4\ (MPa\cdot m^{1/2})^4$]。
8. 对一种微合金化钢施以±400MPa和±250MPa的两组疲劳实验。试样分别在2×10^3和1.2×10^6个周期后断裂。做一些适当的假设，由这种微合金钢制成的一个零部件，先在±350MPa下经受2.5×10^4个周期，求其继续在±300MPa条件下的疲劳寿命。
9. 一个构件，用无损探伤得知存在一个3mm长的初始裂纹，并在服役工况下裂纹扩展到8mm，是快速脆断，现用考虑两种方法提高疲劳寿命：① 通过热处理使得材料最后的裂纹长度达到10mm；② 使用较好的无损探伤方法，保证材料的初始裂纹在1mm以下。问：哪种方法较好？计算上述两种方法疲劳寿命增加的百分数。（材料的Paris系数为$n=3$）
10. 金属的组织特征对疲劳抗力有什么影响？
11. 解释下列设计和环境因素对疲劳寿命的影响：① 高度抛光的表面粗糙度；② 铆钉洞；③ 在不改变幅度的情况下增加平均应力；④ 腐蚀性的大气环境。
12. 很多操作，如机械加工、磨削、电镀，以及表面硬化等可能会导致材料中存在残余应力。讨论这些残余应力对材料的疲劳寿命的影响，并加以总结。
13. 一钢铁材料具有下列特性：屈服应力$\sigma_s=500MPa$，临界应力场强度因子$K_{Ic}=165MPa\cdot m^{\frac{1}{2}}$。由这种钢铁制成的一平板，表面含有一个裂纹，在$\Delta\sigma=140MPa$，$R=0.5$，$a_0=2mm$的参数下进行疲劳实验。通过实验数据确定钢中裂纹的传播Paris公式。$\frac{da}{dn}=0.66\times10^{-8}(\Delta K)^{2.25}$，其中，$\Delta K$的单位是$MPa\cdot m^{\frac{1}{2}}$。① 在$\sigma_{max}$下裂纹的临界尺寸是多少？② 计算这种钢材的疲劳寿命（$Y=1$）。
14. 下图所示为铝合金7075-T6的相关数据，求其Paris关系中的相应参数。
15. 什么叫低周疲劳？有何特点？低周疲劳数据工程的意义是什么？
16. 试述金属的硬化与软化现象及产生条件。
17. 很多年以前，在伦敦议会建筑物“大钟楼”的大钟上发现了一条裂纹，人们为了使它不至于突然发生破坏或者完全更换，决定换一个小一点的钟锤，并把大钟转一个方向以改变钟锤的敲击位置，经过改装以后，大钟的寿命成功地延长至今，试说明改装成功的原因。

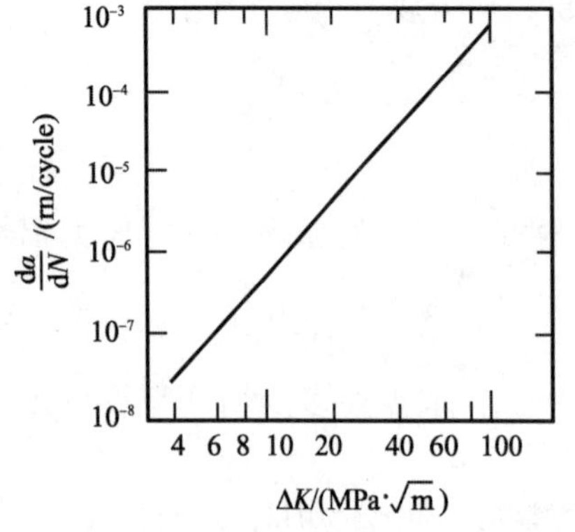

习题14图

18. 讨论材料的疲劳抗力与抗拉强度、塑性、韧性之间的关系。
19. 比较金属材料、陶瓷材料、高分子材料和复合材料疲劳断裂的特点。
20. 与光滑试样的静拉伸断裂相比，试述疲劳断裂的一般规律和特点。
21. 列出至少三个可以显著提高金属疲劳性能的改善措施。

8 高温及环境下的材料力学性能 Mechanical Properties Under the Action of Environment Media or at High-temperature

前几章介绍了材料在常温下的变形与断裂问题，而实际上温度及环境对材料的组织和性能均有很大的影响。航空航天工业、能源和化学工业的发展，对高温下的材料力学性能提出了很高的要求。所谓高温，是指机件的服役温度超过材料的再结晶温度，即(0.4~0.5)T_m (T_m 为材料的熔点的绝对温度值)。在这样的温度下长时服役，材料的微观结构、形变和断裂机制都会发生变化。因此，室温下具有优良力学性能的材料，不一定能满足机件在高温下长时服役对力学性能的要求，因为材料的力学性能随温度变化规律各不相同。形变金属在高温下要发生回复、再结晶，同时在变形过程中引入的大量缺陷(如空位、位错等)也随之发生变化，表现出残余内应力的消除、多边形化和亚晶粒合并等现象。在性能上，一般随温度的升高强度降低而塑性增加。材料在高温下的性能除与加载方式、载荷大小有关外，还受载荷持续时间的影响。因此，考虑高温强度因素对结构设计来说也是一个很重要的方面。另外，在高温作用下，构件环境介质的腐蚀活性随温度升高而很快增加，这种腐蚀介质大大加速了高温下裂纹的生成与扩展。

根据材料的不同高温用途，材料的高温力学性能指标有蠕变极限、持久强度、应力松弛稳定性、高温短时拉伸及高温硬度、高温疲劳以及疲劳与蠕变交互作用性能等。本章主要介绍和讨论高温蠕变现象，蠕变曲线，蠕变过程中材料显微组织的变化、特性(包括高聚物、陶瓷材料在不同温度下的特性)和断裂机制，以及材料的应力腐蚀与氢脆相关的内容。

8.1 材料的蠕变（Creep of Materials）

8.1.1 材料的蠕变现象和蠕变曲线

材料在高温和恒应力作用下，即使应力低于弹性极限，也会发生缓慢的塑性变形，这种现象称为材料的蠕变。由于这种变形而导致的材料断裂称为蠕变断裂。

材料的蠕变现象及蠕变曲线

蠕变并不是绝对的高温现象，在低温下也会产生，只是由于温度低时蠕变现象不明显，难以觉察出来。一般认为当温度高于 0.3T_m 时才较为明显。因此，材料不同，发生蠕变的温度也不同，如铅、锡等低熔点金属在室温就会发生明显的蠕变现象，而碳钢要在 400℃左右，高温合金在 500℃以上才出现蠕变现象。工程上的蠕变一般都是指高温蠕变，蠕变温度在 0.5T_m 以上。

材料蠕变可以发生于各种应力状态，即可在单一应力下发生，也可以在复合应力作用下发生，但通常以拉伸条件下的指标表示其抗蠕变性能。蠕变试验采用静力法，即在试验温度不变的前提下，载荷保持恒定。

金属和陶瓷材料的蠕变过程可用蠕变曲线描述，典型的蠕变曲线如图 8.1 所示。

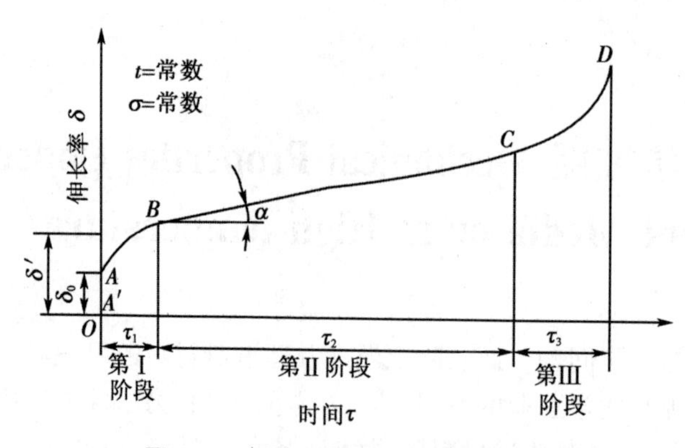

图 8.1 金属、陶瓷的典型蠕变曲线

图 8.1 中 OA 线段是试样在 t 温度下承受恒定拉应力 σ 时所产生的起始伸长率 δ_0。它是载荷引起的瞬时应变，是外加载荷引起的一般过程，不是蠕变。蠕变曲线可以大致分为三个阶段：AB 段是蠕变第Ⅰ阶段，该阶段开始时蠕变速率较大，随时间延长，蠕变速率逐渐减小，到 B 点达到最小值，该阶段被称为减速蠕变阶段或过渡蠕变阶段；BC 段是第Ⅱ阶段，蠕变速率保持不变，说明硬化与软化相平衡，该阶段蠕变速率最小，通常称为稳态蠕变或恒速蠕变阶段；CD 段是第Ⅲ阶段，蠕变速率随时间延长又开始增大，最后导致失稳断裂，该阶段又被称为加速蠕变阶段。

对同一种材料，蠕变曲线形状随应力、温度变化而变化，如图 8.2 所示，温度升高或应力升高，曲线第Ⅱ阶段缩短。在高温或高应力下甚至没有第Ⅰ阶段或Ⅰ、Ⅱ阶段，只有第Ⅱ阶段或Ⅱ、Ⅲ阶段。而在另一些情况，如低应力低温度下，只有Ⅰ、Ⅱ阶段即断裂而没有第Ⅲ阶段。对于整个蠕变曲线可用如下公式来描述

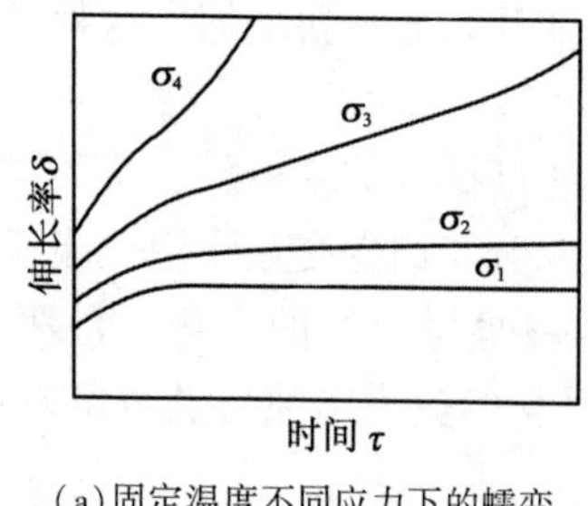

(a) 固定温度不同应力下的蠕变曲线($\sigma_4>\sigma_3>\sigma_2>\sigma_1$)

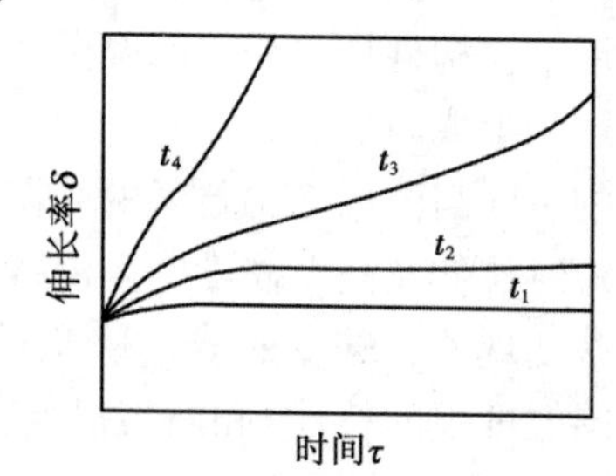

(b) 固定应力不同温度下的蠕变曲线($t_4>t_3>t_2>t_1$)

图 8.2 应力和温度对蠕变曲线影响示意图

$$\varepsilon=\varepsilon_0+\beta\tau^n+\alpha\tau \tag{8-1}$$

式中，α、β 和 n 均为常数，第二项反映减速蠕变应变，第三项反映恒速蠕变应变，对式 (8-1) 求导，有

$$\dot{\varepsilon}=\beta n\,\tau^{n-1}+\alpha \tag{8-2}$$

因为 $0<n<1$，所以当 τ 很小时，即开始蠕变时，第一项起主导作用，它表示应变速率随时间 τ 延长而下降，即第Ⅰ阶段蠕变；当 τ 很大时，第二项逐渐起主导作用，应变速率接近恒定值，即第Ⅱ阶段蠕变。ε_0、α、β 和 n 值是与温度、应力及材料性质有关的常数，其中 α 代表第Ⅱ阶段的蠕变速率。

为反映温度、应力对蠕变的影响，有文献提出下式

$$\varepsilon=A'\sigma^n\left[\tau\exp(-Q_c/kt)\right]^{m'} \tag{8-3}$$

式中 A', m', n——常数；

Q_c——蠕变激活能；

k——玻尔兹曼常数。

由式(8-3)可知 ε 与 t，σ 呈指数关系，当 t 为常量时，将其对 τ 求导，得

$$\dot{\varepsilon}=K\sigma^{n}\tau^{m} \tag{8-4}$$

式中，$K=m'A'\left[\exp(-Q_{c}/kt)\right]^{m'}$，$m=m'-1$。

高分子材料由于它的黏性使其具有与金属材料、陶瓷材料不同的蠕变特征，其蠕变曲线如图 8.3 所示。

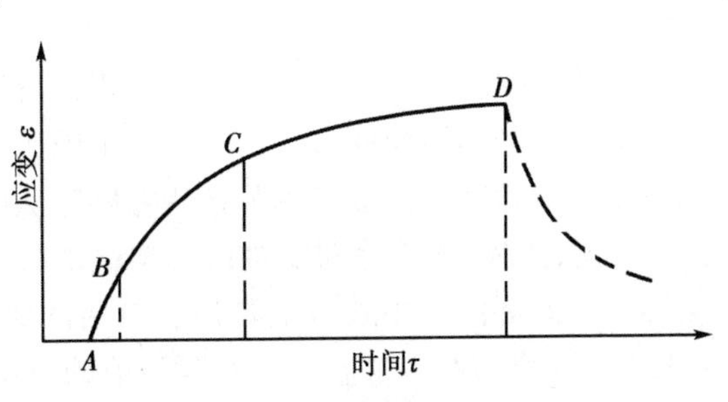

图 8.3　高分子材料的蠕变曲线

蠕变曲线也可分为三个阶段，第Ⅰ阶段：AB 段，为可逆形变阶段，是普通的弹性变形，即应力和应变成正比；第Ⅱ阶段：BC 段，为推迟的弹性变形阶段，也称高弹性变形发展阶段；第Ⅲ阶段：CD 段，为不可逆变形阶段，以较小的恒定应变速率产生变形，到后期会产生颈缩，发生蠕变断裂。弹性变形引起的蠕变，当载荷去除后可以回复，称为蠕变回复，这是高分子材料的蠕变与其他材料的不同之处。

8.1.2　蠕变过程中组织结构的变化

蠕变过程中组织结构的变化

不同的材料在蠕变过程中的变化是不同的。在金属材料蠕变过程中，滑移仍是一个主要现象。在缓慢蠕变变形的同时，有时还会出现回复现象，第Ⅰ阶段就能观察到亚晶形成；第Ⅱ阶段，亚晶逐渐完整，尺寸增大到一定程度后一直到第Ⅲ阶段保持不变。亚晶尺寸一般随应力下降和温度上升而有所增大。按蠕变期间是否发生回复再结晶将蠕变分为两类：低温蠕变，完全不发生回复和再结晶；高温蠕变，同时进行回复和再结晶，其再结晶温度比通常的再结晶温度低，并且不一定回复完成后才开始再结晶。此外，金属材料的组织在蠕变过程中可能会出现一些复杂变化。如镍基高温合金，在高温下工作一段时间后碳化物会沿滑移线聚集，γ'强化相粗化，在基体内析出针状 η 相、σ 相和 μ 相等。田素贵等人研究了制备工艺对 GH4169 合金组织结构及蠕变行为的影响。结果表明：在热连轧期间，合金发生孪晶变形和位错滑移；与等温锻造相比，热连轧合金中的高密度位错具有形变强化的作用，可提高合金的蠕变抗力；胡斌等人研究了<111>取向角偏离对一种镍基高温合金蠕变性能的影响。结果表明：<111>取向附加合金的蠕变性能具有显著的小角偏离敏感性。

对于某些新型材料的变化可能更复杂。例如线性非晶态有机高分子材料，所处温度不同，可处于玻璃态、高弹态和黏流态，这就是不同温度下其分子链的结构发生了相应变化所致。高分子材料在高温下显示的黏弹性特征将在后面介绍。

8.2　蠕变变形及断裂机制(Creep Deformation and Fracture Mechanism)

8.2.1　蠕变变形机制

蠕变变形机制

蠕变变形从机制上可分为三种：位错滑移蠕变、扩散蠕变和晶界滑动蠕变。

(1)位错滑移蠕变(dislocation slip creep)

蠕变变形过程中，位错滑移仍是一种重要的变形机制。高温蠕变中的滑移变形与室温下基本相同。但在高温下会出现新的滑移系。例如，高温下面心立方晶体中会出现｛100｝<110>和｛211｝<110>滑移，锌和镁出现非基面的滑移系，而且滑移系不像室温下那样均匀分布。

当位错因受到各种障碍阻滞产生塞积，滑移难以继续进行，只有施加更大的外力才能引起位错重新运动和继续变形，这就出现了硬化；受恒应力作用的位错在高温下可借助外界提供的热激活能和空位扩散来克服某些障碍，从而使变形不断产生，出现软化。

位错热激活方式有多种，如螺位错交滑移、刃位错攀移、带割阶位错靠空位和原子扩散运动等。高温下位错热激活主要是刃位错的攀移。刃位错攀移克服障碍有几种模型，如图8.4所示。由图可见，塞积在某些障碍前的位错通过热激活可以在新的滑移面上运动，或与异号位错相遇而抵消，或形成亚晶界，或被晶界所吸收。当塞积群中某一位错被激活而发生攀移时，位错源便可能再次开动而放出一个位错，形成动态回复过程，这一过程不断进行，变形得以继续发展。结合蠕变曲线，可认为在第Ⅰ阶段，变形逐渐产生硬化，位错源开动，位错运动的阻力增大，导致蠕变速率减小，因此呈现减速蠕变；在第Ⅱ阶段，应变硬化的发展促进了动态回复的进行，使金属不断软化。硬化与软化达到平衡时，蠕变速率成为一常数，呈现稳态蠕变。

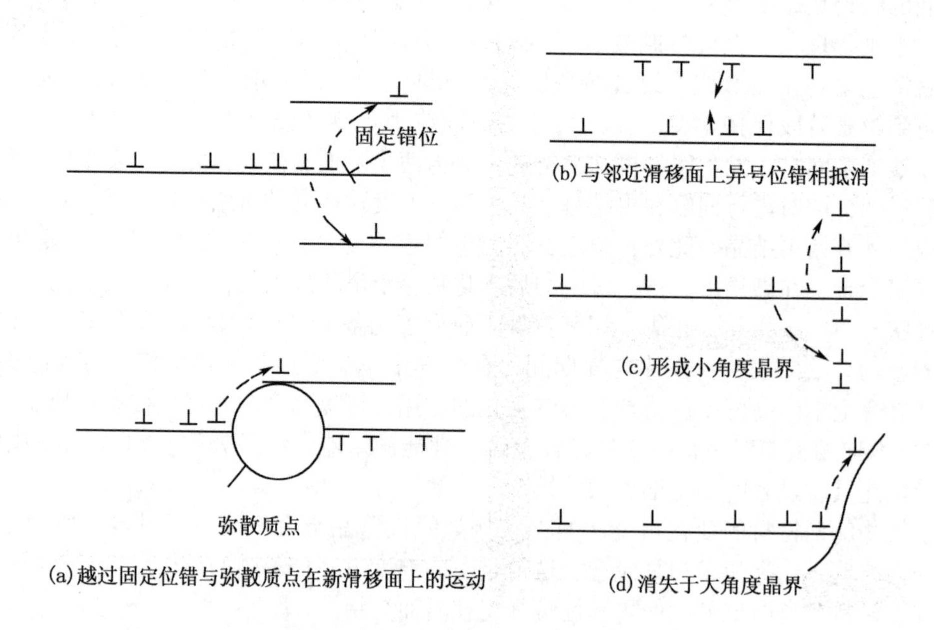

图8.4 刃位错攀移克服障碍的模型

(2)扩散蠕变(diffusion creep)

在高温低应力条件下，会发生以原子作定向流动的蠕变现象，即扩散蠕变。金属材料受拉应力时，多晶体内存在不均匀应力场，如图8.5所示。对承受拉应力的晶界(如晶界A，B)，空位浓度增大；对承受压应力的晶界(如晶界C，D)，空位浓度减小，因而空位将从受拉应力的晶界到受压应力的晶界迁移；原子则向相反方向流动，致使晶体逐渐伸长。

根据扩散路径不同，扩散蠕变机理有两种，即Nabarro-Herring提出的体扩散机理和Coble提出的晶界扩散机理。

(3)晶界滑动蠕变(grain boundary sliding creep)

常温下晶界滑动极不明显，可以忽略。但在高温下，由于晶界上原子易于扩散，受力后易于产生滑动，故而促进蠕变进行。随温度提高，应力减小、晶粒尺寸减小，晶界滑动对蠕变变形的影响增大。但总体来说，晶界滑动在总蠕变量中所占比例不大，约在10%左右。晶界滑动有两种：一种是晶界两边晶界沿晶界相错动；另一种是晶界沿其法线方向迁移。

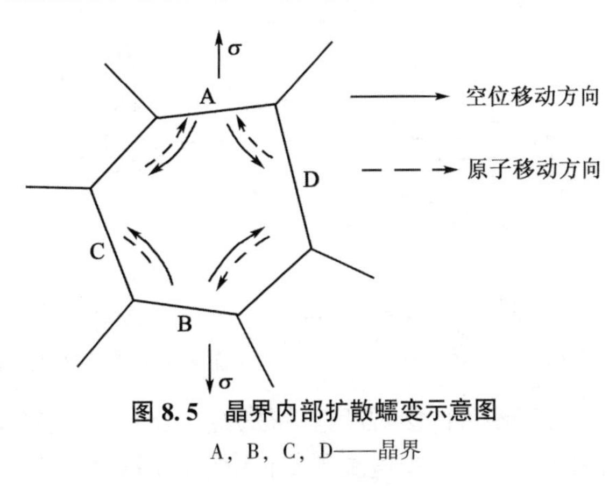

图8.5　晶界内部扩散蠕变示意图
A，B，C，D——晶界

8.2.2　蠕变损伤(creep damage)和断裂机制

实验结果表明，金属材料在高温持久载荷作用下，多数为沿晶断裂。由此可推断，蠕变造成的损伤主要发生在晶界。细化晶粒是室温下强化金属材料的有效手段，但是高温下则可能使其强度下降。因为随温度上升，尽管晶内强度和晶界强度均下降，但是晶界强度比晶内强度下降较快，在某一温度晶内强度等于晶界强度，这个温度被称为“等强温度”。如图8.6所示，等强温度以上，晶内强度高于晶界强度，故常发生沿晶断裂；等强温度以下恰恰相反。因此，在等强温度以上工作的材料，晶粒不可过细，应适当粗化，这样做不仅可减少晶界面积，而且减少了高能晶界，使晶界扩散降低。需指出的是，“等强温度”并非固定，变形速率提高，等强温度也提高(见图8.6)。

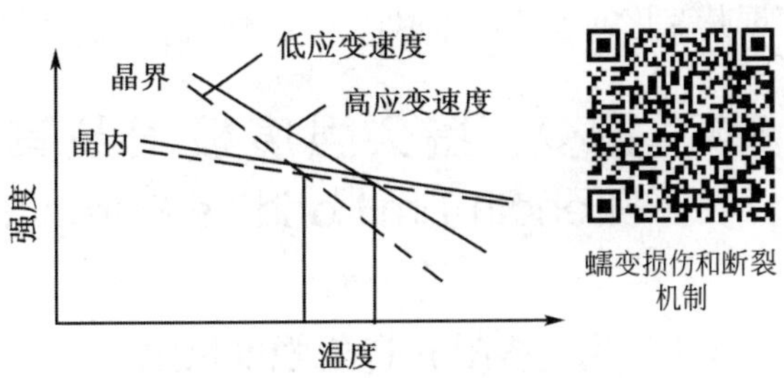

图8.6　等强温度概念示意图

根据实验观察与理论分析，在不同温度和应力下，晶界裂纹的形成方式主要有两种：① 在三晶界交汇处形成楔形裂纹，通常出现在高应力较低温度下。如图8.7所示，沿晶滑动与晶内变形不协调，在晶界附近形成能量较高的畸变区，使晶界滑动受阻，这种畸变在高温下可以通过原子扩散及位错攀移等方式消除，但在低温大应力下变形难以协调，于是产生楔形裂纹。② 在晶界形成空洞，空洞连接成为裂纹。这种裂纹一般在低应力较高温度条件下形成。其形成位置往往在与外加拉应力垂直的晶界上，见图8.8。图8.8(a)是晶界滑动与晶内滑移带在晶界上交割时形成空洞；图8.8(b)是晶界上存在第二相质点时，晶界滑动受阻而形成空洞，这些空洞长大并连接起来便形成裂纹。以上两种方式形成的裂纹，进一步依靠晶界滑动、空位扩散和空洞连接而扩展，最终导致断裂。

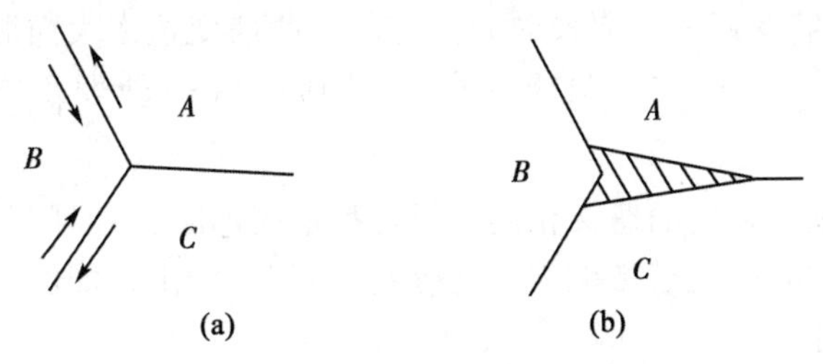

图8.7　楔形裂纹形成机制示意图

由于蠕变断裂主要在晶界上产生，因此晶界形态、晶界上析出相的数量、形态、大小、分布、杂质偏聚、晶粒大小及其尺寸均匀性等均对蠕变断裂产生重要影响。

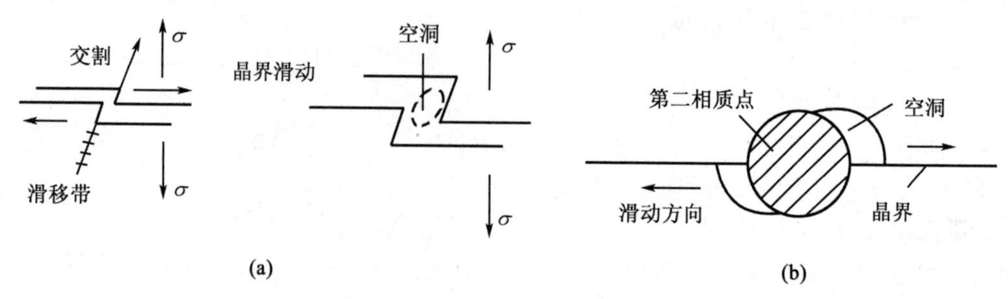

图 8.8 洞形裂纹形成机制示意图

蠕变断裂的宏观断口特征为：在断口附近产生塑性变形，在变形区附近有许多裂纹，使断裂机件表面出现龟裂现象；由于高温氧化，断口往往被一层氧化膜所覆盖，其微观断口特征主要是冰糖状花样的沿晶断裂形貌。

高温蠕变造成的材料损伤会引起材料物理性能的变化，如材料密度下降、电阻升高，根据其变化的连续性可以认为蠕变损伤是连续形成的过程。

8.3 蠕变、持久强度极限及其外推法(Creep Limit and Rupture Strength Limit and Its Extrapolation Method)

8.3.1 蠕变极限和持久强度极限

高温服役的构件，在服役期内不允许产生过量的蠕变变形，否则会过早失效。因此，需要确定其蠕变极限。蠕变极限表示材料在高温长期载荷作用下对蠕变变形的抗力，它是选择高温材料、设计高温构件的主要依据。

蠕变/持久强度及影响因素

蠕变极限与温度、应力和时间有关，在规定温度下，使蠕变第二阶段速度等于零时的最大应力，就称为物理蠕变极限。由于其测定费时费力，而且在工程上没有实际意义，因此实际工程中应用的是条件蠕变极限。

条件蠕变极限有两种表示方法：① 在规定温度(t)下，使试样产生规定的稳态蠕变速率($\dot{\varepsilon}$)的最大应力，以符号 $\sigma_{\dot{\varepsilon}}^{t}$(单位 MPa)表示[其中 t 表示试验温度(℃)，$\dot{\varepsilon}$ 为第Ⅱ阶段的蠕变速率 (%/h)]。例如 $\sigma_{1\times10^{-5}}^{500}=60$MPa，表示在500℃下第Ⅱ阶段蠕变速率等于 1×10^{-5}%/h 的蠕变极限为60MPa。在高温长期服役的机件，如电站锅炉、汽轮机和蒸汽机的制造中，常规定稳态蠕变速率等于 1×10^{-5}%/h 或 1×10^{-4}%/h 时为蠕变极限。② 在规定温度(t)和规定的试验时间(τ)内，使试样产生规定的总应变量 δ 的最大应力 σ(单位 MPa)，以符号 $\sigma_{\delta/\tau}^{t}$ 表示。例如 $\sigma_{1/10^5}^{600}=100$MPa，表示600℃下使材料在 10^5 小时内产生1%伸长率的蠕变极限为100MPa。在使用上选用哪种表示方法应视蠕变速率与服役时间而定。一般蠕变速率大而服役时间短时可选用前一种方法($\sigma_{\dot{\varepsilon}}^{t}$)定义。反之，服役时间长时则取后一种表示方法($\sigma_{\delta/\tau}^{t}$)。

持久强度和蠕变极限没有本质上的区别，它们的意义相同，而且都是描述应变-时间的曲线。但持久强度主要涉及的是材料在使用时的抗破坏能力，在应变-时间曲线上，能够反映出蠕变第Ⅲ阶段材料断裂时的强度和塑性。

金属的持久试验要进行到试样断裂，所以可以反映材料高温长期使用的强度和塑性。工程上规定在规定温度下，达到规定的持续时间抵抗断裂的最大应力为持久强度极限，记为 σ_{τ}^{t}。例如 $\sigma_{10^5}^{600}=200\text{MPa}$，表示材料在600℃工作100000h不发生断裂的最大应力为200MPa。试验时，规定的持续时间以零件的使用寿命为依据。例如锅炉、汽轮机组等的设计寿命为数万乃至十几万小时，而航空发动机一般为数千或数百小时。

持久性能的另一项指标是持久塑性，用持久试样断裂后的伸长率和断面收缩率来表示。持久塑性过低会使材料提前断裂，达不到设计使用寿命，降低材料使用的可靠性。通过比较材料的高温短时拉伸塑性和持久塑性，可以了解材料在长期使用中的脆化倾向。

对在高温下长期工作、蠕变变形很小或对变形量要求不严格、只要求在使用期内不发生断裂的零部件，需测定持久强度，用以评价材料或作为零件设计的主要依据。对于某些重要零件，蠕变、持久性能指标均有要求，如航空发动机涡轮盘、叶片等不仅要求材料具有一定的蠕变强度，还要求具有一定的持久强度和塑性，两者都是材料的重要设计指标。

8.3.2 蠕变持久强度数据的外推法

在实际生产中，要求材料的蠕变及持久强度短达上万小时，长达数十万小时，这在实际测试中很难达到。为了解决这个问题，工程上采用外推法，利用短时数据与长时数据间的关系从短时数据外推求得长时使用数据。

蠕变和持久强度的外推法一般是从总结材料的实际数据出发，寻找经验公式，通过作图或数学计算外推长期的结果，或者从研究蠕变和蠕变断裂的微观过程出发建立应力、温度、断裂时间或蠕变速率间的关系式，用以外推。以下介绍几种常用的外推方法。

(1) 等温线外推法

等温线外推法是在同一温度下，由较高的不同应力下的短期数据，用应力和断裂时间(或蠕变速率)的既定关系，外推较小应力下的长期蠕变极限或持久强度极限。实验温度一般选择部件的工作温度，在这一实验温度下，选择一些实验应力，得到相应的蠕变速率或断裂时间，以一定的坐标进行直线外推得到蠕变极限或持久强度极限。

① 外推蠕变极限 $\sigma_{10^{-7}}^{\tau}$。外推用经验公式

$$\dot{\varepsilon}=A\sigma^{n} \tag{8-5}$$

式中 A，n——与材料及实验条件相关的常数。

取对数得

$$\lg\dot{\varepsilon}=\lg A+n\lg\sigma \tag{8-6}$$

式(8-6)表明，$\lg\dot{\varepsilon}$-$\lg\sigma$ 双对数坐标上是一斜率为 n 的直线。根据需要给出几个不同应力值(不少于4条)下的蠕变曲线(2000~3000h蠕变实验)，得到稳态蠕变速率 $\dot{\varepsilon}$，然后用作图法(或线性回归法求出 n，A 值)外推出蠕变极限 $\sigma_{10^{-7}}^{\tau}$。

该方法可节约大量人力、物力、时间及经费，但要注意的是经验公式并不完全可靠，使用时要审慎，一般外推不超出同一数量级，实验数据越多，误差越小。

② 外推持久强度。外推用经验公式

$$\tau=A\sigma^{-B} \tag{8-7}$$

取对数得

$$\lg\tau=\lg A-B\lg\sigma \tag{8-8}$$

这个关系表明 $\lg\tau$ 与 $\lg\sigma$ 成直线关系，其中 B 为斜率，$\lg A$ 为截距，根据式 (8-8) 在双

对数坐标上作不同温度 T 下的 $\lg\tau-\lg\sigma$ 直线，从这组直线上可以得到在一定温度下所要求持久时间的持久强度值。

(2)时间-温度参数法

这种方法的出发点是提高试验温度以缩短试验时间，即在一定的应力下，由较高温度下的短期蠕变试验数据来推断在较低温度下的长期蠕变数据。

已知稳态蠕变速率与温度的关系为

$$\dot{\varepsilon}=A'e^{-\frac{Q}{RT}} \tag{8-9}$$

假定蠕变断裂时间 τ 反比于稳态蠕变速率，则

$$\tau=Ae^{-Q/RT} \tag{8-10}$$

取对数得

$$\lg\tau=\lg A+\frac{Q}{2.3RT} \tag{8-11}$$

如果 A，Q 均与温度无关，则 $\lg\tau$ 与 $\frac{1}{T}$ 之间成直线关系。若假定 A 是材料常数，Q 是应力函数，则式（8-11）可写为

$$T(C+\lg\tau)=Kf(\sigma) \tag{8-12}$$

式中，$C=-\lg A$，T 为温度，$Kf(\sigma)$ 是热强参数，当应力固定时

$$T(C+\lg\tau)=\text{常数} \tag{8-13}$$

这就是 Larson-Miller 参数，简称 LM 参数。

若假定 A 是应力函数，Q 为材料常数，则式(8-11)可写为

$$\lg\tau=\frac{Q}{2.3RT}=P(\sigma) \tag{8-14}$$

$P(\sigma)$ 亦称为热强参数，这就是葛庭燧-顿恩参数，简称 KD 参数。

根据应力与 LM 参数式和 KD 参数式的确定关系，可利用作图法及计算法求得参数式中的 C 和 Q 值。

对于各类高温合金、耐热钢和低合金热强钢，一般 C 值为 20。为了提高精度，也可以对 C 值进行具体的计算确定，即根据试验数据代入公式再求得其平均值。

8.4 疲劳与蠕变的交互作用(Interaction of Fatigue and Creep)

疲劳与蠕变的交互作用

高温(通常指再结晶温度以上)下材料的疲劳与室温下的疲劳相似，也是由裂纹萌生、扩展和最终断裂三个阶段组成。裂纹尖端的非弹性应变对上述行为起着决定作用。但高温疲劳有其自身特点，还必须考虑温度、时间、环境气氛和疲劳过程中金属组织变化等因素的综合作用，因此它比常温疲劳复杂得多。无论是光滑试样还是缺口试样，一般随温度升高，疲劳强度降低。例如，在 300℃以上，每升高 100℃，钢的疲劳抗力下降约 15%~20%，耐热合金下降 5%~10%。但有些合金因高温下的物理化学过程，可能在某温度区域疲劳抗力回升，如应变时效合金有时会出现这种现象。另外，高温下 $\sigma-N$ 曲线不易出现水平段，N(循环次数)增大，σ(应力)不断下降。

和持久强度相比，疲劳强度随温度下降较慢，所以存在一交点，如图 8.9 所示，交点以

左，材料主要是疲劳破坏，疲劳强度是设计指标；交点以右，以持久强度为主要设计指标，而交点温度随材料而异。此外，疲劳强度与时间相关，描述它除室温疲劳参数外还需增加与时间相关的参数，包括加载频率、波形和应变速率。实验表明，降低加载过程中的应变速率或频率，增加循环中拉应力的保持时间都会缩短疲劳寿命，而断口形貌也会相应地从穿晶断裂过渡到穿晶加沿晶断裂，乃至完全沿晶断裂。造成上述现象的原因是降低应变速率或频率，增加拉应力时将引起沿晶蠕变损伤加剧以及环境浸蚀(例如拉应力使裂纹张开后的氧化的时间浸蚀)增加。从微观角度讲，材料在高温按一定频率加载过程中的损伤包括了疲劳损伤和蠕变损伤两种，在一定条件下二者存在交互作用，必须加以考虑。

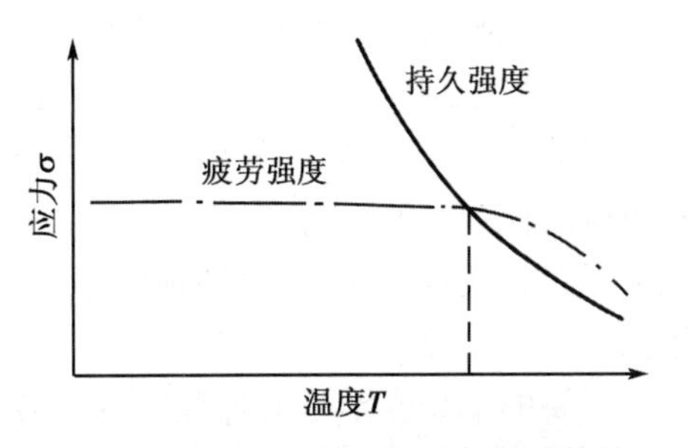

图 8.9 疲劳强度、持久强度与温度的关系

根据损伤机制可把蠕变疲劳交互作用分为两类：瞬时交互作用和顺序交互作用。交互作用的方式是一个加载历程对以后加载历程产生影响。

在瞬时交互作用中，一般认为拉应力时的停留造成的危害大，晶界空洞形核多、生长快；而在同一循环的随后压缩保持期内空洞不易形核，某些情况下甚至会使拉应力保载期的损伤愈合。所以加入压应力保载期，可能会延长疲劳寿命(少数除外)，这种效应随保时增加有一饱和效应。交互作用的大小与材料的持久塑性有关，持久塑性越好，交互作用越少。此外，交互作用还与试验条件如循环的应变幅值、拉压保时的长短和温度等有关。

在顺序交互作用中，预疲劳硬化造成一定损伤后对以后蠕变有一定影响，如循环软化的1CrMoV 钢，再经高应力蠕变，蠕变速率上升、持久寿命大大下降。循环硬化对随后的蠕变影响较小，低应力下影响也较小。

疲劳蠕变交互作用下部件寿命预测方法目前还不够成熟。工程上广泛采用的是线性损伤累积法

$$\sum \frac{n_i}{N_f} + \sum \frac{t_i}{T_f} = 1 \tag{8-15}$$

式中，n_i 是某循环波形下循环周次；N_f 是相同应力下不带保时的对称循环(即纯疲劳条件下)疲劳寿命；$\frac{n_i}{N_f}$是疲劳损伤分数。类似地，t_i 是某循环波形下的累积保持时间；T_f 是相同应力下持久断裂时间；$\frac{t_i}{T_f}$是蠕变损伤分数。

8.5 高分子材料的黏弹性(Viscoelasticity of Polymer Materials)

高分子材料受力后产生的变形是通过调整内部分子构象实现的。由于分子链构象的改变需要时间，因而受力后除弹性变形外，高分子材料的变形与时间密切相关，表现为应变落后于应力。除瞬间的弹性变形外，高分子材料还有慢性的黏性流变，称为黏弹性。高分子材料的黏弹性分为静态黏弹性和动态黏弹性两类。

高分子材料的黏弹性

(1) 静态黏弹性

静态黏弹性指蠕变和松弛现象。与大多数金属材料不同，高分子材料在室温下已有明显的蠕变和松弛现象。各种高分子材料都有一个临界应力 σ_c，当 $\sigma>\sigma_c$ 时，蠕变变形急剧增加。恒载下工作的高分子材料应在低于 σ_c 的应力下服役。经足够长的时间后，线性高分子材料应力松弛可使应力降低到零。经交联后，应力松弛速度减慢，且松弛后应力不会到零。高分子材料的蠕变和应力松弛本质上与金属材料的相似，但因条件不同，表现形式有所不同。

金属的蠕变变形是通过位错滑移形成亚晶，以及晶界滑移和空位扩散迁移实现的不可逆转的塑性变形，当环境温度超过 $0.5T_m$ 时才较明显。高分子材料的蠕变变形是指在室温下，承受力的长期作用时产生的不可恢复的塑性变形，包含高弹性变形部分，它是分子链段沿外力场方向舒展引起的。在外力去除后，这部分蠕变变形可以缓慢地部分恢复。

高分子材料黏弹性的非线性特点需要用几个不同应力水平的蠕变曲线来进行研究[见图 8.10(a)]；在恒应变条件下的应力松弛特性见图 8.10(b)；在恒定时间下的应力-应变曲线见图 8.10(c)，曲线的斜率为蠕变模量，是与时间有关的量；在恒应变条件下的蠕变模量与时间的关系见图 8.10(d)。

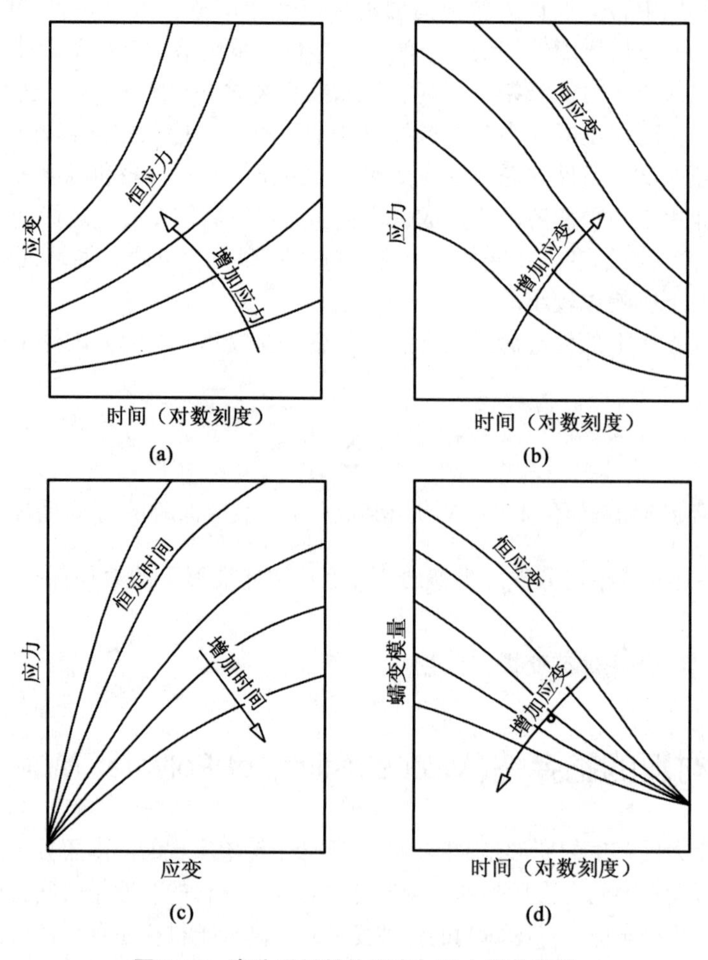

图 8.10 高分子材料的蠕变与应力松弛特性

在恒应力 σ_0 作用下的蠕变模量为

$$E_c(t)=\frac{\sigma_0}{\varepsilon(t)} \tag{8-16}$$

式中 $E_c(t)$——蠕变模量，是时间的函数；

$\varepsilon(t)$——与时间有关的应变。

同样，恒应变 ε_0 下的应力松弛模量为

$$E_r(t)=\frac{\sigma(t)}{\varepsilon_0} \tag{8-17}$$

式中 $\sigma(t)$——与时间有关的应力。

高分子材料的蠕变抗力对温度很敏感，有时对湿度也敏感。例如温度每变化一摄氏度或相对湿度每变化 1%，某些高分子材料的蠕变模量能改变 4%。

（2）动态黏弹性

动态黏弹性是指在承受连续变化应力时，由于高分子材料的变形与时间密切相关，应变落后于应力而产生的内耗现象。高速行驶的汽车轮胎会因内耗引起温度升高，温度有时高达 80~100℃，从而加速了轮胎的老化。在这种情况下，应设法减少高分子材料的内耗。若用作减震材料，又应设法增大其内耗。应当指出，当应力变化速度较慢，应变的变化不落后于应力的变化，则不产生内耗，或内耗极小。

8.6 陶瓷材料的抗热震性（Thermal Shock Resistance Property of Ceramic Materials）

大多数陶瓷材料在生产和使用过程中都处于高温状态，因此会受到温度影响而导致材料失效。材料承受温度聚变而不发生破坏的能力称为抗热震性。材料热震破坏可分为两大类：一类是瞬时断裂，称为热震断裂；另一类是在热冲击循环作用下，材料先出现开裂、剥落，然后碎裂和变质，终至整体破坏，称为热震损伤。陶瓷材料的抗热震性通常用抗热震参数表征，以下分别给出抗热震参数的计算方法。

陶瓷材料的抗热震性

8.6.1 抗热震断裂(thermal shock fracture)

不同的热处理条件及不同的影响因素表征的材料抗热震性参数亦有差别，但都是以材料的力学和热学性能参数加以描述。对急剧受热或冷却的陶瓷材料，抗热震参数 R 为

$$R=\Delta T_c=\frac{1-\nu}{E\alpha}\sigma_f \tag{8-18}$$

式中 ΔT_c——发生热震断裂的临界温度；

E——弹性模量；

ν——泊松比；

α——热膨胀系数。

对于缓慢受热和冷却的陶瓷材料，抗热震断裂参数为

$$R'=\frac{k(1-\nu)}{E\alpha}\sigma_f=kR \tag{8-19}$$

式中 k——热传导系数。

表 8.1 给出了几种典型陶瓷材料的抗热震断裂参数 R 值。

表 8.1 典型陶瓷材料的抗热震断裂参数 R 值

材料	抗弯强度 σ_f/MPa	弹性模量 E/GPa	热膨胀系数 α ($\times10^{-6}$/K)	泊松比 ν	500℃热导率 k/(W/m·K)	$R=\frac{1-\nu}{E\alpha}\sigma_f$	$R'=\frac{k(1-\nu)}{E\alpha}\sigma_f$
热压烧结 Si_3N_4	850	310	3.2	0.27	17	625	11
反应烧结 Si_3N_4	240	220	3.2	0.27	15	250	3.7
反应烧结 SiC	500	410	4.3	0.24	84	215	18
热压烧结 Al_2O_3	500	400	9.0	0.27	8	100	0.8
热压烧结 BeO	200	400	8.5	0.34	63	40	2.4
常压烧结 WC (6%CO)	1400	600	4.9	0.26	86	350	30

8.6.2 抗热震损伤(thermal shock damage)

实际上，陶瓷材料中不可避免地存在着或大或小、数量不等的微裂纹。在热震环境中材料的断裂不完全由这些微裂纹控制，还受其他因素的影响。例如，气孔率为 10%~20%的非致密性陶瓷中的热震裂纹核往往受到气孔的抑制。由能量原理，可导出陶瓷的抗热震损伤参数为

$$R''=\frac{E}{(1-\nu)\sigma_f^2} \tag{8-20}$$

R''的值越大，陶瓷材料的抗热震损伤的能力越强。从公式(8-18)和式(8-20)可以看出，抗热震断裂与抗热震损伤对性能要求似乎有矛盾。抗热震断裂要求低弹性模量、高强度；抗热震损伤要求高弹性模量、低强度。适量的微裂纹存在于陶瓷材料中将提高抗热震损伤性。致密、高强的陶瓷材料易于炸裂，而多孔陶瓷材料适用于热震起伏的环境是由于抗热震损伤性能差异的缘故。

8.7 热疲劳(Thermal Fatigue)

热疲劳

有些机件在服役过程中温度要反复变化，如热锻模、热轧辊及涡轮叶片等。机件在由温度循环变化时产生的循环热应力及热应变作用下发生的疲劳称为热疲劳。温度循环和机械应力循环叠加所引起的疲劳则称为热机械疲劳。产生热应力必须要有两个条件，即温度变化和机械约束。温度变化使材料膨胀，但因有约束而产生应力，约束可以来自外部，也可以来自内部。所谓内部约束

指机械截面内存在温差，膨胀不均匀，一部分约束另一部分，于是产生热应力。

温差 ΔT_c 引起膨胀变形 $\alpha\Delta T$（α 为材料线膨胀系数），若该变形完全被约束，则产生热应力 $\Delta\sigma=-E\alpha\Delta T$（$E$ 为弹性模量）。当热应力超过高温下的弹性极限 σ_e 时，将发生局部塑性变形。经一定循环次数后，热应变可引起疲劳裂纹，可见热疲劳和机械疲劳破坏也是塑性应变累积损伤所致，基本上服从应变疲劳规律。

热疲劳裂纹一般是沿表面热应变最大区域形成的，裂纹源一般有几个，在循环过程中，有些裂纹连接起来形成主裂纹，裂纹扩展方向垂直于表面，并向纵深扩展而导致断裂。

通常以一定温度幅下产生一定尺寸疲劳裂纹的循环次数或在规定次数下产生疲劳裂纹的长度来表示热疲劳抗力。

金属材料对热疲劳的抗力不仅与材料的热传导系数、比热容等热学性质有关，而且还与弹性模量、屈服强度等力学性能，以及密度、几何因素相关。一般脆性材料导热性差，热应力又得不到应有的松弛，故发生热疲劳危险性较大。

提高材料热疲劳抗力的主要途径如下。

① 减小线膨胀系数；② 提高高温强度；③ 尽可能减小甚至消除应力集中和应变集中；④ 提高局部塑性，以迅速消除应力集中。

8.8 应力松弛（Stress Relaxation）

8.8.1 金属中的应力松弛现象

所谓应力松弛是指零件保持总应变不变，但随时间延长其中所加的应力却自行下降的现象。例如，汽轮机和燃气机组合转子或法兰盘的紧固螺栓、高温下使用的弹簧、热压部件等，在长期的工作中，虽然构件总形变不变，但拉应力却逐渐自行减小，即产生了应力松弛现象。

应力松弛

金属材料的松弛现象在常温下不明显，因松弛速度小没有实际意义，但在高温下却不可忽略。因此，蒸汽管道接头螺栓必须定期拧紧一次，以免产生漏水、漏气现象。高温松弛也是由蠕变引起的。

在松弛条件下零件总应变 ε_0 不变，即

$$\varepsilon_0=\varepsilon_e+\varepsilon_p=\text{常数} \tag{8-21}$$

但弹性应变 ε_e 和塑性应变 ε_p 变化如图 8.11 所示。由于在高温下发生了蠕变，塑性应变 ε_p 不断增大，弹性应变 ε_e 不断降低，因此应力 σ（$\sigma=E\varepsilon_e$）也不断降低。

将蠕变与松弛相比较可知，金属蠕变是在应力保持恒定的条件下不断产生塑性变形的过程；而松弛是在总变形保持不变的条件下，弹性应变不断转化为塑性应变，从而使应力不断减小的过程。因此，可以将松弛现象视为应力不断减小条件下的一种蠕变过程。由此可见，它们的形式不同，但本质是相同的。

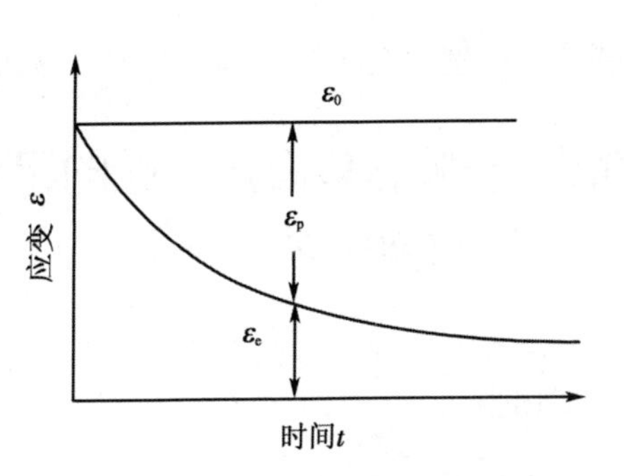

图 8.11 松弛过程中弹性与塑性应变量的变化

8.8.2 松弛稳定性指标

金属材料中的应力松弛过程可以用应力松弛曲线描述。在恒温和总应变不变的条件下，测定应力-时间的关系，所得曲线为原始应力松弛曲线，如图 8.12 所示。曲线第Ⅰ阶段应力随时间急剧降低，第Ⅱ阶段应力的下降逐渐缓慢并趋于恒定。第Ⅱ阶段的 $\sigma - t$ 关系可用下述经验公式表示

$$\sigma = \sigma'_0 \exp(-t/t_0) \tag{8-22}$$

式中 σ——剩余应力；

σ'_0——第Ⅱ阶段的初始应力；

t——松弛时间；

t_0——与材料有关的常数。

若在 $\lg\sigma - t$ 半对数坐标上作图，得到的应力松弛曲线，如图 8.13 所示。图中明显地可划分为两个阶段，第Ⅱ阶段为一直线。因此，在第Ⅱ阶段内，可用通过较短时间的实验进行外推，从而得到较长时间的剩余应力。

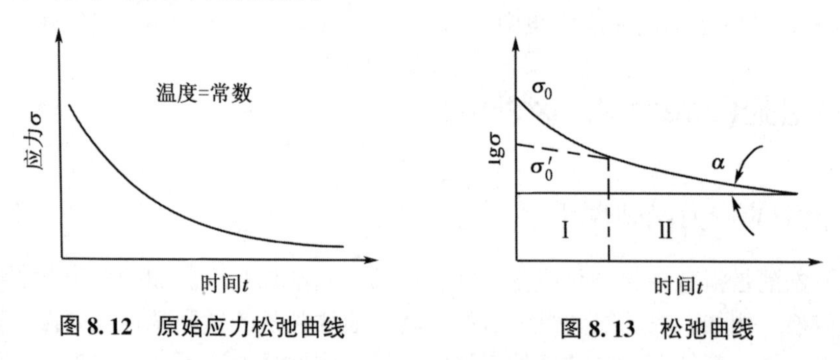

图 8.12 原始应力松弛曲线　　图 8.13 松弛曲线

一般认为，微观上应力松弛第Ⅰ阶段主要发生在晶粒间界，晶界的扩散过程起着主要作用；第Ⅱ阶段主要发生在晶粒内部，是由亚晶的转动和移动所致。

材料抵抗应力松弛的性能称为松弛稳定性，可用松弛曲线来评定。松弛曲线第Ⅰ阶段的晶粒间界抗应力松弛的能力用温度系数 S_0 表示，$S_0 = \sigma'_0/\sigma_0$，σ_0 为初始应力，σ'_0 为松弛曲线第Ⅱ阶段的初始应力，其数值由图 8.13 所示松弛曲线直线部分延长线与纵坐标的交点求得。材料在第Ⅱ阶段抗松弛的能力可用晶内温度系数 $t_0 = \dfrac{1}{\tan\alpha}$ 表示，α 为松弛曲线上直线部分与横坐标之间的夹角。S_0 和 t_0 数值越大，表明材料抗松弛性能越好。

8.9 影响材料高温性能的因素(Influence Factors on High Temperature Property of Materials)

材料的蠕变与持久性能主要取决于合金的化学成分，但又同冶炼工艺、热处理工艺等因素密切相关。

8.9.1 合金化学成分的影响

耐热钢及耐热合金的基体材料一般选用熔点高、自扩散激活能大或层错能低的金属及合

金。这是因为在一定温度下，熔点越高的金属自扩散激活能越大，因而自扩散越慢；层错能越低的材料，越容易形成扩展位错，使位错越难以产生割阶、交滑移及攀移，这将有利于降低蠕变速率。面心立方结构金属(如 Ni)层错能低，所以镍基合金高温性能稳定性比铁基合金高。

在基体金属中加入 Cr、Mo、W、Co、Nb 等合金元素形成单相固溶体，除产生固溶强化外，还将降低层错能。一般来说，溶质熔点越高，其原子半径与溶剂金属原子相差越大，对热强性提高越有利。

在合金中加入形成弥散相的元素，能阻碍位错滑移与攀移，有利于提高蠕变抗力。弥散相粒子硬度越高，弥散度越大，稳定性越高，其效果越好。对于时效强化合金，一般在基体中加入相同原子百分数的合金元素的情况下，多种元素要比单一元素的效果好。

在合金中添加能增加晶界扩散激活能的元素，如硼及稀土元素等，既可以阻碍晶界滑动，又能增大晶界裂纹的表面能，因而对提高持久强度非常有效。

对于陶瓷材料，如果是共价键结构，由于价键的方向性，使之拥有较高的抵抗晶格畸变、阻碍位错运动的派-纳力；如果是离子键结构，由于静电作用力的存在，晶格滑移不仅遵循晶体几何学的原则，而且受到静电吸力和斥力的制约。这些因素都反映在激发陶瓷材料高温蠕变的难度上，因此陶瓷材料具有较好的抗高温蠕变性能。

对于高分子材料，不同种类的材料具有不同的黏弹性，使得蠕变性能不同。如玻璃纤维增强尼龙的蠕变性能反而低于未增强的，这是因为，在许多纤维增强的塑料中，基体的黏弹性取决于时间和温度，并在恒应力下呈现蠕变，而玻璃纤维增强比未增强基体对时间的依赖要少得多，所以，在较短的时间内断裂，并显示出低的蠕变性能。

8.9.2 冶炼工艺及热处理工艺的影响

各种耐热合金有不同的冶炼工艺；对合金性能要求越高，冶炼工艺要求越严。如高温合金均采用真空炉冶炼或真空自耗电极电弧炉冶炼，因为杂质元素 S、P、Pb、Sn、As、Sb、Bi 等即使含量只有十万分之几，也会使热强性下降、加工塑性变坏。

由于高温合金在使用时常在垂直于应力方向产生横向晶界裂纹，因此采用定向凝固技术，使柱状晶沿应力方向生长，减少横向晶界，可大大提高持久寿命。

珠光体耐热钢一般采用正火加高温回火工艺，正火温度应足够高，使碳化物充分而均匀溶解，回火温度应高于使用温度 100~150℃以上，以提高其在使用温度下的组织稳定性。奥氏体耐热钢一般进行固溶处理和时效，使之具有适宜的晶粒度和弥散分布的第二相。有的合金在固溶处理后再进行一次中间处理，使碳化物沿晶界呈断续链状析出，可进一步提高其持久强度极限和持久伸长率。

当采用不同的工艺，陶瓷材料获得含有不同第二相的组织时，其蠕变的机理会发生改变，特别是第二相分布在晶界时，晶界是处于微晶状态还是处于分布着液相或似液相状态，决定了蠕变是以晶界扩散、晶界滑动为主，还是以牛顿黏性流动为主。例如，纯 Al_2O_3、纯 MgO、含有 $CaO-Al_2O_3-SiO_2$ 玻璃相的 Al_2O_3、含有 Ca-$MgOSiO_2$ 的 MgO、含有硅酸盐物质的 Si_3N_4 和 SiC 等陶瓷材料，高温蠕变时的主要蠕变机理是不同的，所以表现出的蠕变性能也不同。

8.9.3 晶粒度的影响

晶粒度对耐热钢影响很大，在晶内强度与晶界强度相等的温度(等强温度)以下，细晶粒钢具有较高的强度。反之，在等强温度以上，稍粗的(2~4 级)粗晶粒钢高温性能好。对于像涡轮叶片这样的零件，采用定向凝固技术，使之沿生长方向形成只有 2~3 个晶粒的零件，则寿命可大为增加。

对于陶瓷材料，不同的晶粒尺寸决定了控制蠕变速率的蠕变机理不同，当晶粒尺寸很大时，蠕变速率受位错滑动和晶内扩散的控制；当晶粒尺寸较小时，情况比较复杂，蠕变速率可能受晶界扩散、晶界滑动机制所控制，也可能是所有机制的混合控制。例如，掺杂 Fe 的多晶 MgO 的蠕变，当 $\omega(\mathrm{Fe})=0.53\%$时，属于阳离子晶格扩散的 Nabarro-Herring 蠕变，而当 $\omega(\mathrm{Fe})=2.65\%$时，晶粒尺寸减小，Coble 蠕变机理作出部分贡献，并且逐步过渡到由阴离子晶界扩散机理起控制作用。

8.10 环境介质作用下的力学性能(Mechanical Properties Under the Action of Environment Media)

金属机件(或构件)在服役过程中经常要与周围环境中的各种介质相接触。环境介质对金属材料力学性能的影响称为环境效应。由于环境效应的作用，金属所承受的应力即使低于其屈服强度也会产生突然脆断的现象，即环境断裂。

由于机件(或构件)所承受的载荷类型和所接触的介质不同，因而有多种不同形式的环境断裂。在静载荷作用下的环境断裂有应力腐蚀断裂和氢脆断裂等，因为它们是随时间延续而造成的断裂，故又称为延滞断裂或静载疲劳。在交变载荷作用下的环境断裂主要是腐蚀疲劳。

随着近代工业特别是宇航、海洋、原子能、石油、化工等工业的迅速发展，对材料强度的要求越来越高，机件(或构件)所接触的环境介质的条件也愈加苛刻，近数十年间环境断裂在各种断裂失效类型中所占的比例逐年增多。因此，研究材料在环境介质作用下的力学性能，正日益受到工程设计及材料科学人员的重视。

本节将简述材料在各种环境介质作用下的断裂特征和机理，同时介绍一些材料抵抗环境断裂的力学性能指标及防止环境损伤的措施。

8.10.1 应力腐蚀(stress corrosion)

应力腐蚀

8.10.1.1 应力腐蚀的特点及其产生的条件

金属在拉应力和特定的环境介质作用下，经过一段时间，所产生的低应力脆断现象称为应力腐蚀断裂。应力腐蚀断裂并不是金属在应力作用下的机械性破坏与在腐蚀环境作用下的腐蚀性破坏的叠加所造成的，而是在应力和环境的联合作用下，金属按特有机理产生的断裂，其断裂抗力比单个因素分别作用后再叠加起来的要低得多。

现已查明，绝大多数金属材料在一定的介质条件下都有应力腐蚀倾向。在工业上最常见的有：低碳钢和低合金钢在苛性碱溶液中的“碱脆”和在含有硝酸根离子介质中的“硝脆”；奥氏体不锈钢在含有氯离子介质中的“氯脆”；铜合金在氨气环境下的“氨脆”；高强度铝合金在空气、蒸馏水中的脆裂现象；等等。上面所列举的金属材料无论是韧性的或脆性的，都会在没有明显预兆的情况下产生脆断，常常造成灾难性事故。所以，应力腐蚀断裂是一种较为普遍的而且是极为危险的断裂形式。

应力、环境介质和金属材料三者是产生应力腐蚀断裂的影响条件。现分述如下。

应力：机件(或构件)所承受的应力包括工作应力和残余应力。在环境介质诱导开裂过程中起作用的是拉应力，焊接、热处理或装配过程中产生的残余拉应力在应力腐蚀断裂中也有重要作用。一般说来，产生应力腐蚀断裂的应力并不一定很大，如果没有环境介质的配合作用，机件在该应力作用下可以长期服役而不致断裂。

环境介质：某种金属材料，只有在特定的介质中才能产生应力腐蚀，即对一定的金属材料来说，需要有一定特效作用的离子、分子或络合物才能导致应力腐蚀断裂。这些离子、分子或络合物的浓度即使很低也会引起应力腐蚀。如热核反应堆中使用的奥氏体不锈钢，即使只有百万分级的 Cl^{-1} 也能产生应力腐蚀。表 8.2 中列举了对一些常用金属材料引起应力腐蚀的敏感介质。从电化学角度来看，金属材料受特定介质作用而导致应力腐蚀现象，一般都发生在一定的敏感电位范围内。这个电位范围通常是在钝化-活化的过渡区域。如碳钢(0.8%C)在 70℃，$2N(NH_4)_2CO_3$ 溶液中，电位范围为-625～-475 mV 时产生应力腐蚀。

表 8.2　常用材料发生应力腐蚀的敏感介质

材料类别	介　质
低碳钢和低合金钢	NaOH 溶液、沸腾硝酸盐溶液、海水、海洋性和工业性气氛
奥氏体不锈钢	酸性和中性氯化物溶液、熔融氯化物、海水
镍基合金	热浓 NaOH 溶液、HF 蒸气和溶液
铝合金	热浓 NaOH 溶、氯化物水溶液、海水及海洋大气、潮湿工业大气
铜合金	氨蒸气、含氨气体、含铵离子的水溶液
钛合金	发烟硝酸、300℃以上的氯化物、潮湿空气及海水

一般认为，纯金属不会产生应力腐蚀，所有合金对应力腐蚀都有不同程度的敏感性。但在每一种合金系列中，都有对应力腐蚀不敏感的合金成分。例如，铝镁合金中当镁含量超过 4%，对应力腐是很敏感的，而镁含量小于 4%时，则无论热处理条件如何，它几乎都具有抗应力腐蚀的能力。又如钢中含碳量在 0.12%左右时，应力腐蚀敏感性最大。此外，合金中位错结构与应力腐蚀也关系密切。一般层错能低或滑移系少的合金，其位错易形成平面状结构，层错能高或滑移系多的易形成波纹状结构。前者对应力腐蚀的敏感性要比后者明显增大。

8.10.1.2　应力腐蚀断裂机理

应力腐蚀断裂过程也包括裂纹形成和扩展，整体上可分为以下三个阶段。

① 孕育阶段：这是裂纹产生前的一段时间，在此期间主要是形成蚀坑，以作为裂纹核心。当机件表面存在可作为应力腐蚀裂纹的缺陷时，则没有孕育期而直接进入裂纹扩展期。

② 裂纹亚稳扩展阶段：在应力和介质联合作用下，裂纹缓慢地扩展。

③ 裂纹失稳扩展阶段：这是裂纹达到临界尺寸后发生的机械性断裂。

关于在应力和介质的联合作用下裂纹形成和扩展问题，有多种理论，但尚未得到统一的解释。下面着重介绍以阳极溶解为基础的保护膜破坏理论。

如图 8.14 所示，对应力腐蚀敏感的合金在特定的弱腐蚀介质中，首先在表面形成一层保护膜，使金属的进一步腐蚀得到抑制，即产生钝化。因此，在没有应力作用的情况下，金属不会发生腐蚀破坏。若有拉应力作用，则可使局部地区的保护膜破裂，显露出新鲜表面。

这个新鲜表面在电解质溶液中成为阳极，而其余具有保护膜的金属表面便成为阴极，两者组成一个腐蚀微电池。由于电化学反应作用，阳极金属变成正离子($M \rightarrow M^{+n}+ne$)进入介质中而产生阳极溶解，从而在金属表面形成蚀坑。拉应力除促成局部地区保护膜破坏外，更主要的是在蚀坑或原有裂纹的尖端形成应力集中，使阳极电位降低，加速阳极金属的溶解。如果裂纹前沿的应力集中始终存在，那么，电化学反应便不断进行，钝化难以能恢复，裂纹将逐步向纵深发展。在应力腐蚀过程中，衡量腐蚀速度的腐蚀电流可用下式表示

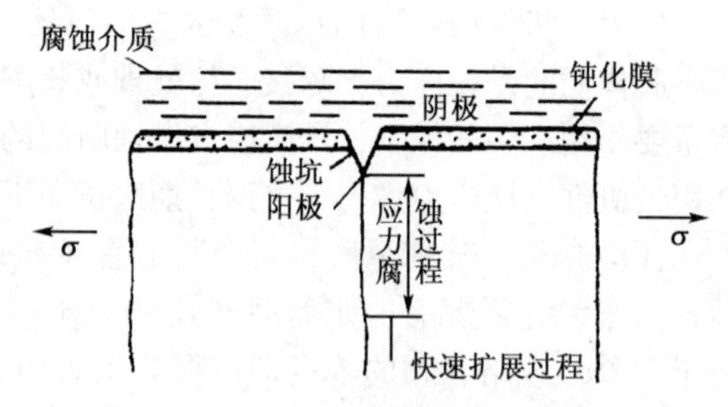

图 8.14　应力腐蚀断裂机理简图

$$I=\frac{1}{R}(V_c-V_a) \tag{8-23}$$

式中　R——微电池的电阻；

V_c，V_a——电池两极的电位。

由此可见，应力腐蚀是由金属与环境介质相互间性质的配合作用决定的。如果在介质中的极化过程相当强烈，则式（8-23）中(V_c-V_a)将变得很小，腐蚀过程就大受压抑。极端的情况是阳极金属表面形成了完整的保护膜，这时金属进入钝化状态，腐蚀停止。相反，如果介质中去极化过程很强，则(V_c-V_a)很大，腐蚀电流也很大。此时，金属表面受到强烈而全面的腐蚀，表面难以形成保护膜，即使附加拉应力也不可能产生应力腐蚀。应力腐蚀只是金属在介质中生成略具保护膜的条件下，即金属和介质处在某种程度的钝化与活化边缘的情况下才最易发生。李晓刚等人采用微区电化学测试方法[如扫描振动参比电极(SVET)、局部电化学阻抗谱(LEIS)和扫描 Kelvin 探针(SKP)技术]研究了铝合金和高强度不锈钢的应力腐蚀裂纹尖端的微区电化学行为，并结合数值模拟计算和表面形貌观察对应力腐蚀电化学机理进行了分析。研究表明，随着外加应力作用的增大，铝合金裂纹尖端应力集中区域内表面氧化膜厚度减薄，其稳定性和保护性变弱，导致裂纹尖端对腐蚀过程的敏感性增加。

应力腐蚀裂纹的形成与扩展途径可以是穿晶的也可以是沿晶的。对于穿晶型应力腐蚀断裂，可用在应力作用下局部微区产生滑移台阶使保护膜破裂来说明。在应力作用下，位错沿滑移面运动，并在表面形成滑移台阶，使金属产生塑性变形。若金属表面的保护膜难以随此台阶产生相应的变形，且滑移台阶的高度又比保护膜的厚度大，则该处保护膜即遭破坏，从而产生阳极溶解，并逐渐形成穿晶裂纹，如图 8.15(a) 所示。沿晶型应力腐蚀断裂如图 8.15(b) 所示。

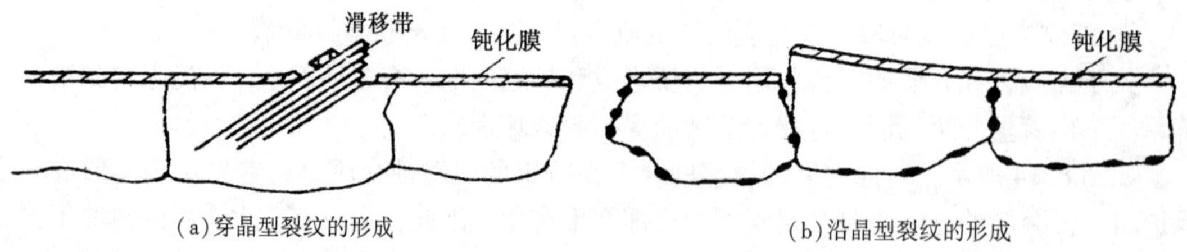

(a)穿晶型裂纹的形成　(b)沿晶型裂纹的形成

图 8.15　应力腐蚀裂纹的类型

一般认为，沿晶型应力腐蚀断裂是由于应力破坏了晶界处保护膜。已经知道，金属在所有腐蚀性介质中都将在大角度晶界处受到侵蚀，但在无应力的情况下，侵蚀很快被腐蚀产物所阻止。当有附加应力作用时，在侵蚀形成的晶界处造成应力集中，破坏了晶界上的保护模从而使裂纹不断沿晶界发展。至于裂纹穿晶扩展或沿晶扩展的条件，有人认为与合金中是否易形成扩展位错有关。易于形成扩展位错，裂纹就容易穿晶扩展，否则就易于沿晶扩展。

8.10.1.3 应力腐蚀性能指标

金属材料的抗应力腐蚀性能，通常用光滑试样在应力和介质共同作用下发生断裂的持续时间来评定。用这种方法可获得一组试样在不同应力作用下的断裂时间 t_f，作出 σ-t_f 曲线(见图 8.16)，从而求出该种材料不发生应力腐蚀的临界应力 σ_{scc}，当合金所受外加应力低于此应力值时，腐蚀断裂不再发生。据此来研究合金元素、组织结构及介质对材料应力腐蚀敏感性的影响。但由于试样是光滑的，所测定的断裂时间包括裂纹形成与裂纹扩展的时间，前者约占断裂总时间的 90%。而实际机件一般都不可避免地存在着裂纹或类似裂纹的缺陷。因此，用常规方法测定的金属材料抗应力腐蚀性能的指标难以客观地反映带裂纹的机件抗应力腐蚀的性能。

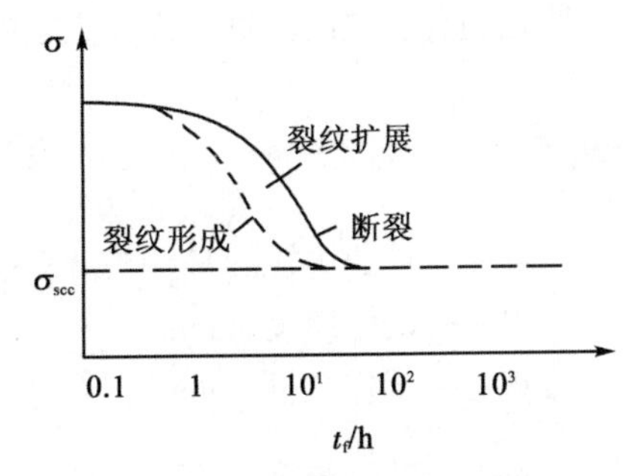

图 8.16 应力腐蚀 σ-t_f 关系曲线

自从断裂力学发展以来，人们便利用预制裂纹的试样，引用应力场强度因子的概念来研究应力腐蚀，得到了材料抵抗应力腐蚀性能的两个重要指标，即应力腐蚀临界应力场强度因子 $K_{\mathrm{I\,scc}}$ 和应力腐蚀裂纹扩展速率$\frac{\mathrm{d}a}{\mathrm{d}t}$。这两个指标可用于机件的选材和设计。

(1) 应力腐蚀临界应力场强度因子 $K_{\mathrm{I\,scc}}$

实验表明，金属材料在恒定载荷和腐蚀介质作用下产生应力腐蚀断裂的时间与初始应力场强度因子 K_{I} 有关。图 8.17 所示是钛合金试样在恒载荷下在水溶液中进行应力腐蚀试验的结果。

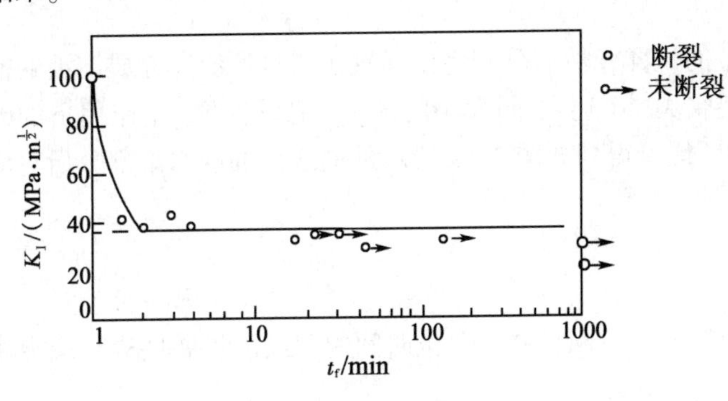

图 8.17 某种钛合金预制裂纹试样的 K_{I}-t_f

由图 8.17 可见，当初始应力场强度因子 $K_{\mathrm{I}} \geqslant K_{\mathrm{Ic}}$ 时，加载后试样立即断裂。当 K_{I} 降低时，应力腐蚀断裂时间 t_f 随之延长。在这一断裂时间中，外加应力不变，但裂纹长度却不断增加，相应的 K_{I} 值随之增加。当 K_{I} 值达到材料的 K_{Ic} 时，便产生突然脆断。因此，虽然机件所受初始应力场强度因子 K_{I} 较低，但经亚稳扩展后，K_{I} 可能达到临界值而致脆断。当 $K_{\mathrm{I}} \leqslant 38\mathrm{MPa \cdot m^{\frac{1}{2}}}$ 时，试样不发生应力腐蚀断裂。此值即称为钛合金在 3.5%NaCl 水溶液中的应力腐蚀临界应力场强度因子，并用 K_{Iscc} 表示。对于某种材料，在一定的介质下，其 K_{Iscc} 为一常数。K_{Iscc} 可作为金属材料的力学性能指标，它表示含有宏观裂纹的材料在应力腐蚀条件下的断裂韧性。当作用在机件上的初始

应力场强度因子 $K_{\mathrm{I}} \leqslant K_{\mathrm{Iscc}}$ 时，机件中的原始裂纹在介质中不会扩展，机件可以安全服役。因此，$K_{\mathrm{I}} \geqslant K_{\mathrm{Iscc}}$ 为应力腐蚀条件下的断裂判据。

测定金属材料的 K_{Iscc} 可用恒载荷法或恒位移法等断裂力学方法，其中以恒载荷的悬臂梁弯曲试验法最常用。所用试样与测定的三点弯曲试样相同。试验装置如图 8.18 所示。试样的一端固定在机架上，另一端和力臂相连，力臂端头通过砝码进行加载。在整个试验过程中载荷恒定，所以随着裂纹的扩展，裂纹尖端的应力场强度因子增大。K_{I}可用式(8-24)计算

$$K_{\mathrm{I}} = \frac{4.12M}{BW^{\frac{3}{2}}}\left(\frac{1}{\alpha^3} - a^3\right)^{\frac{1}{2}} \tag{8-24}$$

式中 M——弯曲力矩，$M=PL$，N·m；

B——试样厚度，mm；

W——试样宽度，mm；

a——裂纹长度，mm；$\alpha = 1 - \frac{a}{W}$。

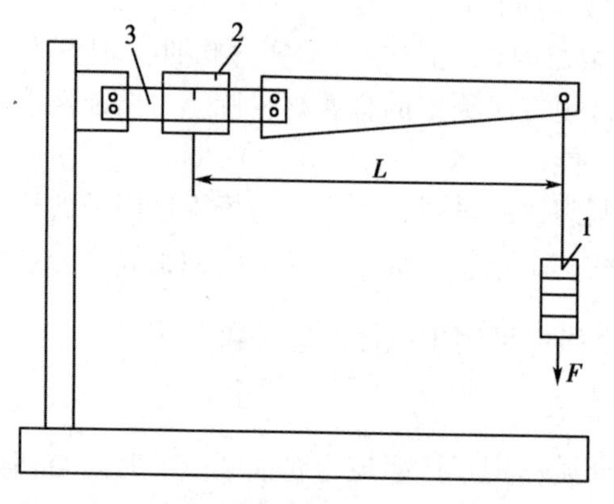

图 8.18 悬臂梁弯曲试验装置简图

1—砝码；2—试样；3—固定架

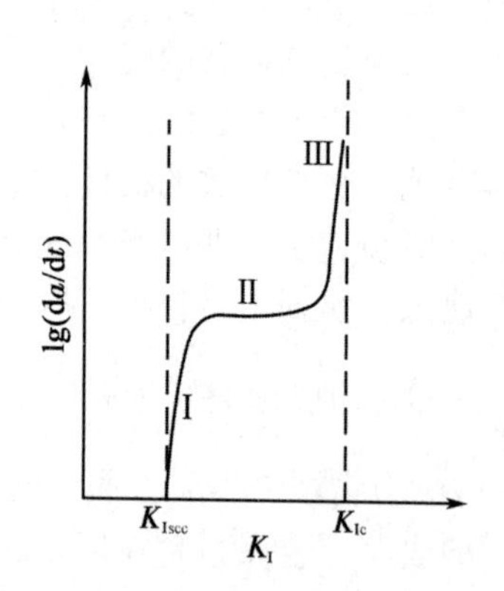

图 8.19 应力腐蚀试验的 $\lg \frac{da}{dt}$-K_{I} 关系曲线

试验时，必须制备一组同样条件的试样，然后分别将试样置于盛有所研究介质溶液的槽内，并施加不同的恒定载荷 P，使裂纹尖端产生不同大小的 K_{I}。记录各种 K_{I} 作用下的断裂时间 t_{f}。以 K_{I} 与 $\lg t_{\mathrm{f}}$ 为坐标作图，便可得到如图 8.19 所示的曲线。曲线水平部分所对应的 K_{I} 值即材料的 K_{Iscc}。

(2)应力腐蚀裂纹扩展速率$\frac{da}{dt}$

当裂纹尖端的 $K_{\mathrm{I}} > K_{\mathrm{Iscc}}$ 时，裂纹就会不断扩展。单位时间内裂纹的扩展量称为应力腐蚀裂纹扩展速率，用$\frac{da}{dt}$表示。实验证明，$\frac{da}{dt}$与 K_{I} 有关。即

$$\frac{da}{dt}=f(K_{\mathrm{I}}) \tag{8-25}$$

在$\frac{da}{dt}$的坐标图上，其关系曲线如图 8.19 所示。曲线可分为三个区段。

第Ⅰ区段：当 K_{I} 刚超过 K_{Iscc} 时，裂纹经过一段孕育期后突然加速扩展，关系曲线几

乎与纵坐标轴平行。

第Ⅱ区段：曲线出现水平线段，$\frac{da}{dt}$与K_{I}几乎无关，因为这时裂纹尖端发生分叉现象，裂纹扩展主要受电化学过程控制。

第Ⅲ区段：裂纹长度已接近临界尺寸，$\frac{da}{dt}$又明显地依赖于K_{I}，$\frac{da}{dt}$随K_{I}增大而急剧增大。这时材料进入失稳扩展的过渡区。当K_{I}达到K_{Ic}时便失稳扩展而断裂。

由于第Ⅲ区段是加速扩展区，故第Ⅱ区段时间越长，材料抗应力腐蚀性能越好。如果通过试验测出某种材料在第Ⅱ阶段的$\frac{da}{dt}$值，则结合材料的K_{Ic}值可估算机件在应力腐蚀条件下的剩余寿命。

8.10.1.4　防止应力腐蚀的措施

从产生应力腐蚀的条件可知，防止应力腐蚀的措施，主要是合理选择材料，减少或消除机件中残余拉应力及改变化学介质条件。此外，还可以采用电化学方法防护。具体内容如下。

(1)合理选择材料

针对机件所受的应力和使用条件(介质)，选用耐应力腐蚀的金属材料是一个基本原则。例如，铜对氨的应力腐蚀敏感性很高，因此，接触氨的机件就应避免使用铜合金。又如，在高浓度氯化物介质中，一般可选用不含镍、铜或仅含微量镍、铜的低碳高铬铁素体不锈钢，或含硅较高的铬镍不锈钢，也可选用镍基和铁-镍基耐蚀合金。此外，在选材料时还应尽可能选用K_{Iscc}较高的合金，以提高机件抗应力腐蚀的能力。

(2)减少或消除机件中的残余拉应力

残余拉应力是产生应力腐蚀的重要原因。

残余拉应力主要是由于金属机件的设计和加工工艺不合理而产生的。因此，应尽量减少机件的应力集中发生，要均匀地加热和冷却。必要时可采用退火工艺以消除应力，采用喷丸或其他表面热处理工艺以使机件表层中产生一定的残余压应力。

(3)改善介质条件

这可从两方面考虑：一方面设法减少和消除促进应力腐蚀开裂的有害化学离子，例如，通过水净化处理，降低冷却水与蒸气中的氯离子含量，对预防奥氏体不锈钢的氯脆十分有效；另一方面，也可在腐蚀介质中添加缓蚀剂，例如，在高温水中加入0.03%磷酸盐，可使铬镍奥氏体不锈钢抗应力腐蚀性能大为提高。

(4)采用电化学保护

由于金属在介质中只有在一定的电极电位范围内才会产生应力腐蚀现象，因此，采用外加电位的方法使金属在介质中的电位远离应力腐蚀敏感电位区域，也是防止应力腐蚀的一种措施。一般采用阴极保护法。高强度钢或其他氢脆敏感的材料，难以采用阴极保护法。

近期陈恒和卢琳研究了残余应力对金属材料局部腐蚀行为的影响。研究结果发现，尽管残余压应力对腐蚀行为的抑制作用得到了大量实验的证实，但是在不同条件下其作用方式以及机理不尽相同，并且与材料的结构特点以及腐蚀产物等密切相关。同时，残余拉应力的作用尚不明确，受到材料类型和其他因素耦合的严重影响。另外，在某些环境下，影响腐蚀行为的关键是残余应力梯度或残余应力的某个临界值。但是对于有色金属的研究表明，残余拉应力和压应力均会导致基体中位错和微应变等结构缺陷增加，进而促进点蚀敏感性，降低材料服役性能。

8.10.2 氢脆(hydrogen embrittlement)

8.10.2.1 氢脆及其类型

氢脆

由于氢和应力的联合作用而导致金属材料产生脆性断裂的现象，称为氢脆断裂(简称氢脆)。

金属中氢的来源可分为“内含的”和“外来的”两种。其在金属中的存在可以有几种不同形式。在一般情况下，氢以间隙原子状态固溶在金属中，对于大多数工业合金，氢的溶解度随温度降低而降低。氢在金属中也可能通过扩散聚集在较大的缺陷(如空洞、气泡、裂纹等)处，以氢分子状态存在。此外，氢还可能和一些过渡族、稀土或碱土金属元素作用生成氢化物，或与金属中的第二相作用生成气体产物，如钢中的氢可与渗碳体中的碳原子作用形成甲烷等。

在绝大多数情况下氢对金属性能的影响都是有害的。但也有利用氢提高金属性能的例子，例如赖祖涵教授等人利用氢对 Ti 合金进行了韧化研究，发现将氢渗入合金再从中脱氢，可使合金的韧性大为改善。

由于氢在金属中存在的状态不同，以及氢与金属交互作用性质的不同，氢可通过不同的机制使金属脆化。因而氢脆的种类很多，分类方法也不一样。如根据引起氢脆的氢的来源不同，氢脆可分成内部氢脆与环境氢脆，前者是由于金属材料冶炼和加工过程中吸收了过量氢而造成的，后者是在应力和氢气或其他环境介质联合作用下引起的一种脆性断裂。现将常见的几种氢脆现象及其特征简介如下。

(1)氢蚀

这是由于氢与金属中的第二相作用生成高压气体，使基体金属晶界结合力减弱而导致的金属脆化。如碳钢在 300~500℃的高压氢气氛中工作时，由于氢与钢中的碳化物作用生成高压的 CH_4 气泡，当气泡在晶界上达到一定密度后，就使金属的塑性大幅度降低。这种氢脆现象的断裂源产生在与高温、高压氢气相接触的部位。从宏观断口可见，断裂面的颜色呈氧化色、颗粒状。从微观断口可见，晶界明显加宽，呈沿晶断裂。对碳钢来说，温度低于 220℃时，不出现这种现象。

(2)白点(发纹)

这是由于钢中含有过量的氢，随着温度降低，氢的溶解度减小，但过饱和的氢未能扩散外逸，因而在某些缺陷处聚集成氢分子，体积发生急剧膨胀，内压力很大，足以把材料局部撕裂，而使钢中形成白点。在金属内部白点呈圆形或椭圆形，颜色为银白色，实际上就是微裂纹。这种白点在 Cr-Ni 结构钢的大锻件中最为严重。历史上曾因此造成许多重大事故，因此自 21 世纪初以来对它的成因及防止方法进行了大量而详尽的研究，并已找出了精炼除气、锻后缓冷或等温退火以及在钢中加入稀土或其他微量元素等方法，使之减弱或消除。

(3)氢化物致脆

纯钛、α-Ti 合金、钒、锆、铌及其合金与氢有较大的亲和力，极易形成氢化物，使塑性、韧性降低，产生脆化。这种氢化物又分为两类：一类是熔融金属冷凝时，由于氢的溶解度降低而从过饱和固溶体中析出时形成的，称为自发形成氢化物；另一类则是在含氢量较低的情况下，受外加拉应力作用，使原来基本上是均匀分布的氢逐渐聚集到裂纹前沿或微孔附近等应力集中处，当其达到足够浓度后，也会析出而形成氢化物。由于它是在外力持续作用下产生的，故称为应力感生氢化物。

金属材料对这种氢化物造成的氢脆敏感性随温度降低及试祥缺口的尖锐程度增加而增加。裂纹常沿氢化物与基体的界面扩展，因此，在断口上常看到氢化物。

氢化物的形状和分布对金属的脆性有明显影响。若晶粒粗大，氢化物在晶界上呈薄片状，极易产生较大的应力集中，危害很大。若晶粒较细，氢化物多呈块状不连续分布，对氢脆就不太敏感。

(4)氢致延滞断裂

高强度钢或(α+β)-Ti 合金中含有适量的处于固溶状态的氢(原来存在的或从环境介质中吸收的)，在低于屈服强度的应力持续作用下，经过一段孕育期后，在内部特别是在三向拉应力区形成裂纹，裂纹逐步扩展，最后会突然发生脆性断裂。这种由于氢的作用而产生的延滞断裂现象称为氢致延滞断裂。工程上所说的氢脆，大多数是这类氢脆。这类氢脆的特点是：① 只在一定温度范围内出现，如高强度钢多出现在-100~150℃之间，而以室温下最敏感；② 提高形变速率，材料对氢脆的敏感性降低。因此，只有在慢速加载试验中才能显示这类氢脆；③ 此类氢脆显著降低金属材料的伸长率，但含氢量超过一定数值后，断后伸长率不再变化，而断面收缩率则随含氢量增加不断下降，且材料强度越高，下降程度越大。

高强度钢氢致延滞断裂断口的宏观形貌与一般脆性断口相似。其微观形貌大多为沿原奥氏体晶界的沿晶断裂，且晶界面上常有许多撕裂棱。但在实际断口上，并不全是沿晶断裂形貌。这是因为氢脆的断裂方式除与裂纹尖端的应力场强度因子 K_{I} 及氢浓度有关外，还与晶界上杂质元素的偏析有关。对 40CrNiMo 钢进行的试验表明，当钢的纯洁度提高时，氢脆的断口就从沿晶断裂转变为穿晶断裂，同时断裂临界应力也大为提高。这表明氢脆沿晶断口的出现除力学因素外，可能更主要的是与杂质偏析在晶界处吸附了较多的氢，使晶界被削弱的结果。图 8.20 为 40CrNiMo 钢的断裂形式与裂纹尖端 K_{I} 值的关系示意图。当 K_{I} 较高时为穿晶韧窝断口[见图 8.20(a)]；在中等 K_{I} 下呈准解理断口[见图 8.20(b)]；仅当 K_{I} 值较小时，才出现沿晶断口[见图 8.20(c)]。这样，在断口的不同部位可见到规律变化的断口形貌。其他高强度钢也有类似的结果。这对帮助鉴别这种类型的氢脆断裂是很有价值的。

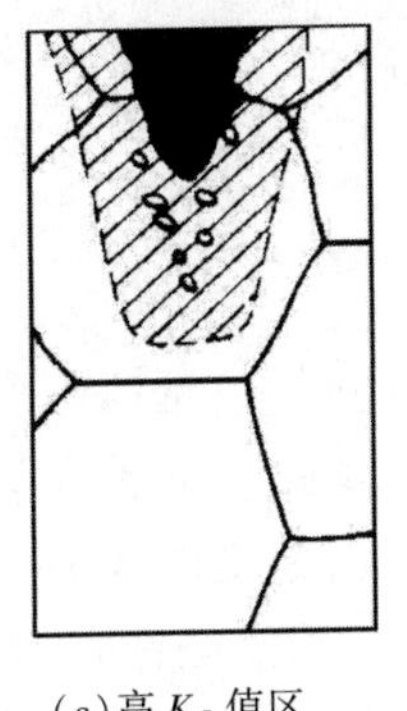
(a)高 K_{I} 值区

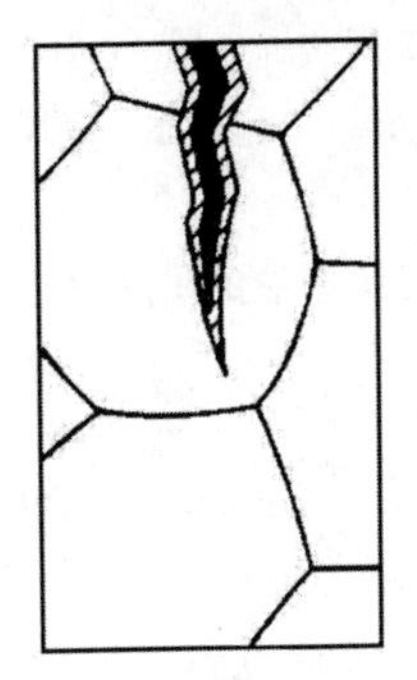
(b)中 K_{I} 值区

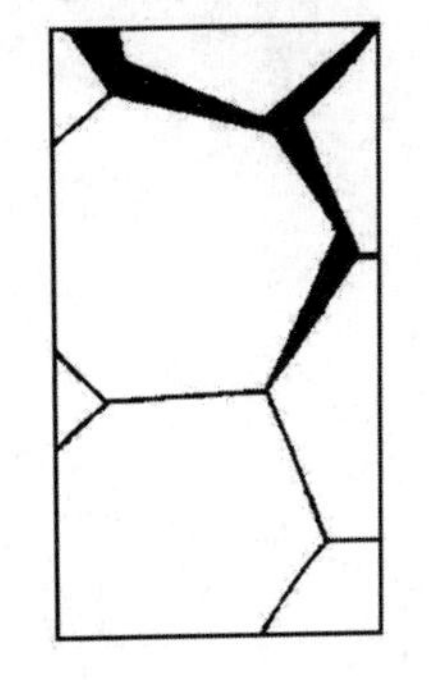
(c)低 K_{I} 值区

图 8.20　40CrNiMo 钢氢致延滞断裂方式与 K_{I} 值的关系示意图

8.10.2.2　高强钢氢致延滞断裂机理

高强钢对氢致延滞断裂非常敏感，其裂纹的形成与扩展和应力腐蚀开裂相似，也可分为三个阶段，即孕育阶段、裂纹亚稳扩展阶段及裂纹失稳扩展阶段。

由环境介质中的氢引起氢致延滞断裂必须经过三个步骤，即氢的进入、氢在钢中的迁移、氢的偏聚。氢必须进入 α-Fe 晶格中并偏聚到一定浓度后方可造成氢脆，单纯的表面吸附是不会引起钢变脆的。氢进入钢中后，必须通过输送过程，将氢偏聚到局部区域，使其浓度达到一定数值。氢的进入、输送和偏聚均需要时间，这就是孕育阶段。

多数人认为氢致延滞断裂机理是氢与位错交互作用所致。氢溶解在 α-Fe 晶格中，将产生膨胀性弹性畸变，当它被置于刃型位错的应力场中时，氢原子就会与位错产生交互作用，迁移到位错线附近的拉应力区，形成氢气团。显然，在位错密度高的区域，其中的氢浓度比较高。

既然氢使 α-Fe 晶格膨胀，故拉应力促进氢的溶解，裂纹尖端是高位错密度的三向拉应力区，于是氢往往向这些区域聚集。氢向裂纹尖端聚集是靠位错输送实现的。当形变速率较低而温度较高时，氢原子的扩散速度与位错运动速度相适应，位错将携带氢原子一起运动。当运动着的位错与氢气团遇到障碍(如晶界)时，便产生位错塞积，同时必然造成氢在这些部位聚集。若应力足够大，则在位错塞积的端部形成裂纹。若氢被位错输送到裂纹尖端处，当其浓度达到临界数值后，由于该区域明显脆化，故裂纹扩展，并最终产生脆性断裂。

裂纹的扩展方式是步进式发展的。在溶入钢中的氢向裂纹尖端处偏聚过程中，裂纹不扩展。当裂纹前方氢的偏聚浓度再次达到临界值时，便形成新裂纹，新裂纹与原裂纹的尖端汇合，裂纹便扩展一段距离，随后便停止。以后是再孕育、再扩展。最后，当裂纹经亚稳扩展达到临界尺寸时，便失稳扩展而断裂。这种裂纹扩展的方式及裂纹扩展过程中电阻的变化见图 8.21。由图 8.21(a)可见，新裂纹形核的地点一般在裂纹前沿塑性区边界上，那里是位错塞积处，并且是大量氢原子易于偏聚的地方。氢脆裂纹步进式扩展的过程可通过图 8.21(b)所示的裂纹扩展过程中电阻的变化来证实。

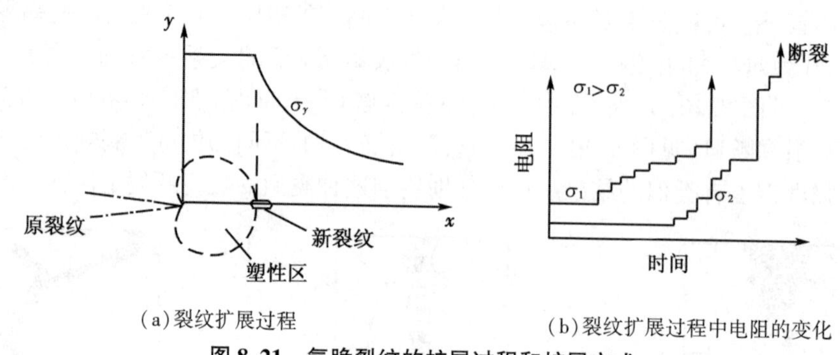

(a)裂纹扩展过程 (b)裂纹扩展过程中电阻的变化

图 8.21 氢脆裂纹的扩展过程和扩展方式

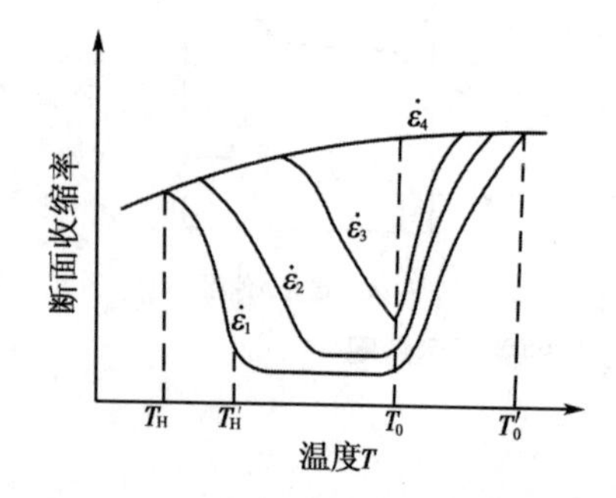

图 8.22 试验温度及应变速率对氢脆敏感性的影响示意图

根据上述模型可以较好地解释氢致延滞断裂的一些特点。例如，高强度钢氢脆的可逆性。如果在裂纹形成前卸去载荷，则由于热扩散可使已聚集的氢原子逐渐扩散均匀，最后消除脆性。又如，氢脆一般都是沿晶断裂，也可用位错在晶界处塞积，氢气团在晶界附近富集，裂纹首先在晶界形成并沿晶界扩展得到解释。

高强度钢氢脆的另一重要特点是在一定形变速率下，在某一温度范围内出现。可用图 8.22 来说明这个问题。当形变速率为 $\dot{\varepsilon}_1$时，如温度过低($T<T_H$)，氢的

扩散速率很慢，远跟不上位错的运动。因此，氢气团难以形成，氢也难以偏聚，也就不会出现氢脆。当温度接近 T_H时，氢原子的扩散速率与位错运动速率逐步适应，于是塑性开始降低。当温度升至 T'_H 时，两者运动速度完全吻合，此时塑性最差，对氢脆最敏感。当温度继续升至 T_0 时，由于温度较高，一方面形成氢气团，同时由于热作用，又促使已富集的氢原子离开气团向四周均匀扩散。于是位错周围氢原子浓度开始下降，塑性开始回升。当温度达到了 T'_0 时，氢气团完全被热扩散破坏，氢脆完全消除。

$$(\dot{\varepsilon}_1 < \dot{\varepsilon}_2 < \dot{\varepsilon}_3 < \dot{\varepsilon}_4)$$

形变速率对氢脆的影响也是如此。当形变速率增加至 $\dot{\varepsilon}_2$ 时，开始出现氢脆的温度必然高于 $\dot{\varepsilon}_1$ 时的氢脆温度。因为提高形变速率必须在更高的温度下才能使氢原子的扩散速率跟上位错的运动。当形变速率继续升至临界速率 $\dot{\varepsilon}_4$ 时，氢原子的扩散永远跟不上位错的运动，于是氢脆完全消失。

8.10.2.3 防止氢脆的措施

综上所述，决定氢脆的因素有三个，即环境介质、应力场强度和材质。因此，可由以下三个方面来拟订防止氢脆的措施。

(1)环境介质

设法切断氢进入金属中的途径，或者通过控制这条途径上的某个关键环节，延缓在这个环节的反应速度，使氢不进入或少进入金属中。例如，采用表面涂层，使机件表面与环境介质中的氢隔离。还可在介质中加入抑制剂，如在100%干燥 H_2 中加入0.6% O_2，由于氧原子优先吸附于裂纹尖端，生成具有保护作用的氧化膜，阻止氢原子向金属内部扩散，可以有效地抑制裂纹的扩展。又如，在3%NaCl水溶液中加入浓度为 10^{-3}mol/L 的 N-椰子素、β-氨基丙酸，也可降低钢中的含氢量，延长高强度钢的断裂时间。

对于需经酸洗和电镀的机件，应制订正确工艺，防止吸入过多的氢，并在酸洗、电镀后及时进行去氢处理。

(2)力学因素

在机件设计和加工过程中，应避免各种产生残余拉应力的因素。采用表面处理，使表面获得残余压应力层对防止氢脆有良好作用。金属材料抗氢脆的力学性能指标与抗应力腐蚀性能指标一样，可采用氢脆临界应力场强度因子(门槛值) $K_{\mathrm{I\,HEC}}$ 及裂纹扩展速率$\frac{da}{dt}$来表示。应尽可能选用 $K_{\mathrm{I\,HEC}}$ 值高的材料，并力求使零件服役时的 K_{I} 值小于 $K_{\mathrm{I\,HEC}}$。

(3)材质因素

含碳量较低且硫、磷含量较少的钢，氢脆敏感性低。钢的强度等级愈高，对氢脆愈敏感。因此，对在含氢介质中服役的高强度钢的强度应有所限制。钢的显微组织对氢脆敏感性有较大影响，一般按下列顺序递增：下贝氏体、回火马氏体或贝氏体、球化或正火组织。细化晶粒可提高抗氢脆能力，冷变形可使氢脆敏感性增大。因此，正确制订钢的冷热加工工艺，可以提高机件抗氢脆性能。

对于一个已断裂的机件来说，还可从断口形貌上加以区分。表8.3为钢的应力腐蚀与氢致延滞断裂断口形貌的比较。

表 8.3 钢的应力腐蚀与氢致延滞断裂断口形貌的比较

类型	断裂源位置	断口宏观特征	断口微观特征	两次裂纹
氢致延滞断裂	大多在表皮下，偶尔在表面应力集中处，且随外应力增加，断裂源位置向表面靠近	脆性，较光亮，刚断开时没有腐蚀，在腐蚀性环境中放置后，受均匀腐蚀	多数为沿晶断裂，也可能出现穿晶解理或准解理断裂。晶界面上常有大量撕裂棱，个别地方有韧窝，若未在腐蚀环境中放置，一般无腐蚀产物	没有或极少
应力腐蚀	肯定在表面，无一例外，且常在尖角、划痕、点蚀坑等拉应力集中处	脆性，颜色较暗，甚至呈黑色，和最后静断区有明显界限，断裂源区颜色最深	一般为沿晶断裂，也有穿晶解理断裂。有较多腐蚀产物，且有特殊的离子如氯、硫等。断裂源区腐蚀产物最多	较多或很多

8.10.3 腐蚀疲劳(corrosion fatigue)

8.10.3.1 腐蚀疲劳的特点及机理

腐蚀疲劳

腐蚀疲劳是机件在腐蚀介质中承受交变载荷所产生的一种破坏现象，它是材料受疲劳和腐蚀两种作用造成的。由于腐蚀加疲劳会加速裂纹的形成和扩展，所以它比其中任何一种单一作用要严重得多。在工业上，像船舶推进器、压缩机和燃气轮机叶片等产生腐蚀疲劳破坏的事故在国内外常有报道。因此，腐蚀疲劳现象也是人们所关注的问题之一。

(1)腐蚀疲劳的特点

① 腐蚀环境不是特定的。只要环境介质对材料有腐蚀作用，再加上交变应力的作用，都可发生腐蚀疲劳。这一点与应力腐蚀极为不同，腐蚀疲劳不需要金属-环境介质的特定配合。因此，腐蚀疲劳更具有普遍性。

② 腐蚀疲劳曲线无水平线段，即不存在无限寿命的疲劳极限。因此，通常采用“条件疲劳极限”，即以规定循环周次(一般为 10^7 次)下的应力值作为腐蚀疲劳极限，来表征材料对腐蚀疲劳的抗力。图 8.23 即纯疲劳试验和腐蚀疲劳试验的疲劳曲线的比较。

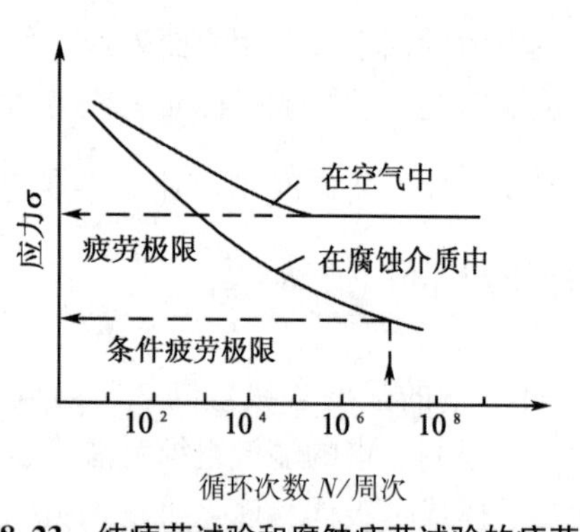

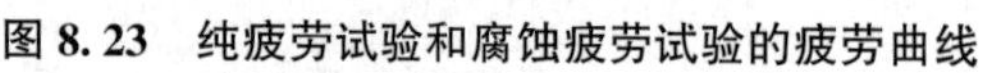
图 8.23 纯疲劳试验和腐蚀疲劳试验的疲劳曲线

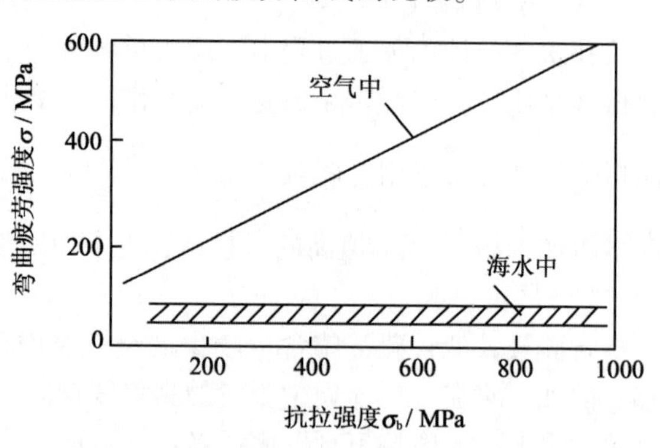

图 8.24 钢在空气中及海水中的疲劳强度

③ 腐蚀疲劳极限与静强度之间不存在比例关系。由图 8.24 可见，不同抗拉强度的钢在海水介质中的疲劳极限几乎没有什么变化。这表明，提高材料的静强度对在腐蚀介质中的疲劳抗力没有什么贡献。

④ 腐蚀疲劳断口上可见到多个裂纹源，并具有独特的多齿状特征。

(2)腐蚀疲劳机理

下面简单介绍腐蚀疲劳在液体介质中的两种机理。

① 点腐蚀形成裂纹模型。这是早期用来解释腐蚀疲劳现象的一种机理。金属在腐蚀介质作用下在表面形成点蚀坑，在点蚀坑处产生裂纹，示意图如图 8.25 所示。

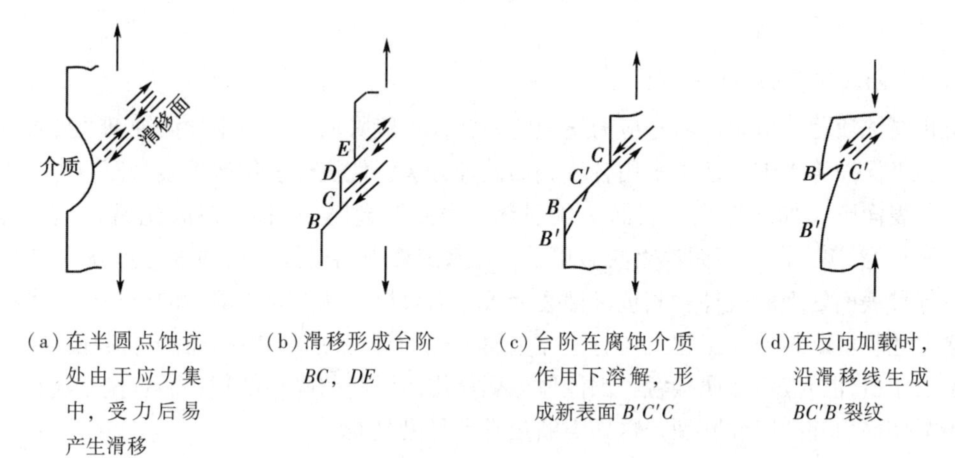

(a)在半圆点蚀坑处由于应力集中，受力后易产生滑移　(b)滑移形成台阶 BC，DE　(c)台阶在腐蚀介质作用下溶解，形成新表面 B′C′C　(d)在反向加载时，沿滑移线生成 BC′B′裂纹

图 8.25　点腐蚀产生疲劳裂纹示意图

② 保护膜破裂形成裂纹模型。这个理论与应力腐蚀的保护膜破坏理论大致相同，如图 8.26 所示。

金属表面暴露在腐蚀介质中时，表面将形成保护膜。由于保护膜与金属基体比容不同，因而在膜形成过程中金属表面存在附加应力，此应力与外加应力叠加，使表面产生滑移。在滑移处保护膜破裂露出新鲜表面，从而产生电化学腐蚀。破裂处是阳极，由于阳极溶解反应，在交变应力作用下形成裂纹。

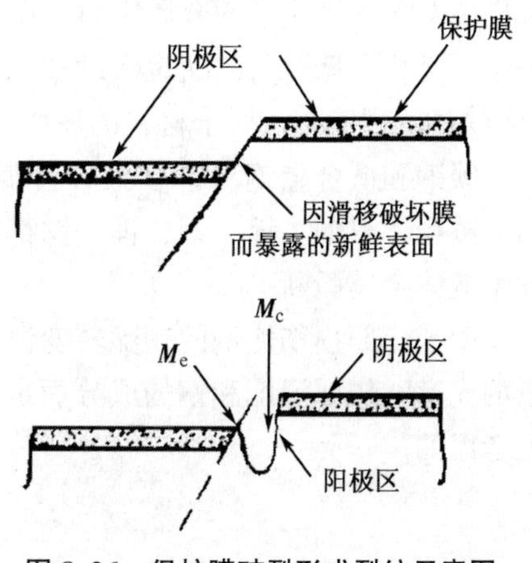

图 8.26　保护膜破裂形成裂纹示意图

8.10.3.2　影响腐蚀疲劳强度的主要因素

影响腐蚀疲劳的因素很多，但归结起来仍可以从环境介质、力学因素和材料三方面来讨论。

(1)环境介质的影响

① 气体介质中空气(主要是其中的氧)对腐蚀疲劳性能有明显影响，这是由于氧的吸附使晶界能降低。

② 溶液介质中卤族元素离子有很强的腐蚀性，能加速腐蚀疲劳裂纹的形成和扩展，溶液的 pH 值越小，腐蚀性越强。但不论溶液的 pH 值如何，裂纹尖端处溶液的 pH 值始终稳定在 3~4，恰好处于阳极溶解的范围内。

(2)力学因素的影响

以交变应力的频率对腐蚀疲劳裂纹扩展速率的影响最为显著。频率低时，腐蚀介质在裂纹尖端所进行的反应、吸收、扩散和电化学作用都比较充分，因此，裂纹扩展速率愈快，疲劳寿命愈低。

(3)材料强度、成分和显微组织的影响

不同成分的碳钢和合金钢在水中的腐蚀疲劳强度与材料强度无关。钢中加入不超过 5%

的合金元素对退火状态下的条件疲劳极限影响很小，只有当加入大量合金元素成为不锈钢，才能使腐蚀疲劳强度较为明显地提高。钢中的夹杂物(如 MnS)对腐蚀疲劳裂纹形成的影响很大，因为夹杂物处易形成点蚀和缝隙腐蚀。在腐蚀介质中工作的机件要求具有电化学性能稳定的组织状态。经热处理得到高静强度的组织状态对腐蚀疲劳强度无利。具有马氏体组织的碳钢对腐蚀介质很敏感。

8.10.3.3 防止腐蚀疲劳的措施

防止腐蚀疲劳的措施与防止应力腐蚀的一样，一般采用在介质中加缓蚀剂及外加阴极电流实行阴极保护等措施，还可采用各种表面处理方法，使机件表层产生残余压应力。常用的方法有：表面感应加热淬火，表面滚压强化，表面渗金属(渗铬、渗碳化铬)，表面渗碳、渗氮、渗硫等。45#钢经高频淬火或氮化后，在水溶液中的腐蚀疲劳强度可提高 2~3 倍。经过上述各种表面处理的机件，其抗腐蚀疲劳破坏的效果往往随介质活性的增加而增大。

除上述环境断裂外，工程上还有液体金属引起的环境断裂和中子辐照引起的环境断裂。前者是由于机件与液体金属接触，因液体金属作用而引起的脆性断裂；后者是金属材料受中子辐照损伤而引起的脆性断裂。这两类断裂常常是沿晶断裂。

引起脆性断裂的液体金属往往是低熔点金属，如锌、镉、钠和锂等。在不太高的温度(不一定高于低熔点金属的熔点)下，这些低熔点金属即熔化成液体或汽化成金属气。当金属机件暴露在熔化了的金属中时，由于渗透作用，低熔点金属向机件内部沿晶界扩散使晶界弱化，显著降低材料的断裂强度和总的伸长率。若机件所受应力较大，断裂可能立即发生。但当外加应力较小(低于材料的屈服强度)时，则要经过一定的孕育期后才会断裂。

碳钢和低合金钢对许多液体金属引起的环境断裂是敏感的。在 260~815℃之间，镉、铜、黄铜、青铜、锌、铟、锂、锑都可能使它们产生液体金属脆断。不锈钢在一般情况下不发生液体金属脆断。

中子辐照损伤使钢的韧脆转变温度和无塑性转变温度提高，提高的幅度视中子剂量、中子的光谱、辐照温度和钢的成分而定。中子辐照引起的脆性断裂在核动力工业中选材时是必须考虑的。

参考文献

[1] 郑修麟. 材料的力学性能 [M]. 西安：西北工业大学出版社，1996.

[2] 束德林. 金属力学性能 [M]. 2 版. 北京：机械工业出版社，1995.

[3] 陈国良. 高温合金学 [M]. 北京：冶金工业出版社，1988.

[4] 杨道明，朱勋，李紫桐. 金属力学性能与失效分析 [M]. 北京：冶金工业出版社，1991.

[5] 田素贵，李振荣，赵中刚，等. 制备工艺对 GH4169 合金组织结构与蠕变行为的影响 [J]. 稀有金属材料与工程，2012，9(41)：1651-1656.

[6] 李晓刚，孙敏，生海，等. 应力腐蚀裂纹尖端微区电化学研究 [C]. 第十六届全国疲劳与断裂大会报告，2013.

[7] 胡斌，李树索，裴延玲，等. <111>取向小角偏离对一种镍基高温合金蠕变性能的影响 [J]. 金属学报，2019，9：1204-1210.

[8] 陈恒，申琳. 残余应力对金属材料局部腐蚀行为的影响 [J]. 工程科学学报，2020，3 (26)：1-11.

思考题

1. 名词解释
蠕变；等强温度；蠕变极限；持久强度；应力松弛；应力腐蚀；氢脆；稳态蠕变；蠕变脆性；扩散蠕变；K_{Iscc}
2. 某一圆柱形试样以一定的速率蠕变10000h，固定载荷为1000N。试样的初始直径和长度分别为10mm 和 200mm，蠕变率为 10^{-8} h^{-1}。试求：在蠕变 10^4h、10^6h、10^8h 后的试样长度。
3. 已知一材料的蠕变速率可用 $\dot{\varepsilon}=4.5\times10^{11}\exp(-Q/RT)$ 来表示，求100℃下该材料的直径由10mm 变为15mm 所需要的时间。(已知激活能 $Q=100$kJ/mol，R 为摩尔气体常数 8.3J/mol·K)
4. 金属的蠕变机制有哪些？分别在什么条件下起主要作用？
5. 和常温下力学性能相比，金属材料在高温下的力学行为有哪些特点？
6. 某材料的高温持久试验的数据列于下表。

温度/℃	应力/MPa	断裂时间/h	温度/℃	应力/MPa	断裂时间/h
600	355	3678	720	140	10226
	415	368		175	1258
	450	103		190	542
	530	32		245	52
650	210	17866	810	92	8796
	245	3521		110	2356
	280	852		140	855
	300	125		175	65

试：① 画出应力-持久时间的关系曲线；② 求出810℃下经受2500h 的持久强度极限；③ 求出600℃下10000h 的许用应力。(设安全系数 $n=3$)
7. 在一次实验室蠕变变形测试试验中，发现一合金的蠕变率 $\dot{\varepsilon}$ 在780℃和650℃分别为0.5%/h 和 10^{-2}%/h。试计算：① 在给定温度范围内蠕变激活能是多少？② 在550 ℃时，蠕变率大约是多少？
8. 1%Cr-1%Mo-0.25%V 合金材料在750℃、100MPa 载荷的环境下20h 断裂，根据 Larson-Miller 方法计算该合金在650℃、100MPa 的蠕变寿命。(已知 $C=22$)。
9. 某些应用于高温的沉淀强化的镍基合金，不仅有晶内沉淀，还有晶界沉淀。晶界沉淀相是一种硬质金属间化合物，它对这类合金的抗蠕变性能有何贡献？
10. 试分析晶粒大小对金属材料高温力学性能的影响。
11. 试述高温蠕变与应力松弛的异同点。

12. 简述陶瓷材料、高分子材料的蠕变特征。
13. 材料的应力腐蚀开裂具有哪些主要特征？如何判断某一零件的破坏是由应力腐蚀引起的？
14. 当进行结构件安全设计时，在什么条件下选用 K_{Ic} 和 K_{Iscc}？
15. 简述应力腐蚀的预防措施。
16. 分析应力腐蚀裂纹扩展速率$\frac{\mathrm{d}a}{\mathrm{d}t}$与 K_{I} 关系曲线，并与疲劳裂纹扩展速率曲线进行比较。
17. 钢桩处于涨潮水位部分的腐蚀比处于较低水位部分要严重，为什么？
18. 叙述区分高强钢发生应力腐蚀破裂与氢致滞后断裂的方法。
19. 简述氢脆的类型及其特征。并说明为什么氢脆通常发生在一定的温度范围。
20. 为什么高强度钢的氢致延滞断裂是步进式的？

9 材料的磨损和接触疲劳
Wear and Contact Fatigue of Materials

任何机器运转时，相互接触的零件之间都将因相对运动(滑动、滚动或滑动加滚动)而产生摩擦，而磨损正是摩擦产生的结果。

由于磨损将造成表层材料的损耗，使零件尺寸发生变化，直接影响零件的使用寿命。如气缸套的磨损超过允许值时，将导致功率下降，耗油量增加，产生噪声和振动等，不得不更换。可见，磨损是机器工作效率下降、准确度降低甚至使其报废的一个重要原因，同时也增加了材料的消耗。因此，研究磨损规律，提高机件耐磨性，对节能降耗、延长机件寿命具有重要的意义。

本章重点介绍几种常见的磨损类型，讨论其机理及影响磨损速率的因素，并主要从材料学的立场出发探讨控制磨损的途径。

9.1 摩擦与磨损的基本概念(Concept of Friction Andwear)

9.1.1 摩擦及类型

两个相互接触物体或物体与介质间发生相对运动(或相对运动趋势)时出现的阻碍运动作用称为摩擦，该阻力即摩擦力。

关于摩擦的起因一直存在着凹凸说和黏着说两种观点。随着测试手段的革新、测试技术的进步，越来越多的试验结果表明，摩擦起因中黏着是基本的，但凹凸引起的塑性变形(包括犁沟)在其中也起着很大的作用。

根据运动状态，摩擦可以分为静摩擦与动摩擦两种，其中动摩擦又可分为滑动摩擦和滚动摩擦。

物体由静止开始运动时所需要克服的摩擦力称为静摩擦力，在运动状态下，为保持匀速运动所需要克服的摩擦力称为动摩擦力。在一般情况下，对于相同的摩擦物体，静摩擦力比动摩擦力大，动摩擦时由于摩擦力作用点的转移，动摩擦力便作了功。这个功的一部分(可达 75%)转变为热能(摩擦热)，使工作表面层周围介质的温度升高，其余部分(约 25%)消耗于表面层的塑性变形。摩擦热是一种能量损失，导致机器的机械效率降低，所以生产中一般总是力图减少摩擦系数，减少摩擦热，从而提高机械效率。另外，摩擦热引起摩擦表面温度升高，引起表层一系列物理、化学和机械性能的变化，导致磨损量的变化，所以在研究磨损问题中必须重视摩擦热。

一个物体在另一个物体上滑动时产生的摩擦叫作滑动摩擦，也叫作第一类摩擦，例如蒸汽机活塞在气缸中的摩擦、汽轮机轴颈在轴承中的摩擦，都属于滑动摩擦。

一个球形或者圆柱形物体在另一个物体表面上滚动，这时产生的摩擦叫作滚动摩擦，或者叫第二类摩擦。例如火车轮在轨道上转动时的摩擦、齿轮间的摩擦、滚珠轴承中的摩擦，都是滚动摩擦。实际上，发生滚动摩擦的机件中有许多同时带有或多或少的滑动摩擦。滚动摩擦比滑动摩擦小得多。一般来说，前者只有后者的十分之一甚至百分之一。

根据润滑状态，摩擦又可分为如下四类。

① 液体摩擦(或叫液体润滑)：两摩擦表面被较厚的润滑剂层(大于5μm)分隔开，物体之间并不直接接触。在此条件下，摩擦力完全取决于润滑剂的性质而与物体的表面性质无关。一般在物体表面不发生磨损。

② 半液体摩擦：摩擦表面存在薄厚不均的润滑剂层(在1~5μm范围内)。此时摩擦力的大小与润滑剂和金属表面性质均有关，此类摩擦多出现在低速和高压条件下。

③ 境界摩擦(或称境界润滑)：摩擦表面并不直接接触，但相对上述两种摩擦，其间的润滑剂膜极薄，一般在0.1~1μm。此时的摩擦力主要取决于金属表面层性质，当然与润滑剂性质也有一定关系。

④ 干摩擦：当境界润滑破坏后便发生干摩擦，即两摩擦面直接接触，出现完全无润滑剂的摩擦，不过通常所谓干摩擦其摩擦表面仍存在气体吸附层等。

9.1.2 磨损及类型

迄今学术界尚无一致认同的全面而十分确切的磨损定义。几种代表性的提法分别是：“由于摩擦兼反复扰动的结果造成材料的破坏”，“由于表面相对运动的结果而使材料从物体工作面上的逐渐损耗”，“由于机械作用的结果使材料从固体表面上的去除”，“由于机械和(或)化学过程使材料从相对运动表面上的去除”。出现这种结果不足为奇，因为磨损和摩擦是物体相互接触并作相对运动时伴生的两种现象，摩擦是磨损的原因，而磨损是摩擦的必然结果。而一个摩擦系统的构成是十分复杂的，参数很多，至少应包括设计、材料和环境三个部分。主要现象是材料从摩擦系统中的表面上去除，所有其他效应(如变形、化学反应或周期性的现象)都是个别特定系统中的典型现象。

磨损主要是力学作用引起的，但磨损并非单一力学过程，引起磨损的既有力学作用，也有物理和化学作用，因此，摩擦副材料、润滑条件、加载方式和大小、相对运动特性(方式和速度)以及工作温度等诸多因素均影响磨损量的大小。所以，磨损是一个复杂的系统过程。

在磨损过程中，磨屑的形成也是一个变形和断裂过程。因此，静强度中的基本理论和概念也可用来分析磨损过程，但前几章中所述变形和断裂是指机件整体变形和断裂机制，而本章的磨损是发生在机件表面的过程，两者是有区别的。比如，整体加载时，塑性变形集中在材料一定体积内，在这些部位产生应力集中并导致裂纹形成。而在表面加载时，塑性变形和断裂发生在表面，由于接触区应力分布比较复杂，沿接触表面上任何一点都有可能参加塑性变形和断裂，反而会使应力集中程度降低。在磨损过程中，塑性变形和断裂是反复进行的，一旦磨屑形成后又开始下一循环，故过程具有动态特征。这种动态特征标志着表层组织变化也具有动态特征，即每次循环，材料总要转变到新的状态；整体加载则不同，所以普通力学性能试验所得到的材料力学性能数据不一定能反映材料耐磨性的优劣。

磨损的分类尚未有统一的标准，目前比较常用的方法是基于磨损的破坏机制进行分类，一般为分六类：氧化磨损、咬合磨损(第一类黏着磨损)、热磨损(第二类黏着磨损)、磨粒磨损、微动磨损、表面疲劳磨损(接触疲劳)。表9.1简要列出了这几类磨损的特征。

表 9.1 磨损分类及特点

类型	内容	特点	举例
氧化磨损	滑动或滚动在各种大小比压下和滑动速度下。塑变的同时，氧化膜不断形成和破坏，不断有氧化物自表面剥落	无论有无润滑，磨损速度小（0.1～0.5μm/h），表面光亮有均匀分布的极细致的磨纹	为一般机械中最常见的正常磨损
咬合磨损(第一类黏着磨损)	摩擦副相对运动时，由于接触表面直接黏着，在随后摩擦过程中黏着点被拉拽下来	发生于无润滑和氧化膜缺少及滑动速度不大情况下，黏着点被剪切破坏（为黏着点的不断形成和破坏）	缺少润滑的低速重载机械
热磨损(第二类黏着磨损)	滑动在很大比压下和大的滑动速度下。因摩擦生热造成表面温度升高，使金属软化，润滑剂变质，出现金属直接黏着和撕裂	无论有无润滑，磨损速度较大（1～5μm/h）时，表面布满撕裂痕	农用机械、矿山机械
磨粒磨损	因硬颗粒或凸出物嵌入，并切割摩擦表面材料使其脱落下来	发生于各种压力和滑动速度，磨粒作用于表面而破坏	农业机械、矿山机械
微动磨损	两接触面由于承受周期性的、幅度极小的相对运动使之发生黏着、腐蚀和表面的剥落	通常发生于有微量振动的接触表面上，都伴有腐蚀过程而产生氧化碎屑	飞机操纵杆花键、销子
表面疲劳磨损(接触疲劳)	两接触表面滚动或重复接触时，由于载荷作用使表面产生变形，并导致裂纹产生，造成剥落	无论有无润滑，表层或次表层在接触应力反复作用下产生麻点剥落	齿轮、滚动轴承

实际上，上述磨损机制很少单独出现。根据磨损条件的变化，可能会出现不同的组合形式，因而在解决实际磨损问题时，要分析参与磨损过程各要素的特征，找出哪几类磨损在起作用，而起主导作用的磨损又是哪一类，进而采取相应的措施，减少磨损。

9.1.3 耐磨性(wear resistance)

耐磨性是材料抵抗磨损的一个性能指标，可用磨损量来表示，磨损量愈小，耐磨性愈高。通常磨损量按摩擦行程分为三个阶段。

如图 9.1 所示。① 跑合阶段[图 9.1(a)中 Oa 段]：开始时，摩擦表面具有一定的粗糙度，真实接触面积较小，故磨损速率很大。随着表面逐渐被磨平，真实接触面积增大，磨损

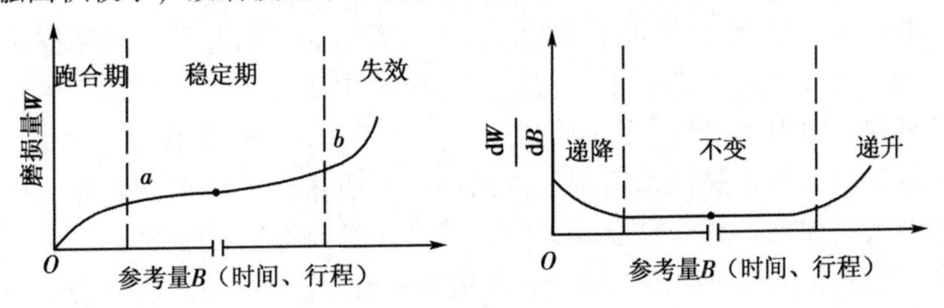

(a)磨损量与时间或行程关系曲线　(b)磨损速率与时间或行程关系曲线

图 9.1 磨损曲线和它的导数曲线

速率减慢[见图9.1(b)]。② 稳定磨损阶段[图9.1(a)中ab段]：经过跑合阶段，接触表面进一步平滑，磨损已经稳定下来，磨损量很低，磨损速率不变[见图9.1(b)]。③ 剧烈磨损阶段[图9.1(a)中b点以后]：随着时间或摩擦行程增加，接触表面之间间隙逐渐扩大，磨损速率急剧增加[见图9.1(b)]，摩擦副温度升高，机械效率下降，精度丧失，最后导致零件完全失效。

磨损量可用摩擦表面法向尺寸减少来表示，称为线磨损量。也可用体积和质量的减少量来表示，分别称为体积磨损量和质量磨损量，由于上述磨损量又是摩擦行程或时间的函数，因此也可用磨损强度或磨损率来表示其磨损特性。前者指单位摩擦行程的磨损量，单位为μm/m或mg/m；后者指单位时间的磨损量，单位为μm/h或mg/h。还经常利用磨损量的倒数来表示所研究材料的耐磨性，也可用相对耐磨性(ε)概念，用下式表示

$$\varepsilon=\frac{\text{被测试样磨损量}}{\text{标准试样磨损量}}$$

在处理实际问题时，如果摩擦表面上各处线性减少量是均匀时，则宜采用线磨损量；当要解释磨损的物理本质时，采用体积或质量损失的磨损量更为恰当。

9.2 磨损机制及提高磨损抗力的因素(Wear Mechanism and the Factors to Improve Wear Resistance)

9.2.1 氧化磨损(oxidative wear)

任何存在于大气中的机件表面总有一层氧的吸附层。图9.2为经机加工后金属表面在干摩擦、境界摩擦和液体摩擦条件下氧吸附层的结构。

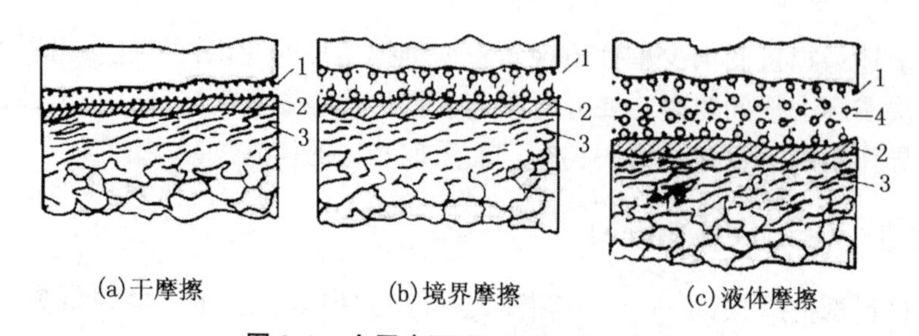

图9.2 金属表面吸附层构造示意图

1—氧(或润滑油分子)的物理吸附层；2—氧的化学吸附层；3—塑性变形层；4—润滑油层

其中第一层(氧的物理吸附层)和第二层(氧的化学吸附层)都是金属与周围空气中的氧交互作用的结果。第三层(塑性变形层)是由切削或磨削加工引起的。当摩擦副作相对运动(滚动或滑动)时，由于表面凹凸不平，在凸起部位单位压力很大，导致产生塑性变形。塑性变形加速了氧向金属内部扩展，从而形成氧化膜。由于形成的氧化膜强度低，在摩擦副一方继续作相对运动时，氧化膜被摩擦副一方的凸起所剥落，裸露出新表面，从而又发生氧化，随后又被磨去。如此，氧化膜形成又除去，机件表面逐渐被磨损，这就是氧化磨损过程。图9.3所示为氧化磨损时摩擦点处金属表层结构模型。其中左右小图分别表示氧化膜破碎和剥落的情况。

氧化磨损在各类摩擦过程、各种摩擦速度和接触压力下都会发生，只是磨损程度有所不

同，和其他磨损类型比较，氧化磨损具有最小的磨损速率，其值仅为0.1~0.5μm/h，因此它是生产上唯一被允许的磨损。机件因氧化磨损而失效可以认为是正常失效。据此，抵抗磨损的指导原则是首先在机件材料选择、工艺制订、结构设计和维护使用等方面创造条件使机件原来会出现的其他磨损类型转化为氧化磨损，其次再设法减少氧化磨损的速度，从而达到延长机件使用寿命的目的。

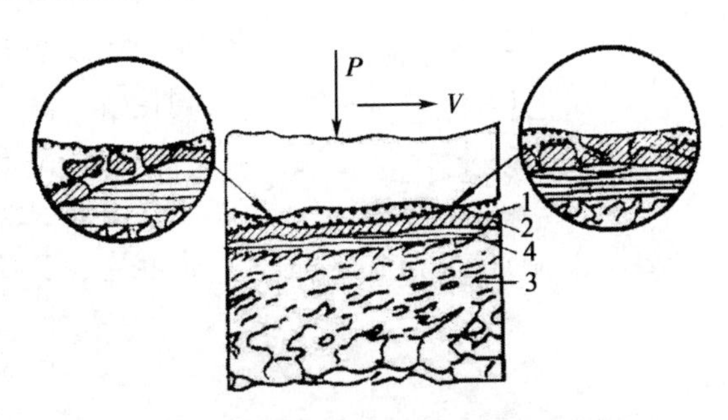

图9.3 氧化磨损时摩擦点处金属表层结构模型(干摩擦)

1—氧的物理吸附层；2—氧与金属的化合物层；3—塑性变形层；4—氧在金属中固溶体

从材料方面看，减少氧化摩损速度以提高机件耐磨性的指导原则是：由于氧化磨损的实质是在金属表层摩擦点处发生塑性变形和氧的扩散，因此氧化磨损的发展速度主要取决于金属表层的塑性变形抗力、氧在金属表层的扩散速度、所形成氧化膜的性质及其与基体金属结合的强度这几方面。显然，凡能提高金属表层塑性变形抗力(如提高金属表层硬度)、降低氧扩散速度、形成非脆性的氧化膜并能与基体金属牢固结合的材料及相应的一切工艺措施和办法，都可以提高抗氧化磨损的能力。

9.2.2 咬合磨损(occlusion wear)(第一类黏着磨损)

咬合磨损只发生在滑动摩擦条件下，且当零件表面缺乏润滑和无氧化膜时，相对滑动速度很小(对钢小于1m/s)，而单位法向载荷很大，以致超过表面实际接触点处屈服强度的时候，便发生咬合磨损，这是产生咬合磨损的外在条件。

咬合磨损的实质是：材料表面实际上是极粗糙的，当两物体接触时，只有局部相接触(大约在$\frac{1}{10000}$~$\frac{1}{10}$范围内)。正因如此，当名义上的压力很小时，其实际接触点处的压力已经很大，以致金属在此处发生塑性变形，结果使这部分表面上的润滑油、氧化膜被挤破，从而出现金属的直接接触而发生黏着。由于摩擦面不断相对移动，形成的黏结点被破坏，但在另一些地方又形成新的黏结点，所以咬合磨损的速度较大(10~15μm/h)。图9.4所示为咬合磨损过程示意图。

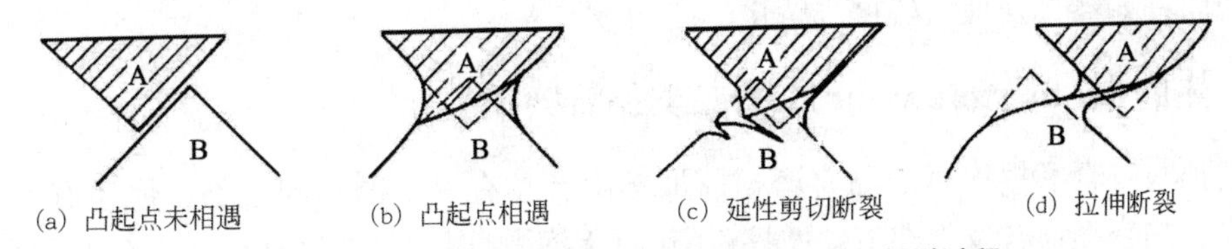

图9.4 凸起点相遇时黏着点的形成、变形和断裂过程

其中图9.4(a)为凸起点未相遇；图9.4(b)为凸起点相遇；图9.4(c)表示延性剪切断裂；图9.4(d)为拉伸断裂，一般脆性断裂很少。由于材料机械性能不同，当黏着部分分离时，可以出现两种情况：① 若黏着点的结合强度比两边金属都低，便由接触面分开，此时基体内部变形小，摩擦面只出现轻微擦伤。② 若黏着点的结合强度比两边金属中的任一方高时，分离面就发生在较弱金属的内部，摩擦面显得很粗糙，有明显的撕裂痕迹。

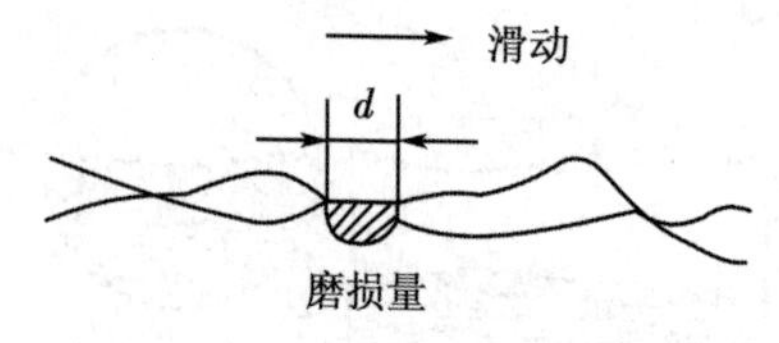

图 9.5　黏着磨损模型示意图

为了表达黏着磨损的宏观规律，可用图 9.5 进行讨论。

若摩擦面上有 n 个这样的凸起，在压力 P 的作用下发生黏着，黏着直径为 d，并认为黏着点处的材料处于屈服状态，其压缩屈服极限为 σ_{sb}，则

$$P = n\frac{\pi d^2}{4}\sigma_{sb} \tag{9-1}$$

相对滑动使黏着点分离时，一部分黏着点便从软材料中拽出直径为 d 的半球。若发生这种现象的概率为 K，则滑动一段距离 L 后，摩擦偶件在接触面积 S 上的磨损量 W 可记为

$$W = nK \times \frac{1}{2} \times \frac{1}{6}\pi d^3\ \frac{L}{d} = \frac{Kn\pi d^2 L}{12} \tag{9-2}$$

将式(9-1)代入式(9-2)则得

$$W = K\frac{PL}{3\sigma_{sb}} \tag{9-3}$$

按摩擦副的设计原则，即摩擦副承受的压强不应超过所选材料硬度 HB 的$\frac{1}{3}$，则式(9-3)可写作

$$W = K\frac{PL}{\text{HB}} \tag{9-4}$$

式（9-4）表明磨损量 W 与载荷 P、滑移距离 L 成正比，与材料硬度 HB 成反比。K 原代表黏着概率，实际上反映了配对材料抗黏着能力的大小，称为黏着磨损系数。合理配对和表面履层的目的在于减少 K。降低表面粗糙度和加载不要超过材料硬度值的$\frac{1}{3}$，目的都是为了减小 P。此外，就是尽可能提高材料的硬度，使 HB 增大，以减少磨损量 W。

总之，为防止咬合磨损，首先要合理选择摩擦副材料，各异材料配对比各同材料好，多相比单相好，硬度差大些的比小些的好，金属与非金属配对好，因为它们的材料特性差别大，黏着倾向小。其次，要降低表面粗糙度以增加真实接触面积，从而减少凸起接触点处所受压力。再次，设计时摩擦副一方承受的压强不应超过所选材料硬度的$\frac{1}{3}$。最后，在金属表面覆以薄膜，如蒸气处理、硫化、磷化、硅化等。

9.2.3　热磨损(thermic wear)(第二类黏着磨损)

热磨损与咬合磨损均属于黏着磨损，虽然两者具有一定的相同之处，但还有一定的区别。首先，热磨损通常发生在滑动摩擦(不论有无润滑)时，且滑动速度很大(对钢而言，大于 3~4m/s)，比压也很大，同时将产生大量摩擦热使润滑油变质，使表层金属加热到软化温度，在接触点处发生局部金属黏着，出现较大金属质点的撕裂脱离甚至熔化，因而才把这种形式的磨损称为热磨损。其次，从磨损痕迹上看，热磨损具有明显撕裂划痕特征。热磨损在重载和高速机件中表现最为明显，因此它是发展这类机械中遇到的重大阻碍之一。热磨损的磨损速度也较大，多为 1~5μm/h。

根据摩擦表面所达到的温度范围不同，热磨损发展过程可分为三个阶段。

第一阶段：摩擦温度不高，表面强度略有降低，接触点处黏着与撕裂是在表面金属塑性变形不大的情况下进行的，黏着处较弱金属颗粒的撕掉构成金属的磨损，其结果是在摩擦面上留下规则间隔的撕裂缝。

第二阶段：摩擦引起的温升(对钢类达600℃以上)使金属表层强度大为降低，此时接触点处黏着与撕裂是在金属表层塑性变形较大的情况下进行的，磨损由被软化的金属黏着于强度较大的金属表面撕裂来进行。

第三阶段：金属表面温度达到其熔化温度(对钢类为1400~1500℃)，磨损是由表面熔化的金属层被带走而造成的，但由于此时表面氧化剧烈，黏着减少，因此磨损量反而小于第二阶段。

因为引起热磨损的根本原因是摩擦区形成的热，因此首先要设法减少摩擦区的形成热，使摩擦区的温度低于金属稳定性的临界温度和润滑油热稳定性的临界温度，在设计上可在摩擦区增加水冷或空冷的结构措施，以及改变工件摩擦区的形状和尺寸，使形成的摩擦热尽可能地传到周围介质中去。工艺上采取在工件表面形成硫的、磷的或氧的非金属薄膜去除热黏着。在维护运转上注意不要过载，保证润滑正常以及在润滑油中加入能在表面强烈进行反应，形成不倾向于黏着的二次组织的添加剂。其次，要设法提高金属热稳定性和润滑油的热稳定性，在材料选择上应选用热稳定性高的合金钢并进行正确的热处理，或采用热稳定性高的硬质合金堆焊。

9.2.4 磨粒磨损(abrasive wear)

磨粒磨损也称为磨料磨损或研磨磨损，是指滑动摩擦时机件表面摩擦区存在硬质磨粒(外界进入的磨料或表面剥落的碎屑)，以致磨面发生局部的塑性变形，磨粒嵌入和被磨粒切割等过程，使磨面逐渐被磨耗。磨损速度也较大，能达0.5~5μm/h。磨粒磨损和氧化磨损一样，是机件中普遍存在的一种磨损形式。

因为磨粒磨损主要与摩擦区存在磨粒有关，所以在各种滑动速度和比压下都可能发生。磨粒磨损速度主要取决于磨粒性质(主要是相对于摩擦副材料的硬度大小)、形状和大小。当磨料硬度较高且棱角尖锐时，磨粒状如刀具，在切应力作用下，对金属表面进行切削形成切屑。这些切屑一般较长而深度较浅(如图9.6中右图所示)。

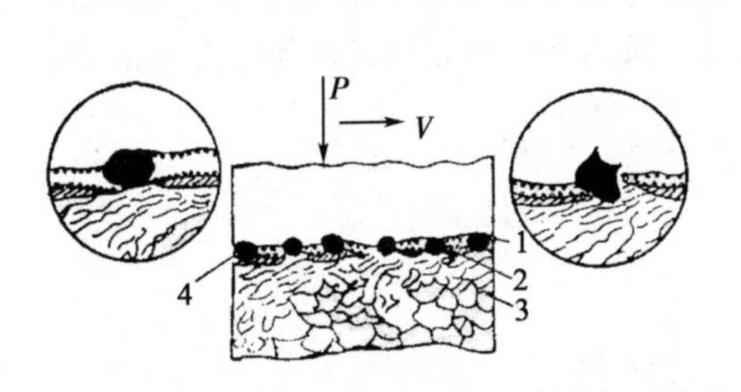

图9.6 磨粒磨损时摩擦点处金属表层结构示意图

1—氧的物理吸附层；2—氧的化学吸附层
3—塑性变形层；4—磨粒

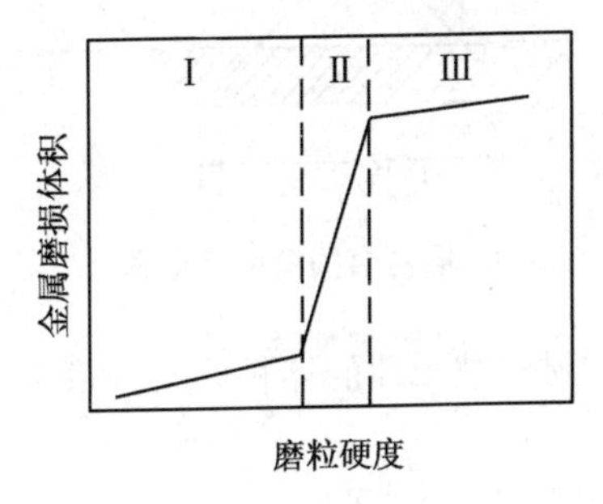

图9.7 磨粒硬度对金属磨损量的影响

但实际上，磨粒与表面接触时发生切削的情况不是很多，更多的情况是磨粒形状较圆钝，或者材料表面塑性较高时，磨粒在表面滑过后往往只能犁出一条沟槽，而使两侧金属发生塑性变形，堆积起来(如图 9.6 中左图所示)。在随后的摩擦过程中，这些被堆积部分又被压平，如此反复地塑性变形，导致裂纹形成而引起剥落，因此这种磨损实际上是疲劳破坏过程。

并已发现，磨粒磨损取决于磨粒硬度 Ha 和金属硬度 Hm 之间的相互关系，于是得到如图 9.7 所示的三种不同磨损状态。

Ⅰ：低磨损状态，Ha<Hm；

Ⅱ：磨损转化状态，Ha≈Hm；

Ⅲ：高磨损状态，Ha>Hm。

这就得出一个重要结论：为了减小磨粒磨损量，金属的硬度 Hm 应比磨粒的硬度 Ha 约高 0.3 倍，即

$$\mathrm{Hm} \approx 1.3\mathrm{Ha} \tag{9-5}$$

这可作为低磨粒磨损率的判据。分析表明，不必将材料硬度 Hm 增加到超过 1.3 Ha，因为这样做不会得到更显著的改善。

M. M. 赫罗绍夫试验了各种材料相对耐磨性 ε 与材料硬度 Hm 的关系，并得到如下结论。

① 退火状态的工业纯金属及退火钢的耐磨性 ε 与材料硬度 Hm(维氏角锥硬度 Hv)间成直线关系

$$\varepsilon = C\mathrm{Hm} \tag{9-6}$$

式中，$C=13.8\times10^{-3}\ \mathrm{N}^{-1}\cdot\mathrm{mm}^2$

② 热处理能改善钢抗磨粒磨损性能。

③ 对于因塑性变形而加工硬化的材料，加工硬化虽然提高了材料的硬度值，但对耐磨性却没有影响，此时施加的应力不超过磨粒的破坏强度。若是在高应力冲击加载条件下，施加的应力可大于磨粒的破坏强度，则试验表明，此时表面受到加工硬化，并且加工硬化后硬度愈高，耐磨性愈好。

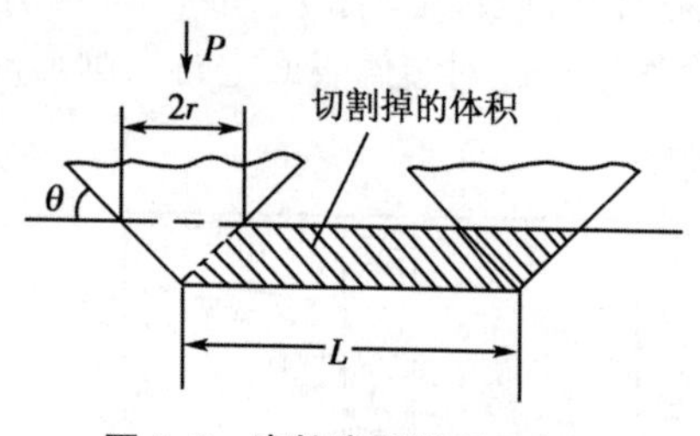

图 9.8 磨粒磨损模型示意图

磨粒磨损的耐磨性与材料硬度的线性关系可用图 9.8 所示的简单模型说明。在接触压力 P 作用下，硬材料的凸出部分(假定为张角 2θ 的圆锥体)压入软材料中。当磨料与金属表面相对滑动了 L 长距离后，软材料被犁出一条沟槽。假如软材料硬度为 Hm，则

$$P = \mathrm{Hm} \times \frac{1}{8}\pi d^2 \tag{9-7}$$

软材料被犁掉的体积即磨损量 W

$$W = \frac{d}{2} \times \frac{d}{2}\tan\theta L \tag{9-8}$$

将式(9-7)代入式(9-8)得

$$W = \frac{2\tan\theta}{\pi} \times \frac{PL}{\mathrm{Hm}} \tag{9-9}$$

式(9-9)表明，磨料磨损量与接触压力 P、滑动距离 L 成正比，与材料的硬度成反比，同时与磨料或硬材料凸出部分尖端形状有关。

9.2.5 微动磨损(fretting wear)

在讨论磨损时，微动磨损多放在最后，这是因为它所包含的内容都是由其他机理中来的。微动磨损还称为振动磨损、间隙磨损、微动腐蚀、微动疲劳或咬伤。这种系统以含有小振幅和各种不同频率的振荡为特点。多发生在机器的嵌合部位紧配合处(如图9.9所示)。

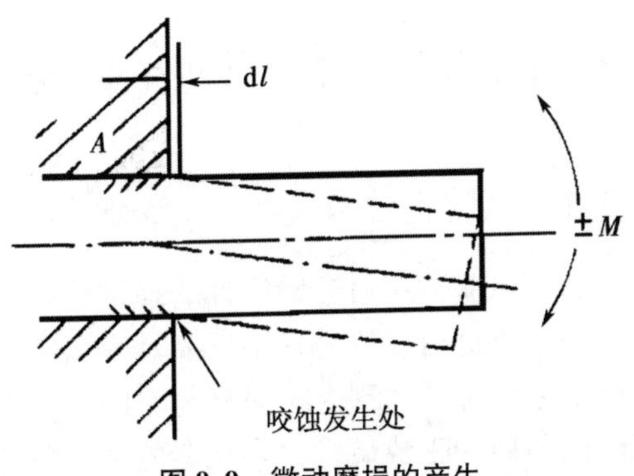

图9.9 微动磨损的产生

它们之间虽然没有宏观相对位移，但在外部变动载荷和振动的影响下，却产生了非常小的相对微量滑动，此时表面上产生大量微小氧化物磨损粉末，由此造成的磨损便称为微动磨损，由于微动磨损集中在局部，又因两摩擦表面不脱离接触，磨损产物不易向外排除，故兼有氧化磨损、磨粒磨损和黏着磨损的作用。同时在发生微动磨损处往往形成蚀坑(又称咬蚀)，不仅使机件精度、性能下降，更严重的是引起应力集中，导致疲劳损伤。这就是在进行疲劳试验时，有时断裂发生在试样夹头处，而没有出现在试样中部的原因。

为了防止微动磨损。提高微动疲劳强度，目前主要在工艺和设计上采用措施。

比较有效的工艺措施有如下。

① 表面化学热处理(渗碳、氮化、氰化等)。提高表层硬度，以减小实际接触面积和形成阻止微裂纹扩展的残余压应力，有利于改善钢的微动疲劳抗力。

② 电镀和喷涂覆盖层。前提是覆盖以软金属，如喷涂铝、锡、锌、锑、银等，它们能明显减小摩擦系数，或将微动限制在涂层中从而减小微动损伤。近期 Qing-Jun Zhou 等人研究了在环境湿度和温度下氢对 Ni-P 涂层的摩擦和磨损的影响，结果表明，氢可以有效降低 Ni-P 涂层的摩擦系数，提高了耐磨性。

③ 表面形变强化处理。滚压、喷丸等表面强化工艺能有效地提高微动疲劳强度，喷丸效果尤为突出。近期 De-Bao Liu 等人研究了 Mg-2Zn-0.2Mn 合金在模拟体液中的腐蚀和磨损行为，研究结果表明，挤压及时效处理后铸态合金的抗腐蚀及磨损性能获得了有效提高。

④ 接触表面润滑。常采用固体润滑剂，如二硫化钼、聚四氟乙烯、石墨等，主要是降低摩擦系数。但作用是有限的，如二硫化钼，仅能使微动疲劳强度提高20%左右。

设计上比较有效的措施如下。

① 采用衬垫，以改变接触面的性质。软铜皮、橡胶、塑料、的确良等非金属材料均可作衬垫。

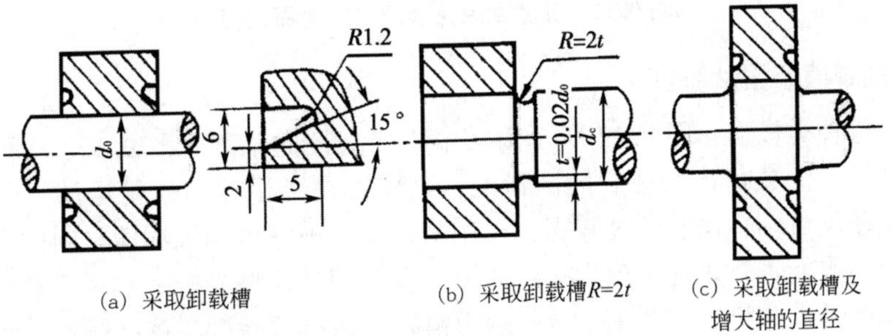

图9.10 压配合轴设计示例

② 减小应力集中，对压配合件采取卸载槽已获得良好的效果[见图9.10(a)、(b)]。经验指出，既采取卸载槽，又增大接触部分轴的直径[见图9.10(c)]效果好。

9.3 材料磨损试验方法(Material Wear Test Method)

9.3.1 试验方法分类

磨损试验方法可分为零件磨损试验和试样磨损试验两类。前者是以实际零件在机器实际工作条件下进行试验，这种试验具有真实性和可靠性，但其试验结果是结构、材料、工艺等多种因素的综合表现，不易进行单因素的考虑，而且试验时间较长，成本较高；后者是将要试验的材料加工成试样，在规定的试验条件下进行试验，它一般多用于研究性试验，其优点是可以通过调整试验条件对磨损某一因素进行研究，以探讨磨损机制及其影响规律，且试验时间短，成本低，易控制各种影响因素以及结果便于比较等；缺点是试验结果常常难以直接反映实际情况。在研究重要机件的耐磨性时往往兼用这两种方法。在此简单介绍后一种试验方法。

9.3.2 磨损试验机

实验室所用的磨损试验机种类很多，但其组成主要应包括试样、对磨材料、中间材料、加载材料、运动系统和测量系统几个部分。从摩擦面分可分为新生面摩擦磨损试验机与重复摩擦磨损试验机。

9.3.2.1 新生面摩擦磨损试验机

图9.11(a)、(b)、(c) 为摩擦面的一方不断受到切削，使之形成新的表面而进行磨损试验。其特点是对磨材料摩擦面的性质总是保持一定，它不随时间而变化。此类试验机多用于切削刀具等试样的磨损试验。图9.11(a)所示为摩擦面的一方不断受到切削，使之形成新的表面而进行磨损试验。

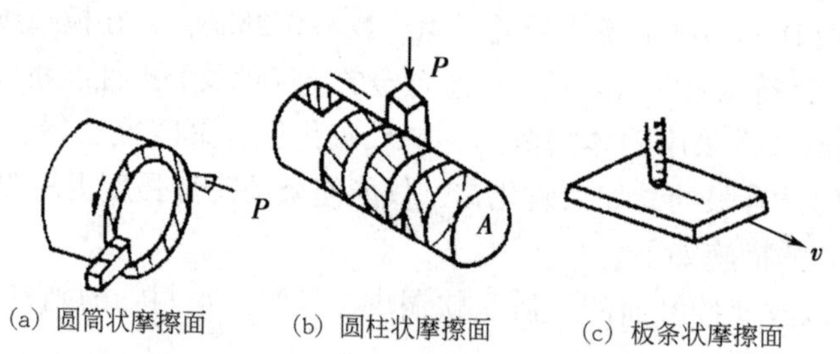

图9.11 新生面摩擦磨损试验机原理图

9.3.2.2 重复摩擦磨损试验机

此类试验机种类较多，图9.12所示为其中有代表性的几种。图9.12(a)所示销盘式磨损试验机将试样加上载荷压紧在旋转圆盘上，试样可在半径方向往复运动，也可以是静止的。该法摩擦速度可调，试验精度较高，可用来评定各种摩擦副及润滑材料的低温与高温摩擦和磨损性能，也能进行黏着磨损规律的研究。在金相试样抛光机上加一个夹持装置和加力系统即可制成此种试验机。图9.12(b)所示为销筒式磨损试验机，将试样紧压在旋转圆筒上进行试验。图9.12(c)所示为往复运动式磨损试验机，试样在静止平面上作往复运动，适用于试验导轨、缸套、活塞环一类往复运动零件的耐磨性。图 9.12(d)所示为 MM 型磨损试验机，可用来测定金属材料在滑动摩擦、滚动摩擦、滚动和滑动复合摩擦及间歇接触摩擦情况下的磨损量，以比较各种材料的耐磨性。图 9.12(e)所示为砂纸磨损试验机，与图 9.12(a)相似，只是对磨材料为砂纸，是进行磨料磨损试验较简单易行的方法。图 9.12(f)所示为快速磨损试验机，旋转圆轮为硬质合金，能较快地测定材料及处理工艺的耐磨性，以及测定润滑剂的摩擦及磨损性能。

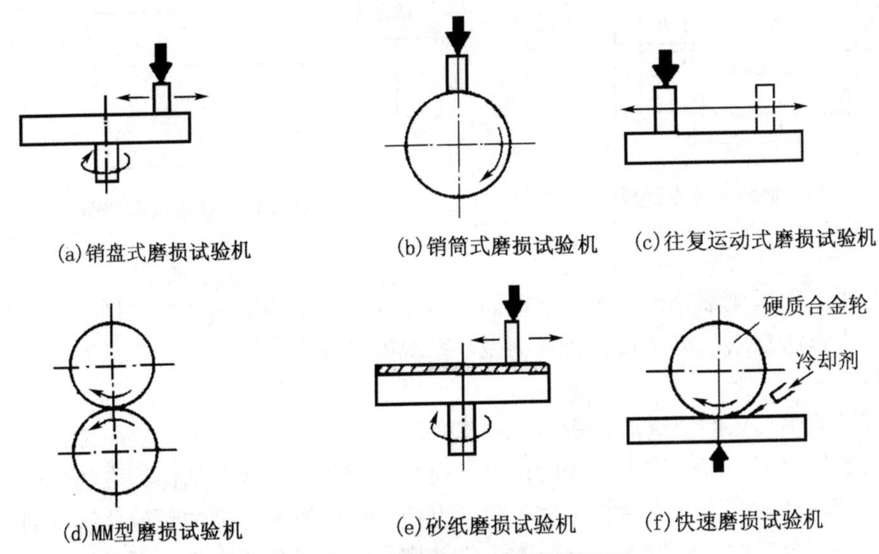

图 9.12　重复摩擦磨损试验机原理图

9.3.3　磨损量的测量方法

磨损量的测量通常有称重法和尺寸法两类。称重法就是根据试样在试验前后的质量变化，用精密分析天平测量，来确定磨损量。它适用于形状规则和尺寸较小的试样和在摩擦过程中不发生较大塑性变形的材料。尺寸法根据表面法向尺寸在试验前后的变化来确定磨损量。为了便于测量，在摩擦表面上选一测量基准，借助长度测量仪器及工具显微镜等来度量摩擦表面的尺寸。称重法操作简便，但灵敏度不高，多用于磨损量在 10^{-2}g 以上的情况下；尺寸法用于磨损量较大称重法难以实现的情况。

在要求提高精度时或特殊条件下可采用划痕法与压痕法及化学分析法。图 9.13 所示为划痕法示意图。使一金刚石锥体绕 x-x 轴旋转，在试样上划上一小坑。设旋转轴至锥尖距离为 r，划坑长 l_1 可在测量显微镜上量出，坑深 h_1 则可根据下式求出

$$h_1=\frac{l_1^2}{8r} \tag{9-10}$$

磨损试验后再量出 l_2，同样按式(9-10)求 h_2。磨痕深度 $\Delta h=h_1-h_2$ 即可表示磨损量。

压痕法使用维氏硬度计压头测出磨损前后试样上压痕对角线长度的变化，换算成深度变化以表示磨损量。

划痕法及压痕法比直接测量深度精确，且压痕小，不会影响机件性能。但此法不宜测量太软的金属。

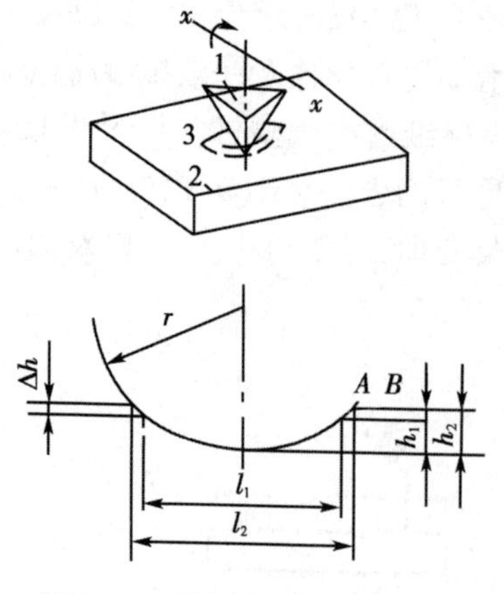

图 9.13　用划痕法测定磨损量

1—锥体；2—试样；3—划痕

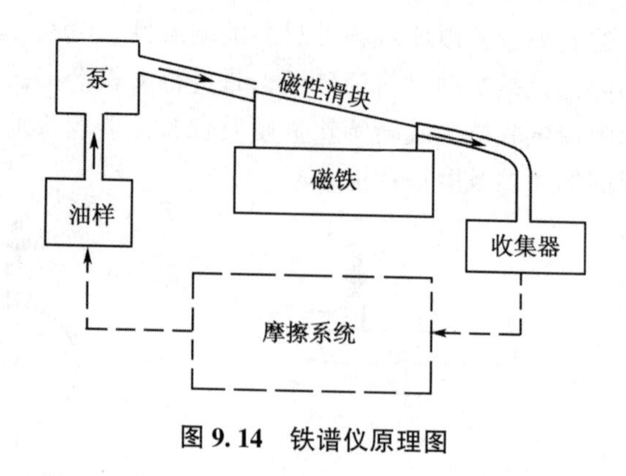

图 9.14　铁谱仪原理图

化学分析法利用化学分析来测定摩擦偶件落在润滑剂中的磨损产物含量，从而间接测定磨损速度。本方法只用于测量具有密封油循环系统的机器磨损速度，而难以用于测量单个机件的磨损量。

在磨损试验中，人们对磨屑分析越来越感兴趣，因为如同断口能反映断裂过程各阶段的信息一样，磨屑也记录着磨损全过程的信息，所以对使用过的润滑剂作污染物分析是检测和评定材料磨损的良好方法。铁谱技术就是为了方便地把磨屑与污染物颗粒从润滑剂中分离出来，以供检验和分析的一门技术。分析时先借铁谱仪将磨屑分离出来，而后将磨屑按尺寸大小铺在透明衬底上，用光学金相显微镜或电子显微镜对磨屑进行研究。图 9.14 所示为铁谱仪工作原理图。

用泵将油样低速输送到处理过的透明衬底(磁石滑块)上，磨屑即在衬底上沉积下来。磁铁能在孔附近产生高梯度的磁场。油样用专门溶剂稀释以促进磨屑的沉淀。沉淀在衬底上的磨屑近似按尺寸大小分布。磨屑的数量、大小及分布用光学密度仪测量。如果连续取出的油样都得到稳定的读数，就可断定机器在正常运行，且以恒速缓慢进行磨损。倘若磨屑数量迅速增多，则表示急剧磨损开始。

不同材料的磨损试验法也可参阅标准试验法，其中对设备及试验尺寸都有规定。

9.4　接触疲劳(Contact Fatigue)

接触疲劳是机器零件(如滚动轴承、齿轮、钢轨和轮箍、凿岩机活塞和钎尾的打击端部等)接触表面，在接触压应力长期反复作用下引起表面疲劳剥落破坏的现象，其损坏形式是在光滑的接触表面上分布着若干深浅不同的针状或痘状凹坑(常称为麻点)，或较大面积的表面压碎。正是由于这种损坏形式较特殊，兼有疲劳与磨损失效的特点，故一般通称为接触疲劳(又称麻点、疲劳磨损、点蚀)失效。一般地，在机器零件刚刚出现少量麻点时，仍可继续工作，但随着工作时间的延续，麻点剥落现象将不断增多和扩大，对齿轮来说，此时啮合情况恶化，磨损加剧，发生较大的附加冲击力，噪声增大，甚至引起齿根折断。由此可见，研究接触疲劳对提高这些机件的使用寿命具有重要意义。

接触疲劳试验通常在模仿服役条件的模拟装置上进行，有试样和实物两种形式。实物试验虽然是对零件疲劳强度决定性的考验，有重要价值，但是，其试验结果是结构、材料、工艺等许多因素的综合表现，较难分析单一因素的影响。因此，为获得单一因素的影响，仍宜进行试样试验。用试样进行接触疲劳试验的装置主要有单面对滚式[见图 9. 15(a)]、双面对滚式[见图 9. 15(b)]和止推式[见图 9. 15(c)] 等几种，以模拟各种服役条件。

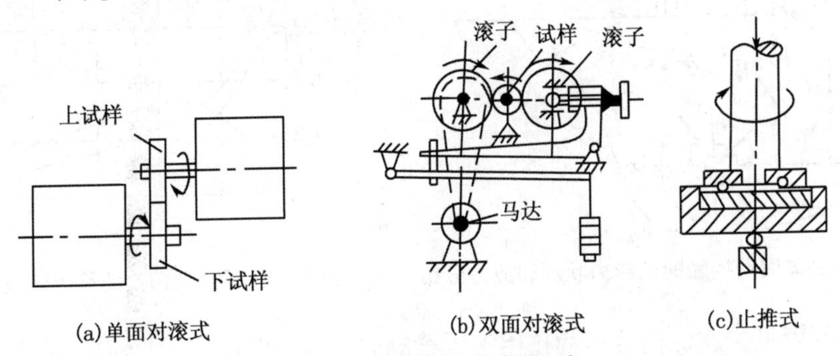

图 9. 15 接触疲劳试验机种类

杨长辉等人近期研究了基于机器视觉的滚动接触疲劳失效在线检测。针对现有金属材料滚动接触疲劳试验存在的疲劳点检测精度和识别率不高、劳动强度大等问题，提出了一种基于机器视觉的试件表面疲劳点检测及判别方法，并设计了一套滚动接触疲劳失效在线检测系统。

9. 4. 1 接触应力(contact stress)

由于接触疲劳是在接触压应力长期作用下的结果，因此，首先介绍一下接触应力有关的概念是很有必要的。通常把两物体相互接触时在表面上产生的局部压入应力称为接触应力，也称为赫兹应力。按圆柱及圆球接触可分为线接触应力和点接触应力两类。

(1) 线接触应力

齿轮传动中的接触就属于线接触。为了方便，可将其视为两个半径分别为 R_1 和 R_2，长度为 L 的圆柱体，在未变形前是线接触的。施加法向压力 P 后，因弹性变形使线接触变为面接触，接触面积为 $2bL$，如图 9. 16 所示。根据弹性力学的分析计算，接触面上的法向应力 σ_z 沿 y 方向呈半椭圆分布。在接触中心($y=0$)处，σ_z 达到最大值，于是

$$\sigma_z = \sigma_{z\max}\sqrt{1-\frac{x^2}{b^2}} \tag{9-11}$$

式中，b 为接触宽度，$b = 1.52\sqrt{\frac{P}{EL}+\left(\frac{R_1R_2}{R_1+R_2}\right)}$。

所以

$$\sigma_{z\max} = 0.418\sqrt{\frac{PE}{L}\left(\frac{R_1+R_2}{R_1R_2}\right)} \tag{9-12}$$

式中，E 为综合弹性模数，由两圆柱体的弹性模数 E_1 和 E_2 按下式求得

$$E = \frac{2E_1E_2}{E_1+E_2} \tag{9-13}$$

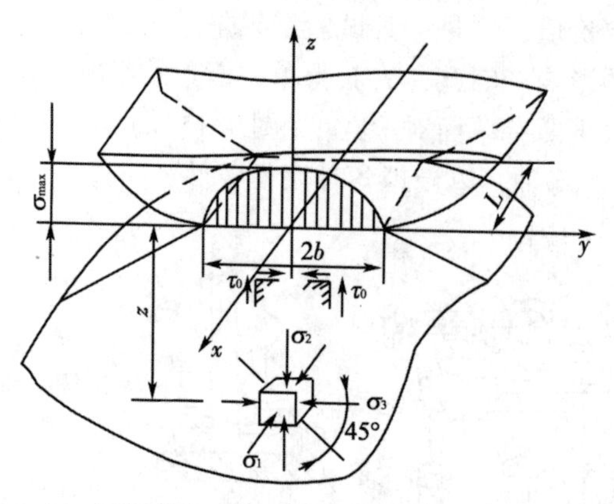

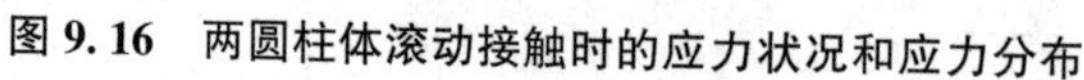
图 9.16 两圆柱体滚动接触时的应力状况和应力分布

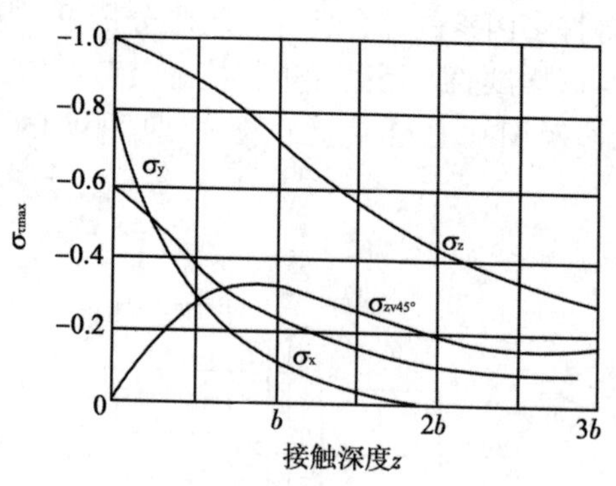

图 9.17 沿接触深度的最大切应力分布

由图 9.16 可见，在法向载荷的作用下，接触应力为三向压应力，故除 σ_z 外，还有 σ_x，σ_y。这三种主应力的分布情况如图 9.17 所示。由图可知，在一定接触深度下，$\sigma_z>\sigma_y>\sigma_x$；当超过一定深度后则变为 $\sigma_z>\sigma_x>\sigma_y$，相应的最大切应力为

$$\tau_{zy45^\circ}=\frac{\sigma_z-\sigma_y}{2} \tag{9-14}$$

$$\tau_{zx45^\circ}=\frac{\sigma_z-\sigma_x}{2} \tag{9-15}$$

$$\tau_{yx45^\circ}=\frac{\sigma_y-\sigma_x}{2} \tag{9-16}$$

上述三个最大切应力分别作用在与主应力作用面成45°的平面上，且以 τ_{zy45° 最大。由图 9.17 可见，在接触深度为 0.786b 处，τ_{zy45° 达到最大值，$\tau_{zy45^\circ}=(0.3\sim0.33)\sigma_{z\max}$。故使得在接触面上某一位置，其亚层受 $0\sim\tau_{zy45^\circ\max}$ 重复循环应力作用。

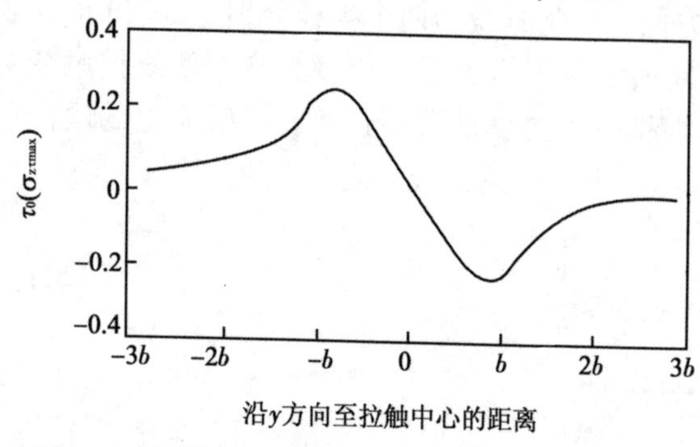

图 9.18 圆柱体接触时接触面下 0.5b 处 τ_0 的分布

接触区的其他区域的应力分布与上述沿 z 轴方向的应力分布不同，最大不同点就是切应力不等于零。故 σ_x，σ_y，σ_z 就不是主应力了(见图 9.16 下部)，此处切应力 τ_0 平行于接触表面，因在 z 轴两边 τ_0 方向不同，故 τ_0 为交变切应力，其最大值 $\tau_{0\max}$ 位于接触面下 $z=0.5b$，$y=\pm0.85b$ 处(如图 9.18 所示)，且 $\tau_{0\max}=0.256\sigma_{z\max}$。

上述的 $\sigma_{z\max}$ 在进行强度校核和接触疲劳试验时经常会用到。而两个不同的应力($\tau_{zy45^\circ\max}$ 和 $\tau_{0\max}$)就是目前关于两圆柱体接触疲劳裂纹形成的深度以及引起裂纹形成的两派说法。

(2) 点接触应力

滚珠轴承的工作状况属于这种接触情况，和线接触类似，由于弹性变形，实际上是一定直径的圆或椭圆的接触，滚珠与轴承套圈接触，接触面为椭圆，球与球或球与平面的接触面为圆。

图9.19所示为椭圆形接触面情况下，接触应力的分布情况，可见是按椭圆分布的，且

$$\sigma_z = \sigma_{z\max}\sqrt{1-\frac{x^2}{a^2}-\frac{y^2}{b^2}} \tag{9-17}$$

对于半径为R的圆球和平面($R=\infty$)的点接触，经弹性力学计算，接触半径$b=1.113\sqrt[3]{\frac{PR}{E}}$，$\sigma_{z\max}=0.388\sqrt[3]{\frac{PE^2}{R^2}}$。式中，$E$为综合杨氏模量。$\tau_{zy45°\max}$也等于$0.3\sigma_{\max}$，深度也为$0.786b$。如果两球接触，则最大切应力$\tau_{zy45°\max}$在$0.5b$处。以上属纯滚动的情况，但当在滚动中有一定的滑动成分存在时，由于在接触表面存在着由滑动引起的附加摩擦力，则其最大切应力的位置将发生改变，且随滑动成分的增大，由原$0.786b$深处向表层转移，如图9.20所示。当摩擦系数大于0.2时，最大综合切应力的位置几乎已达表面，因此，易在表面处形成起始裂纹。

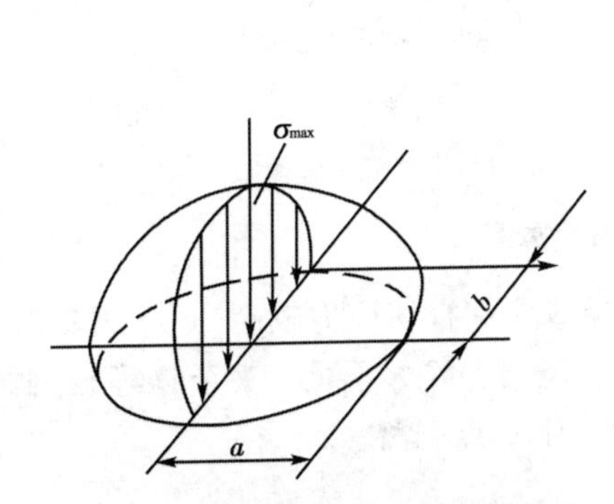

图9.19　接触面上压应力的椭圆分布

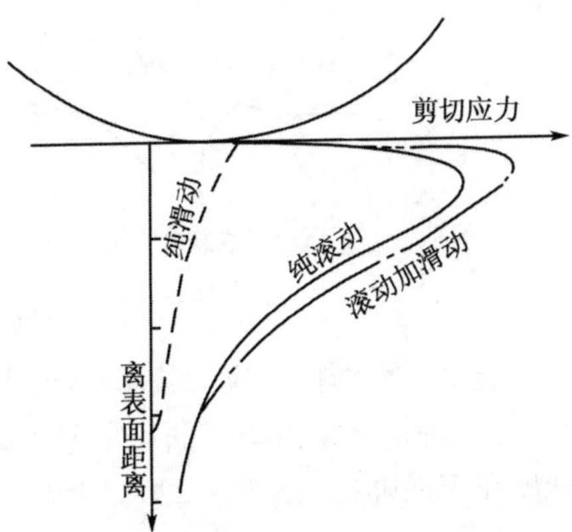

图9.20　非纯滚动时接触面下的切应力分布

综上所述，接触应力虽随外加载荷而增大，但并非线性关系，这是因为接触面也随之增大而使应力增长变缓。另外，由于接触面积与接触体材料的弹性变形有关，接触体曲率半径越大，弹性模量越低，接触应力就越小。

9.4.2　接触疲劳的类型

接触疲劳具有疲劳的特点，也是由裂纹的成核与裂纹扩展两个步骤组成，不同的只是接触疲劳失效裂纹的成核部分所占的时间较长，而扩展部分则占的时间较短。接触疲劳裂纹的形成也是由反复塑性变形所致，故最大综合切应力的分布及大小具有重要的意义。如果在最大切应力出现处材料的强度不足，则会引起塑性变形，经多次循环作用之后，就会萌生裂纹。某些裂纹不断扩展，就会导致材料的表层剥落。按这种剥落的不同形式，可分为麻点剥落、浅层剥落和硬化层剥落。

9.4.2.1　麻点剥落

麻点剥落的形成过程如图9.21所示。零件实际接触时，往往伴随有滑动摩擦和摩擦力的作用，与切应力叠加可使最大切应力的位置向表面移动，如果材料的抗剪屈服强度较低，则将在此产生塑性变形，同时必伴有形变强化。损伤逐步累积，直到表面最大综合切应力超过材料的抗剪强度时，就会在表层形成裂纹[见图9.21(a)(b)]。裂纹形成后，润滑油挤入

裂纹[见图 9.21(c)]。在连续滚动接触过程中，润滑油反复压入裂纹内并被封闭。封闭在裂纹内的高压油以较高的压力作用于裂纹内壁，使裂纹受张开应力，这样裂纹沿与滚动方向成小于45°倾角向前扩展(纯滚动时为 $\tau_{zy45°\max}$ 方向，有滑动时在摩擦力作用下减小)。当裂纹达到一定程度后，因其尖端有应力集中，故会出现二次裂纹[见图 9.21(d)]，同一次裂纹一样，二次裂纹会不断向前扩展。当二次裂纹扩展到表面时，就剥落下一块金属而形成一凹坑[见图 9.21(e)]，很多这样的坑构成表面麻点。

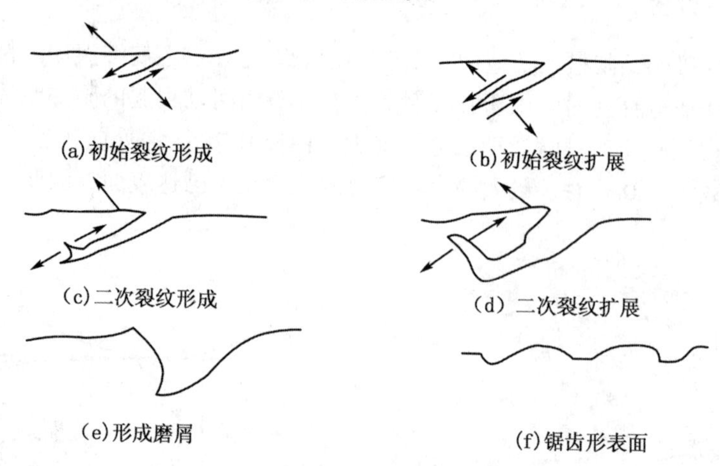

图 9.21 麻点剥落形成过程示意图

实践表明，表面接触应力较小，摩擦力较大，这样造成综合切应力较高(近于材料抗剪强度)；另一种情况是由于表面质量差(如有表面脱碳、烧伤、淬火不足、夹杂物等)，材料抗剪强度在表面降低(见图 9.22)。上述两种情况均易产生麻点剥落。

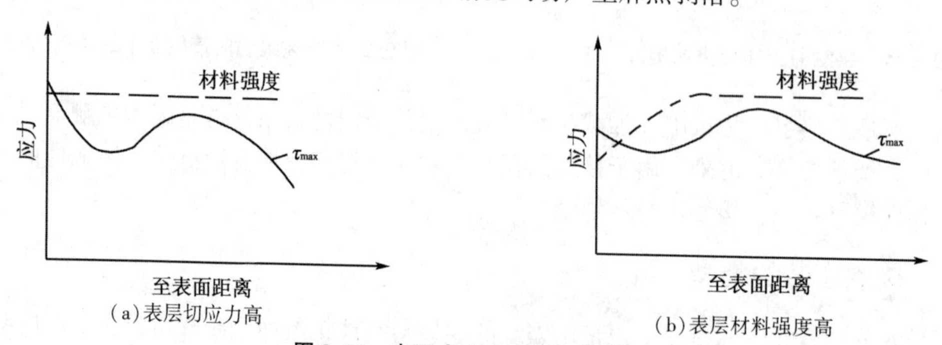

图 9.22 表面产生麻点的两种情况

9.4.2.2 浅层剥落

当零件接触部分基本上只有接触应力时，则最大切应力所引起的塑性变形就发生在亚表层中。试验证实，这时疲劳裂纹所在位置与 $\tau_{zy45°\max}$ 所在位置相当，即产生于 0.786b 处，但亦有人认为在 0.5b 处形成。在接触应力反复作用下，塑性变形反复进行，使材料局部弱化，遂在该处形成裂纹。实际上裂纹常出现在非金属夹杂物附近，故裂纹开始沿非金属夹杂物平行表面扩展，之后在外界滚动压力及摩擦力作用下又产生与表面成某一倾角的二次裂纹。这个二次裂纹一旦扩展到表面，另一端则形成悬臂梁，反复弯曲则发生弯断，从而形成浅层剥落。图 9.23 所示为这过程的示意图，图 9.24 所示为发生浅层剥落的力学条件。浅层剥落多出现在表面粗糙度低的机件表面。总之，浅层剥落本质上也是一种麻点剥落，只是疲劳裂纹萌生于次表面层而已。

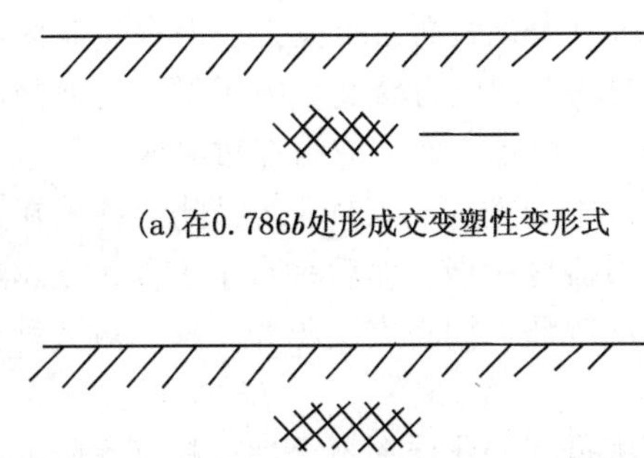

(a)在0.786b处形成交变塑性变形式

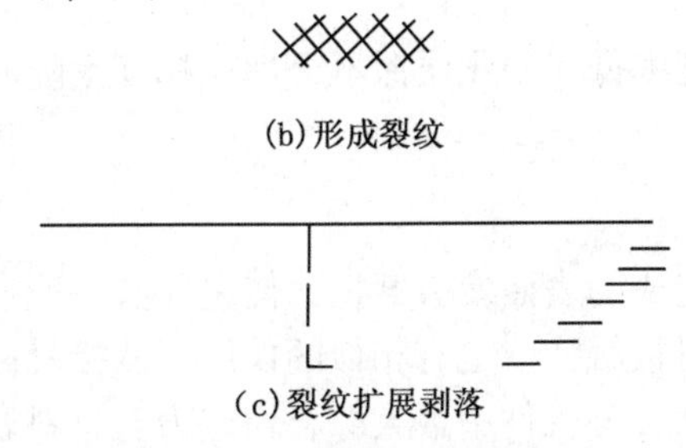

(b)形成裂纹

(c)裂纹扩展剥落

图 9.23　浅层剥落过程示意图

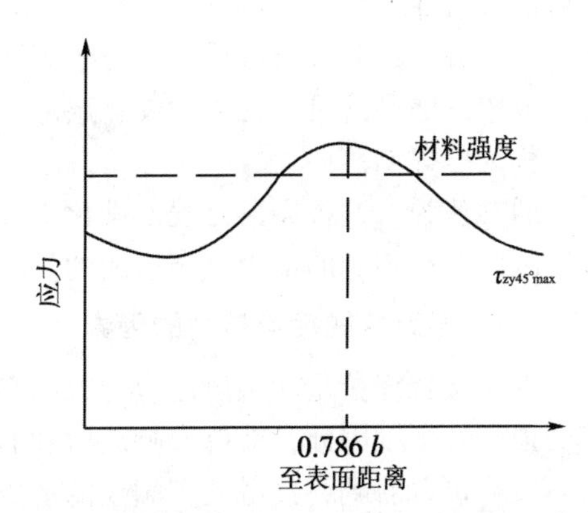

图 9.24　浅层剥落裂纹在亚表层 0.786b 处产生

9.4.2.3　硬化层剥落

这类剥落仅发生在经表层硬化处理过的零件表面，如最常见的是经过渗碳处理后的齿轮。与浅层剥落不同，疲劳裂纹不是源于最大切应力处，而是源于硬化层与内部基体交界处(见图 9.25)，由该处切应力与材料的抗切强度之比超过了某一数值所引起的。该种剥落的形成过程如图 9.25 所示。

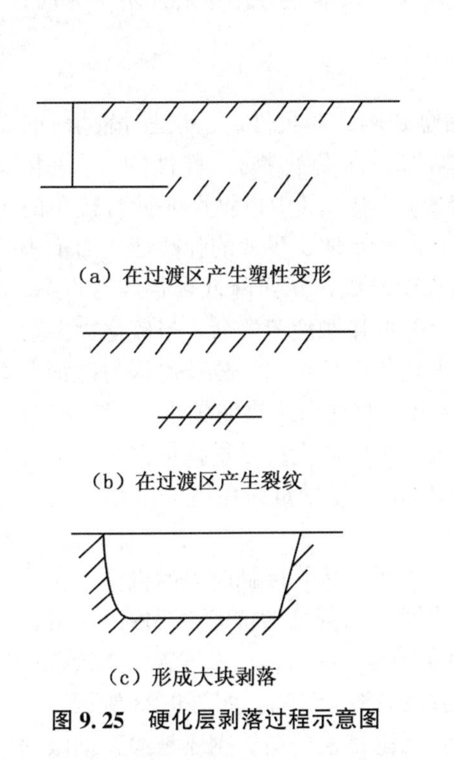

(a) 在过渡区产生塑性变形

(b) 在过渡区产生裂纹

(c) 形成大块剥落

图 9.25　硬化层剥落过程示意图

切应力　(a) 切应力

残余应力　(b) 残余应力

叠加后的切应力　(c) 叠加后的切应力

剪切强度　(d) 剪切强度

0　1　2　3　4　5

图 9.26　表面硬化后应力与强度分布情况

表面硬化后机件表面一定深度下应力及强度分布情况(见图 9.26)说明了这一现象发生的原因。图 9.26(a)所示为切应力分布，图 9.26(b)所示为表面硬化处理形成的残余应力分布，图9.26(c)所示为上述两应力叠加后的结果。残余应力在表面为压应力，但在过渡区压应力变成了拉应力。叠加后则出现了图9.26(c)所示的两个切应力峰值。由于材料抗剪强度正比于材料硬度，故表面硬化后其抗剪强度如图9.26(d)所示，而切应力在过渡区已超过了材料的抗剪强度或是很接近抗剪强度[比较图9.26(d)中的虚线与实线]。因此，首先在过渡区产生裂纹，裂纹形成后先平行于表面扩展，即沿过渡区扩展，而后垂直于表面扩展，最终形成较深的剥落坑。在表面硬化层上，这种剥落下的碎屑如同将表层压碎一样，故此种剥落又称为压碎剥落。

通常认为，这种剥落是表面硬化机件的心部强度太低，硬化层深不合理，梯度太陡或在过渡区内存在不利的应力分布造成的。

9.4.2.4 影响接触疲劳抗力的因素

由于接触疲劳是在接触压应力长期交变作用下造成的表面疲劳磨损，使之兼有一般疲劳和磨损的特征，因此，能够影响疲劳和磨损的因素对接触疲劳也有相似的作用。从接触疲劳破坏过程可以看到，接触疲劳裂纹的形成取决于滚动接触机件中最大综合切应力与材料屈服强度的相对关系。广义上说，这种应力与强度之间的关系应考虑局部区域应力集中因素的作用。当机件表面切应力超过材料屈服强度继而又达到抗剪强度时，裂纹就自表面产生而形成麻点剥落；如果在0.786b亚表层处最大综合切应力超过材料屈服强度和抗剪强度，则裂纹就产生于亚表层；对于表面经硬化的机件，过渡区强度较低，故裂纹常在该处形成。

因此，研究影响接触疲劳抗力的因素应从影响最大综合切应力(或局部应力集中)及材料强度因素两方面考虑。同时，接触疲劳破坏过程又包括裂纹扩展撕裂过程，所以材料韧性的作用也不可忽视。总之，影响接触疲劳抗力的因素应分为材料本身与外界条件两个方面，前者称为内部因素，后者称为外部因素。

(1)内部因素

① 冶金质量。钢在冶炼时总存在非金属夹杂物等冶金缺陷，对机件(尤其是对轴承)的接触疲劳寿命影响很大。轴承钢里的非金属夹杂物有塑性的(如硫化物)、脆性的(如氧化铝、硅酸盐、氮化物等)和球状的(如硅钙酸盐、铁锰酸盐)三类，其中以脆性的带有棱角的氧化物、硅酸盐夹杂物对接触疲劳寿命危害最大。由于它们和基体交界处的弹塑性变形不协调，引起应力集中，故在脆性夹杂物的边缘部分最易造成微裂纹，从而降低接触疲劳寿命。而塑性的硫化物夹杂，由于易随基体一起塑性变形，不会降低接触疲劳寿命。当硫化物夹杂把氧化物夹杂包住形成共生夹杂物时，可以降低氧化物夹杂的不良作用。故普遍认为，钢中适量的硫化物夹杂对提高接触疲劳寿命有益。图9.27给出了两种夹杂物对轴承钢接触疲劳寿命影响的试验结果。当然采取这种包围的方法并非上策，在生产上应尽量减少钢中非金属夹杂物(特别是氧化物、硅酸盐夹杂物)。为提高机件的质量，要尽量采用电渣重熔、真空冶炼、喷吹等可降低夹杂物的新工艺。

② 热处理组织状态。马氏体含碳量与接触疲劳寿命的关系：承受接触应力的机件，多采用高碳钢淬火或渗碳钢表面渗碳强化，以使表面获得最佳硬度。接触疲劳抗力主要取决于材料的抗剪强度，并要求有一定的韧性相配合。实践表明，对于轴承钢而言，在未溶碳化物状态相同的条件下，当马氏体含碳量在0.4%~0.5%左右时，接触疲劳寿命最高，如图9.28所示。

马氏体和残余奥氏体的级别与接触疲劳寿命的关系：无论是采用高碳钢还是渗碳钢做轴承均需经过淬火处理，因淬火处理工艺的不同，可以得到不同级别的马氏体和残余奥氏体。残余奥氏体愈多，马氏体针愈粗大，则表层有益的残余压应力和渗碳层强度就愈低，越易产生显微裂纹，故降低接触疲劳寿命。但是，近期的一些研究表明，在保证得到细小马氏体的前提下，仍保留一定量的残余奥氏体将会有效提高接触疲劳寿命。

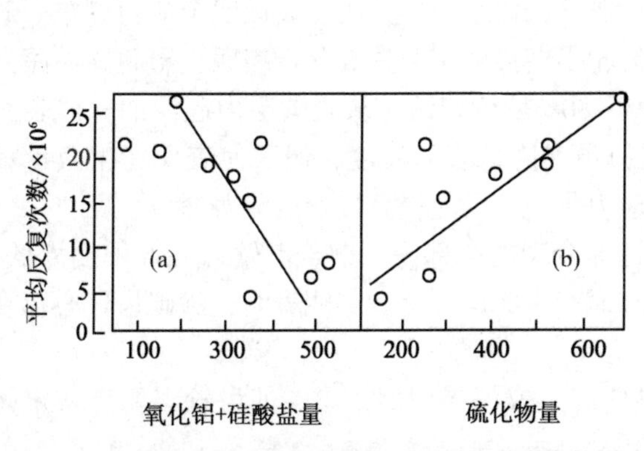

图 9.27 轴承钢中的非金属夹杂物对接触疲劳寿命的影响

（在 750 倍下，对 $9mm^2$ 观察 510 个视场合计夹杂物量）

图 9.28 马氏体含碳量与接触疲劳寿命的关系

γ——轴承转数

未溶碳化物与接触疲劳寿命的关系：碳化物的大小、数量、形态及分布等是影响滚动轴承类接触疲劳条件下服役机件失效的一个重要因素。对于马氏体含碳为 0.5%的高碳轴承钢，未溶碳化物颗粒愈粗大，则其相邻马氏体边界处的含碳量就愈高，该处也就愈易形成接触疲劳裂纹，故寿命较低。西安交通大学对凿岩机活塞的研究表明，高碳钒钢中未溶碳化物以颗粒小、数量少、均匀、圆正度好的方式存在，就会使活塞因多次冲击接触疲劳引起的断面下凹现象得到显著改善。

无论是做滚动轴承还是做齿轮，若钢中含有带状碳化物，均会使接触疲劳寿命下降，这是由于一般带状碳化物之间的马氏体含碳量高，故脆性较大而易成为接触疲劳裂纹的发源地。

③ 硬度。在一定硬度范围内，接触疲劳抗力随硬度升高而增大，但并不成正比关系。通过对轴承钢的大量实验统计得知，轴承钢表面硬度为 HRC62 时，其平均使用寿命最高[见图 9.29(a)]。而对 20CrMo 钢渗碳淬火后调整回火温度，从而得到不同的表面硬度，经多次

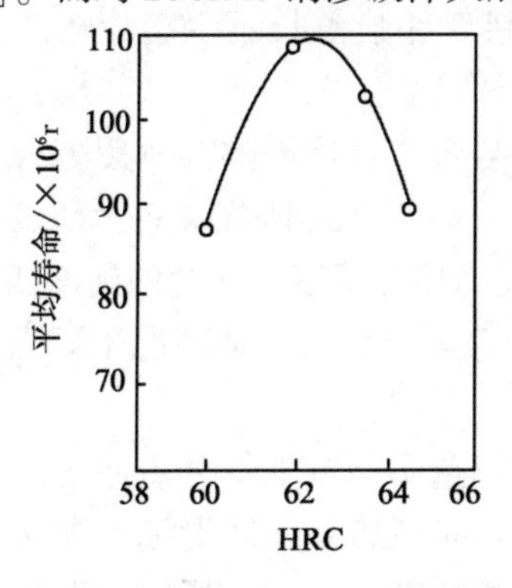

(a) 轴承钢

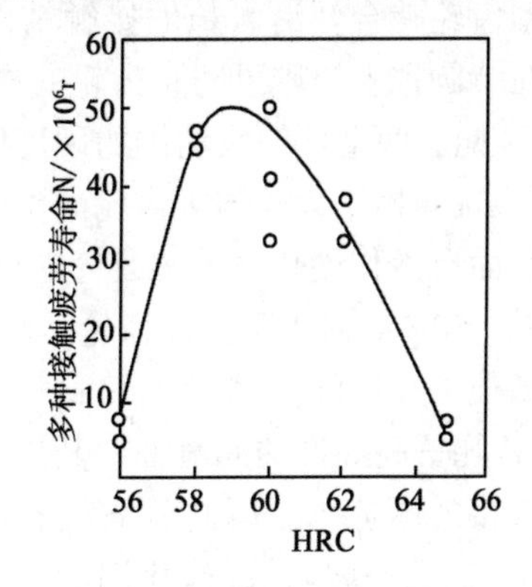

(b) 20CrMo 钢渗碳淬火后不同温度回火

图 9.29 接触疲劳寿命与硬度的关系

冲击接触疲劳试验，也得到了与轴承钢相似的结论[见图 9.29(b)]。之所以出现上述结果，是由于接触疲劳寿命不但与材料的塑性变形抗力和切断抗力有关，而且还与材料的正强度有关，因为材料的硬度超过一定值后，其韧性则降低较快，故使正断抗力降低，尤其是在多次冲击载荷下就更容易失效。

表面脱碳降低表面硬度，又使表面易形成非马氏体组织，并改变表面残余应力分布，形成残余拉应力，故降低接触疲劳寿命。某些齿轮早期接触疲劳失效分析表明，当脱碳层深为 0.20mm，表面含碳量为 0.3%~0.6%时，70%~80%疲劳裂纹是从脱碳层内起源的，但表面形成一层极薄的均匀脱碳层(或残余奥氏体层)虽然降低表面硬度，但因使表面产生微量塑性变形和磨损，则增加了接触面积，减小了应力集中，反能提高接触疲劳寿命。

在选择合适的表面硬度的同时还要注意选择合理的心部硬度，若渗碳件心部硬度太低，则表层硬度梯度过大，易在过渡区内形成裂纹而产生深层剥落。实践表明，渗碳齿轮心部硬度以 HRC35~40 为宜。

④ 表面硬化层深度。为防止表层产生早期麻点或深层剥落，渗碳的齿轮需要有一定硬化层深度。最佳硬化层深度 t 推荐值为

$$t=m\frac{15\sim20}{100}; \tag{9-18}$$

或

$$t\geqslant3.15b$$

或

$$t\approx0.2m-0.1 \qquad (20\geqslant m\geqslant3)$$

式中 m——模数；

b——接触面宽度。

有研究认为，为防止深层剥落，最佳硬化层深度可由表面测至 HRC50 处。

⑤ 残余内应力。在渗碳层的一定范围内，存在有利的残余压应力，可以提高接触疲劳寿命。

(2)外部因素

① 表面粗糙度与接触精度。减少表面冷、热加工缺陷，降低表面粗糙度和提高接触精度，可以有效地增加接触疲劳寿命。接触应力大小不同，对表面粗糙度要求也不同。接触应力低时，表面粗糙度对接触疲劳寿命影响较大；接触应力高时，表面粗糙度影响较小。实践表明：表面硬度愈高的轴承、齿轮等，往往必须精磨、抛光，以降低表面粗糙度。在装配时，严格控制齿轮啮合处沿齿长的接触精度，保证接触印痕总长不少于齿宽的 60%，且使接触印痕处在节圆锥上，则可防止齿轮的早期麻点损伤。

② 硬度匹配。两个接触滚动体的硬度匹配恰当与否，直接影响接触疲劳寿命。实践表明，zQ-400 型减速器小齿轮与大齿轮的硬度比保持 1.4~1.7 的匹配关系，即较硬的小齿轮对较软的大齿面有冷作硬化效果，改善啮合条件，提高接触精度，如此的硬度匹配可使承载能力提高 30%~50%。对于不同的齿轮，由于材料、表面硬化及其他情况不同，只有通过试验才有找出最佳硬度匹配。

③ 润滑。凡是高黏度的润滑油，其极性群的比数愈多，接触部分愈趋于平均化，相对地降低了最大接触压应力，因此就减轻麻点的形成倾向。如果在润滑油中加入某些添加剂(如二硫化钼、三乙醇胺)，或硫化润滑脂，则因在接触表面形成一层坚固薄膜，从而减轻接触疲劳损伤过程。比如实际使用中，采用透平油润滑，则比起变压器油或机油来减轻麻点的效果好。

总之，影响接触疲劳寿命的因素很多，且错综复杂，因此，必须依照具体情况而定，在主要矛盾上下功夫，才能有效地提高接触疲劳寿命。

9.5 非金属材料的磨损性能(Wear Properties of Nonmetallic Materials)

工程陶瓷材料受接触应力后，在局部的应力集中区表层发生塑性变形，或在水、空气、介质、气氛的影响下形成易塑性变形的表层，进而开裂产生磨屑。因此，陶瓷的摩擦磨损行为对表面状态极为敏感，图 9.30 表明当气氛(空气)压力下降时，陶瓷的摩擦系数增加，磨损率也随之增加。图 9.31 所示为反应烧结 Si_3N_4 陶瓷在真空、空气中从室温到 1200℃ 高温时的摩擦系数。室温时，真空环境下反应烧结 Si_3N_4 陶瓷的摩擦系数大于空气环境下的，但高温时则相反。真空环境下，MoS_2 的润滑效果可维持到 1000℃，但在空气中，高温使 MoS_2 氧化，使摩擦系数增大。

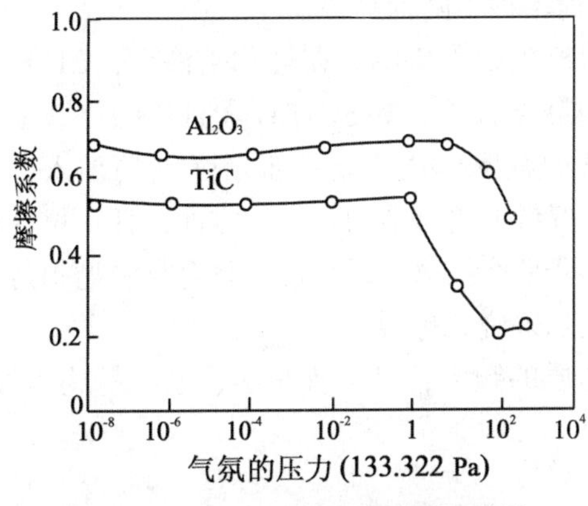

图 9.30 Al_2O_3、TiC 陶瓷摩擦系数与气氛的关系

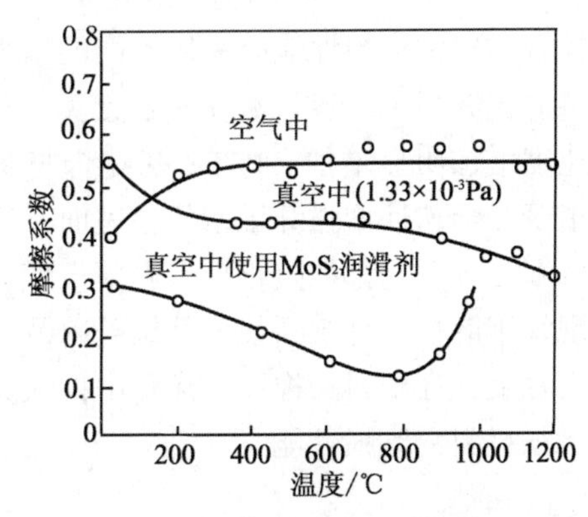

图 9.31 反应烧结 Si_3N_4 陶瓷在不同环境中的摩擦系数

常压烧结的 Si_3N_4 及 SiC 陶瓷在室温空气中的摩擦系数为 0.6~0.7。但对于不同材质组成的摩擦副，其摩擦与磨损性能比较复杂，界面反应影响显著。

陶瓷材料抗冲蚀性能不仅与组分纯度有关，还与其制备工艺密切相关，如 100%致密度的 Al_2O_3 陶瓷的性能要比 95%~98%致密度的大 1.5 倍；高致密度热压 Si_3N_4 陶瓷比低致密度的反应烧结陶瓷 Si_3N_4 的性能高 10 倍；致密度为 70%的多孔 Al_2O_3 陶瓷的性能仅为 100%致密度的$\frac{1}{10}$。因此，在冲蚀磨损服役条件下，应选用高致密度、高纯度陶瓷。试验表明：在 27μm Al_2O_3 粒子、90°攻角、170m/s 粒子速度、5g/min 粒子流量、700℃ 氮气氛冲蚀下，WC-Co 金属陶瓷，C-BN，Si_3N_4，SiC 陶瓷材料的冲蚀抗力要比 Stellite 合金高 2~10 倍。

聚合物的硬度虽远低于工程陶瓷和金属，但具有较大柔性，通常显示出较高的抗划伤能力。聚合物的化学组成、结构与金属相差较大，两者的黏着倾向很小，磨粒磨损时，聚合物对磨粒具有良好的适应性、就范性和埋嵌性。其特有的高弹性又可在接触表面产生变形而不发生切削犁沟式损伤，如同用细锉刀锉削一块橡皮一样，表现出较好的抗磨损性能。在干摩擦条件下，金属材料在高分子材料表面滑动时，仍是黏着性接合，但表面的塑性变形使高分子链趋向平行滑动表面排列，在随后的滑动过程中，这种取向的分子链易沿该方向被剪断，使摩擦系数仅为 0.05~0.2。因此，就耐磨性而言，金属与聚合物配对的摩擦副优于金属与金属配对的摩擦副。但是，摩擦热使聚合物产生显著的蠕变现象；载荷、速度、环境、接触精度等均不同程度影响其摩擦特性。试验表明，碳氟化合物(PTFF，如聚四氟乙烯)、聚酰胺(尼龙)类聚合物的摩擦系数与滑动速度关系不大；聚酰亚胺、乙缩醛类聚合物的摩擦系数则随滑动速度增高而增大。

大多数液体对塑料具有润滑减摩作用。在聚合物中加入二硫化钼、石墨、聚四氟乙烯等做润滑填料，同样可以润滑减摩，提高材料耐磨性。通常，塑料对塑料的摩擦系数比金属对塑料低，如聚四氟乙烯对聚四氟乙烯的摩擦系数几乎是所有固体摩擦副中最低的。但应该注意：塑料的热膨胀系数约比金属的大 10 倍，因此塑料轴承与钢座配合时，应视具体服役条件，选择合适的转动间隙，以避免非正常失效。

以聚合物[多用聚乙烯(PTFE)]为基纤维增强的复合材料，比任何半晶化聚合物的抗磨损性能都好得多。多种以聚四氟乙烯为基的复合材料可做滑动材料使用，其摩擦系数在 0.2~0.3 范围内，与无增强剂的值大致相同，并随载荷增加呈降低趋势。

复合材料的磨损性能因采用不同的增强剂将产生很大影响。在轻载条件下，PTFE 基复合材料的比磨损率一般与滑动速度无关。但在重载条件下，MoS_2-TiO_4 PTFE 的比磨损率随滑动速度增加明显增加。PTFE 基复合材料显著的减摩作用主要由于增强剂的加入。一方面，由于磨损初期增强纤维富集在表面，增强了纤维的承载能力；另一方面，任何增强剂加入聚四氟乙烯后，都能阻止分层剥落产生，从而降低磨损率。纤维增强复合材料磨损过程可能出现纤维磨损、纤维断裂、纤维破碎及纤维从基体脱离等现象。

工程上，在塑料、橡胶、陶瓷中掺入其他物质的颗粒，可改善热学、电学等物理性能，也可增强材料耐磨损性能。

参考文献

[1]《金属机械性能》编写组. 金属机械性能 [M]. 北京：机械工业出版社，1982.

[2] 束德林. 金属力学性能 [M]. 北京：机械工业出版社，1987.

[3] 黄明志. 金属力学性能 [M]. 西安：西安交通大学出版社，1986.

[4] 杨道明，等. 金属力学性能与失效分析 [M]. 北京：冶金工业出版社，1991.

[5] 姜伟之，赵明熙. 工程材料的力学性能 [M]. 北京：北京航空航天大学出版社，1990.

[6] M. M. 赫罗绍夫，M. A. 巴比契夫. 金属的磨损 [M]. 北京：机械工业出版社，1996.

[7]《机械工程手册》、《电机工程手册》编辑委员会. 机械工程手册：第 22 篇 摩擦、磨损与润滑 [M]. 北京：机械工业出版社，1976.

[8] 郑修麟. 材料的力学性能 [M]. 西安：西北工业大学出版社，1994.

[9] 王从曾. 材料性能学 [M]. 北京：北京工业大学出版社，2001.

[10] LIU D B，WU B，WANG X，et al. Corrosion and wear behavior of an Mg - 2Zn - 0.2Mn alloy in simulated body fluid [J]. Rare Met.，2013，5(1)：52.

[11] ZHOU Q J，LI J X，CHU W Y. Effect of hydrogen on the friction and wear of Ni-P coatings [J]. International journal of inerals，metallurgy and materials，2010，17(2)：241.

[12] 杨长辉，黄琳，冯柯茹，等. 基于机器视觉的滚动接触疲劳效匝线检测 [J]. 仪表技术的传感器. 2019，4 (1)：65-69.

思考题

1. 名词解释

   滑动摩擦；黏着磨损；磨粒磨损；氧化磨损；接触疲劳

2. 根据磨损机理的不同，磨损通常分为哪几种类型？它们各有什么主要特点？可采用哪些措施提高耐磨性？
3. 黏着磨损是如何产生的？如何提高材料的抗黏着磨损能力？
4. 比较黏着磨损、磨粒磨损和微动摩擦磨损面的形貌特征。
5. 滑动速度与接触压力对磨损量有什么影响？
6. 试举例说明三种以上的摩擦磨损试验机的工作原理及适用范围。
7. 分析提高钢材硬度、含碳量，采用热处理和冷作等方法，对材料抗磨粒磨损能力的影响。
8. 简述非金属材料陶瓷、高分子材料的磨损特点。可采用哪些措施提高耐磨性？
9. 接触疲劳破坏有几种形式？它们是如何产生的？为什么？试比较接触疲劳和普通疲劳的区别。
10. 试述切应力在接触疲劳中所起的作用。

索　引

中文索引

英文索引

M

N

O

P